U0716818

桥梁文化与创新

Bridge Building-history
Development and Innovation

戴公连 于向东 编著

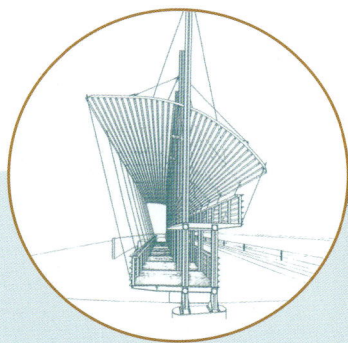

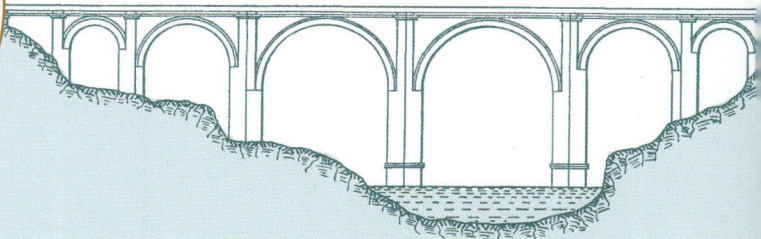

中南大学出版社
www.csupress.com.cn

内容简介

　　桥梁文化与创新是高等学校桥梁工程专业开设的一门专业选修课程，其主要目的是在技术的基础上，讲解桥梁历史、文化、创新与建设过程，启发读者的心智，加强专业忠诚度和美学理解，开拓视野，以设计与制造出更加优美的桥梁。本书特点是以桥梁的时代发展为主线，介绍桥梁建设的进步过程、失败教训、创新理念及建造者人物背景等。

　　本书从历史、人文、技术方面讲解桥梁的文化与创新，包括新理念产生的基础条件、优美桥梁产生的理念、典型桥例的要素、桥梁建设者的艰辛故事等。一方面是桥梁的技术，另一方面是人文和历史。因为桥梁作为一种建筑结构，不仅承担着交通功能，更是一种地标性建筑或城市的象征，成为了一种文化符号。

　　本书通过技术、历史和人文的结合，讲述桥梁的文化与创新，书中配有大量的世界各地经典桥梁的优美图片，可供作为高等学校桥梁工程专业的教材，也可供桥梁设计与制造工作者参考。

目录

第六章 大跨度拱桥

第七章 大跨度桁架桥

第八章 悬索桥

第九章 大跨度斜拉桥

后记

绪 论

我们每个人，一生不知要走过多少座桥，在桥上跨过多少山山水水。有了桥梁这种人造构筑物，我们可以跨越河流、峡谷及各种障碍，到达想去的地方，创造更加美好的生活。桥梁的建造和人类的文明发展息息相关，它也是人类文明的重要组成部分。桥梁不仅代表有形的桥，其意义已有很大的延伸，各种无形的友谊桥梁加深了不同地区、不同种族人民之间的感情和理解，借助友谊的桥梁可以避免冲突、消除误解、化干戈为玉帛，可见桥梁在我们的生活中太重要了。

建造桥梁，跨越障碍，是人类不懈的追求与梦想。从最原始的将块石抛入河流或小溪形成的踏步桥（图0.1）到当代现代化的大跨度桥梁，其最基本的功能是跨越各种山川沟壑，克服前进道路上面临的障碍，为人们的出行提供交通便利。有了桥梁的连接作用，我们到达目的地的距离缩短了，出行便捷了，活动范围更大了。桥梁也是道路交通系统中的重要节点，有了架设在水上、峡谷或各种障碍上的空中道路，不仅行走在桥上的人员、车辆方便了，也使行驶在桥下河流中的船只、桥下道路上的车辆更加便捷。在我国青藏铁路线上，为了让生活在草原上的动物能自由觅食，在很多区段设置了高架桥，动物就可以在铁路沿线活动而不受铁路运行的干扰。

图0.1 踏步桥

图0.2 纽约桥梁群

图0.3 大型立交桥

图0.4 伦敦塔桥

桥梁常常是一个城市或一个国家的标志。泰晤士河上优美典雅的伦敦塔桥（图0.4），宏大刚劲的悉尼港大桥（图0.5），美国圣弗朗西斯科的金门大桥（图0.6），这些经常出现在电视画面的桥梁已经形成了所在地区或国家的名片与象征，代表了那个地区那个时代人们的生活激情和征服自然的能力；武汉长江大桥、南京长江大桥（图0.7）的建设，成了新中国独立自主、奋发图强的象征。当代中国，经济高速发展，人们充满创新的渴望与激情，表现在桥梁建设上是追求更大、更长、更远。已经建成的上海卢浦大桥（图0.8）、润扬长江大桥（图0.9）、杭州湾跨海大桥及苏通大桥（图0.14）等大型桥梁工程更是成为我国进入现代化阶段的标志工程。

桥梁建设代表了一个国家的科学技术水平及综合国力。从古至今，桥梁的建设水平是衡量人类利用自然、战胜自然能力的重要标志。通常，哪里的桥梁科学与建设水平越高，哪里的文化及文明程度就越发达，经济就越繁荣。古代中国桥梁辉煌的建设成就，古代罗马的桥梁建设技术，对世界产生了深远影响；18世

图0.5 澳大利亚悉尼港大桥

图0.6 金门大桥

图0.7　南京长江大桥

图0.8　上海卢浦大桥

图0.9　润扬大桥

纪的工业革命带来的技术进步，以英国、法国为代表的欧洲国家将桥梁建设推进到过去几千年来前所未有的水平（图0.10）；19世纪末至20世纪中期，美国大跨度桥梁世界领先；二战后日本和德国在重建和经济复苏过程中也创造了辉煌的技术成就，德国在预应力混凝土悬臂施工、斜拉桥技术的发展与应用，日本本四联络线系列跨海大桥的建设，其中明石海峡大桥（图0.13）全长达4千米，跨度推进到了1991米；中国改革开放30余年，经济迅速发展、综合国力增强，人民生活水平逐步提高，对交通的需求非常强烈，高速铁路、高速公路建设方兴未艾，为桥梁的建设提供了极好机遇，可以说现代中国是桥梁建设最多的国家，仅长江上就已经建设了167座跨江桥梁，跨度、工艺、施工机械均有很大提高，举步进入桥梁大国和强国的行列，揭开了21世纪大跨桥梁建设的序幕。

　　桥梁是民族文化的表征。从古代原始社会开始，中国和西方对桥梁各有不同贡献，体现了鲜明的文化特征。古代交通虽然不便，但并不隔绝，桥梁建设互相影响借鉴，形成了独特的文化现象。就以中国桥梁为例，北方的桥梁桥墩宽厚粗大，桥孔较多，道路相对平坦，注重桥上车辆的通行；南方桥梁多以纤细柔美为特征，桥墩纤细，结构轻盈，桥面较陡，注重桥下船只的通行；而在西南少数民族地区，又多以索桥为主，形成了不同的桥梁建筑风格。许多桥梁本身就是一件艺术品。如中国园林建筑中著名的扬州瘦西湖五亭桥（图0.17），为了迎接乾隆皇帝第二次下江南于1757年建造，这桥"上置五亭，下列四翼，洞正侧凡十有五"的特殊桥梁建筑技术相当细致，每当晴夜月满时，券洞中各衔一月，金色晃漾，情趣横生。无独有偶，建于1737年英国乔治二世年间的巴斯（Bath）的帕拉弟奥（Palladio）桥（图0.18）也有五个桥洞，虽然两桥相距遥远，造型上却异曲同工，反映了不同地区人们对美的共同追求。

　　几个世纪以来，桥梁一直激励着文人的创作激情，在文学与神话中占有一席之地。一座桥本身就是一个奇迹、一首诗。它是力与美的神秘结合，是高雅、飞翔的线条与狂野的力的神奇融

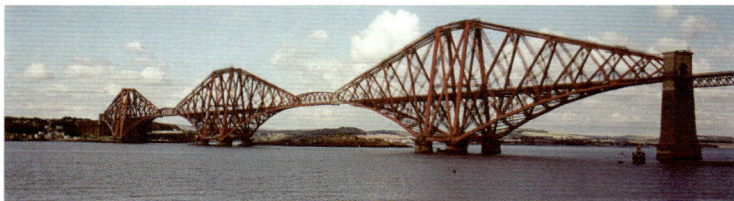

图0.10　英国福斯桥

图0.11　布达佩斯伊丽莎白大桥

图0.12　丹麦大贝尔特桥

合。在落日的余晖或皎洁的月光下，当你放下繁重的工作，静下心来，会发现一座美丽的桥梁真是一首跨在河上的诗篇，一座登天摘星的阶梯。从古至今，以桥梁为题材或背景的神话、传说、诗歌、戏曲、绘画、电影等作品非常多，留下无数著作。如北宋著名画家张择端的画卷《清明上河图》，呈现在我们面前的是一幅以汴河和跨越汴河的虹桥

图0.13　日本明石海峡桥

图0.14　中国苏通大桥

图0.15　颐和园十七孔桥

图0.16　颐和园玉带桥

为重点布局的汴京东郊的生动景象。在悠久的历史长河中，留下了许多与桥梁有关的优秀的诗篇。仅以扬州二十四桥为例，就有唐朝杜牧《寄扬州韩绰判官》"青山隐隐水迢迢，秋尽江南草未凋。二十四桥明月夜，玉人何处教吹箫"；宋代黄庭坚诗"淮南二十四桥月，马上时时梦见之。想得扬州醉少年，正围红袖写乌丝"；明代王世贞路过扬州访友，游览二十四桥，乐而忘返，写下诗云："豪华自古让维扬，一水横江即异乡。二十四桥歌吹遍，不知何处觅周郎。"又如唐代诗人张继的《枫桥夜泊》："月落乌啼霜满天，江枫渔火对愁眠。姑苏城外寒山寺，夜半钟声到客船。"这些优美的诗篇，情景交融，意境深邃，令人向往，广为流传。国外和桥梁有关的影视作品如《魂断蓝桥》、《廊桥遗梦》等更是感人至深。

图0.17　扬州五亭桥

建造伟大的桥梁充满挑战性。建造优美的桥梁是展现最新科技的最佳场所，也充满了与自然环境斗争及与人类自身斗争的艰辛。桥梁是既有利于当代又惠及后人的造福工程，必须考虑它的安全性、耐久性、经济性及美观效果。桥梁建造的每一次跨越都是人们利用最新的材料、最新的结构体系、最新的工艺与自然抗争的结果。桥梁要经历各种自然环

图0.18　帕拉弟奥桥

境的考验，包括不良地质，湍急河流，地震、风灾、温度变化及各种作用其上的荷载等；桥梁的建设过程也是一个细致

图0.19　意大利威尼斯桥

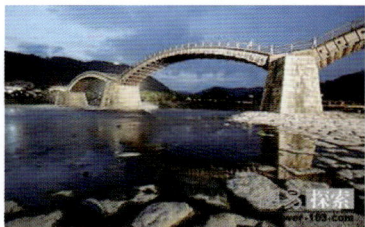

图0.20　日本木桥

的未知的工作，结构体系的选择、施工方案的合理性、材料和工艺细节都直接和工程质量相关；每种新的桥梁体系的产生无一例外地经历了概念创新、应用成熟后带来的自满，由于推向极致或对未知的疏忽导致的结构垮塌，再走向保守的循环过程。从早期的泰桥垮

图0.21 波斯尖拱桥

图0.22 清明上河图

图0.23 苏州枫桥

图0.24 《魂断蓝桥》中的滑铁卢桥

图0.25 《廊桥遗梦》中的木桥

塌到2007年世界数十座桥梁的垮塌事故可见一斑；建桥人也常经历希望、失望，甚至有可能身体受害、直至献出生命。

一座桥并不仅仅是由钢铁和石头建成的，它还是人类智慧和汗水的结晶。桥梁不是单个个人创造的作品，它是设计者、建造工人，利用先进的科学与技术共同努力的结果。桥梁史记载了富有梦想和创新精神的建桥人取得的巨大成就，因此，从这一意义上讲，桥梁史是一首建设者光荣与荣誉的赞歌。每座桥的故事也是当时社会的一种展示，了解了一座桥，也就知道了产生这座桥的文明，了解了一个民族的科学进步，知道了他们的自然资源，熟悉了他们的技术发展，也就可以评判他们的艺术和美学素养，研究他们的经济和政治，探知他们的民俗和宗教，走进他们的社会生活。然而桥梁的历史还没有终结，当代的桥梁建造者依然进行着抗争，每天都有新的自然障碍和未知领域被征服。现代桥梁建造者，正在过去人类所有成就的总和之上谱写着新的篇章。

本书站在历史与人文的视角，介绍了桥梁的重大创新的过程和重要桥梁实例，透过一串串桥梁跨越的年代和跨度记录，展现了桥梁建设的历程和取得的成就。这里有桥梁的建设技术和艺术，也有和建桥相关的优美传说和动人故事；有建桥人的艰苦和奋斗，也有让我们倍感骄傲的成就；有过去的辉煌和失落，也有当今的努力和进取。现在，就让我们一起走进丰富多彩的桥梁世界，了解桥梁的起源与发展，欣赏丰富多姿的基本形式，掌握关键的创新技术，领略架桥人的艰辛与成就，探索桥梁千年承载的奥秘。

第一章　人类建造桥梁的开端

自从地球上有人类活动开始，人们就渴望能通过桥梁跨越前进道路上的障碍到达目的地。人类什么时候开始造桥，很难查考，但可以肯定，从远古开始，有了人类活动就有了桥梁。也许第一座桥就是横跨河流上的一棵自然倒伏的大树，也许就是一块自然崩塌的石板或散落堆积在河中的乱石，也许是缠绕在一起的河谷两岸的藤萝，当然也可能是我们至今还能看见的大自然赐予人类的各类天生桥。人类就是从这些自然形成的简单"天然桥"启发下，学会了造桥。最早建造的桥梁还处在模仿自然的阶段，仅能根据自然界提供的原始材料及形式进行简单的创造，但不可否认，现代桥梁的雏形已基本形成了，进而有了现在的梁桥、索桥及拱桥体系。

1.1　独木桥——跨越的开端

自然建造了最早的桥梁，为人类提供了样板。

桥梁建设可以追溯到创世伊始。但是想要穿越数百万年时空找到人类第一次建造的跨过一段空间的桥梁是十分困难的也是不可能的，然而，我们却可以看到不太远的年代，人类是怎样从自然界里找到模型来建造最原始的桥。

1.1.1　独木成桥

第一批现代意义上的生活在旧石器时代后期或后来的石器时代的人们，他们住在开阔的、像印第安人帐篷一样的住处里，或许住在俄罗斯南部的没有树木的大草原上，房子是在地下挖出的洞，用木板和石头做成粗糙的屋顶，就像今天我们在电影《指环王》里看到的那样。然而很多年以来，这种洞是他们的宗教中心，是他们在灾难时期的避难所，有时又是他们的住处。这种房子似乎是自然界特意授予他们的。这种地下室由石头或黏土建造而成，不同的木材或石材有可能粗略地排列着，也有可能是都伸出向上，在顶端聚合。

旧石器时代晚期洞穴壁画中的男人基本上做着猎人和采集食物的工作，他们开挖陷阱，用掉入陷阱的猎物或者潜伏射杀的动物喂养他们的妻子和孩子。为了跟踪成群的马、野牛、鹿及其他动物，他们需要借助工具来穿过那些太宽跳不过去的地表峡谷裂缝、太湍急不能跨越的溪流。他们的生存和发展需要桥梁。

在寻找食物或猎物时，他们无助地漫游在溪流边，寻找一条安全可行的路。忽然，他们看到了一根倒在两岸之间的原木，这是一棵被风吹倒的死掉的大树，他们小心地踩上或爬上树干，绕过大的树枝，这样就有了一条到达对岸的路了。可能后来他们记起了这座偶然的桥，当再次来到河边，他们就会沿着河一直找，直到又找到了一棵倒下的树并将他们带到对岸；他们也有可能带上了坚硬的石斧或者鹿角锛子，将树干的周围用火烧成炭，然后将树干放倒，形成了一座桥，可以使他们穿过冬天冰冷涨水的溪流。

这种可供原始人类通行的桥梁可能很早就存在了。河边的大树被风吹倒，恰巧横于河两岸，于是一些动物和原始人类踩着树干过河，这便是自然界送给人类最早的桥——独木桥，它横跨在河流之上，形成了所谓的梁桥，梁的含义就是跨越的横杆。这种树倒伏成桥的现象并不是臆测，历史中确实有巧架树桥的记载。据《湖北通志》记载，巴东县西南480里的龙巢溪上，溪的两岸岩石陡峭，阻断了两岸人们的通行，根据当时的技术很难架设桥，明朝成化二年即公

元1466年，一次大洪水漂来一根大木横架在溪上，行人得以攀援而渡，故名"飞桥"。又如《畿辅通志》记载，河北保定县的柏村，河水环绕，人们的出行很不方便，要绕行很多冤枉路，岸边有棵古柏树，有一天忽然倒置在河中，如桥可渡。上述两个历史实例证明了大自然巧架梁桥确有其事（图1.1）。

在人类进化的漫长岁月中，大树虽然不会经常倒在深沟上，但也远不止一次、两次，原始人类通过这种偶然的自然现象意识到横在深沟上的大树会给他们的生活带来很大方便，于是人类产生了桥的概念。

这种天然的桥，很不牢固，大风或激流很容易将其掀翻带走，时间久了也可能腐朽折断。另外，这些天然桥未必就在原始人类居所附近，使用起来很不方便。后来，人类中有位聪明人有意识地将居所附近的大树砍倒，将其横架居所前的深沟两岸，这就是人类建造的第一座真正意义上的桥。这种独木桥虽然简单，但确实是桥梁的祖先，它不仅给当时的人类提供了交通方便，更重要的是它给人类带来了启示和信心，大河是可以逾越的，从而引起人们造桥的巨大兴趣。俗话说"独木难行"，独木桥简单，走起来不太容易，更别提过车了，局限性很大，随着人们经验的积累，将两根原木并排放在一起，或者更进一步在两根分开的原木上放上横向的原木，在上面铺些木板或树枝，在这种桥上通行就舒适安全多了。直至今天，在世界上的一些偏远地区，仍然可以看到这种原始的桥梁。

图1.1 原始人过独木桥

1954年，考古学家在中国陕西西安半坡村发现了新石器时代的氏族聚集的部落，位于河流边的台地上，有密集的圆形住房四五十座。在部落周围，挖了深宽各约5~6米的大围沟，这条沟里估计当时有水，用于防御其他部族的侵略和大型动物的侵袭。为了方便部落的人员外出生产，大沟上必然建造了桥梁，这个时期约在公元前4000年（图1.2）。

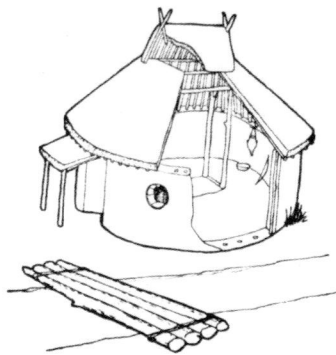

1.1.2 跨越宽阔河流——排架桥的发明

在跨越较宽的河流时，如果桥跨很长，原木梁会在中间产生很大的下挠，行人有种不安全感，人们想出了用另外一根原木垂直打进河床，用来支撑横向的木梁，因此，就创造出了木支架桥的雏形。不久，一个远远领先他们的同时代的天才在建造一座三根原木宽的桥时决定将三个树干分开，将它们水平交叉，而不是并排放置，并将许多树枝放在了两个纵向的原木上。这种简陋

图1.2 半坡村遗址想象图

图1.3　多跨木排架梁桥

的桥面使桥梁建筑进化史向前发展了一大步。

　　最终，史前的人们发展出了第三种类型的桥——悬臂桥。几千年来他们一直在山洞的缝隙里跳来跳去，这个缝隙的两边都有石头突出来，但中间并没有连接起来。一天，一个人在漫步的时候，发现前面的缝隙太宽，跳不过去，从过去的经验中他总结了如何解决这一问题的方法。他找到了一根原木或一块石板架在了缝隙上来实现横渡。事实上他做的正是枕梁或悬臂顶部的建设工作。但其中所包含的原理对当时的他们来说太过于复杂，他们从来都没想要建一个枕梁边，这种悬臂建筑还需要进一步的发展。

1.2　天然索桥与猴子造桥的传说

1.2.1　天然藤蔓桥和猴子造桥

　　在中国西南山区较窄的河谷两岸或南美的亚马孙河流域，天然生长的藤蔓植物伸向对岸，相互缠绕在一起，藤蔓植物纤维有一定的柔性和强度，宛如悬挂在空中的悬索，给原始人类攀援而过提供了可能。形式上这就是现代的悬索桥。从现代关于索桥发展的起源研究也表明，悬索桥这种结构形式最早确实出现在中国西南地区及南美地区，这里植物茂盛，藤蔓植物密布，在沟壑间相互交织在一起后，可供原始人类攀援而过。在温带气候里，藤本植物和其他热带藤可以作为抓手将人荡过去。世界上一部分热带雨林，就像亚马孙雨林里一样，整个雨林的上部全是纠缠交错的藤和兰花，猴子们在其间穿行荡漾。一些具有观察力的原始人可能还会看到蜘蛛在风中扯丝，将丝线连接到不同的树枝上，来加固这一悬线从而支撑更沉重的网，或者原始人在寻找可吃的食物和昆虫时也可能看到挂在树叶和树枝间的蚕茧，从中受到启发，人们利用藤蔓或麻类植物，建造可供渡河的简易结构，这就是悬索桥的起源了。

　　关于悬索桥的起源，还有人认为是猴子最先采用并延续至今，在中国西南少数民族聚集地区流传着猴子造桥的故事。我们过去听说过猴子捞月的故事，可没听说过猴子架桥的事情吧！一群猴子过河，一个先上树，第二个上去抱着它，第三个又去抱第二个，如此一个一个上去首尾相连，形成一个长串，地面上的猴子将猴子串来回推动，就像荡秋千一样，最尾端的猴子趁势勾住对岸的大树，这就形成了一串"悬猴"桥，其余的猴子顺利从猴桥上通过，到达对岸觅食嬉戏，这可比坐在鳄鱼背上渡河安全多了（图1.4）。

图1.4　猴桥渡河

1.2.2 溜索桥和麻绳的出现

当居住在森林里的人用梁建桥，居住在多岩石地区的人用石板建桥时，居住在雨林地区的同时代人则创造了使用天然的葡萄藤的悬索桥。悬索桥所用的材料取材方便，都是些草和多纤维的枝干。原始的人类受到天然桥的启发，在需要建立他们自己的桥梁时本能地就会采用悬索桥。学会了编绳与织网之后，他们收集藤类植物和攀缘植物并将它们做成绳子。将一端牢固地绑在树上和岩石上之后，就将自己荡到了对岸。随着经验的积累，慢慢开始采用野葡萄藤、麻纤维或竹子拧成一根大绳，将绳子捆在两岸的大树上就成了一座悬索桥，其过桥的难度与风险就像现在杂技表演中的空中走钢丝一样，为了克服恐惧，在大绳上套上一个竹筒或木筒，过河的人腰部用绳子系在可移动的竹筒上，靠手脚的动作，从绳上溜过河(图1.5)。也有的在竹筒上垂下一根绳索，绳索下系一横木，就像现在的一个小秋千，渡河时人坐在横木上面，从绳上溜过河去。这种桥式是中国西南少数民族人民首创的，至今在一些偏远的深山峡谷中还可以看到这种桥梁的应用。这种过河方法，人都是悬在大绳底下，手必须抓住大绳，局限性很大，虽然不至于摔下来，但不能随身带很多东西，过河也需要一定的勇气与技巧，老人和小孩过河很不方便，这对人类又提出新的挑战。

图1.5 溜索桥

1.2.3 多根绳索组成的悬索桥

下一步的追求就是在过河的时候能够更舒服安全些。人们想要提着箱子走过桥，而不是荡来荡去的。因此就产生了将两根绳子串在一起的想法。这两根绳子相互平行，在两根主绳索之间架设横向系索，在这些中间索上铺上树枝或织席，做完这些之后，人类已经构想并建成了一座真正的悬索桥了（图1.7）。

随着时间的流逝，人们想到了一些对悬

图1.6 日本木刻画中的桥

索桥进行改良的办法。这种进化是人类在追求更舒适的过程中将两条索改为四条索，并将它们分上下两两配对，在下面两条索上铺上织席，然后将两对索用草或芦苇杆连接在一起——这是现代悬索桥吊杆的雏形。结果就是一个类似于吊床的建筑随着微风或人们的行走前后摆动。在一座桥上使用两根或多根绳索，而且在两根绳索之间，拴上密密麻麻的藤网，人们在过河的时候，脚踩藤网，手扶两边的藤网，既好走，又安全，所以这种桥梁又叫藤网桥（图1.8）。这种桥式就是现代悬索桥的祖先了。

图1.7　原始索桥

图1.8　藤网桥

1.3　天生石桥——拱桥几何学的样板

1.3.1　天然拱桥千年不垮的奥秘

在自然界中，有些岩石经过长时间的风吹雨淋，逐渐风化，或两山间的瀑布，中间为脊石所阻，水穿石隙逐渐成孔，渐渐扩大，孔上石层磨成圆孔，常年累月，风化裂解，形成千姿百态的天然拱桥，有的呈弯弓形横跨在河谷激流之上，有的镶嵌在峭壁悬崖之间，形成天然的拱，恰似一道道彩虹，蔚为壮观（图1.9）。这些天然拱桥为什么耐久不倒呢？其实它的工作原理就同现代拱桥，拱其实就是弯曲的梁，拱结构在自重作用下相互挤压，均匀分担外界的压力，这就

图1.9　天然拱桥

是拱结构的特性，它有传递压力的特殊功能。我们在现实生活中，许多小朋友都做过手握鸡蛋的游戏，选一个没有裂纹的鸡蛋，把它握在手中，只要用力均匀，即便使出全部力气，也不能把它握破。实际上蛋壳并不是非常坚硬的东西，为什么可以承受那么大的力量呢？秘密就在于蛋壳是弧形的，它可以把表面上的力，分解为与蛋壳平行的力，并且沿着蛋壳传递到各个部位，使蛋壳均匀地分担了外来压力。拱结构也有这种特性，所以能承受很大的压力而不垮塌。除了这种天然拱，很多地区还有很多天然溶洞，其顶部也呈拱形，因为大的溶洞是空间结构，所以也成弧形穹顶，这种结构的受力同拱结构是同一个原理。

中国的天然拱桥不计其数，在许多风景名胜区均可看到。四川奉节县龙桥是世界上最高的天然拱桥，全长83米，宽8米，高190米，高耸入云。贵州梨平县高屯镇东南2千米处的高屯天生拱桥横跨亮江，跨距118米，宽138米，距水面34米，拱上是40米厚的岩层，该桥的拱形对称规则，犹如神斧天工，是目前世界上发现的最大跨度的天然拱桥。

1.3.2　石材的应用

木桥建造方便，但美中不足的是木材容易腐朽，用不了多长时间就要维修，如何克服这个缺点呢？在欧洲大陆北方被冰川覆盖的国家缺少林木，那里的居民不得不寻找其他材料来满足他们的需求。他们用扁平的石板代替原木来连接桥墩。这一类型的石板桥后来被称为响板桥

（Clapper Bridges），在一些原始的地区依然可以看到，中国的部分地区就存在着这样的桥。后来在许多石料较为丰富的地方，人们开始采用坚硬的长条石头来代替木梁，可以用很长的时间，这就是平常所说的石板桥。其实除了独木桥，自然界中还有天然的石梁桥（图1.10），浙江省雁荡山有座举世罕见的天然石梁桥，高200米，宽约20米，跨度达100余米。人类模仿天然石梁桥比木梁桥要晚，因为开采长条的石梁难度很大，要求掌握一定的工具及制造技术。

图1.10　天然石梁桥

图1.11　英国现存的最早石梁桥

1.3.3　师法自然，学会造拱

由于受到自然界天然拱桥的启发，人类学会了制造石拱桥，最早的拱桥也许就是依据天然拱的形状模拟建造的，经过师徒的口传心授，拱桥慢慢发展起来。拱桥这种结构据历史记载出现于公元前6000—前5000年，苏美尔人在富饶的底格里斯河和幼发拉底河流域用泥土烧砖，将平砌拱改为竖砌拱，形成拱桥的拱肋，不仅受力大而且美观，这是一个重要的发现！后来这种技术传入中国，拱桥得到全面应用，由于拱桥结构一般采用石材或砖建造，这种材料比木材或藤麻材料耐久，至今保存的古桥多为石拱桥。虽然拱桥公认在中国发展较晚，但中国古代人民在长期的生产实践中发现，在一些较为坚实的土坡上，可以挖掘出很深的洞穴，人们在里面生活十分舒服，既可以挡风避雨，又可以防止野兽袭击，这种洞穴只有在顶部挖成拱形时才不会垮塌。这种在北方土坡上广泛使用的居所就是窑洞，一直到今天，还在使用。由此可见，天然的拱式桥梁给人类提供了几何学上的极佳范例，让人类学习模仿，在此基础上人类通过经验积累和发明创造，学会了建造拱桥（图1.12）。

也许是雨后的七彩虹激发了人类建造拱桥的灵感，人类望着跨越天际的彩虹，是那么美丽，那么令人神往，如果能够沿着彩虹行走，就可以跨越河流、山川，走到山外的世界，有了这种理念，拱桥建设的实现就有了天然的基础，向自然界学习，改造自然，提高自身的生活水平，是人类社会永恒的主题。中国众多的诗词歌赋将桥梁形容为彩虹，唐代大诗人李白就有"采得七彩虹，架天作长桥"的浪漫诗句，至今很多桥梁还取名为虹桥。

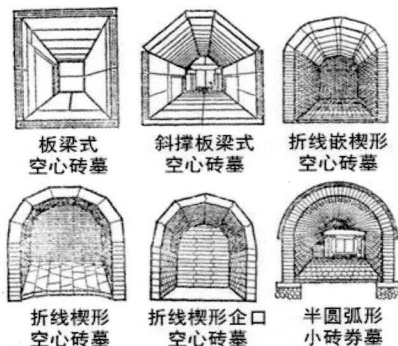

图1.12　拱的形式及过渡

1.4　天然踏步桥——桥梁基础与墩台理念的起源

1.4.1　抛石为桥——桥墩的建造

枯水季节在宽阔的河面上，我们经常可以发现河中直接裸露的岩石，借助这些间隔的石块，人们可以一步一跳地跨过河流，这种自然现象，启迪了人类的创造性思维，思想一闪，计上心来，沿岸寻找石块，抛石成堆，就成了踶梁桥，这也许是建造桥梁基础与墩台的开端。

　　新石器时代的人发明的小型木梁桥或者悬着的藤桥无法让他们跨越更宽的河流，或者他们生活在一个没有大树干或藤类植物的地方。在焦急地沿着河岸向上游或向下游行走时，他们的目光落在了河中央突出的石块上，他们忽然想到自己可以在河边找到许多石头放到河中去，这样就可以让河流变成一个浅滩，可以有很多踏脚的石头，他们的思想大大跨越了一步。因此他们在河岸边收集大石头并把它们放到河里去，结果就建成了第一个桥墩。一段时间后，或许是在雨季，人们发现这些石头快被水淹没了，然后他们记起了他们的原木梁，并把它们放到石头与石头的中间，于是人类建成了第一座用石头做桥墩的多跨桥。一旦人们学会了建造两跨桥，就可以轻易地重复这一过程建造多跨桥。

1.4.2　鼋鼍为梁——踏步桥

　　爱尔兰和苏格兰之间海峡里突出的巨大天然石块被称为大堤道（Giant's Causeway），根据神话传说，它们形成了一座桥的桥墩，在史前，巨人们从这座桥上通过。

　　无独有偶，中国山东的蓬莱，一眼向大海望去，有许多裸露的礁石，相传就是当年东海龙王为秦始皇到东海寻找不死灵丹药时造桥留下的桥墩。因为龙王为秦始皇造了桥，皇帝想面见龙王，但龙王有言在先，自己比较丑陋，绝对不许画像传入人间，秦始皇食言，偷偷让画师画了龙王的像，龙王大怒，一时间狂风大作，桥梁被风浪卷去，无影无踪，只留下这些巨型的桥墩了。神话告诉人类，既要利用自然，又要按自然规律办事。

　　据《考工典拾遗》记载，在公元前2286年，"舜命禹疏川奠岳，济巨海，鼋鼍以为梁"。《竹书纪年》载，"周穆王三十七年（公元前965年）伐楚，大起九师，东至九江，架鼋鼍以为梁"。这两处记载均表明古人在跨越大海巨川时，常常聚集鼋鼍作为桥梁，鼋鼍是个什么东西呢？鼋是一种特别巨大的乌龟，卵大如鸭子，每次产一二百枚；鼍是爬虫类，性贪睡，潜在水中好像砾石。自然形成的浅滩溪涧中露出水面的大石块，就如一个又一个露在水面的乌龟背，古人形象地将它们称为鼋鼍。远古人类为了过河，用大小砾石在水中筑起一个接一个的石凳，形成一座踏步桥，这就是"鼋鼍以为梁"的来由，现代人将其称为踏步桥（图1.13）。筑桥的材料除石块外，还可以依据建桥地区的材料，采用草、苇、土甚至盐等。在不少山区至今还有这种古老桥式，如浙江泰顺县通过仕阳溪的双层踏步桥，较高的石块踏步供挑肩的人行走，低的供一般人通行，布置合理，非常人性化。在踏步桥的基础上，人们为了改善通行条件，将简单梁桥与踏步桥的理念结合起来，在踏步间架设木梁，这就形成了多跨桥，有了桥墩和梁的概念，人们可以开始在宽阔的河流上架设桥梁了。

图1.13　鸿尾溪源踏步桥

1.5 模仿自然、抗争自然

1.5.1 模仿自然积累经验

自然界给人类展示了三种基本的桥梁类型：天然拱桥、梁桥和悬索桥。几千年来人们使用天然桥横渡障碍，逐渐形成了用一定的技术来模仿建造天然桥。尽管我们没有足够的考古资料来证实——自从旧石器时代人迁移到世界各地后，地貌发生了翻天覆地的变化——回顾起来，人类为取得再次进步花费了太长的时间。

从人类建造桥并获得造桥技艺开始到现在，每一座桥梁都代表也将继续代表人类对自然的一种征服、一个胜利。桥梁史就是人类一步步征服自然障碍、提升生存环境的记录。一个征服过后又带来下一个征服，后来的桥梁是建立在上一个桥梁建设经验基础之上的。因此一座现代桥梁就是无数个建设经验总结的结果。这一过程仍在继续，在人类生产和生活中，与自然障碍作战将是一个持续不断的过程。

从建筑史这一点来说，人类进化早期最重要的一步或许是工具的进步。新石器时代的人是精致石器工具骄傲的持有者，在这一段历史里最重要的工具是石斧。人类还有了弓和箭，这是日常生活中另一个重要的工具。另外，人类还制造了陶器，制造了做饭用的工具。他们还用有花纹的草或富含纤维的枝干来做草席和篮子。但最重要的是，在人类生活的某一个阶段或季节里，在某一个部落里，人类开始驯养动物、种植谷物。

在手工工具的协助下，人类开始模仿制造自然界里他们无意中使用了几千年的建筑。没有人知道人类智慧的这一进步究竟是何时产生的，或许是在新石器时代早期，但是人类思想的进步显得如此之慢，本来已经能够飞翔，而人类却爬行了太长的时间。

直到金属的发现将人们带入到青铜器时代（大约公元前3500年），人们学会了如何模仿自然去建造梁桥和悬索桥。因为第一批人是在游荡着寻找食物和温暖，他们第一批的建筑——桥梁将他们带到更远的地方。不管是用葡萄藤、树干或石头建造而成，这些材料在特定的环境里都十分充足。建桥的类型基本上也很合理地受到建设者手边材料的指引。天然桥梁虽系天工巧构，但宛如人作，为人类造桥提供了模仿的样板。殊不知它们蕴含着深奥的科学原理，木结构或天然石板可以承受一定的拉力或压力，藤萝虽柔但自身重量小、跨越能力大，天然石拱弯曲的石块相互挤压，巧妙地发挥了石材耐压的特性。梁桥、悬索桥和拱桥就这样出现了，它们是桥梁三种最基本类型，所有千变万化的各种形式，都由此脱胎而来。原始人类从观察自然到模仿自然，增加了渡河的经验，启迪了智慧，逐渐学会了造桥。

1.5.2 建造桥梁代表的正义、善良和美好

尽管史前的人们最开始建桥是因为桥梁可以帮他们满足生活需求，他们很快就乐于用自己的理念建造桥梁，在征服自然的同时感到一种骄傲与至高无上感。所有民族都有许多古代的神话是关于对邪恶的斗争，代表着自然与善良和进步精神的抗争。根据这些神话，如果一条河上架起了一座桥，那么河神便会尽力阻止桥梁的建造，因为桥梁剥夺了他们通过事故收取人命的机会。因此有一段时间广泛流传着每座桥都会牺牲一个生命——作为缓和邪恶思想所献上的祭祀。

有关展示这种正义与邪恶思想（即人类智慧与自然界力量）斗争的最有名的神话是在《新埃达》（*The Younger Edda*）一书里，这是斯堪的纳维亚半岛的一个古老的神话集，其中的一个人物冈雷尔（Ganglere）问道："从地上到天堂的路是什么样子的？"另外一个人回答说："你的问题多么愚蠢。你难道没有听说过上帝建造了一个名叫碧弗罗斯（Bifrost）的桥连接天上和地下吗？你一定见过它，它可能就是你们叫作彩虹的桥，有三种色彩，十分牢固，比其他任何建筑都花费了更多的技艺。然而不管它有多么牢固，当穆斯贝尔（Muspel）的儿子们经过它的时候，它就会被毁掉，然后他们就不得不和他们的马一起游过大河上岸。"

　　冈雷尔是第一个说话的人，天真地认为如果穆斯贝尔的儿子们能够破坏这座桥，那么上帝建造的这座桥就不够坚实，然而人们告诉他："彩虹桥是一座很好的桥，然而一旦穆斯贝尔的儿子们战斗起来，世界上任何东西都将被破坏。"

　　穆斯贝尔的儿子们是邪恶的思想，彩虹桥象征着人类将自己抬升到神的国度的力量。人们在心里早就有亲近神灵的感情———一种日益增长的创造力，一种超越自然、不被束缚、富有突破性的力量。

　　另一个中国神话故事，充满了对桥梁的赞美和对分离的同情，那就是七夕节。七夕节始终和牛郎织女的传说相连，这是一个很美丽的千古流传的爱情故事，成为我国四大民间爱情传说之一。相传在很早以前，南阳城西牛家庄里有个特别聪明、忠厚的小伙子，名叫牛郎，父母早亡，跟着哥哥嫂子一起生活，嫂子是个狠毒的女人，经常虐待他，逼他干很多的活。一年秋天，嫂子逼他去放牛，给他九头牛，却让他等有了十头牛时才能回家，牛郎无奈只好赶着牛出了村。

　　牛郎独自在草深林密的山上放牛，不知道何时才能赶着十头牛回家。这时，有位老人出现在他的面前，问他为何伤心，当得知他的遭遇后，笑着对牛郎说："别难过，在伏牛山里有一头病倒的老牛，你去好好喂养它，等老牛病好以后，你就可以赶着它回家了。"

　　牛郎翻山越岭，终于找到了那头有病的老牛。老牛病得厉害，不能动弹，牛郎就给老牛打来一捆捆青草。老牛吃饱了，突然抬起头告诉他，自己本是天上的灰牛大仙，因触犯了天规被贬下天来，摔坏了腿，无法动弹，需要用百花的露水洗一个月才能好。牛郎不畏辛苦，细心地照料老牛，每天为老牛采花接露水治伤。老牛病好后，牛郎高高兴兴地赶着十头牛回到了家。回家后，嫂子对他仍旧不好，曾几次要加害他，都被老牛设法相救，嫂子最后恼羞成怒，把牛郎赶出家门，牛郎只要了那头老牛相随。

　　一天，天上的织女和诸仙女一起下凡游戏，在河里洗澡，牛郎在老牛的帮助下认识了织女，二人互生情意，织女便偷偷下凡，来到人间，做了牛郎的妻子。织女还把从天上带来的天蚕分给大家，并教大家养蚕、抽丝，织出又光又亮的绸缎。男耕女织，情深意重，他们生了一男一女两个孩子，一家人生活得很幸福。但是好景不长，这事很快便让玉皇大帝知道了，派王母娘娘亲自下凡强行把织女带回天上，恩爱夫妻被无情地拆散。

　　年迈的老牛告诉牛郎，在它死后，可以用它的皮做成鞋，穿着就可以上天找到妻子。牛郎按照老牛的话做了，穿上牛皮做的鞋，拉着自己的儿女，一起腾云驾雾上天去找织女，眼见就要到了织女的住处，岂知王母娘娘拔下头上的金簪一挥，一道波涛汹涌的天河就出现了，这就是天上的银河。

　　牛郎和织女被隔在两岸，只能相对哭泣流泪。他们的忠贞爱情感动了喜鹊，七月初七这一天，千万只喜鹊飞来，搭成鹊桥，让牛郎织女走上鹊桥相会。后来，每到农历七月初七，在这牛郎织女鹊桥相会的日子，姑娘们就会来到花前月下，抬头仰望星空，寻找银河两边的牛郎星和织女星，希望能看到他们一年一度的相会，乞求上天能让自己像织女那样心灵手巧，祈祷自己能有如意称心的美满婚姻，由此形成了七夕节。这也是中国的情人节。

　　宋代词人秦观被牛郎织女的爱情故事激发了文思，他把这可歌可泣的故事用长短句很巧妙地表达了出来，成为脍炙人口的千古词章：

纤云弄巧，飞星传恨，银汉迢迢暗度。

金风玉露一相逢，便胜却人间无数。

柔情似水，佳期如梦，忍顾鹊桥归路。

两情若是久长时，又岂在朝朝暮暮？

第二章 古代桥梁

自从人类历史有文字记载以来，桥梁作为人类文明的一个组成部分代代传承，现代桥梁的几种基本形式，梁桥、拱桥、悬桥都已出现，其中不乏名桥佳作。17世纪工业革命以前，受当时科技、经济、政治等多种因素的影响，不论是东方还是西方，桥梁规模和跨度均很小，但造桥技术已经有了很大发展。结构形式在梁、拱、索桥基础上出现了新的形式，如桁架结构；采用的材料也不单纯直接取之自然，而是有了一些人工材料，如西方造拱桥时开始用砖，中国的吊桥也出现了铁链桥。那时的桥梁建造技术主要靠师徒之间口传心授，还没有出现现代工程师的概念，桥梁的设计建造主要靠一代又一代人的经验总结，施工设备相对简陋，靠的是肩挑手提；至于跨越大的河流或海峡时，只能采用临时桥梁——浮桥。尽管如此，在古代上下几千年中，世界各民族对桥梁的创造还是丰富多彩的，桥梁技艺达到了现代人难以置信的水平。

2.1 木梁桥与木桁架梁桥

2.1.1 中国早期规模宏大的木梁桥

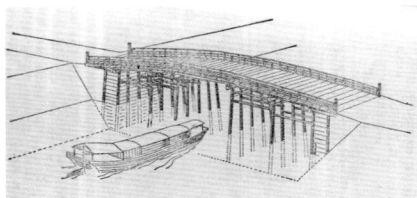

图2.1 扬州出土唐代木桥复原图

图2.2 江西莲花县木桥

图2.3 成都青杠坡汉画像砖

木梁桥是最古老的桥梁结构形式，但由于木桥容易腐蚀，耐久性差，所存古代木桥为数不多，只能从古籍记录中发现一些。

北魏郦道元《水经注》中记载的山西省绛县汾水河上有座有30柱，柱径5尺（1.25米）的木柱木梁桥，桥梁始建于春秋晋平公，也就是公元前557—前531年间，是见诸记载的最早一座梁桥，有30根粗木柱的桥梁，应当是大规模的桥梁了。《史记·刺客列传》和《战国策》记载了豫让刺杀赵襄子的事件（公元前475—前425年），赵襄子过桥时，豫让埋伏在桥下进行刺杀，该桥长135米，宽19.2米，也是汾水河上一座大型桥梁。《史记·苏秦列传》和《战国策》中还记载了陕西省蓝田县与蓝桥有关的故事，一个名叫尾生的鲁国人，和一位心仪的当地女孩相约在蓝桥下见面，女孩没有来，尾生坚持等待，结果发大水，水涨了上来，尾生为了不失信约，抱着桥柱不离开，结果被大水给淹死了，"信如尾生"这个成语就出自这个故事，表示一个人把遵守信约看得比生命还珍贵。

秦汉时期，在咸阳、长安古城渭水河上建造了中渭、西渭、东渭三座桥梁，据记载中渭桥全长525米，宽13.8米，由750根木柱桩组成67个桥墩，全桥68孔，在木桩上加盖顶横梁组成排架，排架上搁置大梁，再铺上木桥面板，两侧设置雕花栏杆。桥梁中间高，两端低，利于排水，防止腐朽。桥梁中间孔跨大，两端孔跨小，利于桥下行船通航。

2.1.2　灞桥——石柱木梁桥的代表

木柱桩长期在水中浸泡，很容易腐蚀，桥柱必须采用一些密实不怕虫蛀、长时间不朽的木材。为了克服这个困难，桥梁逐步过渡到采用石柱木梁桥时期，桥上加盖一个桥屋，既可防止桥梁梁部风吹雨淋，又可以供行人休息，木桥建造又上了一个新台阶。《唐六典》记载，天下石柱桥有四座，分别是位于河南洛阳的天津桥、永济桥和中桥，以及位于西安的灞桥（图2.4~图2.7）。这四座桥中，灞桥最为闻名。

图2.4　古灞桥石碑拓片

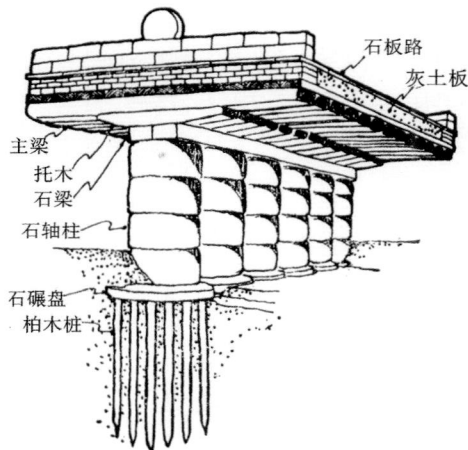

图2.5　灞桥构造大样

图2.6　石柱及细部构造

图2.7　灞桥新貌

灞桥跨越灞水，位于西安市东北10千米，是当时西安通往潼关以东的咽喉要道。灞桥附近种植了很多柳树，构成了引人入胜的景色。西安碑林中就刻有清代灞桥风景的石刻，"灞柳风雪"是西安十二景与关中八景之一。清代《西安府志》中记有："灞陵桥边多古柳，春风披拂，飞絮如雪，赠别攀柳，黯然神伤。"讲的是桥边杨柳万株，每年谷雨前后，柳树扬花吐絮，漫天飞扬，犹如雪花飞舞，点出了折柳赠别的习俗。由于灞桥是东出长安必经之地，迎送官客亲友，常到灞桥为止。这种风俗汉代就有了，因此灞桥又名消魂桥。也因桥边多柳，人们送别时，常折柳赠别。历代诗人也多以杨柳来表达离别之情。如唐代诗人王维《送元二使安西》中的"渭城朝雨浥轻尘，客舍青青柳色新。劝君更尽一杯酒，西出阳关无故人"，李白《忆秦娥·思秋》中的"秦楼月，年年柳色，灞陵伤别"，王之涣《送别》中的"杨柳东风树，青青夹御河。近来攀折苦，应为离别多"。历代千古绝唱的诗篇，也传播了灞桥之名。

灞水原名滋水，秦穆公为显示争霸天下的功劳，将滋水更名为灞水，桥梁建于秦朝还是汉朝没有统一定论。相传公元22年，因贫民栖身桥下生火烧饭，不慎失火，桥梁被毁。千百

年来，桥梁屡建屡毁，清朝有种传说，"桥梁自宋代以来，六十年一成毁，若有数焉"。这里将桥梁的建设毁坏周期凑成六十一甲子的年数，而且在劫难逃，也说明了桥梁的寿命不长的事实。直到清朝道光十三年（公元1833年）才建成了多跨石柱木梁桥，这是一次成功的修建，彻底打破了六十年一毁的界限，该桥一直用到1957年改建时，仍安然凌驾于河水之上，承受着往来络绎的车马行人的荷载，经历了兵荒马乱的岁月，历时一百二十余年未毁。

2.1.3 悬臂木梁桥——更长、更远的跨越

当河谷较深，不宜在河中间设置桥墩时，石柱木梁的结构就不再适用了。为了增大桥梁的跨度，我国西南各民族创造了一种独特桥梁形式——悬臂木梁桥（图2.10）。最早历史记载在公元4世纪，由羌族人在新疆与甘肃交界地区创造的一种新结构，后来这种结构传到内地甚至日本，如广西三江程阳桥（图2.9）就是这种桥式的典型代表。

图2.8 悬臂木梁桥构造

图2.9 广西三江程阳桥

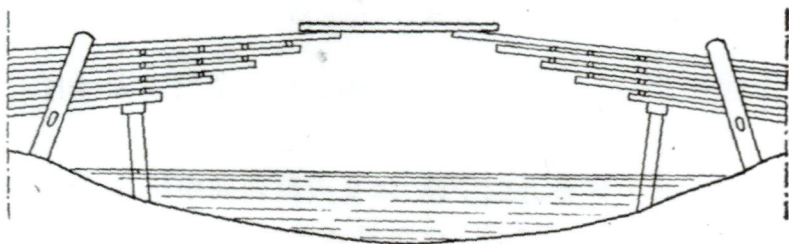

图2.10 喜马拉雅地区伸臂梁桥

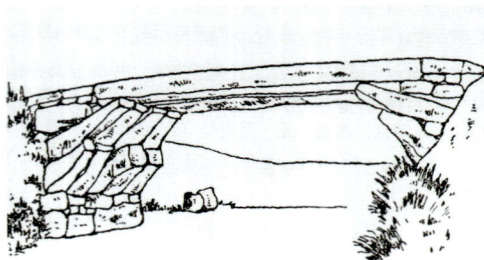

图2.11 云南云县河湾桥

图2.12 双向悬臂木梁桥

图2.13　浙江泰顺泗溪桥

图2.14　悬臂木梁桥基本形式

图2.15　兰州握桥全貌

悬臂木梁桥是用圆木或方木，纵横相间叠起，两岸垒石作基础，层层向河中挑出，每层挑出一米左右，前端略微向上，可使桥梁受载后桥面不至向下挠曲。此种桥式适用于山区，有良好的基础，附近多木材与卵石，河水较浅，水位落差较大处，从附近山上锯来树干，用人力层层叠加即可，适用于跨径为10～30米的跨度范围，所以在我国西北、西南山区以至东南沿海地区广泛采用，至今还存在不少这样的桥梁形式。这种形式不仅在我国采用，其对西亚国家的桥梁也有深远影响，在阿富汗及巴基斯坦也有这种桥梁形式。悬臂木梁桥使用较多的大致可以分为两种基本形式：单向悬臂式、平衡（或双向）悬臂式。

单向悬臂梁式用以建造单孔悬臂木梁桥。木梁桥由两岸起在岸边端靠压重逐渐向河心伸臂，当两端伸臂距离较近时，再在中央段上架上简支梁，增加了桥跨，这就是单向悬臂木梁桥。为了使悬臂更远、更为强劲，以多层木梁，每层伸出悬臂，每两层伸臂木之间的横木起联系和分配力量到各伸臂木的作用，这样可以获得更大的桥跨。始建于唐代的兰州握桥（图2.15），桥梁跨径达到了22.5米，全长27米，桥高5米，宽4.6米。它的修建方法是：在两岸石堤砌至一定高度时，把7根纵列的圆木置于同一平面，一头埋入堤岸中，一头上斜挑出岸边2米，成为挑梁，在挑梁的前端，用一根小横木把7根挑梁贯拴在一起，挑梁上又横压大木一根，空隙处用木块塞紧，构成第一层。按同样方法垒第二层，垒至第四层，两岸挑梁间相距7米时，就在两边挑梁上安装简支木梁，桥梁结构合龙。再在结构上铺上横板做桥面，桥梁建成。在桥的两端桥台之上，修建桥门屋压在挑梁的岸端部，平衡跨中的静活载，同时又避免了桥梁重要部位的日晒雨淋。

经过近代力学研究发现，挑梁每层挑出2米的长度，与建造该桥的木材容许应力比较适应，很符合力学的基本原理。由此可见，这种桥梁形式的成功应用，一定是古代桥工经过多次失败后总结出来的符合科学规律的方案，决不是一日之工。单向悬臂式木桥也称握桥，形象地表达了两岸悬臂木梁通过中间简支木梁而相握。

双向悬臂木梁桥是在河心墩顶叠加木梁，向左右平衡地伸出墩外，在伸出的挑梁之间搁置简支木梁。这种桥式适用于河面较宽阔处，可能受到木梁柱顶托木的影响而建立。木柱木简支梁桥，在柱顶处加上与木柱榫接的短木托梁，增加了木梁的承托点，可使梁中弯矩减小，同时也可使木柱在纵向有一定的稳定性。此类桥梁广泛分布在我国江南各地，比较著名的有浙江义乌的东江桥、湖南醴陵的渌江桥。

现在仍在使用的是广西三江程阳桥，建于1916年，是侗族地区特有的风雨桥，桥梁全长60米，桥上有长廊，墩上有五楼亭，全桥全由杉木制成。整座桥梁没有用一个铁钉，全由榫接而成，充分体现了我国桥工世代相传的高超建桥技术。在全国现存的300多座古廊桥中，熟溪桥可以说是古廊桥之祖，已有800多年的历史，是中国规模最大的悬臂木梁风雨桥之一（图2.17）。悬臂梁桥的结构形式，也对近代及现代桥梁产生过影响，英国工程界人士便自称，他们修建的近代大跨度的钢悬臂梁桥——福斯桥，就是从西藏的木悬臂梁桥（图2.16）中得到的启发。

图2.16　西藏拉萨积木桥

图2.17　浙江武义熟溪桥

2.1.4　木桁架桥和帕拉弟奥

木桥的又一个飞跃发展是桁架的出现。桁架作为一种结构形式，其发明是文艺复兴时期的一个最重要的贡献。尽管古代和中世纪的建筑师采用原始简单的桁架屋顶，桁架体系特点及原则还没有被认识和开发，文艺复兴时期的建设者研究出了实用和具有重要结构意义的桁架设计。之所以进行桁架的探索，是因为缺乏跨度较大的单独大型木梁。没有实际需求的逼迫，人们总是沿着熟悉的老路前行，避开发明新方法带来的麻烦。

在文艺复兴的开始阶段，当时的几何学知识已经认识到三角形稳定性原理，即如果不改变组成三角形的构件长度，其形状是唯一的，即三角形不变形原理。接着桁架结构就作为修建拱桥时的支撑或脚手架。这些桁架在屋顶建筑得到了广泛应用，屋顶结构采用了两种最流行的桁架系统（图2.18）——单柱桁架（King post）和双柱桁架（Queen post）。所谓单柱式就是在两只斜撑杆顶端设置一根竖杆，双柱式就是在斜杆间设置两根竖杆，这是斜屋顶结构常用的形式。

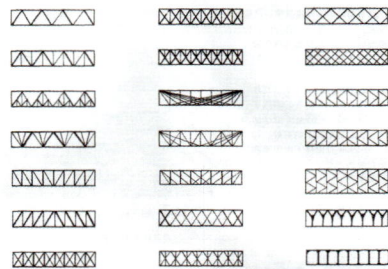

图2.18　桁架形式

在文艺复兴时期以设计桁架闻名的是意大利人帕拉弟奥（Andrea Palladio）。帕拉弟奥是一位信奉古典主义精神的人，文艺复兴时代的乡间庄园可以见到小型帕拉弟奥式桥梁，讲究装饰华丽成了当时文化的特征。

帕拉弟奥对桁架的研究非常深入细致，尽管当时他是一个古典主义者，但他发明的桁架注定代替罗马拱而成了建筑的原则，1570年在他的《建筑四书》（*Four Books on Architecture*）一书中提出四种桁架图式（图2.19），

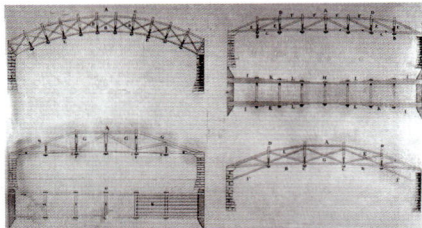

图2.19　帕拉弟奥的桁架

应用四种不同的桁架建桥，这是第一次将桁架的原理应用于桥梁建筑类型。

他在自己的书中写到，这些桁架是他的朋友在德国看到的式样，工程界普遍认为是他发明创造了桁架，书中的描述仅是帕拉弟奥式的谦虚。他指出桁架的优点是：（1）建造经济；（2）跨径增大；（3）可用短梁。帕拉弟奥的设计远远领先他所处的时代。桁架在现代虽是非常成熟的结构模式，它与梁桥和拱桥不同，是在自然界看不到的，是人类根据结构的受力规律创造出来的。桁架的好处是结构简单，应用了三角形的稳定性原理。桁架结构具有极强的实用性，它利用了短的木材，节段制造，采用了容易得到的经济材料。帕拉弟奥的桁架形式大规模利用是在他发明桁架200多年以后，它不得不等了200年直到桁架重新被认识和发现。工业革命开始时期，桁架桥一度成为大跨度铁路桥梁结构的首选，对后来桥梁结构的发展起到了重要作用。

2.1.5　木排架桥和格鲁本曼兄弟

尽管帕拉弟奥在16世纪就设计建造了桁架桥，但这种桥式没有人跟随和推广。人们继续采用古老的排架式桥梁结构，格鲁本曼兄弟是18世纪最著名的木桥设计大师。哥哥叫乔汉尼斯·格鲁本曼（Johannes Grubenmann，1707—1771），弟弟叫汉斯·乌尔里奇·格鲁本曼（Hans Ulrich Grubenmann，1709—1783），他们是瑞士的乡村木匠。他们建造的三座桥获得了长久的名声，这三座桥都已在1799年被法国人毁坏了。汉斯·乌尔里奇建造了沙夫豪森（Schaffhausen）桥，乔汉尼斯建造了赖歇瑙（Reichenau）桥，兄弟俩合作建造了威廷根（Wettingen）桥，这三座桥非常相似，格鲁本曼兄弟设计的跨度至今也没有木桥可能达到，桥梁的设计采用了从桥台辐射出的斜杆，这些杆件由纵向和竖向的构件连在一起。其中沙夫豪森桥的模型还存在该市的博物馆中（图2.20）。这个复杂结构模型似梁若拱，可见拱结构成了坚固的代名词，桥梁设计深受拱结构影响。

图2.20　格鲁本曼设计的沙夫豪森桥桥梁模型

汉斯·乌尔里奇1755年开始设计了在瑞士北部的沙夫豪森镇跨越莱茵河的木桥，在此之前该处的一座桥梁垮塌了，但中间的桥墩还在。设计者希望采用一跨结构跨越河面，因为该镇的官员坚持要利用河中的桥墩，最后采用了一座两跨的结构，事实上，中间桥墩的作用很小，基本不承担桥梁的反力，很小的荷载就使结构从中间墩弹起了。桥梁全长110.9米，一跨52.1米，另一跨58.8米。

乔汉尼斯建造的赖歇瑙桥在桁架和拱结构设计上和沙夫豪森桥非常相似，但它是一座单跨桥，跨度为73.2米。

然而，由他们二人合作于1758年修建的威廷根桥（图2.21）是最为优秀的作品，威廷根桥位于苏黎世西的威廷根，跨越利马特（Limmat）河，该桥与前述两座桥不同，

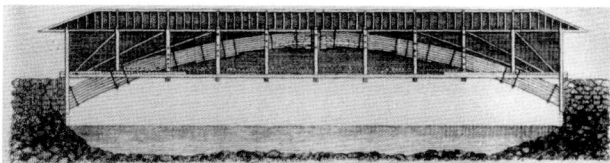
图2.21　瑞士的威廷根桥

它由七根橡木梁整齐的排列组成一个矢高7.6米的悬链式拱。这些小梁长度在3.6~4.3米之间，他们深入圬工墩形成节点，相互之间不是通过榫接或锚接而是由铁系条按1.5米间隔绑扎在一起。这座跨度61米的桥梁应该是当时跨度最大的一座木拱桥。

格鲁本曼兄弟的三座桥梁展现了一定的共同特征，它们组合了拱与桁架的基本原则。直到19世纪中期，人们还对桁架体系在外荷载作用下杆件内力的分配知之甚少，其结果是早期的桁架桥梁在某些构件上浪费了材料，相比较而言拱结构的建筑原理被人们较深刻地认识。换句话说，在1750—1830年期间，人们对桁架的强度还没有信心，更多采用古老的拱结构形式。这一对木工兄弟建造了跨度达73.2米的大跨度桥，他们设计的桥梁跨度可以超过100米，只是没能够实现，在没有理论知识的情况下，他们的大胆创新设计主要依靠作为木匠的精湛技艺和用模型试验验证他们的设计。

2.2 木拱桥

木拱桥在古罗马时代已经出现，罗马时期人们已经掌握了用松香或油脂进行木桥防护，选用耐久性较好的橡木作为水中基础。

2.2.1 木桁架拱桥

1714年法国人休伯特·戈蒂埃（Hubert Gautier）编著了世界上第一本桥梁建设的专著。在他的著作中，总结了桥梁的建设原则、基础的处理方法及拱桥的跨度与矢高关系的经验公式。他系统研究了帕拉弟奥的桁架设计，恢复使用桁架结构体系，并根据帕拉弟奥的桁架拱形式为处在法国的塞纳河上提出过3跨27米的桁架拱桥设计方案。他提出了另外三种所谓拱体系的设计，第一种是双桁架拱桥，跨度为11米；第二种为部分是悬臂梁、部分为桁架的体系，跨度18米；第三种是叠片式拱桥（图2.23），采用1.5~1.6米长的直木，根据需要选择叠片式布置，可以达到增大跨度的目的，所有构件由径向的扣件进行连接，跨度可达45米。他的设计思想和格鲁本曼兄弟二人1758年修建的威廷根桥非常相似，但后者矢跨比较小。

1737年英国伦敦威斯敏斯特（Westminster）桥梁的设计方案竞赛中出现了不少木桥方案，其中巴堤·兰利（Batty Langley）的两个桁架桥方案跨度均达到了30.5米（100英尺）（图2.24），为了避免腐蚀，桥梁结构在最高水位以上，满足桥下的通航要求，但带来的缺点是桥面高度很高，桥梁造价昂贵。从桥梁立面布置图可以看出，结构采用的是具有很多斜向撑杆的桁架结构，从每个圬工桥墩处伸出斜向的杆件，支撑桥梁结构，这种结构形式是非常实际、非常可靠的体系，后来的格鲁本曼兄弟也采用了这种结构形式。威斯敏斯特桥的另外一个桁架拱方案也很值得注意，它由木匠詹姆斯·金（James King）提出，由13个拱组成，中跨跨度为23米的桁架形式木拱桥方案（图2.25）。

詹姆斯·金的桁架拱既不是帕拉弟奥式也不是戈蒂埃式。相反，他用的原理与巴堤·兰利所用的方法相同，开创了一种新型的拱桥形式。所有詹姆斯·金的拱均接近半圆拱。

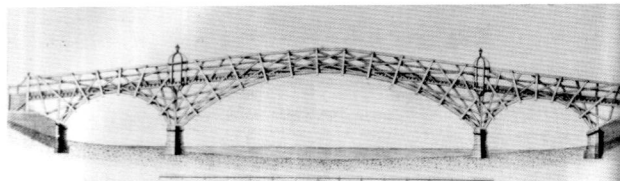

图2.22 德国科隆莱茵河木桥模型

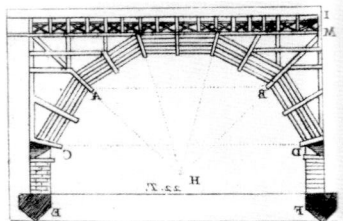

图2.23 戈蒂埃设计的叠片式木拱桥

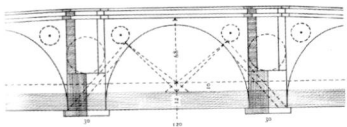

图2.24 巴堤·兰利的威斯敏斯特桥方案

图2.25 詹姆斯·金的威斯敏斯特桥方案

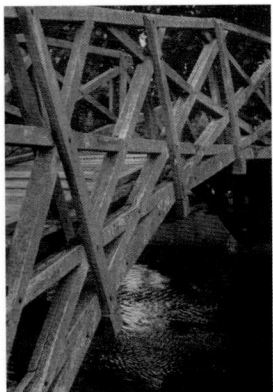

图2.26 早期的英国木拱桥（其杆件布置很像北京的鸟巢）

图2.27 木拱桥细部

2.2.2 穿插梁木拱桥——中国建桥人的独创

以穿插梁木成为木拱的名桥是北宋《清明上河图》(图2.28)中的汴水虹桥(图2.29)。这幅名画中的木拱桥是一座单跨等边折线形的木构拱

图2.28　清明上河图

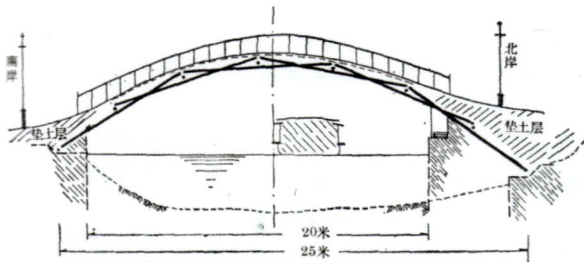

图2.29　虹桥横断面示意图

桥，跨径近25米，拱矢高度约5米，桥梁宽度足有8米，桥梁设计严谨，构造精巧，显示出了高度的建筑技术和艺术水平，这种结构像桁架一样，解决了采用短木架设大跨度桥梁的技术难题。

从《清明上河图》所取的透视角度，可以了解这座桥梁的细部结构。在桥梁宽度内共有21组拱骨，拱骨为大圆木，其上下面锛成了平面。21组拱骨分为两个系统，最外面一组拱骨成为第一系统，由两根长拱骨和两根短拱骨组成；再里面一组为第二系统，是由三根等长的拱骨组成。在横桥向共有11组第一系统和10组第二系统。每一个单独系统均是不稳定结构，于是在两个系统拱木的交会点，设置横贯全桥宽度的横木，横木起到联系拱骨，使结构形成稳定体系和横向分配活载的作用。这种桥梁形式是我国独创的结构形式，反映了中国古人的智慧。它是一种组合形式的桥梁，易于施工和建造，加上我国传统木工工艺比较成熟，在当时的桥梁建设中广泛采用这种结构形式。据史料记载，这种桥式首创于今山东益都（宋时为青州），在青州洋水河上架设的有柱桥梁经常被夏天的洪涝冲垮，阻隔了城镇两岸的交通往来，影响了人们的生产、生活，成了人们长期的隐患。到了宋朝的明道年间（公元1032—1033年），当时青州的州官夏竦很想改变这种局面，由于他本人缺少建桥经验，所以提不出架桥的高明办法。那时一位曾当过狱卒的人，根据洋水河的水文地势特点和多年的观察，认真研究，比较了当时流行的多种造桥技术，虚心地吸取和总结了桥工匠师的智慧和经验，再经过苦心钻研革新，创造了用较短的木材建造较大跨度桥梁的巧妙构造技术，提出了在洋水河上建造不设中间桥柱的虹桥方案。因其构造先进，工艺精良，青州桥历经50多年未毁坏。后来跨越汴河上的有柱桥梁，经常受到船只的撞击破坏，影响运粮的船只，公元1041—1048年，宿州州官陈希亮决定让桥工仿造青州虹桥，在汴河上建造无柱桥梁并获得成功。自此以后，虹桥在800多里的汴河上推广开来，整个汴河上的水路交通变得顺畅和安全。从青州桥的建造，到汴河普遍建设虹桥，已经积累了许多经验，所以汴京地区的虹桥，可以认为是当时同类桥梁的典范，而画家张择端的《清明上河图》里的这座虹桥就是它的代表。

在很长一段时间里，人们认为虹桥的结构形式已经失传。但在浙江西南（图2.30、图2.31）、福建东北洞宫山脉及雁荡、括仓等山脉间，仍有不少此类木拱桥，经证实确实是演进了的虹桥结构形式。只是随着宋朝的南迁和中原的战火，桥梁受到了很大破坏已经荡然无存，而南宋带来的桥梁建造技术在东南沿海却得以使用与延续。

图2.30　浙江云和梅崇桥

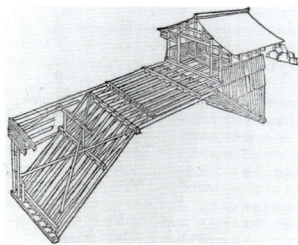

图2.31　云和梅崇桥结构图示

2.3　石梁桥

"闽中桥梁甲天下"，这是对南宋时期闽中地区大量建造石墩石梁桥的真实写照。福建古代石桥，以石墩石梁桥为特色。其中有世界首创的筏形基础的洛阳桥，有以长度长、工程大而闻名的安平桥（图2.32），有以石梁重达200余吨的漳州江东桥，有睡木沉基的金鸡桥和结构保持完整的福清龙江桥。

图2.32　安平桥

北宋时期，海外贸易曾辟泉州至南海一线，可达阿拉伯各国。至南宋时期，泉州已发展成为一个大港，成为世界最大贸易港之一。为了满足交通运输的需要，首先在泉州福州间跨洛阳江建桥，其后建成跨晋江以及供港口货物上下及运输需要的跨海桥、跨江桥和海岸桥，如安平桥、凤屿盘光桥等。在南宋152年间，建造了几十座大中型石梁桥，总长度达50余里，其中5里以上的有三、四座。

下面以三座桥为例，介绍福建石桥的计划巧妙和独出心裁。

2.3.1　首创筏形基础的万安桥

图2.33　万安桥

万安桥（图2.33），又名洛阳桥，是我国闻名中外的巨大石桥之一，享有"北有赵州桥，南有洛阳桥"的声誉，桥长834米，46个桥墩，47个桥孔，全桥均用花岗岩筑成，气势壮观。

桥梁位于福建泉州晋江、惠安两县交界处洛阳江入海尾闾上，为当年福州转往江西、湖北抵达京都汴梁的重要官道。在此之前，虽然我们的祖先建造了不少桥梁，但在濒临海湾、水深面阔的江面上造桥，还是第一次。造洛阳桥之前，还没有建造过这样长的永久式大桥，更没有在江海交汇处建造过多孔式的跨水长桥。近千年前建造的洛阳桥，是桥梁史上一次大的突破，开创了在入海口造桥的先例。

洛阳桥始建于宋皇佑五年（公元1053年），完成于嘉佑四年（公元1059年），由时任当地太守的地方官员蔡襄领导建造。蔡襄进士出身，曾在宋朝的中央政府做过官，支持过范仲淹的"庆历革新"，曾想对内外交困的政府有所作为，由于在中央政府不太得志，后来转任自己家乡做地方官，办过水利灌溉、绿化道路、兴办学校等事情，在家乡有着很高的名望。最得人心的事迹就是组织完成了万安桥的建造。当地有民谣"栀子花开心里骄，蔡状元造万安桥，四十九只观音殿，文武百官买香烧"。这首民谣表现了人民群众对这座伟大桥梁和它的建设者的热爱和尊重。

详细研究文献记载的这座桥梁的天然资料和结构施工方案，发现该桥确有许多独出心裁之处。近千年前，当地人民认为洛阳江"波涛汹涌，水深不可址"，在此处造桥是一件不可能的事。蔡襄毅然倡导建造石桥，依靠广大桥梁工人，筹划如何建筑桥基，如何巩固桥基。沿着桥梁线路方向用大石块填铺江底，当时，石灰浆在水中不能凝结，如何将石块胶成整体，免受海潮冲散是一个大问题，也是桥梁基础成功的关键。至基础达到相当宽度时，在桥基处散置"蛎房"胶固，使全桥基础形成一个整体，即现代桥梁工程的所谓筏形基础。在易遭冲刷的河床中，而且很难将基础深入河底时，这样的基础非常可靠，在上面建造的桥墩也很稳固。在950多年前这座桥已经采用了筏形基础，这是我国建桥工程的又一项重大发明，也是世界桥梁的首创。

洛阳桥建造利用了生生不息的牡蛎，加固桥基，是桥梁工程中绝顶的创举。牡蛎是一种生殖在浅海区域、长有贝壳的软体动物，它的一个壳附生在岩礁或别的牡蛎壳上，与附生物相互胶结成一体，不再分离，另一个壳则盖着自己的软体。它的繁殖能力很强，成片成丛的牡蛎无孔不入地在海边岩礁间密集地繁生，可以把分散的石块胶结成很牢固的整体。这种固基的过程，大约需要2～3年时间完成，利用自然现象的启发，结合当地特点，创造出了令人瞩目的成就。

2.3.2　安平桥和虎渡桥

图2.34　安平桥夕照

以"天下无桥长此桥"闻名的安平桥，是泉州长桥中的代表，长达2100米，建于公元1138—1151年间，历时16年建成此桥，是我国古代桥梁最长、工程最浩大的一座石墩石梁桥。桥梁结构模仿洛阳桥样式，桥面采用石梁拼成，每根梁重量达12～13吨，下部桥墩仍由条石纵横叠砌而成。桥墩样式不一，有方形、尖端船形，也有半船形。

在我国古代石桥中，石梁最为巨大的首推福建漳州江东桥，其每根石梁重达100～200吨。江东桥又名虎渡桥（图2.35），公元1237年建成，桥梁全长336米，桥宽5.6米，墩间每跨由3块巨梁组成，共19孔，孔径大小不一，其中最大孔径21.3米。每块石梁重量均在100吨以上，最大石梁长23.7米，宽1.7米，高1.9米，重量近200吨。这样巨大的石梁，在宋代并无机具设备，其开采凿制已属不易，而运输、架梁中的困难几乎无法克服，数百年来，中外桥梁专家学者为之深感惊奇。根据我国老一代桥梁专家罗英推测，石梁的凿制可能是先将石梁两面及两端凿平整，然后用麻筋杂泥滚成圆柱，待晒坚实后，以大木为车，从采石场运到大型船舶，后用浮运法利用潮汐涨落，将巨梁安装在石墩上。

图2.35　虎渡桥全景

2.4　石拱桥

2.4.1　罗马时代的石拱桥

拱桥的发源地在巴比伦、埃及、波斯、希腊共同活动的爱琴海区域，该地区是西方历史与文化的中心，以后发展至小亚细亚和罗马，成为庞大的罗马帝国。由于西方几个民族在爱琴海区域活动，交往频繁，战争又多，所以很早就掌握了拱桥建造技术，如半圆拱、尖拱等。

罗马人从居住在意大利中部伊特鲁斯加人那里接受了造拱技法，发展成完美的拱桥建造艺术。罗马石拱桥和输水桥世界著名，2000多年来，经历洪水、地震和战争的考验，仍有30余座存在，不能不说是个奇迹。这些宏伟的工程也是那个时代主教展示其神圣地位的政绩工程，因为他们本身自称是处在上帝和普通人之间的"建桥人"，他们建立了上帝和普通人之间的联系，自认是最伟大的桥梁建设者，当然维护桥梁也是他们的责任和义务。

图2.36　天使之桥

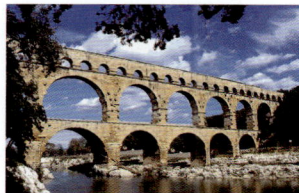

图2.37　加尔桥

　　罗马人虽掌握了高超的建桥技术，但造桥仍仅凭经验判断，施工人员要负责维修，风险仍然很大。对建造桥梁的桥工要求极其严格，以致要保持桥梁的良好状态40年后才能付清工程款；在首次通车或发生战争时，造桥人要走在军队的最前面。

图2.38　塞哥维亚桥

　　罗马人常常采用半圆拱，这种结构将拱的推力以合适的角度传给基础。公元前后仅在罗马就修建了许多20~30米跨度的石拱桥。其中天使之桥（Angel's Bridge，图2.36）至今依然屹立不倒。罗马人造桥装饰很吸引人，如里米尼（Rimini）桥，在公元前27年开始建造，为五个半圆拱，拱径分别为8.17、8.86、10.56、8.92和8.01米，各墩由半露柱支承着古典的三角楣饰，重型飞檐由一系列牛腿支承，为罗马桥中最美的。16—17世纪，全欧洲包括重要城市伦敦、巴黎，模仿它建了许多桥。罗马的输水道桥，也是当时高度文化的表现，现在还存几十座，散布在意大利、法国和西班牙等地，著名的有加尔（Pont du Gard）桥(图2.37)及塞哥维亚（Segovia）桥（图2.38）。公元2世纪时期，罗马帝国发生危机，476年西罗马帝国灭亡，进入欧洲黑暗时期和中世纪时期，教会具有无上权威，罗马大道系统破碎不堪，桥梁又少又失修，罗马人的造桥技术失传，混乱达千年之久。

2.4.2　文艺复兴时期桥梁代表——威尼斯里亚尔托桥

　　我们首先看看意大利的桥，这里是文艺复兴的发源地，是反抗旧制度先驱者的聚会之处。从气质上讲，意大利人通常是优秀的艺术家和美学哲学家。因此，他们的桥十分美观，经常被各国的艺术家画进画卷。

　　最让人喜爱的一座桥是众所周知的里亚尔托（Rialto）桥，它的照片被许多家庭挂在起居室里。这座桥位于威尼斯大运河上，有着丰富且让人着迷的历史。知道了它的历史，也就了解了整个文艺复兴时代的历史。

　　威尼斯是中世纪著名的商业中心，当时在大运河上只有一座桥，这座桥就是里亚尔托桥的前身。12世纪时期，这座桥是一座木浮桥，在运河中央附近有一个可移动的拖拉孔（drawspan）。直到1252年才建成了一座同样是木制的固定桥，因为要向过往的行人收费，被人们称作Moneta或Money桥，即金钱桥，后来随着时间的流逝，这个粗俗的名字就消失了，进而有了一个合适的名字——里亚尔托桥，来源于它所在的区。这座木桥同样要经常翻修，直到有一天灾难发生。1450年，一群拥挤的威尼斯人挤到桥上，去观看国王特烈三世（Frederick Ⅲ）进城的盛大欢迎仪式。木扶手被挤得嘎嘎响，最终断掉了，许多人也跌落下去。后来重修的桥比原来的桥加宽了，店铺也第一次出现在桥面上。

　　1512年的一个夜晚，里亚尔托区发生了一场大火，这场火几乎吞噬了这座桥。这时，杰出的桥梁建设者乔凡尼·焦孔多（Giovanni Giocondo）建议建造一座砖石桥，桥上可以设有店铺，这样就可以为建桥集资。然而奇怪的是，大火并没有烧毁里亚尔托桥的主结构，因此当局松了一口气，什么也没做。

　　1587年1月，威尼斯参议院最终采取行动，任命一个由三人组成的委员会选择一个建桥计划并监督实施，建桥资金由市财政部门拨款。毫无疑问，很多个建桥方案被提交到参议院，其中安东尼·庞特（Antonio Da Ponte）的设计成了胜利者。

　　很巧合的是，里亚尔托桥的设计者与建造者的名字"Da Ponte"在文艺复兴时期的意大利就是"桥"的意思。人们对庞特的一生知之甚少，只知道他是一个威尼斯人，第一次出现是在1570年的公共记录中，任公共事业管理局局长。1577年12月20日，他作为一个志愿消防员第一次赢得了大家的认可。那一场大火威胁到了公爵宫（Ducal Palace），庞特不顾屋顶不断落下的木头和炽热的铅块带来的危险，毅然进入着火的建筑控制局面。正是由于他的勇气与指挥，才使得这座建筑免于完全烧毁。火灾过去后，他仍然在战斗。在议会上，帕拉弟奥想要拆毁整座建筑建造一个新的，庞特反对这一观点，认为应该为后代留下一座意大利文艺复兴时期最好的建筑，后来他胜利了，并负责设计监督维修工作。当1587年参议院征召里亚尔托桥的设计时，庞特已经75岁了，然而他却获得了这座桥的合约，并且在两年后还获得了一座在大火中被毁的监狱的

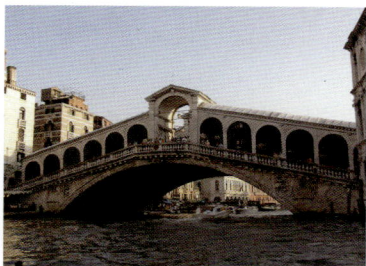

图2.39　威尼斯里亚尔托桥

重建工作，其中包括威尼斯著名的叹息桥（Ponte di Sospire）的修建。

为了不妨碍运河交通，桥跨只用了一个单孔桥拱，桥拱的曲线是一个圆的三分之一的部分，有27米长的净跨，6.4米高，总共宽22.9米。桥面中间是车行道，两旁是店铺，靠近扶手的两侧有两条人行道。最初珠宝商占据了所有的24个铺子。中间大拱的两边各有6个小拱，支撑着最高的顶部。一系列宽宽的楼梯一直抬升到桥的中间，四组位于桥墩处的楼梯连接着河的两岸（图2.39）。

该桥桥梁的基础施工十分困难，因为地面十分湿软，而且两岸有很多距离很近的高大建筑，如果要修建桥梁，这些建筑的地基必须被挖掉。庞特曾想把这些建筑拆除从而修建更好的引桥，然而参议院认为他们已经付出了足够的损失费（130000金币）。于是庞特决定用由四个人操作的机动打桩机建造承重桩，在水下截断封顶。1588年6月9日，打桩工作完成了，这座砖石建筑的第一块石头也被放置到位。

后来庞特的反对者试图制造更多的麻烦。因为从没有人听说过这种地基，建在倾斜的平面上，呈放射状的桥拱，因此这很容易引起人们的恐惧。最终，大家认为给参议院写信能够将这一问题传达到上层，他们要求组建一个五人委员会来调查这座桥梁，并听取证词及反对庞特建造程序的意见。证人证词的价值当然会有很大的差别：像庞特这样的专家的证词简洁而充满尊严地捍卫自己的设计；这位设计师的叔叔阿维瑟·庞特（Alvise Da Ponte，负责地基建设）为他作证；三人委员会为他作证；目睹一切的市民为他作证；其中最后一组被提名的证人带着一些幽默活跃了法庭上的气氛。一位证人是个盐商，他说他相信桥桩被打得很牢，因为很多次他看打桩的时候都产生了睡意，因为打桩打得实在太慢了。另外一个证人是个酒商，他证明说自己花了很长时间观看这项工作，事实上他很喜欢看以致有些时候监管的人会把他赶走，因而他又经常到另一边去看。他说有一次他看到人们花了三小时打一个桩。最后他声明说："我曾看到过其他的地基建设，但从没看到过这样的……据我推断，这样一个地基是不可能出问题的，我对你们建造的这个地基得出的好的结论就像我判断一瓶玛尔维萨（Malvasia）酒的优劣一样专业。"酒商的话是对的，庞特和他的团队赢得了这场官司，建桥工作继续开展起来。

工程进展很快，接下来就开始桥拱的脚手架建造工作。根据记录，八百根粗大的落叶松原木及其他许多小型木材被用于脚手架建造，然后用于桥拱建设的巨石也被放置到位并固定好了。到1591年7月全部完工的时候，这座桥已经建了三年半，城里所有的石匠都为此工作了两年。这项工程总的花费为240000金币，而这座桥的建造者庞特已经79岁了！

1591年7月10日，这座桥建成后不久，在桥上的商人和市民感觉到这座新桥在他们脚下振动，因此他们极度恐惧地跑到大街上大喊里亚尔托桥要塌了，但他们跑到街上后也感觉到大地在颤抖，进而知道并不是桥要塌了，而是发生了地震。地震过后，人们都跑向里亚尔托桥，发现它依然屹立在那里，一点都没有被破坏。老工程师庞特知道他建造的美丽的桥经受住了自然界最严酷考验后该是多么高兴啊！现在这座桥依然挺立着，这是文艺复兴时期建成的最好建筑，它简洁的外形、合理的比例与砖石结构都透露出高贵。

2.4.3　佛罗伦萨的圣特里尼塔桥

图2.40　圣特里尼塔桥

文艺复兴时期建造的在设计美观上仅次于里亚尔托桥的是位于佛罗伦萨的"圣三位一体桥"，即圣特里尼塔（Santa Trinita）桥（图2.40）。这座优美的三跨桥梁，边跨29m（95ft）中跨32m（105ft）。它也是战争的悲剧之一，于1944年8月8日被德军破坏。尽管已经制定出计划照原来的样子重建，甚至资金都准备好了，但最终什么都没做。直到1958年才把原来的石块从河中捞出，重建了该桥。

阿尔诺（Arno）河将佛罗伦萨分成两个部分，在中世纪，这条河上有四座桥，其中有一座已经变成了一个历史——维奇欧（Ponte Vecchio）老桥（图2.41）。四座桥中最年轻的是圣特里尼塔桥。这座桥在16世纪中期重建，因此在1567年，第一个被封为大公的梅第奇人寇西默一世（Cosimo I，一个很有能力的暴君）命令建造一个砖石拱桥来代替旧的圣特里尼塔木桥，并任命巴尔托洛梅奥·阿曼纳蒂（Bartolommeo Ammannati）为总工程师来负责设计建造这座桥。

图2.41　维奇欧老桥

桥拱的曲线很快就成为这座桥梁最神奇、最漂亮、最有技术含量的特征。专家们一致认为这座桥梁最具有美学意义，它的建造是工程界的一个壮举。但他们却不断质疑桥拱曲线，认为它倾斜的程度太大，简直是对分析理论的一个挑衅。事实上这座桥包含两条曲线，每条曲线都与抛物线十分相像。两条线在顶部交会成一个钝角，阿曼纳蒂试图用一个装饰性花纹盾来遮盖住这个角。现在这种曲线被称为提篮拱。这条曲线最引人注目的是升向桥跨时极端的比例——1∶7，而一般的比例则是1∶2或1∶3，至多是1∶4。

阿曼纳蒂是怎么得到这条很美的曲线的呢？并没有记录可以回答这个问题，但既然没有数学方面的因素可查，那就只有一个原因：他是一个优秀的绘图员和艺术家，阿曼纳蒂设计这条曲线完全出于美学考虑。他显然是使用两条切线作为决定因素——一个是位于拱上拱脚的垂直切线，一个是顶点处稍微倾斜的水平线。他将这些切线用一条很优美的曲线连接。由于他不能避免由此在顶点产生的角，于是他把它遮起来了。

这项工程中所展示的工程技术要归功于两个优秀的工人，他们是阿曼纳蒂任命为责任工程师的父子——阿方索（Alfonso）和朱里奥·帕里吉（Giulio Parigi）。他们像所有细心的工程师一样将野外记录记在一个本子上——这份文档现在具有很高的价值。在这份文档中他们揭示了两个建设中最有趣的问题——围堰建设和脚手架建设。

2.4.4　文艺复兴时期法国的桥梁

图2.42　新桥

意大利并不是唯一一个用桥梁建设来表明他们的启蒙和文明的国家，这种形式的建筑也体现在巴黎从一个中世纪小镇到文艺复兴时期繁荣都市的转变。第一座石桥是巴黎圣母（Pont Notre Dame）桥，建在塞纳河上，建成于16世纪的前十年。第二座被称为新(Pont Neuf)桥（图2.42），建成于16世纪末。后者比前者更重要并成为不朽的建

筑。尽管后来进行了一次重建，但这座桥现在还在使用——至今已经300多年了。非常难得的是有关这座桥整个历史的记录都被保留着。尽管这座桥建成后巴黎又建造了31座桥，它还是被称为新桥。当时建造的时候，它是现代工程的最好样本，运用了最新的理论与技艺。

新桥承担着左右两岸及河中小岛（上面有着十分重要的古建筑：大教堂、皇宫及巴黎城的发源地）的交通，从左岸到小岛有五个桥跨，从小岛到右岸有七个桥跨。尽管所有的桥拱都是半圆形的，然而任何两个都不是完全相同的，例如跨度，从9.4~18.6米（31~61英尺）不等，不但桥拱之间各不相同，连同一个桥拱的上行和下行边都不相同。

新桥最有趣的特点是桥基的建造。为了研究这一问题组成了一个专家委员会，他们的建议写在了一个报告中，这个报告是十分重要的，因为他们展示了这一时代桥基建设知识的广度。

最初，委员会提议在南端开展工作，挖掘后对底部进行开发来确定到底是使用一个简单的格构床还是需要打桩。专家委员会认为只用一个平台就可以了——时间证明，这是一个错误的决定。

报告上交给了皮埃尔·勒柯（Pierre Lescot），他是个顾问工程师。皮埃尔·勒柯看起来似乎对提议只建格构床不打桩的提议有些怀疑，因为他建议在实施前要在南边桥墩进行测试来决定文艺复兴时期三个传统的浇注桥墩的方法的采用，这三种方法分别是格构床、打桩和直接将用于建筑的大块石头放到泥土上。委员会还提议用大块石头建造桥墩，这些石块必须结合得很好，中间不能有碎石块。他们要求底层应当是阶梯状的（step-backed），但皮埃尔·勒柯并不同意这一做法，然而人们并没有听从他的意见，一个平整光滑的表面当然会比阶梯状棱角分明的层面更不易被侵蚀。

报告中还描述了所采用的围堰，它有两个围栏，里面的一个是由两排紧密相连的板桩组成，外面的一个只有一排板桩，再外面是一圈土堤。两座墙之间的空间填满了搅拌好的黏土。在建造长河汉侧的桥梁地基时，必须考虑水流的冲刷对挖掘深度的影响，责任工程师安排用木头做出围堰和桥墩平台的模型，这是桥梁设计中最早使用的现代手段。但是，由于建造者在桥墩地基建造中并没有使用桩，水流立即就带来了麻烦，在桥还没有建成之前地基就维修了很多次。

由于政治和宗教阴谋，这座桥的设计师杜·赛索（Du Cerceau）后来将他的工作交给了主要石匠——纪尧姆·马尔尚（Guillaume Marchand）。在教堂的压力下，亨利四世不情愿地将杜·赛索免职，因为他是一个异教徒，不肯为了工作丢弃他的信仰。

尽管这座桥不同阶段经历过很多次维修，但它还保留着原来的面貌。桥拱大量的砖石工作都做得很细致，桥墩像一个个大柱子支撑着桥面。这座桥唯一的装饰就是支撑悬着的飞檐的枕梁。桥上的货摊和店面一度十分成功，各种商贩——书商、糕点商、变戏法的人、装饰品小贩——都挤在桥面上，直到上面的货摊多达178个。1756年这些都被禁止了。新桥在法国几代人的生活中都占有很重要的地位，承担着从拥挤的小岛到著名的左岸很大部分的交通。法国有一个谚语式的说法：站在桥面上，人们可以想到法国生活的一个层面——法国的小孩和他们的保姆、妓女、热切的艺术学生、憔悴的小贩、傲慢的商人、挎着菜篮的家庭主妇……。19世纪印象派画家奥古斯特·雷诺阿（Auguste Renoir）将这些都画进了他著名的油画《新桥上的生活》。他是个敏锐的观察者，站在桥上从连续不断的车流和人流中引发思考。

对于新桥，法国人还有另外一个谚语：一个在朋友中以身体强健著称的人被喻作像新桥一样强壮。这当然不包括这座桥糟糕的地基！很明显，法国人把他们的新桥看

图2.43　皇家桥

成了每个公民的骄傲。

　　巴黎的另外两座建成于17世纪的，现在还在使用，它们是玛丽（Marie）桥和皇家（Pont Royal）桥（图2.43）。这两座桥的建桥故事都很有趣，并且它们都是美丽的建筑。

　　1600年，西岱岛（Île de la Cité）已经拥挤不堪，然而邻近的圣路易斯岛（Isle St. Louis）还很空旷。三个具有首创精神和远见的人构思了一个计划并向国王请愿。计划将这片土地变得可以居住，条件是划为他们的财产。这三个人是瑞士的出纳雷格拉捷（Le Regrattier），国王的秘书普莱特（Poulletier），承包商和建造者克里斯多夫·玛丽（Christophe Marie）。1614年这三个人得到了皇家的回复：如果他们建造了通往小岛的桥，抽干了岛上满是泥浆的小溪，建成了一套排水系统，那么他们就可以拥有这片土地。他们答应了这些条件并立即投入到建桥的工作中去。然而他们花了20年才建成了这座桥。

　　奠基仪式是在这一年由路易斯八世和玛丽·德·美第奇（Marie de Medici）主持的。这座桥有5个桥拱，几乎都是半圆形。这些桥拱使得桥跨长度增加到中心位置。拱脚三角形的分水角只延伸到距离顶部一半的位置。上面平整的表面用小的龛与壁柱和山墙绑成经典的样式进行装饰（明显是为雕塑准备的）。这座桥使用的是它的建造者的名字，这当然十分合适。

　　三个发起人为了给桥集资，在桥面上建造了房屋。1658年恶劣的洪水造成了塞纳河上冰塞，破坏了两个桥拱，同时将20个房子及居住在里面的120个人拖下了水。这些建筑后来没有重建，1788年所有的房子都被毁坏了。

　　另外一座17世纪的桥是皇家桥，它是桥梁的一个精美的标本。这座桥由国王下令建造，替代原来的木桥，由雅克·加布里尔（Jacques Gabriel）负责。他是第一个负责桥梁道路学院的工程师，也是这个建筑师家族中出色的建筑师加布里尔的祖父。

　　在建造初期，雅克·加布里尔在地基建造中遇到了一些困难，这些困难似乎是难以克服的，因此他请了一个顾问弗朗索瓦·罗曼（Francois Romain），他是一个来自荷兰的传教士，许多工程壮举都归功于他。罗曼引进了河床准备工作中的挖泥技术，他使用了一种机器，这种机器在荷兰马斯特里赫特（Maastricht）城马斯（Maas）河上桥墩地基建设中使用十分成功；他还在皇家桥地基建设中获得了荣誉，因为他第一次使用了沉井技术，用防水木材做边。开挖后，沉箱被下沉到河床上，但顶部还在水面之上，然后砖石桥墩就被建在腔室之内。这座桥还获得了其他许多荣誉，它是巴黎第一座没有使用半圆形拱曲线的桥。主拱设计为椭圆形或三心拱环，起拱线高出水面许多。五个拱跨的体积向中间递增，建造桥拱的石头被仔细地用锚具和钳夹固定在一起。这座桥十分朴素，几乎没有任何装饰。拱脚三角形的分水角几乎延伸到线的顶端，但桥面上并没有任何凹口。而且，在巴黎，人们第一次把注意力放到了桥墩不阻塞河道的目的上——这也是采用椭圆形桥拱的原因之一，并试图通过建造很宽的桥使将来的交通量增加。这些就是为什么皇家桥这么多年很少维修的原因。

　　巴黎的桥本身就是十分值得研究的对象，尽管每一座都是完全独立的个体，但它们与周围的岸墙、纪念碑、公园和经过装饰的居民建筑组成的环境十分协调。塞纳河本身就是这座城市的脉搏节拍，读懂这些桥也就读懂了巴黎。

　　文艺复兴时期桥梁建筑在艺术和科学方面都取得了长足的发展。桥梁结构理论的发展带来了更醒目、更美观的桥梁设计，建筑材料的使用也更加高效和经济。半圆拱桥设计的权威第一次被弧段和椭圆曲线挑战。同时，文艺复兴时期多姿多彩的思想也成就了大师级建桥家的理念和视野，完成了多种知识（艺术、建筑、科学）的结合。随着这些领域的分隔和各种专家的出现，再也不可能实现这样一种统一了。后来，随着机器的发明，人们更注重建筑细节，尤其是在设计和地基建设的时候，为了社会的利益，人们渐渐学会了合作，砖石工艺和木工手艺都得到了提升。最终，人们把他们建造的桥梁作为民用艺术品，并为此感到骄傲。当公众开始注重桥梁的外表时，建桥者的地位升高了，变成了一个真正的"公民（土木）"工程师（Civil Engineer），不但在社会事务中起领导作用，而且建造出一个个公共纪念碑。

2.4.5　千年独步赵州桥

图2.44　江南水乡的秀丽拱桥

图2.45　北京卢沟桥

拱桥发源于西方，并逐渐形成了较为成熟的技法，大概在东汉时期传入中国。由于拱桥的突出特点，在现存中国古代桥梁中占有重要地位，有很多名桥佳作，如江南水乡的小桥流水（图2.44）、北京著名的卢沟桥晓月（图2.45）、颐和园皇家园林中的玉带桥（图2.46）、颍河故道上的小商桥（图2.47）等。但最为著名的是享誉中外的河北赵州桥。它是石拱桥的创造发展，形成了千年独步赵州桥。

赵州桥（图2.48）原名安济桥，又名大石桥，建于隋代大业年间（公元605—618年），由李春、李通等人建造。因民间歌谣有"沧州狮子应州塔，正定菩萨赵州桥"，故一般人都叫它赵州桥。民谣中赞誉的是华北四宝。其中应州塔是山西应县佛宫寺的一座60余米的木塔，建于辽清宁二年（公元1056年），为现存木塔之首；正定菩萨是河北正定兴隆寺的宋代铜制观音像，高24.3米（合73尺），为稀有佛像；沧州狮子是河北沧县的铁狮子，重40吨，一千多年前铸成，狮子身上铭文"狮子王"，在全国独一无二；赵州桥与它们并驾齐驱。赵州桥为单拱圆弧石拱，跨径37米，桥全长约50.82米，拱矢高7.23米。大拱上建有四个小拱，南北两端各两个。靠桥台处的两个小拱跨径较大，平均4米，近桥中央的两个小拱，跨径2.75米。桥梁宽9.6米，中间较窄，约9米。全桥28道独立拱圈并列砌置。

这座桥在我国现存的石拱桥中是最古老并为当时跨径最大的石拱桥，不仅为我国桥梁工程上首先发明的拱上加拱的敞肩拱类型的桥梁，亦为世界桥梁工程上的敞肩拱的首创。闻名世界的中国科学技术史专家、英国的李约瑟曾对赵州桥评价说，李春建成赵州桥后，"显然建成了一个学派和风格，并延续了数世纪之久"，"弓形拱是从中国传到欧洲去的发明之一"。古罗马时代建造引水渠时，采用了两层高的拱上加拱结构，但上层的拱脚建在下层的拱墩上，因此只能成为二重拱，并不是敞肩拱。在欧洲，建造石拱桥居领先地位的法国人，比赵州桥晚了7个世纪才建成赛兰特敞肩拱桥（Pont de ceret，建于1321—1339年）。它的跨径为45.5米，虽然超过了赵州桥，但它的大拱拱矢比赵州桥大，桥宽3.9米，还不到赵州桥的一半。真正的敞肩圆弧拱，欧洲到19世纪才出现。赵州桥净跨径为37.02米，千百年来，在国内外一直保持着记录。

敞肩圆弧石拱桥首创于我国，这一桥型的出现，给予拱桥的向前发展以巨大的生命力。所谓敞肩，是指拱上建筑由实腹演进为空腹，以一系列小拱垒架于大拱之上。这样可以减轻石拱桥的自重，从而减小拱圈厚度和墩台尺寸。另一方面，又可以增大桥梁的泄洪能力。所谓圆弧拱，是指采用小于半圆的弧段，作为拱桥的承重结构。于是，在相同的跨度情况下，可以较半圆拱大幅度降低桥梁高度。两者结合，使拱桥技术克服了障碍，产生了飞跃。

这座桥在全国闻名，因民间《小放牛》歌词里有"赵州桥什么人修？玉石栏杆什么人留？什么人骑驴桥上走？什么人推车轧了一道沟？赵州桥鲁班爷爷修，玉石栏杆圣人留；张果老骑驴桥上走，柴荣推车轧了一道沟。"这一歌谣除"玉石栏杆圣人留"一句还可以理解外，其余均与历史不符，但为何与历史不符的歌谣能流传如此长远呢？细心研究，这一歌谣也许是含有指示人们如何爱惜和养护这座桥梁的深刻寓意。以上歌谣是根据一段神话而来的，当地曾流传着这样一段神话：鲁班修好桥后十分得意，正好八仙中的张果老骑驴，柴荣推车走到桥头，张果老问鲁

图2.46 颐和园玉带桥

图2.47 小商桥

班，桥能经得起他二人走吗？鲁班不以为然地说："这么坚固的石桥，还载不起你们二人吗？"张果老和柴荣过桥时用仙法运来五岳名山的重量加在驴车之上，把桥压得摇摇欲坠。鲁班一看情况不好，用手在桥东侧使劲推住，才没有压坏，因为用力过大，就在桥上留下了驴蹄印、车道沟和手印。而柴荣推车时由于车子太重，曾跪倒在桥上，在桥上压了个漆印；张果老慌忙中斗笠掉在桥上，打了个圆坑。1953年桥梁大修时，除手印由于东侧塌毁而无存外，其余仙迹都完整保留。对这段神话加以研究和推敲，可以发现很多有意义的道理。因为石桥是按纵向并列法砌筑，靠边行驶重车对桥梁的安全有影响，桥上仙迹都在东侧1/3部分内，所以仙迹的雕刻是标明行车应在桥梁中间，不要走仙迹外面，边上行车有危险。至于手印，是指将来万一石桥发生裂痕，可以在石桥手印处暂时支承，以免立即倒塌，可以从容修理。将不同时代的三个名人凑在一起，是因为这些名人，为一般大众所熟知，容易引起注意。由此可见，李春建桥时，充分考虑了行车安全及以后的维修养护，为后人科学使用及养护桥梁提供了依据和便利，这也许是这座名桥留存千年的奥秘之一吧！

图2.48 赵州桥

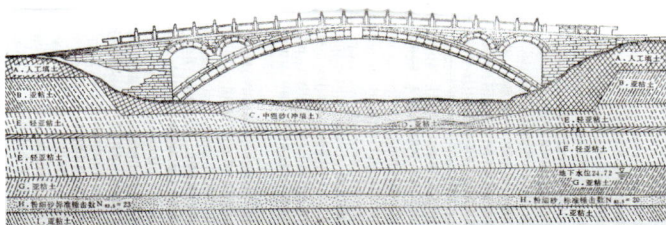

图2.49 赵州桥址地质及构造

图2.50 赵州桥构造中的细节

2.5 从竹索桥到铁链桥

钢铁的引进激起了悬索桥建筑上一个全新的兴趣点，在此之前的悬索桥仅仅是使用天然的纤维和藤条编织而成。铁链以最简单的形式悬挂在河岸两边，两端锚在了岸边，中间用木材做成桥面。这种桥的强度和寿命相比竹索桥，产生了革命性的变革。

2.5.1 中国古代索桥的辉煌

最古老的铁悬索桥，它不在欧洲也不在美洲，而是在中国的一些山区省份和西藏。山区的人们很早就知道该如何将植物纤维固定在悬崖上，做成悬索桥跨越山谷。

中国的古铁链桥成就很大，有世界上最早的铁链桥。如云南、四川、贵州和西藏各省区的铁链桥，种类繁多，结构简单而巧妙，其最大缺点是刚度不足，变形和振动都很大。由于没有掌握控制振动的方法，振动是最难克服的问题。但也要看桥跨长短，索的多少，联结方法，以及索的张紧程度而定。如《贵州通志》记载，建于明崇祯年间（公元1631年）的北盘江桥，由参政朱家民主持修建，跨度120米，30链为底，6链为栏，桥面在河面3米以上，桥面上先铺较大木材，再铺大板，桥面厚约30厘米。铁链都锚固于石窟之中的石柱之上，栏杆铁链从高约1米多的石狮口中吐出。栏杆铁链与主铁链用细铁链编织。桥头有巨坊，并有祠、塔、楼阁，除了石狮之外，还有石牛等雕刻。这是一座结构上较大，建筑艺术处理很好的桥梁，是云南人朱家民和四川人李芳先从索桥故乡四川和云南移植过来的桥梁。该桥梁通过的载重也很大，所谓日过牛马千百群，据徐霞客记载，还看到有大象和骆驼等大型动物通过。桥梁存在了28年，在清初战事中被毁，只存在铁链7根，修复时补了10根，而桥的使用性能不如从前，晃动剧烈，后来于1660年改为木伸臂梁桥。

泸定桥（图2.51）建于清康熙四十四年（公元1705年），是我国铁链桥的一个典型代表。1935年红军长征，强渡大渡河，抢占泸定桥。23名英勇的战士，手扶着摇摇晃晃的铁索，冒着弹雨，夺取了泸定桥，为长征胜利立下了功勋，也让泸定桥留下了不朽的名声。

图2.51 泸定桥

四川泸定桥水平跨度100米，铁链跨长101米，桥梁宽2.9米，由13条铁链组成，9根底索，4根栏杆索，每条链平均长128米，每链841～903扣，总计11571扣，每扣约80毫米宽，170～200毫米长，铁链直径25毫米。为了保证桥梁的安全和制作质量，几乎每个环扣上都刻有具体制作工人的代号。全桥铁链重约21吨，其他铸件19吨，总计用锻铁40吨。9根底链，链间距33厘米，上铺3米长、4厘米厚的横梁木板，在板与板之间留有25厘米的缝隙，桥面透空，是符合吊桥抗风的布置。在横板之上，中间铺4道平行的纵向走道板，两边各2道走道板。铁链在梁端插入落井(图2.52)。

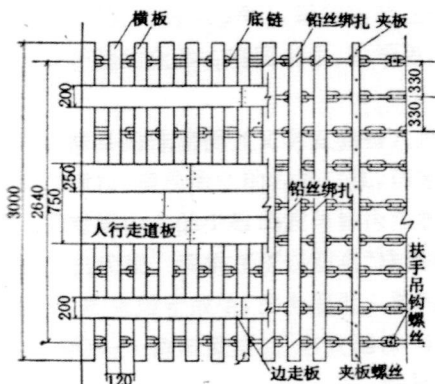

图2.52 泸定桥构造细节

桥在自重静载作用下，水平中垂2.3米，但因东西桥台高差68厘米，东高西低，所以吊桥最大中垂点偏离跨中5米，最大中垂达1.62米。桥台上面修建桥头建筑，一方面可以防止雨水流入落井，另一方面起关卡作用。过去对桥梁的管理方法是：每年农历三月初一开桥，十月初一封桥，冬天枯水季节利用船渡。开桥时间，每日下午4时至次日上午9时关闭。桥上设有税官，过桥收税并监管桥上秩序，如桥上不得跳跃，不准25人以上同时过桥等。

这座没有加劲梁的悬索桥在几百年后的今天依然行使着它的职能，它100米的跨度超越了19世纪欧洲和北美所建造的第一批这种类型的铁桥。

除了上述两座典型桥梁外，中国有大量的铁链桥分布在西南地区。西藏传说中铁索桥的大量兴建和改造是在15世纪。当时有一位建桥大师，也是藏戏的创始人，唐东杰布（公元1358—1465）。他先后在雅鲁藏布江等江河上，建造了58座铁索桥和60多座木桥。他到处乞讨化缘，收集废铁，募集资金，熔炼铁链。又组织民间艺人和匠人，编演藏戏来积累资金，一面演戏，一面修桥造船，是西藏古桥建筑史上的杰出人物。

我国古代索桥产生较早，数量众多，形式多样，但自17世纪以后没有显著的进步。中国古索桥传入日本，又通过西方的商人、探险家、传教士等传到西方，对近代桥梁的发展有重要影响。

2.5.2 欧洲的铁链桥

欧洲第一座铁链桥的设计发表并图示在1595—1616年间威尼斯的*Fausti Veranti's Machine Novae*上。我们可以肯定这个本该实现的设计却从未实现。

让人惊奇的不单单是内陆亚洲人精湛的工艺——这种工艺使他们能够在很早的历史时期就建造了铁悬索桥，它还表明了建筑用材的特点，这一用材是在竹绳没有成功的基础上依据其特性进一步发展而产生的。

然而，这些早期桥梁的桥面是沿着悬索的曲线建造的，但在后来的发展中，桥面被吊在了下面，因此从沿悬索曲线的限制中解放了出来，从而索的下垂程度及桥跨长度可以增加到极大而不会带来任何负面影响。概括一点说，悬索桥最主要的特征就被清楚地认识到了。吊架从主悬索向两端延伸，被固定在支撑桥面的横梁上。这些不稳定的、没有相应抗风支撑的桥面有时并不能抵御自然的袭击，因此桥上被撕裂的裂口经常要用一些替代品进行修补。这样，过桥就变成了一种冒险的活动。

然而，我们不能忽略欧洲许多桥的源头，它始于托马斯·泰尔福德（Thomas Telford）1819—1826年在威尔士麦奈（Menai）海峡上建造的铁链桥（图2.53）。布达佩斯的多瑙河上第一座永久桥梁是由克拉克（W. T. Clark）1839—1849年间建造的。它的跨度有203米，被认为是最美的铁链桥之一。后来，在1903年，布达佩斯又建成了另一座铁链桥——伊丽莎白桥。它的中心跨度有290米，直到今天它还是桥跨最大的铁链桥。对于这样跨度的桥来说，钢索早已占主导地位了。

图2.53 麦奈铁链桥

第三章 现代桥梁工程的开端

文艺复兴时期满怀质疑与好奇的伟人们——达·芬奇、布鲁内莱斯基、米开朗琪罗、阿格里科拉、哥白尼、布鲁诺、伽利略、弗朗西斯·培根，对未知世界永无止境的追求带来了现代科学。这些文艺复兴时期精力充沛的天才们享有艺术家、建筑师、工程师、作家、学者、音乐家的盛誉。

尽管在这个时代许多领域都取得了很大的进步，但建筑方面取得的成就却很小。不管在哪个时代，天才们的观念和视野总是在大众的想象与观念之上，因此，一个观点从天才的思想过渡到被大众所熟悉接受总需要一段时间。当公众为这一观点做好了思想准备之后，这个观点就变成明明白白、实实在在的现实了，桥梁建筑也是一样。

文艺复兴到工业革命这一时期是桥梁工程发展的过渡期，结构理论、结构材料和新的结构体系也逐渐出现。桥梁的建设从过去单纯的经验法过渡到理论指导下的经验法，也就是说，完成了架桥人从纯工匠向工程师的过渡；建桥的材料也从天然的木、石等天然材料向人工材料——铁过渡；新的结构体系出现了，由于工业革命的到来，桥梁的平顺度、舒适度的要求更高了，出现了具有拱上结构的更加平坦的拱桥体系，桁架的优点被人们重新认识和应用，新的桁架结构发明专利如雨后春笋般出现，这些均表明现代桥梁的准备期已经开始了。这是一个超越前辈的时代，又是一个开启未来的新时代。

工业革命时代的来临，是之前200年新观念、新理论形成后的果实，经过200年的发酵和积累，人类终于进入一个利用科学技术能够主动改良世界的新时代。铁路的兴建，钢铁的推广应用，混凝土的产生，结构设计理论的完善均为桥梁工程的兴建奠定了前所未有的基础。在这一背景下，人们开始研究结构，研究理论，发明新的材料，发展教育，制定标准，拉开了现代桥梁建设的序幕，为今天桥梁的建设奠定了基础。

3.1 结构基本理论的重大发明与应用

文艺复兴时期是观念、希望和理念的播种时期，一些天才的思想通过纯科学和无数重要的理论被证明，但是却花了200年的时间才被大众所广泛接受，开始应用于为人类谋福利的实际工程中。这个由理论到实践滞后的裂口是一道很难跨越的鸿沟。人们不停地为填补这一鸿沟而努力着，这也是人类能够战胜自己的一个重要原因。在文艺复兴时期，纯粹的科学家对力学和材料的一些理论进行攻关，甚至还对金属作为建筑材料进行试验，桁架这一伟大构想就是这个时期产生的。但直到18世纪这些理论才被注重实用的科学家应用到实际的建设中。从开端到实际应用，对一个理念进行的追溯是一个少见但令人兴奋的朝圣过程。你会惊奇地看到这些观念几近丢失，但后来它们又站稳了脚跟并发展繁荣起来。

3.1.1 结构理论基础与桥梁

文艺复兴时期卓越的科学家达·芬奇是这个世界上少有的几位世界知名的天才中的一位，他的多才多艺令人惊异，他的《达·芬奇的笔记》至今仍被人们以持续不断的热情进行研究。在他诸多的兴趣中，还涉及力学领域，事实上，他的发现很早以前就被人们认识到了，他甚至可以被称为力学的奠基人。

达·芬奇出生于15世纪中期的佛罗伦萨，31岁时他想在位于米兰的卢多维科·斯福尔扎（Ludovico Sforza）找一个顾问工程师的工作，他写信列出了自己的才干和成就，其中之一就是宣称自己将成为一个有着不寻常发明的桥梁工程师："我有一个建造轻型、承担少量交通桥梁的方案，通过建造这样一种桥，我们可以击溃并追击敌人。还有另外一些更结实的桥，它们可以承受火和剑的攻击，可以简单地进行升降。我还知道怎样烧毁和破坏敌方桥梁……"

他列举出的这些措施毋庸置疑地会引起雇佣者的好奇心，而达·芬奇接到聘任书也就不足为奇了。但由于达·芬奇孤军奋战，而且他没能对人们产生影响，因此结构分析科学奠基人的荣誉落到了另外一个人的头上——伽利略。

伽利略是希腊文明之后第一个阐述改变建筑方法科学理论的人。

1636年，伽利略因为公然反抗天主教会而遭到软禁。他坚持忠实于与生俱来的理性主义，坚持太阳系是以太阳为中心而不是以地球为中心。伽利略在长达3年的禁闭期内共写了3本书。在第二本书中他试图建立一个全新的、具普遍意义的结构科学，找寻一种方法，使在给定条件下结构构件的尺寸大小既准确又合乎逻辑。在当时，许多基本的前提条件已经就绪，使得伽利略可以开展这项研究。这些前提条件包括：文艺复兴时期信奉的完整、包容的系统观；普遍性的观念——无论什么，如果在一个地方起作用，那么在整个世界都会起作用；以及人们已经认识到简化性的假设并不一定会影响最终结果的意义。

图3.1　伽利略研究的理想悬臂状态

伽利略研究的一个特殊装置是悬臂梁，这是他在威尼斯兵工厂碰到的一个实际问题。船肋在造船所里被固定在龙骨上，船肋的尺寸受到造船所临时性支撑条件的限制。伽利略将这个问题抽象为一种标准状态，并用他那著名的悬臂梁图示形象地刻画出来（图3.1），它阐明了悬臂的前提条件并把问题简化为一小部分可测、可控、起限定作用的参数。简化过程完成后，伽利略试图用几何学的方法来解决这个问题，这种方法几乎和前一个世纪泥瓦匠们使用的力的图解分析方法一样。

遗憾的是，伽利略对材料的性能了解太少，他认为材料在变形前就会开裂，没有能够正确把握结构的支点位置。直到1713年，法国数学家安东尼·帕朗(Antoine Parent)在伽利略研究方法的指导下，运用微积分的方法才找到了正确答案。尽管伽利略的计算方法不够完美，但是他基于几何学的理解而形成的理性研究方法还是被广泛应用于实践。

1638年5月，在荷兰大都市莱顿（Leyden）出现了第一本有关结构分析理论的书，它就是著名的《有关两种科学的对话录》，在这本书里伽利略讨论了计算框架结构内力的基本原则和简单梁中拉力的分析方法。

40年后，英国试验哲学家罗伯特·胡克（Robert Hooke）提出了举世震惊的弹簧平衡原理，他用一句拉丁名言说明了弹簧在一定比例下的拉力与变形的关系，这种弹性变形与造成这种变形的力成比例，这一规律就是著名的胡克定律。

理论与实践之间有一种特殊的关系，任何一方不仅能引导另一方，还会对另一方产生重要影响。17世纪晚期及18世纪的大部分时间里，建筑业仍以工艺传统为中心，与此同时，也积累了越来越多的理性工具。罗伯特·胡克研究现实材料的性能，在数理上进行理想化，他用弹性理论描述结构的变形，提出了著名的胡克定律，使弹性理论成为易于掌握的首选记述方式。

英国数学家艾萨克·牛顿（Isaac Newton）和荷兰哲学家高特弗里德·莱布尼茨（Gottfried Leibnitz）发现并建立了微积分学，而微积分是最能描述自然界连续变化规律的数学方法。

对现代工程有重要理论贡献的一个人必须提及，他就是纳维尔（L. Navier）。纳维尔出生在法国东部的第戎，其父是一名富有的律师。他在数学方面十分有天分，尤其擅长理论推导，他14岁那年，父亲去世，此后他跟着叔叔埃米兰德·戈西（Emiland Gauthey）生活。埃米兰德·戈西是一名著名的工程师，他努力用实践经验来调整纳维尔的理论倾向。戈西去世后，纳维尔重新编辑出版了戈西编写的有关桥梁和隧道的教科书，而且还在书中补充了有关弹性体理论和等截面梁挠度的注释，不过，纳维尔偏离了书的主题而转向数学方面，造成该书几乎没有实用价值。纳维尔自己写的书首次把桥梁的历史描述为一个理性的发展过程，基于此，法国政府两次派他去报道英国桥梁工程方面的实践。纳维尔在1821年和1823年的两次参访中，遇到了与他的桥梁建造方法相对立的一面，他遇到了注重实效的托马斯·泰尔福德。泰尔福德是一名自学成才的桥梁工程师，当时他正在自己设计的麦奈海峡桥现场，该桥于1820年至1826年间完工。

纳维尔回国后被任命为巴黎综合工科学校的微积分教授，他凭借收集到的素材，又出版了一本教科书，该书分析了超静定结构的一般分析方法，这是第一次真正意义上的进步，通过这本书的发表，大型桥梁的设计发生了根本性的改变。超静定性是指作用于结构上的荷载具有超过一条以上的传递途径通过结构传递到支承上，如果荷载通过两条以上的路径传递的话，那就必须计算出荷载的分布状态，而这必须通过估算不同部分的刚度才能实现，刚性大的部件以较小的位移抵抗较大的作用力，因而吸引荷载。只有找到了处理这个复杂问题的正确方法，工程师们才能确定安全的结构形式，这些结构要么足够简单，要么特意增设了细部。纳维尔在进行理论研究的同时着手进行巴黎残疾人桥的建造（图3.2）。他力图使这座桥成为悬索桥的设计范本，所以构件的尺寸都是根据理论确定的，不幸的是该桥在动工后不久就出现了问题，固定缆索的锚碇由于不够大而滑入塞纳河的冲积层河床。此外，连接的吊杆分组设置，由于互相遮蔽而出现不均匀膨胀，这座部分建成的桥梁于1827年被拆除。

与此同时，泰尔福德的麦奈桥已经变为现实，该桥的跨度比残疾人桥大，大的桥下净空可以满足

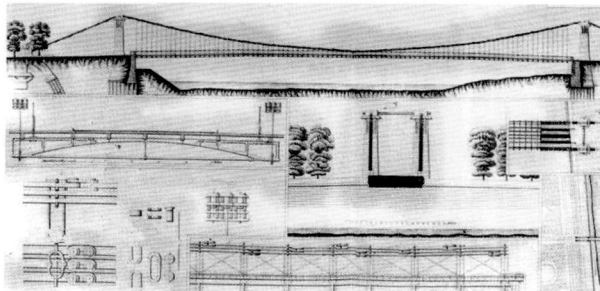

图3.2　纳维尔设计的残疾人桥（The pont des Invalides Paris）

海军的船只在桥下通行。泰尔福德的设计是以当时的普遍经验为基础的，这座桥的成功为他赢得了"土木工程之父"的美誉，这座桥也反映了苏格兰移民詹姆斯·芬利（James Finley）早前在北美洲的作品所产生的影响。这座桥解决了打开通往爱尔兰之路这个困扰了英国50年的特殊难题。尽管残疾人桥失败了，纳维尔的工作却没有付诸东流，1832年，一群匈牙利人来到英国，为在布达及佩斯之间的多瑙河上建造桥梁征求泰尔福德的意见，泰尔福德推荐他的门徒蒂尔尼·克拉克（Thierney Clark）接手这项工作，克拉克设计了一座无比优美的链式悬索桥，该桥采用的链式曲线就采用了纳维尔独创的比例。

3.1.2　力学与桥梁

在美国，桥梁承受压力的量化信息由纽约尤缇卡（Utica）学院的S.惠普尔（Squire Whipple）提出。1847年他在名为《桥梁建造研究》的论文集中首次对相连的桁架做了正确的受力分析。这一论文集意义十分重大，它的出版标志着科学桥梁建造时代的开端。很明显，S.惠普尔的研究已经为世人所接受。因为1873年他又出版了一本更为全面详实的教科书《桥梁建造初级实用理论》。也就是在这段时间，对桥梁结构理论深入研究的时机渐渐成熟，因为我们发现世界各地的工程师都在思考这一问题，并且公布了他们的研究结果。另一位美国工程师海

尔曼·豪普特(Herman Haupt)的研究与S.惠普尔殊途同归，得出了许多相同的结论并于1851年发表名为《桥梁建造理论概述》的论文集。在英国的爱丁堡，一位没有接触过S.惠普尔著述的工程师罗伯特·罗（Robert Row）于1850年发表《支承结构理论》一文，对钢架结构的受力做了深入的调查。第二年托马斯·多恩（Thomas Doyne）和威廉·宾登·布拉德(William Bindon Blood)合著的《桥梁交叉网格吊索与受力分析公式》一文发表在《土木工程联合会公报》上。布拉德是爱尔兰高威(Galway)皇后学院土木建筑教授。两位工程师不仅提出了数学公式，还将这一公式运用于建筑模型进行检验。最终于1858年，W. J. M.兰金（W. J. M Rankine）的《应用力学》出版。直到1921年这一经典著作共发行了21版。

关于桥梁结构理论的指引性著作相继问世，在接下来十年中极大地刺激了这一领域的发展，以科学的数学公式为基础的结构设计第一次成为可能。

3.1.3　数学与桥梁

数学分析理论和桥梁结构的科学设计相辅相成。桥梁工程师们拥有了关于一次应力和二次应力、设计细节和经济比例方面更全面的知识。现在每一公斤的钢都被用在了能够发挥它最大用途的地方。精确的分析代替了经验规则，过去众多的（有时是笨拙的）设计被现在更高雅而又科学高效的设计超越了。现在人们可以用更小的原材料花费来建造更强更高效的桥，而且可以精确地知道它的负载能力。人们开发出了新的桥梁形式和类型。在巴西的弗洛里亚诺波利斯(Florianopolis)桥中，人们引进了一种更加科学的桥梁类型，这种类型的桥有四倍的刚度，但只有加劲桁架中所用金属的2/3。如果说最近发展的数学分析是始于19世纪20年代，那么在一些桥梁中已经节省了60%的材料，并且实际的安全性也提高了。

以前人们避免使用超静定结构的形式，因为它很难分析，现在人们普遍采用这种形式了，因为它更科学、经济。一些超级的桥梁类型——例如加劲桁架、连续桥跨、无铰拱和其他超静定结构，人们以前避免应用或知之甚少——现在已经普遍被应用了，因为它们的分析方法已经得到了改进、简化和完善。

现在，桥梁工程师还得参考许多数学资源，包括先进的数学理论、弹性理论、微分和积分演算、微分方程、双曲函数和傅立叶级数。当桥梁工程师遇到了一个新型的桥，要对桥梁部件进行重组；遇到一个新的比例或维数，他就要设计或发明一个新的数学分析程序来计算已有的设计公式是不是充足或适用。

3.1.4　挠度理论与悬索桥

能够反映数学分析方法对桥梁技术进步影响的一个最好例证就是悬索桥设计由弹性理论向挠度理论的过渡带来的革命性变化。

近代悬索桥主要在欧洲及北美建造，采用的桥面构造各有特点。英国泰尔福德于1826年建造的跨度达177米的麦奈桥（图3.3）为典型的柔性悬索桥，由于桥面刚度很小，多次遭受到风害；而美国在此前后以詹姆斯·芬利为代表的桥梁工程师建造的悬索桥却是刚度很大的刚性悬索桥，如1800年建造的跨度21米的雅各布的格林（Jacob's Creek）桥，桥面与栏杆刚度均很大。不幸的是在遭受了多次自然灾害后，人们不再修建悬索桥了。

图3.3　麦奈桥

　　悬索桥的数学分析最初是针对悬索桥的主要承重构件悬索进行的，比较著名的是1691年伯努利（J. Bernoulli）提出的沿缆索均布荷载作用下的悬链线理论和1794年富斯（N. Fuss）提出的沿水平方向均布荷载作用下的抛物线理论。在这个时期，欧洲形成了一种意识，即数学是技术设计和发展的基本手段。1823年法国人纳维尔（L. Navier）发表了柔性悬索桥的活荷载解析结果。

　　1855年由罗布林（J. A. Roebling）建造的跨度251米的尼亚加拉桥和1883年建造的跨度486米的布鲁克林桥均采用了桁架式的加劲梁，用加劲桁架的刚度补充悬索结构整体刚度，这时的设计理论是考虑加劲梁和各缆索共同变形的弹性理论。悬索桥弹性理论是由J. 梅兰（J. Melan）等人总结发表的。

　　弹性理论和现行的结构分析一样，在计算加劲梁断面产生的内力时不计活荷载变形的影响。当跨度较小且主梁断面较大时，使用弹性理论计算误差很小，但当加劲梁变得细长且跨度变大时，弹性理论的计算结果就不准确了，必须考虑加劲梁变形的影响，即挠度理论。

　　挠度理论的问世或者说被采用还有一个小插曲，1901年夏季，布鲁克林桥主跨的吊杆相继出现了破损事故，在对事故处理和调查的人员中间，有一位当时只有26岁的年轻人名叫莫伊瑟夫（Leon S. Moisseiff）。莫伊瑟夫当时是纽约桥梁局的职员，经常去布鲁克林桥观察桥梁的使用情况，在进行悬索桥应力和变形的分析时，总感到弹性理论和实际观察有不少矛盾。他在苦苦的思索过程中，注意到了梅兰的一本书——《更加精确的理论》（*The More Exact Theory*），但梅兰本人却好像没有意识到这个理论带来的计算简便和奇妙之处，他甚至认为这个理论对解决实际问题并没有多大的用处，但是，在考虑活荷载对悬索桥产生的变形影响时，用梅兰的理论对悬索桥进行计算的结果和实际反应非常一致。这个方法给了莫伊瑟夫很大的启示。由于考虑了主缆和加劲梁的挠度，所以将这个理论命名为挠度理论（Deflection Theory）。以提出梅兰拱而著名的奥地利教授梅兰给出了理论，但认为不实用，而年轻的奇才莫伊瑟夫将这个理论成功地实用化，这就是挠度理论的诞生过程。

　　从此以后，设计人员掌握了适合大跨度悬索桥的设计理论，给悬索桥的设计及建造带来了革命性的变化。1904年建成了一座第一次用挠度理论设计的悬索桥——曼哈顿桥。从曼哈顿桥和此前采用弹性理论设计的威廉斯堡桥的对比可以看出，曼哈顿桥的主塔和主梁都十分纤细，桥梁的设计更加经济。从布鲁克林桥到威廉斯堡桥，悬索桥建造的基本技术得以确立，而更加合理、经济的挠度理论在曼哈顿桥得到证实。

　　其后，美国的悬索桥发展非常迅速，半个世纪之间，建设了多座引人瞩目的悬索桥，不断刷新跨度记录。20世纪是悬索桥的世纪，特别是挠度理论问世之后，人类首次建造了中间没有支撑的一跨跃过1000米的结构，它就是1931建造的跨度1067米的乔治·华盛顿桥，该桥的主设计师是奥斯马·安曼（Othmar H. Ammann），莫伊瑟夫作为助手配合完成设计。这座桥1931年竣工时，加劲梁总高度为8.84米，比威廉斯堡桥的12.2米低得多，而上层桥面是由横梁和桥面板组成，横梁高度仅有3.06米。根据当时交通量，认为只要上层的桥面就够了，当时的美国正处在经济危机的恐慌之中，设计的双层桥面仅仅完成了上层桥面，主梁的加劲桁架没有架设。安曼和莫伊瑟夫经过认真研究认为使用单层桥面可以保证悬索桥必要的刚度，主要理论依据是：由于恒载有加劲作用，长大悬索桥的恒载变大，本身带来了刚度，就不需要加劲桁架了。事实证明，这种见解是正确的，为了解决日益增长的交通量，1962年才架设了乔治·华盛顿桥当初预定的下层桥面，30年间没有加劲梁也一样安全使用着。

3.1.5　风致振理论与悬索桥

　　正如中国的一句古话所说："成也萧何，败也萧何。"1940年11月7日，华盛顿州塔科马市的海面上刮起了19 m/s的强风，刚刚竣工4个月的塔科马大桥（图3.4）在风的吹动下，经历几个

图3.4 塔科马大桥

小时的上下晃动之后垮塌了！塔科马大桥是一座比例纤细的桥梁，该桥高高的行车道设有实心边梁，体现出一种朴素的雅致。

塔科马大桥是莫伊瑟夫设计的，他创立了悬索桥设计的挠度理论，并用该理论设计了曼哈顿桥。之后，他又开办了咨询公司，和安曼一起设计了第一座跨度超过1000米的华盛顿大桥，而且他和多座长大悬索桥有关，如1929年建成的跨度569米的安巴沙达桥、1926年建成的跨度533米特拉华桥、1937年建成的跨度1280米的金门桥、1936年建成的跨度704米的奥克兰海湾桥、1939年建成的跨度701米的布朗克斯白石桥，在这些大型桥梁工程中他均担负了指导设计的重任。

莫伊瑟夫给出了美国悬索桥设计的支柱性理论，从而创造了悬索桥飞速发展的历史，即使年过60岁，仍然是当时桥梁界的最高权威。

但莫伊瑟夫设计的塔科马大桥建成仅仅4个月就发生了可怕的垮塌事故，到底是什么原因呢？是不是10年前设计华盛顿大桥的结论造成的呢？挠度理论的分析结果表明，恒载本身对悬索桥结构体系的刚度贡献很大，大跨度悬索桥的主缆很大，与车辆荷载相比较而言，就像钢绳上停了一只飞蛾一样，主梁的作用应该是不大的。在挠度理论的指导下，悬索桥的桁架高度和跨度的比值以及桥梁宽度与跨度的比值越来越小。塔科马大桥梁高是跨度的1/350，桥宽和跨度之比为1/72。莫伊瑟夫肯定不想冒险，只不过想沿着确定的方向更进一步罢了，却落入了想不到的陷阱之中，和英国的泰桥不同，这是个潜伏着风的动力作用的陷阱，风的动力作用使桥梁摇晃振动直至破坏。由于泰桥的垮塌，人们对风静力作用已经充分考虑，塔科马桥设计时还专门委托了华盛顿大学的夸特·法库哈森（Burt Furquharson）教授做了模型试验，并无任何疏忽和漏洞。事故的原因并不是风的静力作用，而是莫伊瑟夫完全没有预料到的动态风，即随时间变化的风产生的作用力所致。

挠度理论给美国的大跨度悬索桥的建造提供了正确的理论指导，带来了飞速的跨越式发展。人们追求大跨度、轻巧的主梁结构，特别是华盛顿桥的建设分两期实施，上层通行汽车，下层行驶轨道车辆，如果仅仅通行汽车的话，是不需要加劲桁架的。在这种不断的追求和既有工程成功的鼓舞下，技术人员渐渐忘掉了风的恐怖。事故发生后哥伦比亚大学的芬奇教授发表了《由风产生的数座悬索桥的灾害——加劲桁架的发展和衰落》一文，开头有这样一段话："塔科马大桥产生了风振直至破坏，但这实际上也不过是历史的重演。看看过去的记录，也有为数不少的悬索桥产生过同样的风灾，跳过殉难前的死亡舞蹈。之所以会产生这种现象，都是由于桥梁的刚性或刚度不足而引起的。采用坚固的桁架梁悬索桥就不会再摇晃振动，近年来，轻视刚度的倾向逐渐加剧，导致了垮桥的再度重演。"确实，塔科马桥出现的现象并不是新发现。1836年一位上校画的草图就准确地描绘了气动失稳不同形式的一种，这幅草图（图3.5）画的是布莱顿链式桥被风吹断过程中的情形。

事实上，塔科马桥一投入使用就立刻呈现出跳跃和摇晃的倾向，即使在和风中也是如此，它因此得到"跳动的格蒂"的绰号，这座桥甚至成了一些人周末度假的去处。后来桥上增设了拉索，但收效甚微，于是研究人员开始进行风洞试验。1940年11月7日，在持续的强风作用中，该桥再次进入连续振荡状态，几个小时以后，振荡逐渐加大到骇人的翻腾运动，直到桥面被撕裂，塌陷后坠入河中。华盛顿大学的法库哈森教授负责检查结构的稳定性，当时他在现场，也是最后一个离开桥的人，他看到桥梁没有经受住气流的干扰，感到大为震惊。

以塔科马大桥的垮塌为契机，法库哈森、布莱希及斯坦因曼等人迅速开展了桥梁动态抗风稳定性的研究，进行了风洞试验和悬索桥的扭转振动分析和颤振分析等，从此，桥梁动态抗风工程学的研究开始了。

航空工程师都知道，无论结构有多牢固或多刚劲，空气动力形式和结构反应的特定结合将不可避免地导致失败。这个问题在一战末期就曾控制了早期单翼飞机的设计，扭转颤振是当时航空领域已经明了的空气动力不

图3.5 赛缪尔·布朗设计的布莱顿链式栈桥坍塌时的景象

稳定现象。尽管有这一先例，在同时代的桥梁工程师中似乎有一种障碍，阻止他们相信该现象会在如此大的范围内发生。在那时，属于土木领域的桥梁和航空领域的飞机确实没有什么联系，谁也没想到扭转颤振会发生在桥梁上。

调查报告不断提到桥梁垮塌时风力并不强劲或是没有冲击力，研究结果明确了塔科马大桥的垮塌是由于颤振而引起的，其加劲梁断面是空气力学性能不良的形状，又是扭转刚度很小的工字型梁。因此塔科马桥的垮塌被认为是一个鉴戒，说明没有预见到的效应是如何打击精心的设计。

垮塌后果又一次展示了这些挫折接下来的过程。就像当初泰桥垮塌后包奇失去了福斯桥的设计机会一样，莫伊瑟夫那时正在为密歇根州设计麦金奈克桥，这是一座规模宏大的桥梁，主梁断面采用了和塔科马桥相同的形式。是幸运还是不幸？在麦金奈克桥开工之前，塔科马桥发生了事故，莫伊瑟夫的设计没能实现。他后来被解职，该桥由另一位桥梁设计大师斯坦因曼主持设计，采用了桁架式的加劲梁结构。

3.1.6　风洞试验与桥梁

欧洲对塔科马桥事件的反应与美国迥然不同。一些工程师不是靠增加桥的重量和加强刚度的方法来抵抗空气的动力作用，而是努力去理解问题，控制那些自身已经表现出来的效应，他们在理论上的洞察力产生了一个解决方法。德国人莱昂哈特提出了一种翼形断面，当干扰气流在其周围经过时，这种桥面可以在气流中保持稳定。他在里斯本的塔古斯桥设计竞赛中提出了这种构想，但是，最终该桥由包括斯坦因曼在内的美国竞赛小组设计的桁架主梁方案赢得了竞赛。尽管如此，欧洲对翼形断面的研究还在继续，1960年前后，挪威人阿恩·塞尔伯格（Arne Selberg）发表了他的研究成果，其研究最终表明较长的桥梁更像是飞机的机翼或风帆，若不加控制，这些桥梁就会剧烈摆动，但如果在气流影响过程中适当处理，它们就会变得坚固而稳定。而此时英国弗里曼·福克斯及合伙人公司正在着手设计第二福斯公路桥，他们采用了莱昂哈特的构想，并通过一系列风洞试验加以发展，一个抗扭刚度大、十分轻巧的箱型梁断面逐步实现，最终出现了前所未有的革新翼形断面箱梁。加劲梁由桁架向翼形箱型断面的转变，使悬索桥更轻巧、更加经济了。至此以挠度理论为基础的设计加上翼形断面的革新，将悬索桥带入了一个新的时代。

如今，桥梁工程师可以把他们高度发展的结构设计与桥梁的气动理论和谐波分析及其附属的振动相结合。因此，在数学和科学坚实的基础上，桥梁工程师将继续把材料、自然力与他的设

计结合，将它们变成更伟大的建筑，象征并促进着不断前进的文明。

3.1.7 建筑标准的诞生

在建筑行业内部，工程师将原来的方法改进为我们今天叫作标准化的方法，所有的建筑材料都必须通过已经广泛使用的试验机的检测，从而得出这些材料精确的强度和弹性信息。这样是工程师而不是建造商控制了这些轧制结构构件的特殊物理特性。在地基建造和压气排水沉箱的控制上也取得了很多突破。对移动负载和温度变化造成的压力变动的科学计算更加精确，这些计算都要接受实地观察和精确测量的检验。随着这些进步的渐渐积累，以及人们对工程标准化的普遍认可，桥梁工程师终于重塑了自我。以桥梁租金为诱饵和有竞争力的建筑公司合作设计桥梁的商业时代已经结束。土木建筑工程成为独立负责的个体，拥有高度专业的知识和能力，从而负责设计和建造的全过程。

新一代的工程师向前迈进的第一大步是仔细制定了所有桥梁建造行业的投标人必须遵守的建筑标准。制定第一份书面桥梁建筑标准的荣誉应该归属于南辛辛那提铁路公司聘请的工程师们。

通往辛辛那提城南部的路在山村间穿行，因此需要建几座高难度的大桥。因为精心制定出的细则要求较高的工艺，这里所有的桥第一次建在一个坚实的基础之上。自此之后，竞争性降价设计、不科学和未经验证的销售请求、桁架形式及组成专利、经验细节的规则及其他不科学的设计和不牢固的步骤等特征都渐渐消失了。铁路公司、州、县或自治区这种把控制计划和细则准备程序作为桥梁承包公开招标基础的做法在那个年代渐渐被看成是一种通用准则，它可以为所有的竞标者提供平等的机会，而不会成为他们创造性、智谋、良好的组织管理能力、优越的器材或更多经验发挥作用的障碍。这种从商业竞争到更坚实更精细的专业程序（桥梁工程师制定的控制计划和细则）的转变是桥梁建设向着更加卓越前进的主要因素。那些在桥梁建筑理论和实践中促成这种变化的工程师都是先驱者，是现代桥梁新纪元的领导者。他们的工作与生活被记载在成功的篇章里——就像詹姆斯·伊兹（James B. Eads）、克罗内尔·查理·伊力特（Colonel Charles Ellet）和约翰·罗布林(Roeblings)这样的天才。他们是现代桥梁工程中的先驱者和主人公。退一步说，尽管19世纪的桁架桥只有实用价值，甚至可以说是风景区里的一块伤疤，但这是一种必要的过渡。我们从中获得了很多必要的知识与实验结果。在实地的建筑经验和桁架设计中，土木工程师为人们所熟知；而数学家则为结构框架的分析得出了计算公式，冶金学家和力学工程师生产出了构建这些建筑的钢材。因此在19世纪末，现代桥梁建筑的新纪元已经拉开帷幕。

3.2 桁架结构的兴起

3.2.1 桁架结构与拱结构组合体系在美国的兴起

19世纪美国修建第一条州际铁路对木桥建设又是一个大的推动，木桥建设的显著特征是采用铁连接件将标准化的木杆连接在一起，大量建设了桁架和排架组合的结构体系。这些大型的木桥建筑在欧洲的许多盛产木材的地区均可见到，而美国是重要桥梁理论发源地，为桥梁建设者提供了设计思想和技术。

1798年费城出版的《大英百科全书》的美国卷第三版中有关木工、拱、支架、屋顶和材料强度的文章对美国工程师特别有用。美国对木桥建设特别是木桁架桥建设上做出了重要贡献。美国第一批职业的桥梁建设者是蒂莫西·帕尔默（Timothy Palmer）、路易斯·沃恩瓦格

（Louis Wernwag）和西奥多·伯尔（Theodore Burr），他们三人不仅是当时最为先进的代表，而且他们的桥梁有一个共同特征：均是高次超静定的拱桁组合体。

出生在马萨诸塞州的纽伯里波特（Newburyport）的蒂莫西·帕尔默（1751—1821）是最有才华和原创思想的桥梁先驱之一。尽管在桥梁建筑科学和艺术方面完全靠自学，他仍在该领域取得了非常卓越的成就并在新英格兰州建设了许多大型结构。他在美国最先提出建设屋顶桥的重要优点：可以有效保护桥梁，延长桥梁使用寿命10~40年。

他的最著名的工作是费城的永久

图3.6　美国的桁架与拱组合体系桥梁

图3.7　建于1860年的美国希腊铁路桥

桥。在美国革命期间，费城在英国人的统治下，该桥桥址处有一座浮桥，几年后用浮在河面上的原木上铺上木板代替了浮桥。在19世纪的初期，蒂莫西·帕尔默受雇于一个私营桥梁公司建设一座永久的建筑。新桥由三跨组成，中间跨56米，矢高3.6米，边跨45米，矢高3米。坍工桥墩有

图3.8　美国桁架拱桥

6米厚，全桥由三片拱肋用横向支架连成拱圈。很显然，桁架结构处在模仿阶段，复制了传统拱桥的外观。中间拱将桥面分为两个部分，每侧近4米宽，在外侧拱肋的里边是加高的人行道。拱桥采用连续结构，桁架是按单柱桁架体系原理设计。全桥杆件均采用白松木，用木钉将杆件连接，该桥存在了50年，被木桥的复仇女神——大火毁坏。

美国桥梁先驱第二个代表性的人物是路易斯·沃恩瓦格（1770—1843），出生在德国。他一生中建造了二十九座桥梁，分布在宾夕法尼亚、马里兰、俄亥俄等地。他建造的桥也是拱和桁架的组合体，偏重于拱而桁架的作用相对较小。在端部通过拉杆将桥跨结构和墩台锚固在一起。一般情况下，桁架将荷载均匀传递到拱上，恒载和均布活载作用下由拱承受压力，桁架基本不受力，除非有集中荷载作用。路易斯·沃恩瓦格的结构体系比较伯尔的结构而言分析要容易得多，它与加劲悬索桥的原理相同，只是主缆变成了一个倒置的受压力的拱。

沃恩瓦格建设的最著名的桥是宾夕法尼亚跨越斯巧尔基尔（Schuylkill）河的巨人（Colossus）桥，它是当时美国最长的木桥，净跨103.6米，桥梁设计由5个平行的桁架拱组成，矢高6米，每个拱由5层组成，桁架高度为1.06米，在拱之间布置两个车行道和两个人行道。桥梁竣工后，路易斯·沃恩瓦格用装了20吨石块的四轮马车由16匹马拉着在桥上做了试验。它是一座优美的新颖桥梁，就像它的桥名一样令人敬仰，桥梁后来被大火毁坏，1838年克罗内尔·埃利特在此处设计建造了破记录的悬索桥。

西奥多·伯尔是三位桥梁先驱中最著名的一位。和同时代的人一样，也是采用桁架和拱组合的结构形式，但他不是采用桁架加强拱，而是采用拱来加强桁架。他的桁架形式仅是单柱式系列，在美国得到广泛采用，全美国众多木匠和建桥人采用伯尔体系，将桁架拱组合体系用于大跨度，而小跨度直接采用桁架，当时大部分的木屋桥均是伯尔桁架式。

在早期众多的建桥人中，有一位来自弗吉尼亚的建桥人雷姆尔·车诺维斯（Lemuel Chenoweth）特别值得一提，他于1852年在弗吉尼亚的斐利比（Philippi）建造了一座筒式木

桥，采用的是伯尔体系。这座桥特别有趣，有两个原因：一是历史的重要性，1861年6月3日早上，南部联邦的一个士兵先遣队在桥上睡觉，被南北战争的第一声枪响惊醒；第二个原因是这座桥依然存在！

雷姆尔·车诺维斯获得该桥建筑合同的故事非常有趣，该桥的建设是公开招标，来自全国四面八方的桥梁建设者带来了他们设计的精美模型，在众多模型中，雷姆尔·车诺维斯的模型没有引起太大关注，因为他的模型是一个看起来非常平淡的木桥模型。展示过程中，雷姆尔·车诺维斯拉了两把椅子，将他的模型两端分别放在椅子上，让所有在场的人惊讶的是雷姆尔·车诺维斯站在自己的模型上，并请求他的竞争者也照他这样做，有些人进行了这样的试验，无疑毁坏了他们精美的模型，就这样，雷姆尔·车诺维斯赢得了建桥的工作。这座桥是一个两跨结构，由三片平行的肋组成，拱跨度42米，矢高4.9米，两个车行道在拱中间穿过，桁架高度为3.5米，桥墩和桥台为石结构。该桥除了桥墩处拱脚有腐蚀外，历经百年至今保存完好，可见结构体系和精心设计的重要性。

3.2.2 桁架体系发明专利如雨后春笋

1820年建筑师伊锡尔·唐恩（Ithiel Town）提出了格构桁架（图3.9）的思想并获得了双腹板格构桁架的专利，尽管它是一个高次超静定结构，但完全抛弃了拱和由此带来的水平推力。他像一个生意人而不是桥梁建设者，他在美国及欧洲到处旅行，写文章，宣传格构式桁架的优点。因为唐恩式桁架可以利用简单尺寸的木条，需要小数量的框架，基本不需要金属的连接件，易于架设，所以全国很多木匠、机械工购买他的专利权，成了这种体系的提倡者。美国第二个桁架专利是由斯蒂芬·H.朗（Stephen H. Long）提出的辅助式桁架体系。格构式桁架的两端和跨中用三角形的构架进行加

图3.9 格构式桁架桥

强，它试图通过下弦和上弦的加劲来替代伯尔体系中的拱，这种结构体系不是很流行。1840年，马萨诸塞的建筑师威廉·豪（William Howe）取得了他的桁架体系，这种体系在整个19世纪后半叶的美国非常流行。这是一种采用铁竖杆的格构式桁架，因此，它不能严格地称为木桥，但它是木桥向铁桥转换的一种过渡形式。在铁路刚刚来临的时代，豪式桁架非常流行。专利提出一年后，阿马萨·斯通（Amasa Stone）买了这项专利，他在马萨诸塞成立了一个公司专门从事铁路桥梁的架设，豪式桁架设计是第一个在桥梁建设中广泛应用的纯桁架体系。

在获得专利权的第一年，豪和斯通一起设计建造了西部铁路的斯普林菲尔德（Springfield）大桥，桥梁由七跨组成，每跨58米，石柱桥墩。这座桥是仅有的一座双片桁的豪式桁架桥，其他的均为单片桁架。

豪式桁架体系广泛应用四年后，托马斯·普拉特（Thomas Pratt）提出了和豪式桁架布置相反的形式，即不是竖杆而是斜杆采用铁杆承受拉力。普拉特体系在铁桥建设中非常流行。豪式体系和普拉特体系是在铁路建设要求更大跨度、更大荷载的背景下产生的，象征了铁桥应用时代的来临和木桥体系时代的结束。但这种木铁混用的桥梁还是属于过去那个农业社会的马车时代。在运输荷载小、木材丰富、耐久性不是最主要的要求的地区，木桥仍有存在的价值，否则木桥必然被寿命更久的金属桥、钢桁架桥代替。木桥(图3.10)代表了桥梁发展的整个时代，是一个重要的顶峰。在那个年代，市镇、个人或私人公司提倡建造桥梁，在木匠、机械手、造船人或建筑师的领导下雇用社区或地方的人们进行建设，造桥的记录很少在官方文件中出现。那是一个令人肃

然起敬的年代，因为没用数学公式被用来计算构件的应力情况，经验法是他们的唯一方法，很多知识都是在桥梁世家中的世袭传承，他们从实践中获得知识。

图3.10　跨越多瑙河干流的现代木桥（德国埃森）

3.3　蒸汽机和铁路诞生——铁桥时代来临

3.3.1　蒸汽机的发明开创了一项新的桥梁建筑技术

1811年，托马斯·波普（Thomas Pope）在他的《论桥梁建筑》一书中写下了如下一段话来描述建筑中一种最新的材料——铁。

铁是所有金属中最丰富、最便宜也通常是最实用的，它被应用在有高强度需求的地方。因其强度高且用量少，因此从汽缸、梁、蒸汽机的抽水机到船、运河与通航河道上的驳船、仓库及其他建筑的支柱，最后直到桥梁的建筑都使用了铁。铁桥是英国艺术家的独创，第一座大量用铁建造的桥梁是位于施罗普希尔（Shropshire）的科尔布鲁克代尔（Coalbrookdale）的赛文河上（图3.11）。

图3.11　科尔布鲁克代尔桥

桥梁建造者对铁感兴趣的原因之一是蒸汽机的发明，这种发明给桥梁建筑带来了显著变化。它带来了新型机器，这些机器极大地促进了桥梁的建造，最终带来了新的运输方式，而新的运输方式又要求新的桥梁类型。整个19世纪机车的改进都沿着两条思路——速度的提升和负载的增加。因此，铁路桥必须能够承受很重的荷载，而桥跨材料的抗拉强度也变得至关重要。此外，由于机车并不能跨过溪流、跃过深谷，因此需要建设许多新桥梁，这些桥既要有更长更结实的桥跨，也要有更好的经济性。

尽管铁在几个世纪以前就有了——至少在建造金字塔的时候就有了，但因为不能大量熔化，它一直都没发展成为一种建筑材料。最终，在17世纪上半叶的某个时间，一个名叫达德·达德利（Dud Dudley）的英国人——莱斯特（Leicester）伯爵的私生子，发现在熔化铁之前把煤变成焦炭就可以得到一种更好的新型燃料。

但意识到自己发明的潜力的并不是他，而是另外一个人。英格兰中西部施罗普希尔的科尔布鲁克代尔的熔铁专家亚伯拉罕·达比（Abraham Darby）在一个世纪后发展了用焦炭熔铁的技术。达比的熔铁事业开始于1713年，在不列颠群岛这一地区的煤和铁矿都很丰富，而科尔布鲁克代尔就位于水流湍急的赛文河边，这条河提供动力和运输，因此这座小镇变成了世界上第一个钢铁工业的商业中心。达比的后一代，另一个来自科尔布鲁克代尔的人——约翰·威尔金森（John Wilkinson）极大地改进了焦炭高炉。

后来，也是在18世纪早期，用轧钢机把铁制成建筑用形状的试验开始了。亨利·科特（Henry Cort，1740—1800）对轧钢机进行了改进，因此获得了崇高的荣誉。他在1783年取得了开槽轧钢机的专利，次年又发明了一个将生铁加工成熟铁的程序———一种反射型的搅铁炉，就像今天用的一样。18世纪伊始人们还不知道铁可以作为建筑材料，但经过这一过程，铸铁已经被广泛应用。而在18世纪末，熟铁已经出现了（尽管是在1850年左右才比较经济地投入使用）。

达比家族显然是一个富有创新精神又勤劳苦干的家族。1775年，发明焦炭熔铁流程的亚伯拉罕·达比的重孙亚伯拉罕·达比Ⅲ（1750—1791），与同镇的约翰·威尔金森（上文已经提到，被称为"钢铁大师之王"）用一座铁桥来取代科尔布鲁克代尔渡口。尽管类似的尝试（四年前法国尝试建造一座小型铁桥）是失败的，但这两个人深信他们的计划可行，这简直是对这种新型材料性能的一种狂热信仰。他们请了什鲁斯伯里（Shrewsbury）的托马斯·法诺尔斯·普里查德（Thomas Farnolls Pritchard）来设计这座桥，并组建了一个合资公司来提供资金。然而达比拒绝了普里查德的设计，因为他的设计是关于木和铁的结合。最后这座桥是由达比亲自设计的。这座世界上第一座铁桥并不是一个小玩意，它的主跨大约30.5米（100英尺），由5个铸铁制成的半圆形脊组成，整个建筑重378吨。每个肋都是被一半一半地浇铸出来的，每部分有21.3米（70英尺）长。值得一提的是，尽管由于交通繁重不再使用，这座桥在使用了150年之后，依然屹立在那里。现在它被作为英国的纪念碑保留着。达比突出的贡献得到了认可，于1787年被皇家艺术协会授予金质奖章。

科尔布鲁克代尔桥建成之后只出现了一个小小的问题，桥墩不够重以致不能承受土压，因此向前倾斜并将桥拱的顶点位置推高了一些，这就是现在这座桥为何是这种外观的原因。

3.3.2　托马斯·泰尔福德和铁桥

图3.12　托马斯·泰尔福德

第一座铁桥是拱桥这一点并不令人惊奇，因为我们倾向于将新型材料建造成传统的或是我们熟悉的形式，直到经过了转变和试验阶段之后才能形成自己的风格。因此，早期的铁桥都是拱桥，而且是按照砖石桥拱的模式建造的，用大块的铸铁替换了拱肋上的拱石。

第二座铸铁拱桥建在离科尔布鲁克代尔桥4.8千米（3英里）的地方，是早期著名桥梁建筑家托马斯·泰尔福德的作品。托马斯·泰尔福德（图3.12）出生在一个茅屋里，位于苏格兰邓弗里斯（Dumfries）郡一个偏远、荒凉、布满乱石的山间小溪边。由于出身低微，托马斯·泰尔福德完全自学成才，这个少年后来成为世界上第一座悬索桥的建设者。托马斯·泰尔福德生于1757年，出生后第二年他父亲就去世了，没能给孤儿寡母留下一分钱。但这个寡妇很勇敢能干，在附近农民的帮助下，她维持着农场的生活。

童年时代，泰尔福德为亲戚放羊，为邻居跑腿或放牛。由于他乐观的性格和幽默感，他被称为"欢笑的塔姆（Tam）"。小学毕业之后，他到一个石匠那里当了学徒。泰尔福德居住的小镇名叫朗豪姆镇（Langholm），属于布克勒（Buccleugh）公爵（苏格兰最富有的地主），由于公爵想要改善生活条件，所以年轻的泰尔福德就有很多的工作要做：建造小屋、公共建筑、城墙、大坝和桥梁。

尽管朗豪姆镇是一个小镇，但却像一个小社会，里面住着一位帕斯利（Pasley）小姐，她是一位有教养有文化的女人，当听说了这个有抱负又勤奋的年轻石匠后，她邀请他使用自己的图书馆，因此，就像林肯一样，泰尔福德就在漫长冬日的晚上在壁炉的火光下读着英国文学书籍，不久他就开始写诗，而且还在当地被称为"作家"。

学徒期满后，泰尔福德以熟练工人的身份在小镇定居，帮助建造新的建筑。在这些建筑中有一座石桥，位于朗豪姆镇的艾斯克（Esk）河上。关于这座桥有一个故事，说是在一天晚上发生了一场大风暴，河水涨到了洪水线，谣言很快在小镇中传开了，而这座桥的主管石匠不在镇里，他的妻子虽然很害怕，但还是觉得该以她丈夫的名义做些什么。她想到了托马斯·泰尔福德，并向他求助，哭诉说桥要塌了。泰尔福德大笑并让她回家，因为他已经做了些什么并且很确定桥并不会塌。然而石匠妻子并不相信，她跑到桥边，站在桥墩对面，好像在向洪水挑衅一样。后来洪水退了，而桥则没有受到任何损伤。托马斯·泰尔福德是对的，这座桥经受住了洪水和风暴的考验。

但是小镇的工作却开始减少，泰尔福德变得十分不安。爱丁堡正在建设许多新的建筑，所以他去了那里，希望在那里找到工作。两年来，这个年轻的石匠在那里工作学习，直到他认为学到了他的祖国能够教给他的所有东西。然后他继续前进，在25岁的时候来到了伦敦。

怀揣着他的女赞助人帕斯利小姐给她哥哥

图3.13　泰尔福德初期所建桥梁

（伦敦著名的商人）写的介绍信，托马斯·泰尔福德最后在建筑师威廉·钱伯斯（William Chambers）爵士手下工作，进行萨默塞特宫（Somerset House）的建造工作。但这个苏格兰人必须从最底层一点一点向上走，从最普通的砍伐工，他很快成为石匠工头。在其他几项工程（包括朴次茅斯港）工作后，泰尔福德接到了萨洛普（Salop）郡测量员的任命。这项工作要求在桥梁建设中工作，同时他还研究学习一切可以找到的书和建筑——老教堂、维特鲁威（Vitruvius）关于建筑的书、雷恩（Wren）的设计、化学——事实上任何知识学派的东西他都在学习。

但他的第一项工程任务是他35岁时接到的担任埃利斯米尔（Ellesmere）运河公司工程师的任命。在这项巨大的工程中，他以什鲁斯伯里煤铁工业的心脏地区为家。在自身好奇心的驱动下，泰尔福德对铁作为建筑材料这一问题十分感兴趣。他曾见识到他的朋友达比和威尔金森解决了铸铁拱这一难题，他也时刻关注着汤姆·佩恩（Tom Paine）提出的建造另外一座铁桥的计划。汤姆·佩恩是一个热心的推动者和政治家，泰尔福德十分喜欢他写的文章。在美国费城斯巧尔基河上，佩恩打算建造一座121.9米（400英尺）长的铸铁桥，就在蒂莫西·帕尔默建造的"永久桥梁"附近。佩恩用木头和铸铁建造了一个模型，然后提出了他的计划，他乘船到英国来监督在罗瑟汉姆（Rotherham）建造的铁铸拱肋。这里的浇铸十分成功，这些浇铸和模型被拿到伦敦帕丁顿（Paddington）的博林格林（Bowling Green）去展览。佩恩还将他的计划与模型拿到了巴黎科学院，在那里，这个计划获得通过。但是佩恩的资金筹集落空了，而他自己也失去了对这项工程的兴趣，转而专注于法国大革命方面的政治事件。因此，生产商收回了用于拱肋的原料，卖给了伊登城堡（Castle Eden）的罗兰·伯登（Rowland Burden），他用这些铸铁在英国桑德兰市（Sunderlalnd）的威尔（Wear）河上建造了一座铁拱，这座桥建成于1796年，跨度为71.9米（236英尺），高出水面10.4米（34英尺）。

但是，在桑德兰桥建成以前，泰尔福德有了一个试验用铁建桥的机会。赛文河上的旧桥在1795年被洪水冲走了。泰尔福德作为这个郡的测量员负责计划建造一座新桥。他深信铁的优势，因此设计了一座单跨铸铁拱桥，跨度为39.6米（130英尺），不需要在河里建造桥墩。拱的曲线是平坦的，是一个大圆环的一部分，高出河面8.2米（27英尺）。就像科尔布鲁克代尔桥一样，用大块的铸铁替换了拱肋上的拱石。铁是由科尔布鲁克代尔钢铁厂浇铸的，但这座桥最吸引泰尔福德的一点是尽管它较长，但它比科尔布鲁克代尔桥用铁量少了一半。这座桥一直使用了

110年。

1815年，泰尔福德设计建造了滑铁卢（Waterloo）桥（图3.14），该桥跨长32.0米，跨越阿夫康威（Afon Conway)河，是第7座用铸铁建造的桥，桥上镶有一行字"This arch was constructed in the same year the battle of waterloo was fought"，意思是这座拱桥的建造时间与滑铁卢战役的开始是同一年，这座桥与泰尔福德所设计的其他铸铁桥最大不同之处在于其精美的雕饰。桥的两个拱肩处雕有象征各个国家的花朵：玫瑰、水仙、三叶花和蓟花，分别代表英格兰、威尔士、爱尔兰和苏格兰。

图3.14　滑铁卢桥

泰尔福德建造的最美的铁桥在苏格兰伊拉其（Ellachie）的斯贝（Spey）河上，这条河是山间的一道激流，有一个很壮观的场景。泰尔福德设计了一座45.7米（150英尺）的铁铸拱跨，高出水面6.1米（20英尺）。这个拱由四个肋组成，每一个都有两个同心弧，通过对角线固定在一起。空腹式拱也是被固定住的。这座桥是第一座现代金属拱桥——而不是按照砖石拱那样用拱石建造的。这座桥用的是桁架拱和空腹拱。用桥墩砖石塔和女儿墙布局进行装饰——这与周围的苏格兰高地的建筑相适应。

但是泰尔福德最高的成就——那个使他永垂不朽的成就，是威尔士麦奈海峡上的悬索桥（图3.15）。泰尔福德似乎还没有做完改进铁拱桥的工作，就转向悬索桥并成为那个时代桥梁建设的领导者。

事实上，欧洲第一座使用铁进行桥梁建设的桥是将铁用于悬索桥的主索上，这座桥位于英格兰蒂斯（Tees）河上，跨长为21.3米（70英尺），建于1741年。

图3.15　由泰尔福德设计的麦奈桥

但从这以后，对悬索桥的兴趣急剧提升。1811年，塞缪尔·布朗（Samuel Brown）公爵提出了将扁杆用于悬索，取代当时流行的方杆和圆杆。他最伟大的作品就是贝里克（Berwick）的特维德（Tweed）河上的联盟（Union）桥（图3.16），建于1819—1820年，跨长为136.9米（449英尺），十二条悬索分布在两边，分成三层。因用了直径为0.05米（2英寸）的熟铁杆而时尚。几乎同时，特维德河上又建造了干镇修道院（Dryburgh Abbey）悬索桥，由史密斯先生（Messrs Smith）负责建造，第一次使用了辅助拉线悬索。

图3.16　联盟桥

特维德河上的两座桥都有悬空的水平桥面，这是美国发明的现代悬索桥的一个特征。在19世纪早期，悬索桥的许多改进措施都来源于美国工程师。第一个改进悬索水平桥面的工程师是宾夕法尼亚州费耶特（Fayette）郡的詹姆斯·芬利。人们对他的一生知之甚少，他似乎是宾夕法尼亚西部一个民事上诉法庭的法官，一个维持和平的法官。在他1810年6月给专利局写的文章中介绍了他的悬索桥设计。他是这样描述他的第一座桥的："1801年，我用这种方式在雅各布希腊建造了第一座桥，并与费耶特和威斯特摩兰(Westmoreland)郡签订合同来建造一座跨长为21.3米（70英尺）、宽为3.8米（12.5英尺）的桥，为了600美元担保这座桥（除了桥面）50

年。6年来这种类型的桥就再也没有被尝试过，1808年的专利保障了这种专有权……我可以略带欢欣地问：'是谁想出了这种桥梁骨架？它又轻又牢固持久，如果需要又容易建造、维修、翻新。'"

在接下来的七八年里，美国建造了芬利设计的40座桥。

詹姆斯·芬利的一座桥在1820年冬天塌掉了。在宾夕法尼亚布朗斯威尔（Brownsville）的老坎伯兰（Cumberland）路上有一座悬索桥，一半位于陆上，一半在邓勒普（Dunlap）的小溪上。一场大雪后，一个大型货车拉着很重的货物摇摇晃晃地走在去市场的路上。毫无疑问，大桥承受不起雪和马车的重压，坍塌了。车夫掉进了水里，并无大碍；货物掉进了水里，也损失不大。然而，马和车就没那么幸运了。马车被摔坏了，马有的被摔死，有的溺死了。1836年，美国第一座钢拱桥取代了这座大桥，桥跨为24.4米（80英尺），由五个铸造成九段的管状肋拱构成。由美国工程师公司的首脑之一理查德·德拉菲尔德（Richard Delafield，1798—1873）担任设计工程师。

美国早期最著名的悬索桥是芬利式大桥，即横跨梅里马克（Merrimack）河其中一条河道上的纽柏瑞港（Newbryport）大桥。由约翰汤·普曼（John Templeman）担任工程师建于1810年，在此之前他已经取得改善悬索桥的专利。这座大桥桥塔中心主跨长74.4米（244英尺）。一边的缆索由十条157.3米（516英尺）长的链条构成。然而，当它们在支撑物上方时会变成三层，由短的链环构成，据波普说，这样比抬架要安全。这些链条分三层，上面和底部各三条，中间四条。桥身高出水面约12.2米（40英尺）。比较精细的一点是，他们给链条上了漆以防生锈。99年后，即1909年，主跨重建，谨慎地保留了大桥的原貌。

当泰尔福德应霍利黑德（Holyhead）公路局长的要求去修建横跨威尔士的麦奈海峡的大桥时，修建钢铁悬索桥还处于摇篮状态。研究过其他方案后，他在1818年递交了一份修建悬索桥的方案，想法非常具有远见且大胆。这座桥注定会成为当时最宏伟的悬索桥，也是所有现代大桥的原型。泰尔福德参观了施工场地，选择了两个厚重的海角用来提供坚实的岩石地基，可以将桥面支撑到高于水面约30.5米（100英尺）之上，这给船只航行留出空间。两个海角的距离要求主桥跨167.6米（550英尺），这是当时建造悬索桥时无人敢试的一个长度。这些圬工桥塔高出桥面16.2米（53英尺），用来支撑16根链形缆索，这些链形缆索挠度11.3米（37英尺）。在桥的一端有一个四拱引桥，另一端是三拱引桥。

约翰·伦尼（John Rennie）和其他著名的工程师通过这个方案后，议会在1819年通过了给这个项目拨款的议案。施工是首先将桥墩选址不平的表面炸平，然后在海岸建起靠岸码头的便道，马拉雪橇满载石头运送建筑材料。1819年8月10日，比鲁威斯（Provis）先生正式放下了主桥墩的第一块石头，之后建造工作便轰轰烈烈地开始了。上部结构在1820年开始，1824年秋天结束了引桥跨的建造。这些桥拱规模非常大，19.8米（65英尺）高，每个桥跨跨度有16米（52.5英尺）宽。

在桥墩和桥塔的设计及建造上，泰尔福德具有独到的想法。他在圆柱里引入空心部分。在他设计的方案里，每块石头都可以检测到，不仅在建设阶段，而且之后也这样。因此圬工的内部跟外部一样都经过仔细设计和整理。桥塔在路面上耸立着，从底部到顶端逐渐变细。塔上的铸铁托架托着悬链，与锻铁制的自动滚轴装配在一起控制链随大气温度变化而产生的热胀冷缩。

因为泰尔福德在处理锻铁方面没有经验，因此在设计这些部分时，他做了上百次试验和测试。组成链的这些铁条可以承受87.75吨的重量，其本身的重量才有35吨。缆索的每个部分都经过了测试，为使缆索保持在压力状态下，有时用铁锤捶打。再经过清洗、高温后浸入亚麻仁油里面。在冷却和晾干后，就会显得有光泽。最后再漆上一层亚麻仁油漆，就可以用到工程上了。

泰尔福德非常谨慎地确定需要多大的力量才能将缆索弯曲到所需程度。大桥旁边是一个小谷，可以用来做试验地。57个竖直的悬杆拴在一起，用一根缆索固定一端，这样弦的长度为173.7米（570英尺）。然后将负重悬起直到每根重为23.5吨的主链条可以形成39.5吨的张力，从

而将它弯曲到所需程度。在实际施工过程中，缆索的中心部分用长为137米（450英尺）的木筏运送。木筏漂到施工地后将缆索的中心部分用起锚机和滑车卸下，然后将链条吊到指定位置。

1825年4月26日，所有准备工作都已经到位，开始吊起第一根链条。一群人云集在岸边或华丽的船上。泰尔福德从伦敦赶来监督工程施工。下午2点30分时，运载链条的木筏离岸，由四条船拉着，摇摇晃晃漂到两桥墩之间然后停泊。链条的一端闩到桥墩上垂下的链条上。另一端系到对岸两台起锚机通过另一个桥塔顶端的砌块传过来的绳索上。这些起锚机由大约150个工作人员来操控。

随着"开始"的口号响起，起锚机转动之时，周围响起了横笛演奏的激昂的爱国曲调。链条被平稳而有序地吊起。之后海潮将这些木筏冲走。当主链吊起后，人群中响起一阵阵欢呼声。剩下的就是时间问题了。将链条吊到指定位置及地上的部分固定共花了95分钟。泰尔福德亲自登上去检查固定情况。得知他很满意时，沿岸所有的施工人员还有旁边的观众（他们肯定不知道为何在欢呼）又响起阵阵欢呼声。三个施工人员甚至从链的这端爬到了那端，从河的这岸到对岸！

然而泰尔福德此时的心情跟他们完全不同。当他的朋友前来向他道贺时，发现他跪在那虔心地感谢上帝。之后，他跟朋友坦白，在施工之前的一段时间，他都彻夜难眠。尽管他对自己的设计信心十足，谨慎对待施工过程中任何一个小错误，然而，他还是在完成一项很多人不止一次地宣称是不可能完成的项目，说这是"挑衅上帝的行为"，是"空中楼阁"。

剩下的工程很轻松地进行着。最后的链条在1825年7月9日固定到位。当最后一闩到位后，一组乐队来到现场奏起国歌，成千上万的观众也伴随着音乐唱了起来。施工人员排成一队，在桥上来来回回。大桥于1826年1月30日正式通车。那天伦敦开往霍利黑德的邮车第一次从桥上驶过，后面跟着一列驿站马车还有行人。

最后用几项事实来总结一下对这项伟大工程的描述：大桥总长521米（1710英尺），所用钢筋总重2187吨。1939年，大桥进行大规模重建。四条老式钢铸链条由两条抗拉钢铁眼杆代替。

路易斯·卡罗尔（Lewis Carroll）在他备受英国人欢迎的《爱丽丝梦游仙境》一书中也提到了这座桥。白色骑士对爱丽丝说了一段话，大意如下："我当时听到了他的声音，因为我刚刚完成了麦奈大桥的设计，为了避免它生锈，将它在酒中煮过。"

而实际上，泰尔福德在选择铸铁时非常谨慎，所以没有必要像白色骑士说的那样做。

然而当时没有在悬索桥中用到刚性桁架，因此在真正使用桁架之前，悬索桥的建设理论非常之少。但当建造比麦奈大桥主跨更长更重的桥梁时，桁架起到至关重要的作用。

尽管泰尔福德所建的大桥都是公路桥，没有铁路桥，他也用铁路运输各种建筑原料，而且从铁路工程师做的钢铁试验中获利。曾经他就建议利用铁路运输，称这应该是对那些工程师们的指导，不管会在可通航的河道的哪个地方遇到困难，他们都以引进铁制轨道的目的去视察该郡。据说1830年有人请他去担任利物浦和曼彻斯特铁路的工程师，他拒绝了，一半是因为他年事已高，另一半是出于对他的雇主运河公司的忠诚。

他在晚年时失聪，然而，通过写作和向别人提供咨询，他的晚年依然忙碌且乐观。他写信给朋友时说："我度过了忙碌的75年，因此我准备享享清福。然而，这么多的作品写作使我又开始了我另一段的忙碌生涯。我有时想什么样才算是有意义的一生，我还是希望能继续工作。"当然，他从未退休，直到死的那一刻仍在劳作。他于1834年9月2日去世，享年77岁。他在遗愿中提到要别人将他悄悄葬于维斯敏斯特的圣玛格丽特。但是，土木工程所（他参与创建的一个著名机构）的全体成员要求举行一个更为合适的悼念仪式。最终，托马斯·泰尔福德，苏格兰牧羊人之子，静静地躺在了维斯敏斯特教堂的大殿里，旁边只有简单的几个字"托马斯·泰尔福德，1834"，在圣安德鲁教堂的北十字耳堂可以看到他的巨型雕塑。

泰尔福德度过了漫长且有成就的一生。尽管从小就勤奋刻苦、忙忙碌碌，但他从来没有后悔过，相反，他非常感谢辛苦的工作所带来的丰富的人生经历。在谈到年轻时选择土木工程作为事业的方向时，他写下了下面的话，准确地总结了他对人生的态度：

"尽管选择这个方向碰到了很多困难，我还是会选择这个方向。我跟兰尼的人生是如何改变的？开始时在某个公司当学徒，他是个技工，我也就是个普通的建房子的人。我们通过自己的双手维持生计。很快，我们的表现便取得老板和公众的肯定，最后进入了建筑行业。通过这种方式可以获得实用的技能，对建筑用料有透彻的了解，最重要的是，可以了解建筑工人的习惯，摸清他们的脾气。可能很多年轻人对此不屑一顾，他们觉得有捷径助他们一举成名，然而我所说的正好给他们提供了两个反例。就我而言，我坚信困难是成功的垫脚石。前途是光明的，道路是曲折的。"

3.3.3　铁路桥梁的开端和乔治·史蒂芬森父子

铁路桥的设计第一人是乔治·史蒂芬森，他跟他的儿子一起发明了"火箭号"，它是一种铁路机车，永久性地确立了铁路实用有效的运输地位。乔治·史蒂芬森于1781年6月9日出生于距英格兰北部纽卡斯尔（Newcastle）12.9千米（8英里）远的怀兰（Wylan）村，他的父亲是水泵机司炉。因为家庭贫穷，无法供他上学。他同兄弟姐妹通过给邻居做些杂务补贴生活。他家处在行驶马拉木制煤车的车道旁边。他的邻居获得了在车道右侧放牧的许可，他的第一份工作便是帮助邻居看守那些牛。在闲暇之余，他跟他的伙伴一起用泥捏机车模型。几年后，他跟随他父亲工作，在布莱克卡勒敦（Black Callerton）煤矿当驾驶员，最后被任命为司炉，给他父亲当助手。他从小的梦想便是当火车司机，因此，在14岁当上司炉，他非常高兴。

但是，矿工的生活非常不稳定。最后史蒂芬森工作的迪尤利矿区（Dewley Burn）煤矿资源枯竭，因此，他全家不得不搬到几千米之外的一个叫祖莉克洛斯(Jolly's Close)的地方。尽管父子俩所挣的工资够支付日常开支，但当时物价非常高，工作的环境极其恶劣。这之前，他跟另一个年轻人一块儿在附近的米德米尔（Midmill）当机车司机。两年后，他在另一个新煤矿当火车司机，他父亲仍当司炉。

这时的他已经表现出了过人的天资和求知欲。他努力学习钻研机车，使它一直处于最佳状态，同时也通过各种方式学习书本上的知识。很明显，他领略了读书的魔力后，他的面前展开了一片新的天地。因此，他18岁时在沃尔博特尔(Walbottle)村上夜校，一周三次，掌握了读写能力。接下来的那年冬天，纽本（Newburn）创办了另一所夜校，对史蒂芬森来说离家更近了，在那里他以惊人的速度学完了算数。

在20岁时，乔治在布莱克卡勒敦的一个煤矿上当轫手，由于离家过远，他不得不寄宿。他拿出自己工资的一部分去学补鞋，在他寄宿的农庄他遇到了未来的妻子，年轻的侍女范尼·亨德森（Fanny Henderson）。当他在纽卡斯尔6千米外的惠灵顿码头（Willington Quay）谋到更好的职位后，他决定结婚建立自己的家庭。结婚典礼在1802年10月28日举行，这对新婚夫妇住在泰恩河沿岸的小屋内。他凭借刻苦诚实获得良好的口碑。他白天工作，晚上研究力学，做各种发明试验。在那里，他与威廉·费尔贝恩（William Fairbairn）结下友谊。威廉·费尔贝恩当时是机车学徒，以从事钢铁抗拉强度的试验而著名。他的独生子罗伯特·史蒂芬森（图3.17）也是出生于此。

图3.17　罗伯特·史蒂芬森

然而，他那短暂的幸福家庭生活很快便到了尽头。1804年，他全家搬到基林沃思（Killingworth）村，在那里找到个维修工的工作，然而还没等安顿下来，他的妻子就去世了。他把小罗伯特送到他在祖莉克洛斯的父母那。他自己去了苏格兰，监管布尔

顿（Boulton）和华特（Walt）的机车之一。在那里他的发明天赋变得很有帮助，收入颇丰。但当时他急着回家，尤其想去见儿子。他一回家便发现家里生活窘迫。他的父亲被蒸汽弄瞎了双眼，不能工作。最后，乔治在西莫尔煤矿当维修工来维持家用。那是一段困难时期：拿破仑战争已经爆发，恶劣的工作环境使得他的生活极不稳定。然而乔治坚持工作，通过在附近的煤矿修机车，最后成为著名的机械师。1812年，他在基林沃思被任命为机车工人，负责当地煤矿的所有事务。这个伟大的工作使得他的工资升到每年一百英镑。

回想起他的卑微且艰难的教育历程，乔治决定让儿子接受良好的教育，这时小罗伯特已经对机车产生了浓厚的兴趣。通过修理钟表和鞋子，乔治现在有能力把儿子送到纽卡斯尔的布鲁斯（Bruce）学校。罗伯特在上学期间把书带回家，同父亲分享在学校学到的东西。现在这对父子在基林沃思外的一个小村子的四室住宅内，之后在那里住了很多年。

从服务于机械的限制中挣脱出来之后，乔治·史蒂芬森开始思索机车这一想法。尽管当时机车通常被视为仅仅是一种玩具，一个奇妙的现象，然而老史蒂芬森却对它可能的实用价值充满信心，问题是：如何制造出使用起来既有效又经济的机车呢？

北英格兰最古老的一条车道——维拉姆马车道经过乔治·史蒂芬森的出生地。直到1807年，它的构成仍然是木轨。那儿的煤矿主布莱凯特（Blackett）先生对于利用机车运送煤炭的可能性产生了浓厚的兴趣，并且首先认识到铁制轨道要比木制的更平稳。因此，1808年他铺设了一条铸铁板路（plateway of cast iron）。结果是一匹马在这条路上可以拖两三车煤，而机车却只能拖一车。之后他继续对各种各样的机车进行试验，然而所有这些给他带来的麻烦和花费远远超过了自身的价值。当维拉姆的这些试验正在进行中时，乔治·史蒂芬森也开始把注意力转向这个问题；他拜访了故园并研究了布莱凯特先生取得的成果，返回时更加坚信自己可以制作一个更好的发动机。他立即着手建造——尽管工具和机械工都不缺，但这仍是一项艰难的工作。最后，1814年7月25日，他的机车终于运到了基林沃思的铁轨上进行试车。在一个稍微上倾的坡度上，该发动机以时速6.4千米（4英里）的速度拖动了八节载重货车——这是当时所有的蒸汽机达到的最好记录。但是到年末时，它所花费的成本与用马运输的成本不相上下，而速度却不比马快多少。

老史蒂芬森没有退缩，他开始想办法修缮这些缺陷。当时的做法是一旦蒸汽完成了它的任务就被放出去，他忽然想到可以让蒸汽再次回到烟囱里，以增加蒸汽炉里面的气流和刺激性燃烧。这样一来发动机的马力增大了一倍还多。1815年，乔治·史蒂芬森为这一装置申请了专利并设计了第一台实用机车。该机车有三个显著的特征：简便，在汽缸、车轮和所有主动轮接点（joint traction of all wheels）之间直接通讯，以及废蒸汽的有效利用。

同时，罗伯特从学校毕业之后，去了尼古拉斯·伍德先生那里当学徒以熟悉煤矿行业。晚上两父子通常会一起讨论改进机车的设想。对于机车的未来，儿子是一个比父亲更狂热的拥护者。1820年，罗伯特完成学徒生涯之后进入爱丁堡大学深造。尽管他在那儿只待了6个月，但是他从在那儿所接受的教育和建立起来的友谊中获益颇多。

1821年的一个夜晚，爱德华·匹兹（Edward Pease）先生（最新提出史托克顿—达林顿（Stockton and Darlington）铁路议案的主要推动者），在位于达林顿的家中接待了两个来访者——尼古拉斯·伍德和乔治·史蒂芬森。后者来的目的是看他是否能对这条最早的铁路提供一些帮助。因此，老史蒂芬森就成为这个公司的总工程师。在罗伯特的帮助下，他考察了这块土地，设计了许多机车，并且为制造这些机车创办了一家工厂。当铺设铁路的问题被提上日程时，尽管乔治·史蒂芬森已经取得了铸铁轨道的专利，他还是提议使用锻铁。这次父子二人都十分确信后一种材料的优越性。

一天晚上，在检查了几乎已经完工的铁路之后，乔治·史蒂芬森和儿子以及一个年轻朋友一起在史托克顿的一个酒店里共进晚餐。老史蒂芬森要了一瓶葡萄酒——这对他来说是一个异乎寻常的举动。在饭桌上，老史蒂芬森转向他年轻的客人们，发表了下面一段小小的演讲：

"我要说，尽管我可能活不了那么久，可以看到铁路取代这个国度里几乎所有其他交通方式。但我想你们在有生之年可以看到这一天——连邮政车都在铁路上运行，而铁路将成为国王及其臣民们最伟大的道路。这样的时代就要来临，那时一个工人乘火车出行的花费比步行还要低。我很清楚有很多异常艰巨且几乎难以克服的困难挡在面前有待解决，但是我前面所说的那些必将实现，尽管我并不敢奢望，而只是梦想着我可以活着看到那一天。因为我知道人类所有的进步都是多么缓慢的一个过程。"

既然这并不是在讲述蒸汽机的历史，那么我们现在抛开这个话题，看看这条铁路带来的财富。1825年9月27日，史托克顿和达林顿铁路以一个盛大的庆典宣告通车，由乔治·史蒂芬森亲自驾驶机车。这条线路的成功远远超过了工程师最殷切的希望和负责人最乐观的期望。由此还促成了1830年曼彻斯特—利物浦铁路的修建。

建造后期，年轻的罗伯特在南美，他的医师建议他在比较温和的气候中居住一段时间。回来后，他继续帮助父亲设计著名的曼彻斯特—利物浦"火箭号"机车。其后，27岁的罗伯特被任命为莱斯特—斯旺宁顿铁路（Leicester and Swannington Road）的总工程师。渐渐地，老史蒂芬森结束了其工作生涯，而把所有铁路上的实际工作都交给了他的儿子。

1836年纽卡斯尔—贝里克（Newcastle and Berwick）线路作为通往苏格兰的东海岸通道的一部分建成了。这一道路系统还建有110多座桥梁。第一批铁路桥是拱桥，但是大约在1830年——当他正在为利物浦—曼彻斯特铁路设计桥梁时，乔治·史蒂芬森忽然想到一个主意，就是利用一根铸铁桁条作为过梁，由它下面的桥墩承担垂直方向的载重。1829年在曼彻斯特的水街上建成了一座这一类型的桥，它是第一批该类型的桥之一。

铁路桥设计的下一步是应用由水平锚碇固定在一起的拱梁或绞索纵梁。这种类型的铁路桥是罗伯特·史蒂芬森最钟爱的，他在伦敦—伯明翰公路上修建了好几座，最好的一座则是横跨在纽卡斯尔和盖茨海德之间的泰因河上的高架桥。它宏伟的规模使之成为那个时代的一项设计壮举。罗伯特·史蒂芬森设计了一个双层结构，上层为铁路，下层为马路，总长大约1219米（4000英尺），高出河面39.6米（130英尺）。最显著的特点则是其设计的构造原理。它的拱形桥面和悬浮路面兼具令人惊异的简洁和优雅。上层面是由压缩的有棱纹的桥拱以常用的方式支撑着的，但下层面则是由锻铁做的垂直杆悬浮在桥拱上的，用水平系杆顶住推力的同时加强硬度。该桥共有六个桥拱，每个桥拱都有一个长38.1米（125英尺）的跨度，且由四根成对的弯梁组成，每对之间的距离为6.2米（20英尺4英寸，公路宽度）。

1846年10月，基础的第一根桥桩被楔入地下，不是用通常的手动夯锤，而是利用一个蒸汽驱动的气锤在4分钟内把一根桥桩楔至9.8米（32英尺）的深度。这是在桥梁建造中首次使用蒸汽锤。盖茨海德的一些悲观的当地人预言了他们城市的没落，因为新桥会把所有的商业机会带到纽卡斯尔。当他们听到打桩机的声音时，无奈地摇着头说："又有一颗钉子钉在了盖茨海德的棺材上。"除了中间桥墩的建造以外，整个基础的建造几乎毫无困难地进行着。在这里发现流沙导致河水以排出的速度又倒流回围堰内，大量的石灰石倾倒在外侧四周，但是没有任何效果。最后向围堰内倒入了水泥混凝土（使用一种天然水泥）与桥桩的顶端持平。在混凝土基座上还堆放了许多石块。

在桥拱的修建过程中，一次奇特的事故落到了一名造船工人身上。他从固定的桥拱上走到临时的脚手架上时踩到了一块松散的板子不小心失了足，但是他并没有掉下太多，中央支架上突出来的一个钉子钩住了他的裤子，使他一直挂在那儿直到被一个同事救起。作为一名虔诚的卫理公会派教徒，这名工人把他的侥幸免于灾祸归功于一次神圣的庇佑行为；他坚持这个看法，直到他的裁缝向他提供了一份颇具说服力的证明书，宣称裤子的良好质地是拯救他的唯一救星。

1849年8月15日，该桥向公众开放，当时它被称为"铁路桥中的国王"。几天之后，维多利亚女王在去苏格兰的途中让她乘坐的火车停了几分钟以便可以欣赏这一奇观。

但是早期铁路桥中最著名的当属不列颠尼亚管道桥（Britannia Tubular Bridge，图

3.18），是由罗伯特·史蒂芬森为横跨麦奈海峡的切斯特—霍利黑德（Chester and Holyhead）铁路修建的，与泰尔福德的吊桥相距不远。在该地一座铁路桥的设计和建造中，罗伯特遇到了许多从未经历过的问题和困难。例如在麦奈爱尔兰海波涛汹涌，每个浪头可以达到6.1~7.6米（20~25英尺），在大风暴中波浪猛烈地击打着海岸，力度可达每平方米1.5~2吨。

在决定桥的类型时，罗伯特·史蒂芬森摒弃了吊桥，因为当时已知结构的刚度都不够，然后他想到了双拱桥，但是又不能干扰航运，这一计划也被否决了。接下来他考虑了由泰尔福德首次设计出的悬臂式建造方法，但是地基条件却不允许。现在除了他父亲首次在铁路桥的设计中使用的板梁桥或梁桥之外别无选择了。罗伯特·史蒂芬森考虑了各种各样的大梁，最后他突然想到用一根管子作梁，由链索作辅助支撑，这样火车就可以从中穿行而过。

图3.18 1970年之前的不列颠尼亚管道桥

图3.19 1970年5月23日尼亚管道桥不慎被大火烧毁

罗伯特·史蒂芬森要解决的下一个问题是决定采用何种材料。大家可以回想起他和父亲很早就十分确信锻铁的优越性，但问题是如何令他人也信服。一天晚上，罗伯特·史蒂芬森在父亲的房子里见到了威廉·费尔贝恩，他赞同锻铁在筒形结构中的优势，并举出了建造铁制轮船的例子来支持自己的观点。费尔贝恩承诺为罗伯特·史蒂芬森进行一些试验测试来测定一个由链索固定的圆形或椭圆形的管子的强度。这些试验表明矩形是管子的最佳形状，同时为了减少劳动力并统筹规化好他的工人，费尔贝恩请来了数学家霍奇金森（Hodgkinson）教授。这两个人的演绎和推论对于锻铁取代铸铁受到普遍接受起到了一定作用。这些测试也向罗伯特·史蒂芬森证明了悬链不足以支撑这些管子；因此，尽管已经备好了辅助钢索，在最终的建造过程中并没有用到。

当这些试验正在进行时，不列颠尼亚管道大桥的建造工作已经按照计划开始了。1846年4月10日，基石被打好。在桥址附近，原材料已经运到，工场也已建好。雇佣的1500名工人大多住在岸边的一些小屋里。

图3.20 重建后的不列颠尼亚管道桥

不列颠尼亚管道大桥由两根无节的中空管组成，每根长460.6米（1511英尺），重4680吨，并排放在一起。横梁由两个桥台和三个桥塔支撑着；中间的桥塔，被称作不列颠尼亚管道桥塔，立于海峡中的一块岩石上，高达70.1米（230英尺），而另外两个高度仅为5.5米（18英尺）。由此形成了四个桥跨，其中两个长140.2米（460英尺），另外两个长70.1米（230英尺）。

稍短的那根梁是在脚手架上建成的，而长的那根——中跨梁是在陆地上完成组装的，然后利用驳船使之上浮——兰尼在修建滑铁卢大桥时使用的一个系统。正如盖茨海德的吊桥架起缆索时一样，成千上万的人前来观看第一根管子的抬升安放过程。1849年6月19日，当载有管子的浮船被推离岸边时，罗伯特·史蒂芬森攀到其中一根侧管的顶端发出信号。但不幸的是一架控制浮船的起锚机突然出了故障，浮船不得不返回原位。然而第二天一大早，一切准备工作就再次做好了。浮船被一股大风和强烈的气流吹得转向，风力太大导致起锚机几乎不能承受了。事实上，那些前来观看的人不得不帮一把手，以免起锚机

上的绳子挣断导致管子漂到海里，造成难以挽回的损失。最后浪头终于平息了，管子也被放到了桥塔之间的准确位置——伴随着礼炮轰鸣以及人们热烈的欢呼声。管子的制作如此精细，当它安放好后，仅仅留下了约0.23米（0.75英尺）的净空！罗伯特·史蒂芬森深感欣慰。一个朋友告诉他："这个伟大的工程让你一下苍老了十年。"罗伯特·史蒂芬森回答道："我已经三个星期没睡过好觉了。"但是第二天，有人发现他坐在天桥的一角俯瞰着那根管道，很随意地悬着双腿，从容不迫地抽着雪茄。

　　下一步是利用液压机一点一点小心地把管子抬升起来。罗伯特·史蒂芬森当时在伦敦，一

图3.21　马克·布律内尔

直与他的代理工程师保持通信，向他强调在抬升管子的过程中一定要在各层台架建造平台的重要性，这样不管什么出了差错，管子都不至于下落太多。一天液压机的底部脱落了，导致管子下落了2.1米（7英尺）。尽管在这个事故中损失的只是时间和经费，但它极有可能会造成重大损失。正如一个工程师写给罗伯特·史蒂芬森的信中所说："谢天谢地您当时那么固执。如果这个事故发生时没有平台接着管子的那一端，那整个管子现在可能已经躺在海湾的底部了。"1850年3月5日，罗伯特·史蒂芬森把最后一颗铆钉钉在最后一根管子上，然后缓步穿过大桥，身后跟着三辆机车，共有一千人乘坐在上面。1852年维多利亚女王和阿尔伯特王子在建桥工程师的陪同下走向大桥。工程师向他们解释了桥的构造原理，并指着水中工人们作为标志立起来的一堆石头讲述了管子滑落的故事。直到1855年罗布林的尼亚加拉（Roebling's Niagara）大桥的建成，不列颠尼亚管道大桥一直是世界上最长的铁路桥。它是人类才华的一个纪念碑——纪念那些在解决桥梁建设中如何跨越溪流和山谷运送"钢铁怪兽"这一难题上取得的改进。正如乔治·史蒂芬森在一次和一位朋友深夜散步时，听到朋友指着银河感叹人类有多么渺小后做出的回答："是的，但人又是一种多么奇妙的生物，会思考，能推理，同时在某种程度上又拥有无限的理解力！"这位伟大的工程师于1848年8月逝世，享年67岁。罗伯特·史蒂芬森继续家族的的工作，建造了另一座横跨于圣劳伦斯和蒙特利尔的筒桥，以及在埃及南部达米埃塔（Damietta）附近的一座横跨尼罗河的大桥。但是1859年死神就夺去了他的生命，年仅56岁。罗伯特·史蒂芬森葬于威斯敏斯特教堂，托马斯·泰尔福德墓的旁边。

图3.22　马克·布律内尔设计的皇家阿尔伯特桥

图3.23　马克·布律内尔设计的克利夫顿悬索桥

　　在那个年代，英国另一位受人爱戴的桥梁设计师是马克·布律内尔（图3.21），他指导设计了众多的桥梁形式（图3.22、图3.23），为后人留下了很多的知识财富。

3.3.4　古斯塔夫·埃菲尔和他的铁桥

　　铁桥时代的另外一个著名人物是古斯塔夫·埃菲尔（Gustav Eiffel，图3.24），这位因巴黎埃菲尔铁塔闻名古今的伟大工程师，也是一位铁路铁桥的杰出工程师。

　　18世纪以欧洲的两次重大革命——法国的政治革命和英国的工业革命而告终。这两个事

件，指引了未来的光明前景，当时工业展览会帮助描绘了这种光明前景的未来。正如英国通过1851年大博览会炫耀其国家优势和实力一样，法国也模仿对手于1855年、1867年和1878年举办了三届博览会，1884年开始筹划第四届博览会以纪念1789年5月5日开幕的全国三级会议100周年。

1889年的这一届博览会还充分体现了法国恢复世纪荣誉和繁荣的强烈愿望。19世纪80年代，英国人仍然认为法国是世界上最强大的国家，而法国人则认为自己失败了，衰落了，很不体面。法国在经济上被英国超过，1870年又受到俾斯麦德国的军事蹂躏和掠夺，它只能回忆1817年以前的时期，那时候，法国是欧洲的强国。19世纪末期，渴望富强和昌盛的心理又复苏了。

1889年，博览会的总经理乔治斯·伯格尔是一位很有理想和抱负的人，他要通过科学、技术和政治的进步使社会上升到一个新的高度，表达法国要恢复过去繁荣的愿望。正像他所说的"我们从黑暗的年代开始攀登，现在我们已经到了顶峰，我们的后辈将从这儿眺望未来"。伯格尔实现了他的预言，不仅每个去巴黎的人像他所想的那样去攀登埃菲尔铁塔（图3.25），在修建过程中，铁塔本身也是一节一节爬上来的。它是新的世界景色的完美象征。埃菲尔铁塔不断地激发起人们赞扬它轻巧的结构形式、雄伟的规模，它确实非常漂亮。

图3.24 古斯塔夫·埃菲尔

图3.25 埃菲尔铁塔

1832年12月5日，埃菲尔出生在法国第戎的一个中产家庭。1852年，他没能通过有声望的巴黎综合工业学校的入学考试。他进入了私立的中央工艺和制作学院就读，1855年毕业并获得化学工程学位。由于家庭不和，他没能和叔叔一起在第戎做醋生意，而是在一家负责设计和制作铁路设备的公司找到了一份工作。因此，这个偶然的机会使他走进了那个时期的大工业行列。1858年，他被派往波尔多，负责建筑一座铸铁桥，该桥有七跨，长度488米。他的精确计算与创造性的建筑方案相结合，使得这座桥于1860年如期完成。

1867年至1869年间，埃菲尔在甘纳—科芒特里铁路线上建设了四座高架桥。它们当中，卢扎特桥视觉最为显著，因为正好有条公路从桥下通过，离铁路桥底60米，三根跨度60米的格构式梁支撑着铁路，大梁由高60米的金属塔架支撑。但有意义的是塔架的形式而不是高度。在塔底部，塔架以曲线形式展宽与砖石基础相连。这里，埃菲尔首次以塔架从视觉上反映了风荷载的影响。

埃菲尔还发明了大梁施工的新方法，也就是现在的顶推法，在很高的悬崖上，将大梁水平延伸到塔架上，在中央连接。用这种方法，即使在深谷也可以不用脚手架。虽然这种思想在最终的桥梁中看不出来，但在它的结构形成中起着重要作用，因为它使得桥梁的建设费用更低。

1875年，葡萄牙皇家铁路为在波尔图附近建造一座跨越杜罗河的桥梁举行了国际性的设计竞赛。提交的8个不同的设计方案代表了那个时期的长跨桥梁，因为短跨并要在河中修建塔架的方案比大跨昂贵得多，其中6个设计都有一大致相同的158米跨度，形式各异，造价不等。其中两个最简单的方案费用也最低。在这两个形式中，埃菲尔的新月形拱桥更加漂亮，费用也较低，比另一种形式低31%。这次竞赛表明了这样一种事实，即43岁的埃菲尔是欧洲杰出的桥梁设计师，它还表明最漂亮的形式要与最实用的结构相一致，直到经一个多世纪使用后的今天，这座桥

图3.26　皮亚马利亚桥（Maria Pia Bridge）

图3.27　加拉比特桥

仍状况良好地屹立在人间(图3.26)。

　　埃菲尔设计的另一座新月桥是加拉比特桥（图3.27），该桥在法国圣弗卢尔附近跨越特鲁耶尔河，于1884年建成，这座跨度165米的锻铁新月桥竣工时是世界上拱跨最长的桥。该桥也是埃菲尔桥梁生涯的杰出代表作。

　　从早期用铁块取代石头的拱形结构的铁桥到罗伯特·史蒂芬森的筒状锻铁造的铁路板梁桥，经历了很长的一个阶段。蒸汽时代带来了质量更好的钢铁，不仅复兴了梁桥，同时还有悬臂桥和桁架桥，并增加了能大大缩短建造工期的机械用具。尽管工业革命带来了一个丑陋的铁桥时期，但这是一个必要的学徒期，它的终结处将会是钢铁的美。

3.4　铁桥向钢桥的转变——现代桥梁的重大革命

　　蒸汽机的发明对桥梁建造产生了巨大的影响，这一影响在美国尤为显著。18世上半期，美国绝大多数铁路桥都是桁架桥。随着铁制品在这一领域的应用，桁架桥的承压部位很快采用了钢铁制品，随后木质桁架桥逐渐被钢铁桁架桥取代。钢铁被越来越广泛地运用于桥梁建造，一大批拥有专利的桁架桥便应运而生，这些桁架桥坚固结实，专门用来运送"钢铁怪兽"们渡河越谷。

3.4.1　铁路建设与桁架桥的复兴

　　1840—1890年的五十年间，这些虽然难看却十分经济的桁架桥在桥梁建造领域占有统治地位。此前的木屋桥结构中的桁架在和桥拱共同承担桥梁压力之前，必须经过科学的检测。木质桁架桥的建造主要依赖于建桥者的经验，木匠往往凭借感觉判断桥的材质的承压强度，却没有科学的数学方法对桥梁的承压做量化分析。他们设计的桥上各部分尺寸并无太大差异，如果在建桥过程中某一部件不合格，这部分将由大一些的部件取代。桥梁模型设计出来后，各部分按比例排列在一起，损坏的部位由较大的部件代替。这种建造方法无疑会导致许多桥非常脆弱，而另一些桥却坚固无比，其实有的根本就不必这样坚固。人们好像并没有记住这些失败的例子，直到今天这种结构的桥还有残留，好像在向世人证明早期建桥者们的"优良技艺"。

　　随着美国铁路网状格局的发展，生铁材料桥梁的故障率也急剧攀升，霍奇金森和费尔贝恩的实验也揭示了生铁柔韧性不够的缺陷。1850年后，生铁已基本从桥梁建造领域消失，熟铁取代其统治地位，直到19世纪末，钢材料才取代熟铁在桥梁建造领域广泛应用。

　　在桥梁建造领域熟铁取代生铁是不可逆转的趋势，这一趋势的结果便是19世纪50年代许多新型桁架桥的出现。S.惠普尔曾经亲自设计过一座弓形弹簧管高架桁架桥，桥的顶端是生铁材料

制成的吊索构成的曲面，桥的底部和中间部位由熟铁构成。这种桥被称为惠普尔桁架桥，在整个美国，建造这种跨度小于61米（200英尺）的惠普尔桁架桥的热潮持续了几十年，后来这种桥从美国彻底消失。因此惠普尔桁架桥常与车马时代联系在一起。从巴尔的摩到俄亥俄的铁路是美国最早的铁路，因此这条线路上的桥梁对雄心勃勃的桥梁设计师来说也最具吸引力。铁路公司聘请了本杰明·亨利·拉特罗布（Benjamin Henry Latrobe，图3.28）为铁路总工程师，他是当时美国国内最有名的土木工程师。与他同名的父亲就是指挥建造国会大厦的建筑家，这位建筑家从某种程度上说也是位工程师，在英国求学期间，他曾师从像涡石灯塔一样有名的史密顿（Smeaton）。回国后他参与建造的大型工程不计其数，如费城自来水供给系统、切萨皮克（Chesapeake）到特拉华州（Delaware）的运河以及新奥尔良排水系统等等。

图3.28 本杰明·亨利·拉特罗布

作为铁路总工程师的本杰明，他手下有两名年轻的工程师——温德尔·博尔曼(Wendell Bollman)和艾伯特·芬克(Albert Fink)，两人设计的熟铁材质的铁路桁架桥曾在美国广泛应用。博尔曼的桁架桥似乎更适用于东部地区相对较老的铁路，而芬克的桁架桥则更适合西部新建的铁路。在这个铁路公司成立之初温德尔·博尔曼只是巴尔的摩工地的木匠，当时铁路正在经历由木质路轨向铁质路轨的转变，而这位木匠在桥梁建筑方面显示出极大的天赋，因此很快被提升为整条铁路线的"道路主管"。随后他开始设计桁架桥，他的桁架桥只是桁架中柱方法的延伸，1852年博尔曼在西弗吉尼亚波多马克河上的哈普斯（Harper's）渡口建造的第一座桁架桥使他一举成名。这座桥跨度为37.8米（124英尺），熟铁铸造的承压部件和拉杆由石质桥墩牢牢支撑。虽然到1894年，为适应不断增加的载重需求，又有新桥建成，但博尔曼桁架桥的寿命一直延续到1936年，那年春季的洪水摧毁了许多坚固的桥梁，博尔曼桁架桥也难逃厄运。

图3.29 艾伯特·芬克

艾伯特·芬克（图3.29）出生于德国，但成年后即来到美国，在这片新土地上开辟自己的事业。很快，他在桥梁建造领域建立起良好的声誉。本杰明将巴尔的摩—俄亥俄铁路沿线的许多重要桥梁都委托给他建造。1852年，也就是博尔曼修建哈普斯渡口大桥的同一年，艾伯特·芬克在西弗吉尼亚费尔蒙(Fairmount)的莫农加希拉(Monongahela)河上修建了一座与渡口大桥齐名的桥梁。这座桥有三个桥墩，每个桥墩间距为65.5米（215英尺）。芬克设计这座桥时充分发挥了自己的独创性。据当时一位工作人员说："芬克常常用锡盒与细线做出桁架模型，在这些模型上细心地检查吊索与桥面的压力，并以此为基础得出自己的推断和公式，用于建造真正的桥梁。"

巴尔的摩—俄亥俄铁路完工后芬克成为圣劳伦斯维尔—纳什维尔铁路的总工程师，当时正值美国内战，铁路有四大部分位于梅森(Mason)和狄克逊（Dixon）之间，而这一地区开始时属于北方军队，后来落入南方军队手中。结果芬克不得不断地忙于修复被战争破坏的桥梁。

随着其他铁路公司的组建，很多桥梁工程师纷纷登上历史舞台。约翰·林维尔（John H. Linville）就是其中的杰出者。他出生于1825年，后来成为宾夕法尼亚铁路的总工程师。内战期间他修建的莫农加希拉与俄亥俄河之间的跨度超过91.4米（300英尺）的大桥让他声名鹊起，因为当初人们普遍认为这样跨度的桥梁是不可能修建的。对于这一伟绩，曾经设计命途不顺的第一座魁北克大桥的著名工程师里奥多·库珀（Theodore Cooper）曾评价道："美国大跨度桁架桥的历史开端于1863—1864年约翰·林维尔在斯托本维尔（Steubenville）的俄亥俄河上修建的第一座大桥。"斯托本维尔大桥中跨度为97.5米（320英尺），七个桥面跨距中四个为70.4米（231英尺），另外三个为62.5米（205英尺）。

　　这一时期美国另外一位著名的桥梁工程师为乔治·莫里森（George S. Morison），1842年出生于新贝德福德（New Bedford），毕业于哈佛法学院，对于一个将来要成为伟大的工程师的人来说，这种文化和教育背景多少让人吃惊。他为多条铁路做过顾问工程师，也修建了很多条铁路。其中在密西西比、俄亥俄、与密苏里河上的十六座桥都很有名，而他设计的最为著名的桥梁当属1892年在孟菲斯密西西比河上修建的悬臂桁架桥。这座桥高出枯水期水位33.5米（110英尺），中间部位由三个桥墩跨距构成，长度为688.2米（2258英尺），另外还有792.5米（2600英尺）的高架引桥。桥的两条桁架相距9.1米（30英尺），深23.8米（78英尺），桥的主跨度为240.8米（790英尺），悬臂长51.8米（170英尺），悬挂跨度137.1米（450英尺）。这座桥取得巨大成功的原因有很多，如深层地基、采用独特的平炉炼钢技术以及对原料严格的规格要求。这座桥的建造和架构标准很快成为美国铁路桥梁的通用标准。

　　不仅新型的桁架桥承担起了日益加重的铁路运输，两种本来用于木质桥梁的桥梁结构——豪式桁架桥与普拉特桁架桥也得到了推广。普拉特桁架结构很能适应铁路运输的发展，直到最近，这种结构才完全消失。

3.4.2　垮桥惨剧和冶金技术的进步

图3.30　阿什塔比拉灾难

　　人们还应该记得豪式桁架桥获得专利权一年后阿马萨·斯通就从其发明者手中将专利买下并将其运用于木质和铁质桥梁的建设中。这一桥梁结构在早期的纽约中心铁路上获得成功。1865年，阿马萨·斯通将这一结构稍作改进，修建了第一座熟铁材质的豪式桁架桥，这座桥位于俄亥俄州的阿什塔比拉（Ashtabula，图3.30），那里的湖畔铁路必须经过伊利（Erie）湖附近一条陡峭的峡谷。桥长50.3米（165英尺），宽5.9米（19.5英尺），高6.1米（20英尺）。桁架的掣板长3.4米（11英尺），上下吊索由金属撑杆连接。前11年这座桥能够满足铁路运输的需求，但后来随着运输量的增加，超过了桥跨的承受力。

　　1877年12月的一个雪夜，从纽约出发西行的火车经过阿什塔比拉桥，火车晚点两个小时。由于一整天都在下雪，伊利湖岸边到处是厚厚的积雪。除了那些不得不在寒冷的雪夜工作的人们，阿什塔比拉村民都待在家里。一个正在铁路旁边的家中烤火取暖的铁路工作人员忽然听到一连串吓人的撞击声，听上去好像爆炸声，正当他起身要出门看个究竟时他的妻子冲进来叫道："天啊，亨利！五号列车坠到桥下去了！"他匆忙穿好衣服和靴子跑到桥旁，一大群人已经聚集在那里。峡谷底部列车和金属横梁互相挤压，乱作一团，这列列车包括两节机车，两节快递囊车，两节货运车厢，两节客运车厢，一节吸烟室，一节休息室和三节卧铺车厢。当列车行至大桥中间时桥体坍塌，第一节机车的司机听到信号雷管爆炸声，回头一看发现第二节机车正在下沉。幸亏当时他无比镇定，迅速打开减速阀的阀门，让火车全速向前冲去。

　　虽然他说当时火车犹如爬向山顶，无比艰难，但最后他还是安全到达了另一个桥墩。而其他车厢则一节节掉进峡谷，互相撞击发出巨大的响声。这场车祸有九十人遇难，大部分是在坠落的车厢相撞时死亡的。在撞击中幸存的人们不知道自己是应该留在车厢里被火活活烧死还是逃离车厢在冰冷的河水中淹死。很快列车起火，而村民们混乱不堪、毫无组织，竟没有采取有效措施扑灭大火。

　　铁路工作人员接管了残骸的清理工作，在本行业享有盛誉的铁路总工程师查理·柯林斯

(Charles Collins)在他的辞职演说中说道："三十年来,我一直无比忠诚地致力于保护公众的安全,而现在,公众完全忘记了我这些年来的努力,都在反对我。"

公司并没有接受他的辞职,董事会通过了对他的信任投票。但是几天后柯林斯自杀身亡,原因是公众和媒体都将这次灾难归咎于他。

熟铁材质的豪式桁架桥的坍塌在美国引起了巨大的反响,报纸杂志纷纷报道这次灾难。《铁器时代》(*Iron Age*)载文表达人们的恐慌:"我们知道全国还有许多廉价劣质的桥梁,这些桥的建造者们都在惶惶不可终日,而这些桥也许只是因为上帝的仁慈才没有坍塌。"《国家》(*Nation*)杂志2月15日发表文章称:"诸如大桥坍塌,轮船事故之类的灾难夺去了许多人的生命,但是除了验尸官、陪审团会用些笨重的仪器检测一下死者外,全美国似乎没有人关注这些失去的生命了。这种灾难其实是大规模的屠杀,五分之四的事故是要有人负责的,或是某处的粗心大意,或是经济问题,或是没有严格遵守纪律,或是没有采用安全设施,也或者是某些人想投机取巧,总之,事件的背后总有某种借口。"

事故调查员提供的证据表明阿什塔比拉大桥灾难是由阿马萨·斯通的设计导致的,但是追溯到阿马萨·斯通未免太过久远,人们认为导致灾难的是当时社会普遍的对如何运用熟铁这种新材料知识的缺乏。查理·柯林斯在他的供词中说阿什塔比拉大桥作为历史上第一座熟铁材质的豪式桁架桥本质上只是一个实验品。桥的坍塌可归因于铁的特性、高负荷量和桁架设计中对角支撑力度不足等,而这些都源于缺乏熟铁在拉伸力作用下发生变化的知识。

这次桥梁灾难为后人提供了三条值得借鉴的教训:其一,美国铁路公司从此彻底放弃了生铁的使用;其二,人们开始尝试减轻桥梁构件的重量;其三,铁路公司开始意识到聘请桥梁建设专家的必要性——这一需求刺激了许多私人独立土木建筑工程师公司的产生,在这些公司工作的工程师必须具备桥梁设计与施工方面的专业知识。无疑这些教训的代价太高了,但至少这次灾难中牺牲的人们没有白白死掉。20世纪美国许多钢铁铁路桁架桥正是在这次灾难得到的教训的基础上修建成功的。

阿什塔比拉大桥灾难发生两年后,不列颠群岛上一起相似的桥梁灾难又一次震惊了世界。苏格兰的泰河湾桥于1877年通车,当时这座桥被认为是现代文明的奇迹,大桥有84个熟铁桁架桥跨,每个桥跨长61米(200英尺),圆柱形的桥墩为生铁铸成,建造在砖和石料砌成的基座上。桥的设计与建造工程师是著名的桥梁建造师托马斯·鲍彻(Thomas Bouch)爵士,他曾参与了当时正在拟建的福斯河上吊索桥的蓝图起草工作。

1879年12月29日夜,大桥坍塌,一列由六节客车车厢、一节机车、一节列车员车厢组成的客运列车像熊熊燃烧的火箭冲进26.8米(88英尺)下的汹涌波涛中。当时风速达到了115.9~128.8千米/时(72~80英里/时),大风可能吹垮了大桥的13个桁架桥跨。一百多名乘客无一人幸存,因此也没人知道到底发生了什么。

这两次事故只是19世纪70年代到80年代中发生的两个个案,其实在这段时间,美国铁路上的桁架桥事故率为每年25座,换句话说,每8046.7千米(5000英里)的铁路上每年就有一座桥发生事故。人们必须找到解决方案,而这一解决方案就是一种质量小、硬度高的金属材料——钢,钢的承压强度比熟铁高出了20%。钢成为建筑材料还要归功于英国的亨利·贝塞麦(Henry Bessemer,1813—1898)。在他发明炼钢炉之前,钢铁由于过于昂贵而只能用来制作锋利的工具,贝塞麦的炼钢炉问世后,迅速出现了平炉炼钢法。马丁(Pierre Emile Martin,1824—1915)与其父亲埃米尔(Emile)在法国西部小镇沙杭特(Charente)的塞洛以勒(Sereuil)开有一家铁制品商店,埃米尔一家与居住在英格兰的德裔发明家兼工程师查理·威廉·西门子(Charles William Siemens)合作,经过多年试验后他们共同为著名的西门子—马丁(Siemens—Martin)平炉炼钢法申请了专利。至1867年西门子已在他位于伯明翰的钢制品工厂里用平炉法炼出了钢,这些钢被应用到了铁路建设中。这就是批量生产商用钢构件的开端。

3.4.3　钢材的应用——新时期的来临

直到1880年，美国还没有广泛地采用钢质材料。虽然早在1828年建造维也纳多瑙（Danube）运河上桥跨为95.1米（312英尺）的吊索桥时就已采用钢材料建造扁形带环杆钢索，第一座全钢桥直到1878年才出现。当时威廉·苏易·史密斯（William Sooy Smith）将军正计划在南达科塔州的格拉斯哥为芝加哥老城至奥尔顿（Alton）的铁路（现在已成为巴尔的摩至俄亥俄铁路的一部分）修建一条跨越密苏里河的桥梁，他宣称这座桥将由全新的钢材料建造。爱荷华州伯灵顿的A.T.海（A. T. Hay）刚刚完善了批量生产廉价钢材的方法并将生产出的钢材命名为海钢（Hay Steel）。当他正为产品的销路不畅走投无路时史密斯将军又让他看到了希望。虽然遭受了恶意的评论、辛辣的嘲讽和质疑，格拉斯哥大桥确是成功桥梁的典型。这座桥使用了十年，最后也是因为负载量的增加而不得不被替换掉。就在史密斯将军提出惊人的宣言两年后，另一位具有远见卓识的工程师艾伯特·T.希尔（Albert T. Hill）经过调查与试验，向其同行宣布："钢材无疑将成为未来建筑领域主要的材料。"此后1880年美国钢铁的年产量从100万吨猛增到5000万吨。

在现代桥梁的发展过程中，使钢材的采用如此重要的另一因素是桁架设计的改进。正如蝴蝶的破茧而出，从19世纪那些不堪入目的桁架结构中演化出美丽的拱形桁架，漂亮的悬臂桁架以及优雅柔和的吊索桁架。虽然这段"成长的烦恼"并不令人愉快，但成熟所带来的成就让这段等待具有重大的意义。

在桥梁建造的青春期阶段，桁架的设计是由桥梁建造公司完成的。这些公司之间进行着激烈的竞争，残酷的经济实力竞争压力迫使公司只能强调廉价和简单两点上，而这两点与设计的美感和质量的可靠格格不入。不同形状的熟铁压缩构件，接口处还需要生铁作为承压板，很快被一些强有力的桥梁公司如吉斯通（Keystone）桥梁公司、菲尼克斯（Phoenix）桥梁公司和巴尔的摩桥梁公司等抢注了专利。结果从1840—1880年，所有主要桥梁的建造都成为这些主要桥梁建造商之间残酷的竞争。当时人们也很难驳斥他们浮夸的谎言，检测机器还没有广泛的运用，也没有人制造实际大小的桥梁构件，因此为保证建造的简易性而采取的设计的标准化和建造桥梁的速度与经济原则成为公司强调的重点。

3.4.4　冶金与桥梁

钢材应用于桥梁建筑的历史只有短短100多年，第一次显著使用钢材的桥梁是于1874年建成的伊兹（Eads）桥（图3.31）。钢材的使用给了桥梁建设更多新的可能性与机会，而对于更优质金属的不断寻求促进了合金钢与耐热钢的发展应用。

更长跨度桥梁的发展急需高强度钢，高强钢材使用的经济性与桥跨的长度一起增长，这是一个公理。在一些例子中，对于长跨度悬索桥的钢桁架来说，从政府的角度出发对经济性的要求是十分强烈

图3.31　伊兹桥

的，而设计中其他控制因素又要求材料能够适应单位高压的要求。除了自重的降低，使用高强度钢的另外一些原因是为了让大部件和高厚度的部分成形，同时钢板也能够承担工作压力的极限。

因此，桥梁工程师期待冶金专家能够使高强度钢更适用、安全、可靠、经济。（1）经济性要求材料不仅成本要相对低，而且在制造和建造的过程中也十分便宜。（2）可靠性要求材料在

使用前可以承受全面的测试、试验性研究。（3）安全性要求材料不能具有或产生任何未知或令人不满的特性，例如时间效应、内部压力、脆性或不均匀性。（4）适合性要求冶金专家和生产者研究在何种条件下可以使用材料，包括材料的组成部分和内部连接，确信材料没有任何未知的或没被考虑到的特性，以防它们会影响材料安全、经济的使用能力。

除了经济原因和其他迫切需要高强度钢材使用的原因外，为了实现桥梁的最大刚度，桥梁设计者更偏向于使用低强度材料。单位压力越高往往压力下的偏斜越大。在成本和安全性相同的情况下，重量大的设计往往更好，因为它产生更大的硬度和更长的使用寿命（不管是在抗侵蚀性方面或将来活载增加的方面）。

目前在桥梁建设中被成功应用的高强度钢可以分为三个种类：合金钢、耐热碳钢和冷拉高碳桥用钢。在合金钢中，镍合金钢、硅钢和中锰钢都被广泛应用。在耐热钢中，轻巧和高强度的耐热钢都被应用过。

伊兹桥是美国第一座使用钢材的重要桥梁，也是世界上第一座使用合金钢的桥。无铰拱肋上的小管弦杆是由低度铬钢制成的，这种弦杆具有45359.2公斤的重量和2812.3kg/cm²的弹力极限。在这个国家技艺不发达的时候，这种材料并不均匀，而且在制造过程中还遇到了许多困难。

在古斯塔夫·林登塔尔（Gustav Lindenthal）的推广下，合金钢重新得到青睐。大约1900年，镍钢被应用在曼哈顿大桥、皇后（Queensboro）桥（图3.32）和破纪录的魁北克大桥中。尽管林登塔尔设计的曼哈顿大桥悬索用镍钢眼杆的建议被政府当局拒绝了，被采用的设计是平行钢线索，但是钢桁架（弦和对角线的顶部和底部）依然用的是镍钢。在主跨和侧跨的建造中，这些部件共用了8000吨镍钢，而在整座桥中共用了44000吨钢材。曼哈顿大桥最初设计中所提议的镍钢眼杆后来被应用在莱茵河上的科隆悬索桥。这座桥建成于1915年，主跨为184.4米（605英尺）。林登塔尔提议的镍钢

图3.32　皇后桥夜景

眼杆还在1902年被应用于皇后大桥的受拉构件（弦和对角线顶端）。眼杆是当时最大的组成部分，大约6000吨的镍钢被应用在眼杆上，而这座桥共用了53000吨镍钢。

第二座魁北克大桥将镍钢作为受拉眼杆和承受作用力与反作用力部件的主要材料，而并没有使用镍钢铆钉，这是因为测试不充分而延误了。

在圣路易斯（St. Louis）的市政大桥中，镍钢被用于眼杆和受压部分。同样，镍钢还被用于俄亥俄河上都会（Metropolis）桥的眼杆和栓上。这座桥建于1916年，简易桁架跨度为219.5米（720英尺），成为这类桥跨长的最高纪录。

在费城—卡姆登（Camden）大桥中，镍钢被用于钢桁架弦的顶部和底部来满足在桥跨弹性变形状况下单位压力的要求。镍钢的用量超过5000吨，这座桥各种钢材的用量超过了18000吨。

乔治·华盛顿大桥（1931）也使用了镍钢。钢桁架弦的顶端是由镍钢制成的，现在这种建筑以公路水平建造，作为风桁架的一个弦。自从高压线索的更大弹性变形导致在钢桁架上的压力超过了硅钢的承受能力，规定要求用硅钢弦来替代眼杆悬索和钢线悬索设计中所使用的镍钢弦。

镍钢比通常建筑所用钢强度高出50%。尽管在标准样本测试中镍钢显示出很高的物理特性，但它还是有一些局限性，例如在冲压和平巷掘进铆钉孔的时候，在表面没有缺损的情况下镍钢是很难卷起的。然而这种钢最大的缺点在于它的成本，现在这个缺点已经影响到镍钢应用的经济性，除非在一些其他合金钢达不到强度要求的特殊情况下应用，一般是不用镍钢的。

硅钢已经成为另外一种更为经济的合金。硅钢的强度比普通建筑钢材高了40%，而每公斤

的价格只增长了10%。自1925年起，硅钢已经被用于所有长跨度悬索桥的建设中。因此，作为一种经济的高强度建筑合金，硅钢已经超越了镍钢。如果政府部门只从经济的角度考虑，那么镍钢是不能与硅钢竞争的。硅钢是高强度建筑用钢材中最便宜的，事实上也是所有桥用钢材单位强度中成本最低的。

这种新的合金钢广泛应用于现代桥梁建设中。它应用于1916年建造的都会大桥中的所有重要部件（眼杆除外），卡基内海峡（Carquinez Strait）悬臂桥的索塔和承压部件，费城—卡姆登悬索桥的索塔，蒙特霍普（Mount Hope）、底特律（Detroit）、圣约翰(St. Johns)桥的钢桁架，大部分蒙特利尔港口桥的桁架结构都是用硅钢造的，还被应用于乔治·华盛顿桥的索塔、桥面和锚梁中。在乔治·华盛顿大桥中用了33000吨的硅钢。

中锰钢在奇尔文科(Kill van Kull)桥中被作为建筑材料应用，用量超过5000吨。测试发现中锰钢比普通钢材的强度高50%。但是在这种材料做成的铆钉接口处的压力测试中产生了一些令人不安的结果，因此在设计中做了一些改进来确保安全性。

显然，在合金钢被用于铆钉压力部件时有些合金的特性还没有被完全弄清，在冶金家和生产商没有给出完整的让人确信的信息之前，应该避免应用这些材料。

1920年左右，热处理钢材被用于桥梁建设，它是通过特殊热处理的程序来提升钢材的强度，并没有添加其他的金属。这种高压热处理钢的最高形式可以比普通钢材的强度高三倍。轻度热处理钢材眼杆——最小极限强度为5624.6kg/cm²——已经在1915年被桥梁工程师应用了。

在六座小型桥梁中被成功运用之后，热处理眼杆被应用到加利福尼亚州卡基内海峡桥的主要承压部件中。轻度热处理眼杆的单位承压比专门或普通钢材高了50%。在桥梁承压部件中，这些眼杆看起来是一种十分安全、令人满意的材料。此外，它们每公斤的成本只比一般的建筑钢材眼杆高了1美分。

经过了几年的实验性发展，高压热处理眼杆（最小极限承压为7382.2kg/cm²）已经于1923年被应用于巴西的弗洛里亚诺波利斯(Florianopolis)桥。这些眼杆用在了悬索部件里，作为钢线索的替代品，价格等于总成本。然而它们却使一种改进的钢桁架成为可能，这种桁架刚度提高了许多而成本则降低了。

当第一次应用这种高压热处理眼杆时，测量实际大小的器具被限用，检测制作过程的特权也被剥夺了，因此，工程师被迫否认对这种材料负责，生产者为购买者提供全部的担保。因此生产厂商放弃了他们的保密政策，去掉了制造过程中检测的限定。这种材料经受如下限制：每一种眼杆的特性都由它所接受的单一的热处理决定。它还承受这样一种事实：每一个测试的眼杆在测试过程中都会遭到破坏性试验。

高强度钢材的发展扩大了长跨度桥梁建设的经济范围。在一座跨度最长的桥中，桥所承担的最大重量是桥的本身，因此需寻求并使用这样的材料：它们能够增加强度，与自身重量成比例，从而使桥跨的静载最小化。随着桥跨长度的增加，使用更昂贵的材料来减少重量变得越来越经济了。

从另一个方面看，一种新型材料——结构铝材最近发展起来并被应用到桥梁建设中。它比建筑用钢的强度高而重量却只是1/3。这为更长桥跨的实现和旧桥跨重建以负担更重的现代交通的经济性提供了新的可能。

结构铝材于1933年被用于桥梁建造中，用来取代两个109.8米（360英尺）的透镜状桁架桥跨上的悬吊式桥面（包括桥面梁、纵梁、路面和人行道）。这两个桥跨是位于匹兹堡莫农加希拉（Monongahela）河上一座拥有50年历史的史密斯菲尔德街（Smithfield Street）桥。这一替换之后，桥梁的静载减少了800吨，相应活载可增加800吨，桥的使用寿命也延长了。第一个全铝桥跨由美国铝公司（Alcoa）建造于1948年，在纽约马塞纳（Massena）格拉斯（Grasse）河上。这是一个板梁桥跨，跨度为30.5米（100英尺），用来承担E-60铁路的荷载。它只重24040.4公斤（53000磅），然而如果用钢材桥跨重量将达58059.8公斤（128000磅）。

世界上第一座全铝高速路桥始建于1948年，完工于1950年，是一座跨度为88.4米（290英尺）的拱桥。它跨过魁北克省阿维德(Arvida)的萨格奈(Saguenay)河，用来承担22辆卡车的荷载。它只重200吨，是一座钢拱桥重量的一半。这些轻型拱肋只用了两周便建造完成了，用的是架空索道上悬臂建设的方法。上面的扶手和引塔也都是用铝制成的。

世界上第一座结构铝材建造的可移动桥跨于1948年完工，位于英格兰桑德兰的威尔河上。让人惊奇的是世界上第二座铸铁桥——由汤姆·佩恩（Tom Paine）设计，于175年前建造在同一个地方。新桥是一个双叶活动桥跨，跨长为36.9米（121英尺），重量仅为相应钢材桥跨的40%。另外一座双叶活动铝制桥，跨度为30.5米（100英尺），建于1953年，位于苏格兰亚伯丁（Aberdeen）的维多利亚码头的入口。在这座桥中，铝合金被应用于所有的活动叶的部件中，只除了木材板和铁路钢轨。固定部件是由钢材制成的。

最后，世界上第一座铝制连续桁架桥于1950年在苏格兰塔姆尔（Tummel）河上建成。这座三跨桥有94.6米（310.5英尺）长，中心桥跨是52.6米（172.5英尺），这座桥只供行人通行。

十分显然，冶金家为土木设计师提供了一个重要的材料，铝将会在未来的桥梁建造中发挥越来越重要的作用。

3.5 工程学科和工程师的产生

3.5.1 工程教育与人才培养

到19世纪末，人们逐渐意识到广泛的土木建筑工程知识与接受过系统培训的桥梁设计与建造专家的重要性。任何人都能看出美国的桥梁建造是仅仅凭借以往经验，一步步摸索着在商业化的道路上越走越偏，而欧洲同行们则已经超过了美国，因为他们接受过理论与实践的系统训练。美国的科学家、工程师和数学家们必须重拾美国人特有的进取心，迎头赶上欧洲。美国要做的首先是向欧洲学习科学知识。当时无数美国青年前往德国，因为德国是当时科学智慧的源泉。

1879年猛烈的风暴摧毁苏格兰金属桁架桥泰河湾桥，激发了人们对抗风的研究。一批理论著作相继问世，为了在工程师中传播理论和实用知识，第一家工程师协会成立，技术性的期刊或杂志也开始发行。另外，非常重要的是为了加强和规范这一领域的培训和教育，专门的技术学校和土木建筑学院相继组建成立。

19世纪法国的实践完善了大部分理论工具，后来这些理论方法为世界各地的工程师所采用。而如今在桥梁工程师中盛行的教育和图像化表达模式却建立在另一个人的研究基础之上，他就是加斯帕德·蒙格（Gaspard Monge，图3.33）。蒙格是一位杰出的数学家，由于卑微的出身使他不能就读理想的军官学校，他就学做一名制图员，以此找到他实现军事抱负的出路。火炮技术的进步产生了大量杰出的规划方案，在这些方案中确定从一点到另一点的距离极为重要，在这个时期，蒙格创造了《画法几何》的现代形式，通过这种方法，空间中的任何一点都可以用正交平面来描述。它的总结也就是那本影响巨大的教科书《画法几何》（*Descriptive Geometry*）于1795年出版。

图3.33 加斯帕德·蒙格

蒙格的成就在同时代具有相同背景的人中是最有影响力的，他抓住了时机，当时欧洲正处在战争之中，需要许多工程师修筑工事、道路和桥梁，蒙格建议设立一所大众学校，按资质而不是阶级来录取学生，这个建议得到了批准，学校于1794年授课。一年后，"综合工科学校"（Ecole Polytechnique）的名称出现了。这所学校取

得了巨大成功，主要有三方面的原因。第一，竞争性的考试招生不仅使之成为精英教育，而且保证了入学学生的水平。第二，法国当时的情形是许多杰出的科学家、数学家和教授在巴黎无所事事，他们可以参加教学工作，因此，第一批教职工拥有很高素质。第三，教学体系科学合理，之前的工程教育是学生在工作室体系下接受教育，由具有实际经验的工程师指导学生小组如何设计一个特定结构，而基础性的数学知识则是由教授开设独立讲座的方式进行。新的教学和理念体系则超出了这种人为的学徒制，工程学的许多分支被纳入传授的知识体系中，在数学、物理学和机械学方面建立起了一个共同的理论基础。学生先按照基本原理课的教学大纲学习两年，然后在第三年进入浓缩了的工程学课程，实际工程学则在学生进入高一级学院之后学习。蒙格安排一流的工程师开设额外的讲座，鼓舞了学校的士气，事实证明他的热忱确实具有强大的感染力。

该校培养出相当多优秀的学院派工程师，他们能利用理性方法处理新的问题。从一个领域中获得的概念能够用到其他地方，做到举一反三。学校在理论与学术研究的轨道上前行，不仅培养了优秀的工程师，也开始培养大量的研究员和教授。

该校的成功致使其他地方的学校采用相似的教学模式，如现代著名的苏黎世理工学院。至此，知识主体和教学方法得以标准化，教科书作为知识讲解的标准形式被引入教学体系。在学术研究上，由同等地位的审查人审查的报纸杂志介绍最新的发展动态，保证了出版物的权威性、学术性和整体质量。

在中国，过去的辉煌已经被工业革命的成果远远抛在后面，迫于国内外的形式，1872年选派了包括詹天佑在内的一批少年留学生赴美国学习现代科学技术知识。1881年，攻读铁路工程专业的詹天佑学成回国，1905年，主持建设了北京到张家口的铁路建设工程，它标志着中国第一代工程技术人员的成长。从此，中国结束了不能主持修建铁路的历史。

1896年，中国政府在上海创办了南洋公学，即今天上海交通大学的前身；同年，在山海关创办了北洋铁路官学堂即西南交通大学的前身，开始自己培养铁路建设技术人才。

3.5.2　工程师的诞生使圬工桥臻于完善

1716年2月5日，天空持续下着倾盆大雨。鲁尔河畔的布鲁瓦（Blois）镇上的居民看着鲁尔河的水位持续上涨，很快到达洪水线。布鲁瓦镇上有座古老的大桥，桥上除了那些中世纪与卡奥尔(Cahors)的瓦朗特里(Valentre)桥相似的加强桥塔外，还有两个磨坊、一个教堂和一些居民。十三个桥拱被卷进激流中，使这座典型的中世纪大桥彻底损坏。

然而，对所有人类文明尤其是对布鲁瓦镇来说，幸运的是，在这场灾难发生前四天，在路易十五在位的第一年里，巴黎专门建立了第一个旨在推动建桥事业发展的民间部门或是政府组织——路桥工程师团。所有法国中部的公路、大桥、运河的建造必须首先得到这个组织的工程师们的许可。他们都毕业于巴黎大学，那是一个技术培训学校。这在土木工程史上是值得纪念的一天。这个组织的工程师带头人是雅克·加布里尔（1667—1742，图3.34），是曾经负责皇家桥建造的加布里尔之子。

推动实用科学发展然后将之运用到桥梁建造上是18世纪主体精神的典型特征。这是一个理性的时代。这个时期的人们注重实用。在遵循启蒙时期传下来的古典主义的信条外，当时的人们同样也需要一个惬意的环境和物质上的安全感。尽管也有远见，但他们更愿意让那些切实具体的想法变为现实，而不是将自己埋在对那些纯理论或遥远的科学概念的推测上。因此，他们开始着手调查那些当今的科学知识，将它们系统化后用来提高民生质量。可以说应用科学，包括土木工程，正是诞生于这一时期。

这种新型的科学知识的大量汇总使得建造的两个领域——建筑和工程的分离不可避免。一个人在他的有生之年不可能同时掌握两个领域的精髓。在路桥工程师团建立后不久，他们便意

识到巴黎大学提供的教育不足以完成大型项目的建造，因此需要特殊的专业培训来给国家提供高素质人才。在1747年，巴黎建立了世界上第一所工程学校，即历史上的路桥大学。实际的创立者或组策人是特吕代纳（Trudaine）。第一位老师或指导人是吉恩·佩罗内特（Jean Perronet），他是路桥工程师团的一名才华横溢的年轻人。之后我们会有更多的描述。

图3.34　雅克·加布里尔

首个政府工程师部门及首个工程学校的建立使人们感觉他们需要关于描述工程不同阶段的书籍，而且对它们产生了兴趣。然而当时这个庞大的领域并没有机械、工民建或采矿等之类的分支。在那个世纪之末，这种分工的趋势越来越明显。例如，英国工程师约翰·斯米顿（John Smeaton，图3.35）是第一个自称是土木工程师的人，与军事工程师区别开来。一些作者也把自己的著作范围缩小到土木工程领域，或是更窄的桥梁建筑方向。

第一个关于桥梁的论述文集可以追溯到1714年，作者是休伯特·哥提耶（Hubert Gautier）——路桥领域的建筑师、工程师与监察员。1728年，他发表了《论桥梁》（*Traité des ponts*）。

图3.35　约翰·斯米顿画像

《论桥梁》主要介绍了罗马时期及现代的桥梁，包括桥梁种类。它是第一本讲述了关于石桥和木桥的书。书中讲述了桥梁各部分的部署，还有各个大型项目、建筑材料、地基、脚手架、中心定位、机器、围堰及它们各自的用途。书中还讲到各类大桥的不同，固定的、可移动的悬浮桥，悬臂大桥，摆动式、有凹槽式、可开闭的吊桥，开启桥等。同时备有各种有关桥梁建造的术语的解释和大桥各部位的图表的解释。

书中也总结了各时期有关桥梁、公路、街道、河堤、河流的各种布告、声明法令、条例等，还有桥梁立起时遵循的惯例、桥梁的保养、保证书、通行费的征收等等。新版增加了对桥墩、拱石、桥梁的顶进施工的描述，还有有关这一主题的估算和一些规则。

在本节开始时我们谈到了布鲁尔镇那座中世纪的桥在洪水中坍塌。这是路桥工程师团首次有机会大展身手。很快雅克·加布里尔便开始策划建造一座新桥，他雇用了两个著名的工程师——德·雷古莫特（De Reguemorte）和皮特龙（Pitron）来完成此项工程。这座新桥也是18世纪早期建筑工艺的代表。

1716年8月底完成了规划。同年9月14日签订了合同。尽管施工进程很快，还是花了8年才完成。8年的时间在现代看来太久了，但在18世纪早期是很正常的事。1724年3月4日，大桥建成通车。这座大桥现在仍在执行自己的使命，尽管在战争中损坏了几个桥拱，但整体状况依然良好。

为了使大桥免于战争的毁灭，同时保持设计的个性以免落入俗套，雅克·加布里尔把十一个椭圆拱分为三部分——两边的四个桥拱各为一组，中间是一组三个大一些的桥拱。中心跨桥孔的跨度大约为26.2米（86英尺）。另外两个大约是22.3米（73英尺）。再旁边的一对是18.3米（60英尺），端跨为16.5米（54英尺）。每个桥拱变宽，相应的高度也增加。桥总长为277.4米（910英尺）。这些变化使人们对整座大桥饶有兴趣。

最具风格的特征是桥梁的基础的建造。整个地基施工共花了3年时间。确定好每个桥墩周围的围堰位置后，雅克·加布里尔和他的两个助手设计了由直径为3~3.4米（10~11英尺）的桥桩组成的桥桩地基，每个相距0.46米（1.5英尺），用20~24个人操作的锤子将它们夯实。然后在桥桩上放上橡木格排，这样地基就在水下1.5~1.8米（5~6英尺）。最后把桥墩用灰浆浆过的圬工排放置到位。

在外观看来，这座大桥极其简单。坚实的拱肩未加任何修饰。顶端线强调了人行道的高度，它是一个简单的嵌线。然而这突出了大桥唯一的装饰物：在主跨之上是一个旋涡装饰，上面显示有法国皇家军队，还有一个高大华贵的方尖石塔，大约有14米（46英尺）高。这是雅克·加布里尔最好的建造作品。他去世以后，由当时法国最有才能的工程师佩罗内特（Perronet）接手他的工作。

3.5.3　现代工程之父鲁道夫·佩罗内特

18世纪最伟大的工程，同时还有所有伟大宏伟工程中的一些都出自于创造天才鲁道夫·佩罗内特（Rodolphe Perronet，图3.36）之手，他被誉为"现代建桥之父"。佩罗内特是一流的天才，也是文明世界的优秀工程师之一。他是一个在法国服役的瑞士士兵之子，于1708年10月8日出生在巴黎附近的一个叫叙雷纳（Suresnes）的小城镇里。他6岁时被带去看杜伊乐丽（Tuileries）宫殿。当时年轻的路易十五王子正在临近的花园中尽情的玩耍。他看到了佩罗内特然后邀请佩罗内特跟他一起玩。两个人产生了深厚的友谊，这给佩罗内特带来了不小的影响力。

图3.36　鲁道夫·佩罗内特

当佩罗内特长大成人后，他选择了军事建造这一专业，打算进入军事行业接受教育。然而当时一次只录取三个人，他落选了。因此他转向了建筑专业。这一个小小的事件决定了他终生将从事的事业。

佩罗内特晚年专注于写他的《自传》，1782年发表在两大报纸上。当中记录了他一生的建树（协和桥除外，发表之时还未开建），还用大量美丽的铜板雕刻阐释，展示了这些建筑的不同阶段。同时还有他本人的一个复制画，戴着假发，穿着背心上有饰带的袖口等等。他住在协和桥一端的小木屋里，是为了更好地指挥这个他最优秀的作品的建造。他在1794年2月27日在这个小木屋里去世，享年86岁。

佩罗内特不仅被尊称为一名优秀的工程师，同时也是一个正直诚恳的劳动者，一个有能力且忠诚的管理者，颇具人格魅力、待人和善。他的名字暗示了他的事业，"Perron"的意思就是"一块大石头"。

佩罗内特在桥梁建设方面的改进是具有创新性的。圬工桥在他的手中达到完美的境界。首先，为了尽力清除航道，他没有选择熟悉的三轴曲线而是用了大半径圆弧段作为桥拱曲线。为了进一步达到这个目的，他还大幅度提升了拱腰的高度。

而且，他也是第一个意识到桥跨的水平推力是通过整个桥跨传到桥墩上的，桥墩不仅承担了垂直方向的压力还有水平推力。既然这样，只要桥跨是均衡的，在支架移走之前所有的桥拱都已就位，那么应该可以安全地大幅度减少桥墩的厚度。同时他也考虑了这样建造的桥梁的弱点，因此他偶尔也用墩式桥台。与当时传统的1：5的桥墩厚和桥跨径之比相比较而言，他的比例已经达到了1：10到1：12。

第三点就是他发明了新型的桥墩建筑方法。他没有把桥墩建成实心，而是把它分为两个圆柱，由侧拱相连。

佩罗内特同样嗜好发明机器，他设计了一个围堰的抽水设备。在当时桥梁装饰潮流的领域中，他是法国第一个用扶栏，同时也使八字拱变得流行。

佩罗内特的所有建筑作品中的最佳例证，同时从工程角度来讲也是他的最佳作品，是瓦兹（Oise）河上的圣马克桑斯(Sainte Maxence)桥。圣马克桑斯桥距巴黎不远，在通往佛兰德斯(Flanders)的路上。这座大桥存在了近100年，直到1870年被德国人毁灭。

　　圣马克桑斯桥三个桥拱较为平整，桥跨度21.9米（72英尺），高出水面2米（6英尺5英寸）。桥拱曲线是圆的一段，但跟桥墩相连时有些突兀。从美学角度看这是设计上的唯一缺陷。

　　这些桥墩建在了特别设计的固定在一起的三层砌筑块上，他们也是在中间被分成两个圆柱，由侧拱相连。桥墩仅有2.7米（9英尺）厚，这种薄度前所未有。这是佩罗内特建造的唯一一个集合了两个特点——平滑的部分的桥拱曲线和分开的桥拱的桥梁。这种设计使法国人惊呆了，同时其他工程师对其啧啧称赞，这足以证明应该将之列为桥梁设计的里程碑之一。

　　佩罗内特希望巴黎的协和桥能够更加非比寻常。然而在规划设计时，他被无知的政府干预和嫉妒他的那些人的中伤所妨碍。由于当时没有谁能真正理解他伟大的预见，他不得不修改自己的想法。他原本想着这座桥有着平坦的拱顶，桥墩被分作两个多利斯式的圆柱。毋庸置疑，这座大桥能够激发其他任何设计师的灵感和想象力。早在1753年到1763年，他便设计了著名的协和宫殿。这座大桥必将成为广场周围最为重要的建筑。佩罗内特的大桥模型得到了路易十五的认可，最终，法杭斯瓦·普和沃(Francois Prevost)公司拿到了这笔交易。佩罗内特任命了他的助手，包括与他一起参与圣马克桑斯桥的建造的德穆捷（Desmoutiers）和德·谢兹（De Chezy）。这位年老的工程师自己住在大桥一端的小木屋里。建桥的原料已经全部堆积在宫殿前，然而这时麻烦来了。那些中伤佩罗内特的人通过各种阴暗的手段向国王派来的大臣献谋阴谋诡计，结果1788年8月11日，当工程开建时，负责公共事务的布勒特伊（Breteuil）被派到佩罗内特那儿，要求在设计上至少修改三个地方——桥墩更厚一点，要实心而不是被分开，桥拱的高度增加1米。可以想象被那些愚蠢的逸言所害而不得不修改自己的最珍贵的设计，当时他该有多么心痛。

　　大桥的地基就是通常的成堆的木式平台，大约在水面之下2米（6.5英尺）。有了这连续的一层地基，就可以将负重分布到更广的范围内。

　　大桥的外表非常宏伟，与周围环境一致。大理石本身就是非常大气的一种建筑原料，大桥的装饰非常典雅。柱子的四分之三都附在桥墩上，处理方式自然，并且采取了陶立克式。桥墩延伸至顶盖线，并且加了为安放雕像而设计的基座的陶立克式的顶盖。经过多次辩论协商，雕像终于铸造完然后安置到位。然而雕像大大削弱了大桥的高贵，最后被及时地挪掉了。另一个有趣的装饰特点是梁托飞檐。它让人回想起里米尼（Rimini）的那座旧桥，它们是如此相似，以致有人说佩罗内特从罗马人那抄袭了这种装饰。大桥扶杆在法国是第一次与坚固的墙分开，这里他用了文艺复兴时期发明的栏杆。总之，这是一座颇令人满意的大桥。它那优雅的曲线和技巧娴熟的处理使得它成为一件艺术珍品。可能世界上没有哪座桥可以这样宏伟与高贵。许多人在凝视这座大桥时都深深信服，圬工拱桥在佩罗内特那找到了自己的归宿。

3.5.4　英国桥梁工程师的产生与桥梁建造

　　当法国在加布里尔和之后的佩罗内特的领导下建桥事业取得飞速发展之时，英国也在积极培养工程师人才，尽管可能落后法国一步，但也建造了很多独特优秀的大桥。伦敦的人们开始呼吁在泰晤士河上建造另外一座大桥，他们感觉必须一直走到古老的伦敦大桥才能到达对岸变得很艰难。这对古伦敦大桥至高无上的地位造成的威胁造成了很大的争论。无论下议院提出任何关于修建新桥的议案，总会有一些"顽固的保守分子"声称如果再建一座桥"伦敦就会被毁灭"或者说一座新桥"会使伦敦的这件裙子过于肥大"。然而，伦敦人不会这么容易气馁。一些有志之士时不时地向议会递交请愿书，最后，尽管还有反对声，议会还是批准了请愿书。1735年通过了一项法案，批准发行七万英镑的彩券，以每注十英镑卖出。从总收入中拿出14%用来建桥——当时彩券的花费已经全部预付了！大桥筹款总共有大约七万英镑。开始是提议修建木桥，但也没有多少人反对用圬工拱的设计代替木桥。公众宣称它比政府官员更具意义。他们已经受够了毁掉大桥的那些火灾或人为的破坏。而且，他们也需要一座能够配得上这座著名的城市和这条有名的河流并且可以引以为傲的大桥。

这座新桥即威斯敏斯特大桥的设计委托于曾经在法国就读的年轻的瑞士设计师查理·保罗·丹·赖伯兰(Charles Paul Dangeau Labelye)。他把大河的宽度分作十二段，由十二个半圆形的拱横跨其上，中间桥孔为23.2米（76英尺），两边各以1.2米（4英尺）的宽度递减，最后两个只有7.6米（25英尺）的桥孔除外。工程在1738年开工，1750年竣工。施工过程中最有趣的问题是桥墩的安置。此次施工首次用到了开口沉箱。它们是木制箱子，没有底和盖。在岸上建好后，用木筏将它们运到桥墩的位置然后将之沉入水中。沉箱的顶部在水面之上，圬工工作可以在箱内开始，然后由下往上建造。最后沉箱移走，桥墩便屹立在格排底座上。围堰可以对桥墩地基进行保护。尽管如此，在建成后不到一个世纪，地基开始出现问题，直到最后整座大桥被拆毁。然而这种利用开口沉箱的方法却很有用，只是需要实践经验来掌握如何运用它。

即使泰晤士河上已经有了两座大桥，伦敦人仍不满足。威斯敏斯特大桥开通不久便响起了建造第三座大桥的呼声，即古老的布莱克·菲尔德（Blackfriar）大桥。再次又为木制桥还是圬工桥产生了激烈的辩论。当辩论火热进行时，罗伯特·米尔恩（Robert Milne）被任命为工程师。他是英国人，当时刚从意大利学成归来。他是著名的意大利艺术家皮拉内西（Piranesi）的合作者。很明显，1760年10月出现了攻击性的歌谣，当时一些人认为他的设计过于幻想，把他描述为"对桥梁建筑师摆尾献媚，浮夸吹嘘"。还有一幅图，上面米尔恩坐在桥墩上，他的竞争者和其他人在下面对他进行肆意的评论。那些日子里，公众建造大桥的热情高涨。

尽管有这些不利的公众影响，但他的设计确实相当不错。这是座九孔拱桥，总长291.1米（955英尺）。他利用了佩罗内特的发明，各桥拱相互支撑。他加强了桥墩的承重力，减少了桥墩的数量。大桥的地基跟威斯敏斯特大桥的一样，用了开口沉箱，结果也跟威斯敏斯特大桥一样，因为一个桥墩被侵蚀导致整座大桥坍塌。

那个时期英国最伟大的桥梁建筑师是约翰·伦尼，跟佩罗内特一样享誉全球。当佩罗内特到了垂暮之年时，约翰·伦尼的事业刚刚起步。1761年，约翰·伦尼诞生在苏格兰的一个农庄已有8个孩子的家庭里。当他还是个孩子时，他便表现出过人的能力，玩的时间都花费在制造微型模型上。这个农庄住着很不寻常的一家，安德鲁·米克尔（Andrew Meikle）是一个水磨技工。他的作坊在河边，小约翰每天去教区学校都会经过那儿，有时，它对我们这个工程师苗子的吸引力太大了，导致约翰会因为旷课而后悔。而对米克尔来说，他很高兴看到房东的儿子对水磨如此感兴趣，有时会让他掌管这个作坊。小约翰在制作风磨、水磨和轮船的过程中得到许多乐趣。

到12岁时，约翰好像早已厌倦了教区学校老师教授的知识。他的教育前途是个未知数，但这个男孩自己渴望更多的知识，因此他要求拜米克尔为师。他母亲同意了，因此在接下来的两年内，他亲手实践并掌握了机械的理论及这项艺术。他对学习好像有无尽的能量和热情。

两年的学徒生涯结束后，伦尼家的朋友决定把他送到邓巴（Dunbar）的一个小有名气的学院就读。他的导师是吉布森（Gibson）先生，是教数学的一个很有能力的老师。不久伦尼便在学校里拔尖。一个在这个学校参加了考试的督察员留下了对这个奇才能力的记录。然而伦尼的数学老师提供了更为明显的能力证明。他提到了伦尼向那些学者提出问题时条理清楚且非常精确，提供的命题的答案都非常正确且有深度。同时清楚地提到了伦尼的弱点。但也指出伦尼的表现让无数人都特别满意。必须特别指出伦尼那非凡的掌握程度。他原本想做一个水磨技工，而不是为了学习数学来到这个学校。然而六个月后的数学考试，让他发现了自己的数学天赋。甚至可以称他为牛顿第二。任何问题在他那里变得非常容易。他思路清晰、说话大方、陈述能力独特。对于老师提出的任何问题，不论是简单的或是故意刁难的，他都能给出一个清晰的答案。不仅如此，他还能指出因果关系、地心引力等等，不仅专业还具有说服力。在场的每个人无不佩服他这么小就有这么大的知识储备。如果将这个年轻人好好培养，继续攻读肯定会给这个国家带来巨大的贡

献。

这个优秀学生跟着吉布森老师又学了两年，之后老师准备离开去更好的地方任职。吉布森不得不找一个人来接替他的工作，他想到了最钟爱最聪明的学生，想让他接替教师一职。但当时还不足17岁的约翰·伦尼拒绝了，因为他看到了自己的潜力，需要一片更广阔的天地。不过他还是教了六周，直到有新的老师接任为止。

这之后他便回到了家乡去当米克尔的助手。他工作非常勤奋，不久生意便红红火火且利润丰厚。然而，他并不想这辈子固定在这一领域，闲暇之时他认真学习有关科学的所有资料，并开始攒钱进修。

1780年9月约翰进入爱丁堡大学就读。他全身心地投入到各科学习中。因为当时机械类的研究论文都是用法语或德语发表，他学习了这两种语言。他在自然哲学和化学领域表现尤其突出。同时，他也弹奏各种乐器愉悦身心。在漫长的暑假期间，他通过做些与水车有关的工作挣下一年的学费。

他在1783年大学毕业后，决定去英格兰旅行学习工程实践。他大部分旅途是通过骑马完成的。他参观了蓝卡斯特的大桥、切斯特监狱、布里奇沃特（Bridgewater）运河和利物浦码头。他在伯明翰拜访了巴顿（Boulton）和瓦特（Watt），并与瓦特结下了终生的友谊。

在他回家不久，已24岁的伦尼便建造了他的第一座桥，它同时也是爱丁堡和格拉斯哥的第一座收费大桥。它有三个桥跨，是横跨莉丝(Leith)河的椭圆拱桥，就在爱丁堡西部两千米处。这座大桥是之后伦尼设计的很多大桥的先驱，像滑铁卢大桥、新伦敦大桥等。

1793年，他收到了他原来的导师，爱丁堡大学的罗宾逊（Robison）教授写来的信，他请求跟伦尼商讨桥拱平衡问题，在当时这个问题很少有人可以理解。罗宾逊当时已经答应给《大英百科全书》写篇关于机械工程的文章，因此也很想获取这方面的信息以便投稿。无独有偶，罗宾逊是科学界第一个给这个著名的书投稿的人。伦尼跟同时代的工程师都不同，他坚信理论总是先于优秀的桥梁设计。想到这他欣喜若狂，立即坚持他的导师来伦敦后跟他住到一起。在那次访问期间，他们聊了很多，教授回去之后他们也有很多书信来往。

1809年伦敦为了建造连接斯特兰德大道和泰晤士旁边道路的桥梁而成立了一个桥梁公司。有个叫乔治·多兹（George Dodds）的人提交了一份设计，但这个公司不甚满意，因此便向伦尼来征求批评意见。伦尼大致看了一眼，那份设计不过是稍稍修改了佩罗内特在尼耶利（Neuilly）建造的那座大桥的设计方案，因此也没有肯定这份设计，因为佩罗内特设计的大桥在支架移出后严重下陷，同时也指出了地基上的缺点。这个公司读了这份报告后，很自然地就找到伦尼来制定大桥的设计方案。伦尼开始着手大桥的设计，他准备了两套方案。其中一个是七拱大桥，另一个是九拱大桥。公司通过了后一种方案，因为造价比前者低，并雇伦尼来担任设计。

最后定夺的设计方案中，大桥由九个椭圆拱构成，每个拱跨度36.6米（120英尺）。桥高出水面9.1米（30英尺），桥墩6.1米（20英尺）厚。在被环绕的桥首分水角的上面就有两个四分之三式的陶瑞克式（Doric）的桥柱，一直延伸到陶瑞克式的飞檐和柱式顶部。桥孔上的古典装饰引起了很大的争议。一家英国报刊是这样描述的，一个桥柱对另一个桥柱说："亲爱的兄弟，我们在这是为何事？"另一个回答："我不知道，去问工程师。"然而，尽管意见各异，意大利的雕刻家卡诺瓦（Canova）认为滑铁卢大桥是"世界上最雄伟典雅的大桥，值得一观"。

支架在岸上组装完毕，通过驳船运送。到达指定位置后用四个半径0.2米（8英寸）、长1.2米（4英尺）的螺栓将它们吊起，螺栓当时被牢牢栓在船面上的铁铸箱子里。这个方法非常管用，因此不到一周的时间便把这重达50吨的支架放置到位。尽管是一种无人尝试的新型支架吊起方案，但非常适用，因此之后的罗伯特·史蒂芬森在建造康威（Conway）和不列颠尼亚管道大桥时也用这种方式来固定锻铁肋拱。

建造滑铁卢大桥所用的石料除了扶杆部分是从阿伯丁（Aberdeen）运来的，其他的都是从泰晤士河车道那边的采石场采的，距离建桥工地很近。同时，为了运送这些石料还建造了铁道和临时木桥，一辆马拉卡车在上面来回运送。这匹马叫老杰克，人们都很喜欢它，是建筑工人们的宠物。他的主人早上总少不了在车道旁边的小酒馆喝上一杯，但除此之外，他还是一个非常稳重、颇具恒心的人。据说，老杰克每天早上被晾在酒馆外面很久，因此变得没有耐心了。为了把他的主人拉回来，它便进了酒馆，咬住他主人的领子，把他慢慢拉出酒馆去工作。

在修建公路时，伦尼想到了碎石路面。在黏土硬实后，他撒了一层仔细平整过的碎石将之轧结实后又撒上一层仔细挑选的细碎的燧石，最后整体卷到一起。

1817年1月18日，这座著名的大桥举行了盛大的典礼，邀请了很多名人，其中有摄政王和惠灵顿爵士。为了纪念那些英雄，大桥名字由斯特兰德大桥改为滑铁卢大桥。同时，伦尼被授予骑士头衔，但是他拒绝了此项殊荣，因为他还是想做平凡的滑铁卢大桥的工程师约翰·伦尼。

这座大桥非常坚固，五十多年后大桥下陷不足1.5米（5英尺）。当1938年人们拆掉大桥时出土了一些奇特的文物，在南部桥墩的基石中发现的一块铅板上面刻着这样的文字：此基石由执行董事会主席亨利·斯万（Henry Swann, Esq. M. P.）立于1811年10月11日星期五。大桥是在乔治三世五十一年及威尔士乔治王子摄政时期，由议会法案授权筹款。工程师：约翰·伦尼。在这个铅板下面是一个用瓶塞塞住的玻璃容器，里面装着13个分别是1787到1811年的金、银、铜币，同时还有一张圆形的羊皮纸，上面记载着当时所有的桥梁公司的名字。尽管在拆除大桥时把玻璃瓶打碎了，里面的各种硬币和铅板完好无损，现在被保存在郡议会大楼的档案室里。

伦尼的最后一项设计精品是新伦敦大桥。1821年，伦敦公司向议会申请一项法案重建大桥，同时也提交了重建的规划方案。之后这个方案送到了许多工程师和建筑师的手里以征求他们的意见。伦尼仔细地研究了这个方案，最后他提交了一份报告，说重修旧伦敦大桥已不可行，同时他也附上了建造新桥的提纲。

伦尼设计的大桥包括五个半椭圆桥拱，中间拱跨度为46.3米（152英尺），旁边两个是42.7米（140英尺），最两边的是39.6米（130英尺）。

在伦尼的报告得到议会批准不久，已61岁的伦尼得了重病。伦敦公司只得向全世界的建筑师和工程师征集设计方案，总共收到了不下30种。1823年，下议院经过研究决定还是用伦尼的方案，最后选择了他的儿子——伦尼爵士来实现他父亲的理念。这与以前布鲁克林（Brookley）大桥的建造者罗布林（Roebling）父子一样，前者的设计由后者完成。

新伦敦大桥的建造方法与约翰·伦尼建造的滑铁卢大桥非常一致。大桥的第一根桩在1824年3月15日到位。大桥的基石是约克的H.R.H公爵在1825年6月15日放下。大桥最后在1831年8月1日由威廉四世宣布建成通车。完工后的大桥总长306.3米（1005英尺），宽17.1米（56英尺），重达12万吨。外表宏伟但很简单。未经装饰的方形桥柱形成了公路的凹处。大桥唯一的装饰计划是悬在空中用承台支撑的顶部。后来大桥加宽了，现在仍在发挥着作用。

约翰·伦尼的性格及聪明才干代表了他的设计头脑。他天性勇敢且颇有创见，同时又很开朗沉稳。他物质生活非常简单朴素，然而他的精神生活却奉献给了最高的理想。他从未显得匆忙，但是工作时却充满激情，他从不虚度任何时光。他为自己搜集了最能干的助手，但他自己对于接手最微不足道的任务或是完成最微小的细节时从不犹豫。在他的一生中，他在专业领域赢得了很大的声望，很多大型市政工程都会咨询他，但他却很少从中牟利，生活很舒适但决不奢华。每件事都尽力做到最好，因为伦尼热爱耐久、高质量、朴实的设计以及坚固的结构。他的一位朋友曾说："我最欣赏伦尼的就是他的朴实和坦率。"每当被询问到他的建议，他总是清楚明白地表达出来，同时还用几个原因来支持他的观点。但是在问到他掌握的知识以外的任何问题时，他总是很简单地回答："我不知道。"总的来说，这就是这位建筑师一生的写照，一个头脑清楚、志向远大的诚实的工作者。

理性时代在桥梁建筑的科学及艺术上做出了显著的贡献。佩罗内特关于桥拱建造中连拱作用的发现，与分开的桥墩的发明结合起来，完全改变了整个时代的桥梁设计。他的分隔桥拱与伦尼的半椭圆桥拱带来了更多美感、更稳定宽阔的桥跨以及更平稳的公路。桥墩的建造上也有很多

进步：围堰建得更好，开放式沉箱的试验也开始进行。总之，这是一个非常欢乐而有利可图的时代，使几千年的成果达到了巅峰——圬工拱桥已臻于完美。要稍微理解拱桥这一漫长的进化过程，就必须考虑到古美索不达米亚（Mesopotamia）大桥的突拱与协和桥的桥拱之间的区别。三四千年的确是一段很长的时间，但很值得。然而，就在圬工桥的建造达到完美的境界之后，大自然又开了一个她最喜欢的具有讽刺意味的玩笑。18世纪末，石料作为建筑材料至高无上的地位首次受到一种新型建筑材料——钢铁的威胁，这注定要带来一个非凡的新型行业。此外，拱桥的垄断地位同时也受到一种新型建筑理念——桁架的威胁。大自然"为避免单一的传统腐化世界"，一直不断改革推出新的形式和结构。

第四章 现代大跨度桥梁的先驱

19世纪中后期是20世纪热火朝天、大规模建设长大桥梁的助跑期，拉开了桥梁走向现代化的序幕。代表长大桥梁时代的基本桥型悬索桥、拱桥、悬臂桁架桥均出现了。这个时期是建筑材料的革命时期，人们逐渐由古代圬工桥过渡到铁桥，又由铁桥过渡到钢桥，使这种新型的材料成为百年来大跨度桥梁的首选。

桥梁的设计方法和施工方法也在这一时期取得了突破性进展。这一时期是大跨度桥梁的关键助跑期，悬索桥、拱桥和悬臂桁架桥占优势地位，跨度能够超过400米的还只有悬臂桁架桥和悬索桥。

下面将要叙述的三座桥梁及其建设者是那个时代的典型代表，通过了解这些桥的建设过程、建筑方法，可以看到建桥的艰辛、人类对创新永恒的追求及桥梁建设者坚毅的品格和不屈的信念。他们是近代桥梁的先驱。

4.1 詹姆斯·伊兹与伊兹大桥

美国圣劳伦斯的伊兹大桥（图4.2）由詹姆斯·伊兹（James.B.Eads）建于1868年到1874年（图4.3），其深水基础施工在美国首次采用了气压沉箱，工人在水下25~41米的气压水箱处挖掘施工。施工过程中有13名工人因患沉箱病而牺牲，所幸的是后来找到了通过逐步减压的方法和防止沉箱病的对策。此外因为主桥结构包含很多结构性钢材，它是桥梁建造史上第一个全部使用这种新材料的桥梁。为了纪念詹姆斯·伊兹对该桥的卓越贡献，后来该桥被命名为伊兹大桥。伊兹大桥是一个伟大工程师、先驱者的创造性、勇气和天赋的结晶。为了完成这座巨大的钢结构拱桥（图4.4），伊兹付出了他的健康和生命。人们说他的梦想是疯狂的，其他

图4.1 詹姆斯·伊兹

的工程师称其危害性太大。不仅桥的设计是独一无二的，就连建造的方式也是全新的、从未被尝试过的。然而，这个完成于1874年的具有里程碑意义的桥梁，到现在还屹立那里，在使用了近150多年后仍然支撑着沉重的铁轨和公路。

图4.2 1875年由画家卡米尔·N.德赖（Camille N. Dry）绘制的伊兹桥

图4.3 1874年建设中的伊兹大桥

4.1.1 詹姆斯·伊兹——伟大桥梁工程师的先行者

詹姆斯·伊兹，1820年5月23日出生在印第安纳州的劳伦斯堡（Lawrenceburg）。他第一个工作是打捞沉没的轮船———一个惊险且费力的工作。接下来，他对玻璃制造产生了兴趣，并于1845年在圣劳伦斯开了个工厂。在美国内战期间，伊兹为联邦政府建造了装甲舰和机动船。他除了对圣劳伦斯大桥有非凡贡献外，还因加深密西西比河并为其建造了登岸码头而出名。他生命的最后几年献给了一个未能实现的计划——那就是在位于特万特佩克地峡（Isthmus of Tehuantepec）的巴拿马（Pananma）运河上为船只修建个铁轨。卧病在床几年后过世，享年67岁。

伊兹大桥不仅是最大、最冒险的拱桥，事实上它在很多方面超前当时桥梁几十年。它因很多个第一而出名：第一个全部使用钢材的桥梁建筑，第一个在建造大型桥墩时使用气压沉箱，第一个使用管状弦杆。这座桥梁不仅在建筑上出名，在结构也很出名。具有美学意识的伊兹坚持使中间跨度比两侧跨度大些，三者的跨距分别是153.0米、158.5米、153.0米（分别为502英尺、520英尺和502英尺）。

图4.4 伊兹大桥主拱结构

伊兹尤其适合完成这个具有里程碑意义的密西西比河上的桥梁建筑，因为他已经花了30年的时间来摸透这条喜怒无常的河的秉性，他在密西西比河上的小蒸汽船上研究它的习性，或者潜入水底去探索河床。如果没有获得这些知识，伊兹是不能建造出这样一座伟大的桥梁的。圣劳伦斯往上20英里左右，在密苏里河流入密西西比河的地方，是深不可测、水流湍急的洪流。另外，它变化多端，季节变化大而且没有规律，水涨和水落的落差超过了12米（40英尺），水流的速度每秒1.2~3.8米（4~12.5英尺）。

密西西比河很特别的一点是：随着河水的上涨，河床在洪水的冲刷下会越来越低，但是当水面回落时，河床又会随之抬高。河道里的障碍物，譬如桥墩就会使急流变换新的方向从而增加它的速度，因此河道被冲刷得比一般的地方要低很多。举个例子来说，伊兹大桥修建好两年后，数据显示东桥基旁边河的深度已经从6.1米（20英尺）增加到了30.5米（100英尺）左右。很明显，在过去的无数次水灾中，河的冲刷线越来越接近岩石了。

第一个修建此桥的建议来自于工程设计界的天才查理·伊力特，这位早期建造悬索桥的专家在1839年写信给圣劳伦斯市的市长，计划以不超过60万美元的代价在密西西比河上建造一座永久的桥梁。他还进一步主动提出以1000美元的价格提供现场调查、测量水位和一整套设计图纸及造价估算，外加300份相同的打印件。他的提议被接受了。伊力特大胆采用悬索桥设计，主跨达到365.8米（1200英尺），边跨274.3米（900英尺），桥面有5.8米（19英尺）宽的干道和两侧1.2米（4英尺）宽的人行道。

伊力特的方案引来了人们的空前质疑。当时最长的悬索桥是位于弗里堡（Fribourg）萨伦（Sarine）谷内的查理桥（Chaley's Bridge），建于1834年，其主跨也仅有267.9米（879英尺）。毫无疑问，圣劳伦斯的市长和市委员会不同意伊力特的计划，因为这样的设计看起来是如此疯狂与不安全。他们给了1000美元把伊力特打发走以后，感到了一丝解脱。市长用以下的话语结束了这件事：现在

图4.5 伊兹大桥桥头堡结构

图4.6 伊兹大桥桥头堡结构

还不是花这么多的钱来兴建如此巨大的建筑的时候。这里的巨款是指那总数为737566美元的估价。但是，时不时的，造桥的事还是被提出来。

在1855年，也就是尼亚加拉（Niagara）大桥竣工的那一年，居住在圣劳伦斯的一个名为乔赛亚·登特（Josiah Dent）的先生得到了密苏里州（Missouri）和伊利诺伊州（Illinois）的许可，容许他成立一个私人公司在密西西比河上建造一座铁路吊桥。这个工程的造价估计在150万美元左右，但是仅有2.5万美元可以通过捐赠筹集起来，因此整个事件就不了了之了。

然后第三次尝试造桥开始了——这次不是别人，就是约翰·A.罗布林（John A. Roebling），尼亚加拉大桥的成功建造者。在1856年，他准备在密西西比河上建造一座长吊桥。两年后，他提出了其他的几个有关这个工程的计划，包括吊桥的缆绳和抛物线式的拱门，它们的长度分别是152.4米、182.9米、243.8米（500英尺、600英尺和800英尺）。在1869年，罗布林去世后，所有这些设计都被发表，并命名为长跨铁路（Long-Span Railway）大桥。

第四个设想是在1865年通过市委员会问世的，提议者称在圣劳伦斯的密西西比河上建造一座桥梁已经变得刻不容缓，这是为了密苏里州和伊利诺伊州人民的方便，因为铁路交通的堵塞都集中到了这里。城市的工程师——杜鲁门·J.霍莫（Truman J. Homer）被命令来准备总的计划和估价。他的计划，四天后出现在一个冗长的报告中，并称其是深思熟虑，做了大量调研的基础上提出的，建议修建一座三跨管状桥梁，跟罗伯特·史蒂芬森的大不列颠桥（Stephenson's Britannia）十分相像，每跨长500英尺，但是离水面只有22英尺高。大体的估价是3332200美元。尽管这个计划和以前的其他计划一样没有什么结果，但是它的确使人们对此项工程更加关注，也使人们明白建造好的桥是得花点钱的。

1864年，一群公民组成了"圣劳伦斯和伊利诺伊大桥公司"，并且从密苏里州拿到了许可。一年后，经过和强劲的对手们争辩后他们从伊利诺伊州立法机构又拿到了补充的许可。在对手的影响下，这个许可具体规定了提议大桥的位置，并且建议通过兼并昂贵的土地和建造引桥来挤兑外来的公司。然而，在街道下面建造一个隧道使得这个计划流产，而且桥的位置后来证明并不好。1866年，从国会得到了一个联邦特权后，建桥工作取得了进一步的发展，但是大部分人并不看好这座桥，因为特许状要求吊桥原则不能被使用，而且必须有一个152.4米（500英尺）的跨度或者至少两个91.4米（300英尺）的跨度——这样的限制被认为是不可突破的。

建桥领导人库特（Cutter）试图使桥梁建造商和资本家感兴趣，包括英国的金融家，但是如果对伊利诺伊州的特许不修改几款，就没有人愿意把钱投进来。在斯普林菲尔德提出了这些修改后，据说成功是一定的。正当计划朝前进行时，一个传言传到了圣劳伦斯市，说是芝加哥的一个桥梁承包商抢占伊利诺伊州的特许，建桥案将赋予一个新的公司——"伊利诺伊和圣路易斯大桥公司"（Illinois and St. Louis Bridge Company），而这个人曾答应帮助圣劳伦斯，但现在又背叛了他们。当这则消息传到圣劳伦斯时，街

图4.7 伊兹大桥桥头堡结构

道上充满着紧张的气氛；到处充斥着腐败和背叛，人们害怕建桥的事实离他们越来越远了。

没有气馁，相反，圣劳伦斯集团在1867年初决定在以前所获得的特许下开始组织工作。在这个时候，通过股票筹集的资金达到了30万美元。现在一切快速进展并十分顺利：詹姆斯·伊兹被选为总工程师，而克罗内尔·亨利·弗拉德（Colonel Henry Flad）则作为他的助理工程师；新的调查、探测所得数据、金属试件也有了，提纲也被勾勒了出来。

那时候最著名的工程师之一林维利（J. H. Linville）——宾夕法尼亚中央铁路局的桥梁工程师——被聘为工程师顾问，伊兹希望借助林维利与圣劳伦斯桥梁工程的联系，能使得他所效力的铁路公司有机会参与工程。但是，当伊兹的拱桥初步设计送到这位工程师的办公室后，他这样回答道："我不想因为伪装着鼓励或赞成这样的设计来毁了自己的一世英名，我认为这样的设计没有安全可言，没有可实行性，更不用说其能否持久的问题了。"他建议修建一座桁架桥，用千斤顶把它抬上位置。

幸运的是，董事会并没有完全被这位大名鼎鼎的工程师顾问所折服，他对计划的匆忙批判以及提出一个自己的设计方案只是让董事会更加信任他们老乡的知识和技能，进而完全取消林维利昂贵的服务。到1867年7月，伊兹向董事会提出整体的设想，包括使用三跨钢拱桥的跨度、宽度及总长度，以及河中的石头基桩必须深入到岩层。这些设想得到了批准并公开发表。具体的细节等待进一步发展。

1867年8月20日，大桥建设实际就开工了，一年后的2月25日，伊兹亲自把西桥墩基石石头放在准确的地点，并在掌声中宣布大桥建设正式开始。但同时，劲敌伊利诺伊公司也十分活跃。在密苏里州得到许可之后，他们一开始就获得了资助，希望以自己的方式行事，但是他们发现他们面对的是伊兹这样强劲有力的对手，他深得人心而且技术过硬，还有指挥才能和充足的资金资助。国内外的资本家们都争先资助伊兹的公司，而伊利诺伊公司却在人们心中留下了不可信的印象。

对手们接下来的行动使得人们对伊兹的设计产生了怀疑。1867年8月在圣劳伦斯召开了工程师大会。很多有名的工程师被任命去发现在密西西比河上建桥的各种问题，包括能否建造500英尺的跨度。组委会的成员是伊利诺伊公司的员工，他们的报告很明显有假，因为伊利诺伊公司在秘密地资助大会，虽然伊兹的计划没有被正式讨论，也未含蓄地提到，但是他们间接暗指大会的结果是一个正式的决定：我们决不会昧着良心让一个跨度为152.4米（500英尺）的桥梁建成，因为在这里建桥并不需要使用这样一个史无前例的跨度。

这次使伊兹的工程失信的尝试差一点就成功了。虽然它确实给人产生了一种不确定的感觉，尤其是在圣劳伦斯之外，虽然它给桥梁公司造成了很大的经济损失，也使建桥延迟了一年多，但是它并没有减弱圣劳伦斯人民的信任。建设工作仍在进行；持股者继续按月给付资金，新的持股者也增加了。对手们接下来的活动就是离间公众的支持与信任。他们不厌其烦地做广告指出伊兹遇到的困难，夸大危险，试图使公众心里产生怀疑。一个报纸上则这样写道：一个绅士指着建桥的地方，陌生人问道："这要花多少钱？"回答是："700万美元。""修建得花多长时间？""700万年。"。多么讽刺性的回答。最后，对手伊利诺伊公司诉诸于法律以证明圣劳伦斯公司的承租无效。一旦伊兹开始在伊利诺伊州河岸开工，法院就立刻行动了。面对没完没了的起诉，桥都可能造不成了。圣劳伦斯公司意识到唯一的希望可能就是和解。最终，通过双方朋友的调解，两个公司于1868年5月5日合并了。这也就结束了不和。新的董事会立刻任命伊兹为总工程师，通过了他的设计和地点。为了符合法律的规定，必须再次取得州的许可与国会的特许。国会明确规定这桥至少要有一个为152.4米的跨度——对伊兹来说这是个胜利。但是，这个阻碍消除后，伊兹却迷失了方向。新的董事会徒劳地聚会但并没有筹集到什么资金，而且密西西比河河水又开始上涨了。洪水淹没了堤坝，整个西桥墩的工作都被迫停了下来，因为他们砌的大坝只有3.7米（12英尺）高但是河水却有4.6米（15英尺）高，因此这个桥墩也被60年来积攒下来的废铁和沉在码头的三个被烧毁的蒸汽船的残骸给埋没了。为了穿透这些废船，一个镶着铁凿子的橡树原木打穿了障碍物，然后拔出，从而能够把桩放到既定的位置。之后里面的水抽干了，开掘了才发现几乎每条蒸汽船的一半都已经陷入了大坝里，一些桩并没有打穿下面的这个庞然大物。在大坝与河床之间，水渗进来了，冲毁了封口。桩和岩床之间填满了泥沙。很多年以来这条河所沉没的其他的废弃品在开挖过程中都出现了，包括船桨、发动机、四个驳船的残骸、锚、链等等。所有的沉积物都使建坝变得异常困难，而且经常会有洪水。最后，使所有人感到欣慰的是，1868年2月终于凿到了河床。然后砖石建筑工作井然有序地进行，在此期间只有河发大水的时候停过不到两个月。一方面筹集资金有困难，另一方面工作也没有进展，这时总工程师觉得有必要通过发表他的全程计划来恢复公众的信任。伊兹的第一个报告出版于1868年5月，讲述了为这个工程认真准备与深入研究的故事。世界上的工程师和资本家如饥似渴地读着，科技期刊也分析过，毫不例外，他们的评论是非常积极的。这个报告是用通俗易懂、有说服力的语言写成的，它也就没有遭受批评。伊兹用简单的例子来展开如何建造桁架桥与拱桥，而且解释了后者的节约之处。通过描述密西西比河的移动与冲刷的特性，他提出了地基设计的强有力的逻辑，用以下几句话结束了他的报告："基于这些原因，我认为让大桥的基础建在岩石上是安全的。在其他建设问题上的判断使我深信我是正确的……近来发生了许多桥梁坍塌事件，就是因为它们的桩基是建立在河底的沙石之上，这样的教训我们不可忽视。"

在论证152.4米的拱桥的可行性时，伊兹这样写道：1801年，伟大的苏格兰工程师托马斯·泰尔福德提议用铸铁替代旧的伦敦大桥，就提出要用一座跨度为182.9米的拱桥，在40年中，这个了不起的工程师继续用一些惊人的且成功的建筑技术使苏格兰与英格兰更加富有。在他们所建造的1200多座桥中，很多是铸铁的，这样的经历使他在桥梁建筑方面比同时代的大部分人都厉害。的确，像托马斯·泰尔福德这样的判断纪录也得到了同时代其他名人的赞同，就说明1801年的一座跨度为182.9米的拱桥的可行性，因此也为1867年建造跨度为152.4米的拱桥提供了历史借鉴。当我们考虑到铸铁的每平方英尺的承载量仅为8000英镑，而钢材则是它的七八倍，再看看自托马斯·泰尔福德到现在桥梁建筑已经取得的进步，就可以断言在密西西比河上建一座609.6米长的钢桥也是不怎么冒险的，和那时的182.9米的铸铁桥同样可行。建筑史上有无先例与桥的跨度问题无关。这仅仅是资金问题。要解决的问题很简单，多长跨度的桥最经济？用一种比铸铁结实8倍的材料修建长度为152.4米的桥不安全？这种结论是非常可笑的，因为在这个国家，由沃恩瓦格建造的103.6米跨度的木桥就是一个很好的例子。如果没有152.4米跨度桥的先例，难道我们在建筑方面的知识就不能告诉我们这样的计划是否安全与可行吗？当我们的知识和理性告诉我这是完全可行时，难道我们就必须紧盯从未做过此事这个事实，而永远不去尝试吗？这样的论证击败了很多非议。报告继续解释材料的选择，管桁的本质以及检测的规定：基于标准的重要性，从实际和认真的试验中获得启示，以及对结构的安全与持久的兴趣使我相信在该项工程启动时，一系列的认真试验是必需的，而且让我决定对桥的每一部分都做彻底的检测。为了这个目的，我制作了两个非常有用的机器，它将能够检测早期所使用的一切材料。

4.1.2 充满创新和挑战的桥梁基础施工

伊兹的设计是认真而富有创造性的成果，即用浮动沉箱建造两个主要的桥基。与此同时，他还对气压沉箱方法做了解释。这种方法是新近发展起来的，分别使用在两座小桥，即普鲁士的凯赫尔（kehl）和科尼格斯堡（konigsberg）的桥梁建造中。但是，因为所遇到的困难以及夏季洪水与冬季冰期之间施工时间的短促，伊兹决定使用浮动沉箱。幸运的是，就像我们看到的一样，他后来改变主意使用了气压沉箱。建造这个具有划时代意义的桥梁，接下来所遇到的困难是完全不可预测的。伊兹患了一种危险又可怕的咳嗽，因此他的医生让他去欧洲旅行以缓解病情。虽然伊兹提出了辞职但是没有被批准，只好让建桥工作停了几个月；就像助理工程师克罗内尔·弗拉德（Colonel Flad）说的："整个公司的希望好像都破灭了。"6个月后，伊兹返回了

纽约，在那里他花了一个月的时间来加速与金融家及铁路公司的谈判，但还是由于健康的关系，他又一次被迫回到了欧洲。第二次的旅行不仅对他的健康很有作用，而且对桥的成功建造也功不可没。因为在法国，他与各种钢铁制造商会晤，与主要的工程师一起，他还被邀请去观摩了建于1869年的维希（Vichy）大桥的桥基。在这个建筑中，使用了刚刚发明的气压沉箱。当地的工程师，已有使用该种方法建立桥墩14年的经验了，已经成功建成了40多座这样的桥墩。然而，修建基础却给桥梁工程师带来了不少的麻烦，这也许是自桥梁建筑开始就存在的致命的缺点。但是有了气压沉箱的发明——一个密闭的盒子或箱子浸在水里——人们就可以在没有水浪或者移动沙石的打扰下工作，因而建立坚固基础这个最大困难才得以解决了。压缩方法是物理学家帕皮（Papin）在1647年首次提出的，1779年库隆波（Coulomb）又一次重新提出。但是第一次使用这种方法建造桥梁的是约翰·赖特（John Wright）在1851年英格兰罗切斯特（Rochester）建桥的时候。三四年后，布律内尔（Brunel）用气压沉箱的方法立起了皇家艾伯特桥（Royal Albert Bridge）。1859年，它被用在凯赫尔（kehl）的莱茵桥（Rhine Bridge）。到1860年这种方法差不多已经传遍了欧洲。当伊兹把它介绍到美国的时候，他对其做了很大的改进，把它用到了更深的地方，规模也比以前大多了。

伊兹在维希一连几天都在研究这种方法，以及观察怎样使用这种方法。然后通过与英国工程师进一步商讨，他决定使用此种方法为圣劳伦斯桥打桥基。这是一个明智的决定，不仅仅是为这座桥梁，而且有利于这种方法在美国的整体发展。接下来伊兹发明了抽沙机，它使用更大的水压来抽出沉箱里的卵石、沙子和沉渣。这个发明完善了很多已经通过的有价值的设计。身体恢复健康后，伊兹在1869年4月回到了圣劳伦斯，进而立刻着手使用气压沉箱方法来下沉墩柱。经研究决定先从建立东桥墩开始，因为这是两者中比较大而深的。岩石在29.0米（95英尺）之下，水面之下4.3米（14英尺）和沙子之下24.7米（81英尺）。方法的改变迫切需要新计划、新估测以及对打桥基机器的改装。因此最大的工程立刻动工了：从格拉夫顿（Grafton）订购了石灰石；大理石则从维基尼亚（Virginia）的里士满（Richmond）上船，通过新奥尔良（New Orleans）往上经密西西比河到达圣劳伦斯；制作了沉箱，驳船头被装上了电机来抽空其中的空气和水；沙石泵也被制造了出来并经过了检验；附近堆满了砖、沙子和水泥；此外，附近还开了一家铁匠店，正在努力工作。驳船与拖船已经被放置到位，柱子上的防浪堤也正在建设；到1869年6月，1000人参与了准备工作，到9月，1500人为其工作，有24条船，37个带锅炉的电机，31个抽气与水的泵，29个井架，24个有全套绳索的液压千斤顶。终于，令人兴奋的日子到来了；1869年10月，巨大的沉箱下水了，东桥墩的基石在简易的庆祝中奠基了。虽然天气又湿又冷，又是狂风怒吼，很多工程界的朋友们还是满怀热情地来了，来见证奠基仪式。一旦开始，工作就不能停止，不论白天还是黑夜，这样持续了五个月。慢慢的，一天一天的，砖砌得越来越高了，而沉箱沉到了水面沙子之下，因为有充分的先前计划和细致的预防措施，有工程师时时盯着工作，有备用机器以应急，工作进展得非常顺利，没有任何停顿或事故。

伊兹几乎每天都亲自去看桥墩与空气室，他的三个助手——克罗内尔·罗伯特（Colonel Robert）、克罗内尔·弗拉德（Colonel Flad）和法伊弗（Pfeifer）——轮流全天亲自监工，不分白天与黑夜，时时都在记录着进程、困难以及预防措施，足足记了七大本。由伊兹发明与完善的四个这样的抽沙机就够一个沉箱用，不仅能够抽空沙子与沉渣，而且粗砂砾和两三英尺厚的石头也不例外。那些太大而不能被抽出的石头就留在架上，以备用来填充空气室。抽沙机不仅使参观者惊讶，而且有时候连工人们自己也惊讶不已。有一次，当抽吸管拆下来修理的时候，箱内的空气就通过未封管壳的管子喷出，必须迅速采取行动消除危害。在场的看守者后来回忆说："思维敏捷的工头汤普森（Thompson），摘下帽子立刻堵在开口处。"但是它承受不了那么多的压力，它被气流吹走了。这时汤普森脱下自己的大衣，迅速地堵住开口，用它把开口处裹了起来直到顶端被封死。

随着开挖的继续深入，站在砌砖上的人感到柱子在他们的脚下下沉——一种奇怪的感觉，因为下沉0.3米（1英尺）往往给人更深的错觉。当沉箱深入沙底时，一些钢架开始从箱顶滑落，铆钉也开始断裂。这个不可预测的危险情况很快被伊兹诊断出来，进而迅速地得以解决——通过调整坝槛的大小与位置。这种方法很有效，以后再也没有出现过类似的情况。

在12月，工人们在冰封的桥柱上连续工作了好多天；冰块阻挠了航行，原材料的供给也中断了。但是这样的偶然情况已在预料之中，有足够的食物、石油和原料供给，足够使用两个星期。后来，工作就再也没有出现差错。为了应付这种紧急情况，人们送来了很多毛毯，工人睡在拖船旁边的任何可以睡的地方：一些睡在锅炉顶，一些在下面，还有的睡在厨房。监管麦科马斯（McComas）在他的日记里这样写道："我已经连续在岗40多个小时了，如果有任何危险的情况，我将继续再工作40多个小时。"他躺了一会儿，但天一亮他又开始工作了。他用粉笔在公告栏中报告工程的进度，伊兹通过望远镜在河岸上就可以看到。但是第二天正午，总工程师就乘一破冰船来接替这位筋疲力尽的监管的班。

在1月份，桥柱上的工人又一次被冰封了。这一次，麦科马斯写道："我彻底累倒了，我现在能做的就是尽量在我站着的时候不睡着了，在过去的84个小时里，我只合了4个小时的眼。"

4.1.3　沉箱气压病的控制

修建伊兹桥时，电灯还没有发明，漆黑的沉箱中只能用油灯照明，空气室里的照明出现了问题，油灯变得很危险，因此不准再使用了。在这样的气压中，油灯会排出一种无法忍受的熏烟。还有就是当工人的衣服着火时，灭火相当困难。一个工人已经被严重烧伤了。结果就是只能用蜡烛了，但是想熄灭它们几乎是不可能的，火焰迅速回到了灯芯。当沉箱深入到19.8米（65英尺）时，空气室里装了一个电报机，通过电线直接连到井架的控制室和城里总工程师的办公室。从空气室里伊兹发电报问候纽约的公司董事们，那些尊贵的参观者和报社记者则发消息给他们外面的朋友。为了证实空气压力之大，据说，有一次一个参观者在他的口袋里揣了一小瓶白兰地酒，当他们到达地面时，这瓶子竟然爆炸了。与此同时，工作不分昼夜地稳步进展着：锤子的嘈杂声，萦绕的雾团以及浓烟没有一刻停过。1870年2月28日，炸药的爆炸声与刺耳的蒸汽船的汽笛声向圣劳伦斯的人们宣告沉箱已经抵达了基岩。地基历史又一次被重写了。当下沉东桥墩的工作开始的时候，很少有人知道压缩空气对人体生理上的影响。欧洲的工程师已注意到其对耳膜的影响，但是他们并没有预测到会有更严重的后果。以前的权威已观察到当人们在二倍或三倍的气压下工作时对免疫力没有危害，因此进而认为在四倍或者五倍气压下也不会有什么危害。从他的开挖经验看，伊兹在这一方面有一些一手知识，但是自己或他人在这方面并没有经验引导他来预防巨大压力给工人或工程师带来的伤害，或减轻那些被受伤害的症状。

在桥墩的沉箱下到18.3米（60英尺）之前，没有任何气压带来的严重后果。第一个发现对工人的影响是大腿肌肉时不时地瘫痪，但这种症状通常一两天后就没事了。只要这种不幸没有痛苦，它就不会被认为是严重的。人们使用了各种各样的治疗方法和预防措施，包括大量的静电潜水防护服和一种废油。人们注意到那些抽筋的人往往觉得返回空气室是一种解脱，但是却完全没有认识到此项观察的重要性。当到达21.3米（70英尺）的深度时，人们离开沉箱时发现要爬上很高的楼梯变得很困难。在到达23.2米（76英尺）的深度时，抽筋和瘫痪已经非常频繁，几次都严重到了送去医院的程度。人们注意到发病者往往是那些穿得单薄且吃得不好的工人，他们往往被用毛毯裹起来，因为医院能做的也就只有这些了。

在沉箱抵达岩石后，深度达到了29.0米（95英尺），空气室里的气压是平常气压的四倍。为此每日的工作被减为三班，每班只有两个小时，并且中间的休息时间都是两个小时。直到1870年5月令人震惊的事情发生了，出现了几例沉箱所引起的病症。一个工人在空气室里工作了两个小时，刚出来也好好的，但是15分钟过后，他开始喘气困难，几分钟后竟然死亡了。验尸官说是

死于中风。接下来的几天，又死了三个人。一周之后，来了一个新工人，要求在这里工作，他工作了两个小时，15分钟后竟然也死了。伊兹的家庭医生贾米·奈特（Jaminet）参加了工人的保健工作，就在桥墩下面立刻建立了一个移动医院。与此同时心理和科学研究开始了。一天，贾米·奈特医生与伊兹在沉箱里待一会，但很快就出来了，什么也没有做，因为待在气闸室的时间不过就3分钟。伊兹很吃力地爬上了那一百个台阶，乘第一艘船回到了岸上，蹒跚地回到了他的办公室。几分钟后，他瘫痪了。这样的症状持续了几个小时，他几乎对生活都绝望了，但是几天后他复原了。

贾米·奈特医生调整了闸门来减轻气压，以使每分钟不超过27.2公斤（60磅），所有的工人每天都必须经过严格的健康检查。还有，每天的工作量减少到两班两小时，中间可以休息四个小时，而且在从气室里上来之后工人必须至少躺一个小时。让他们遵守这样的规定非常困难，他们经常一上来就匆忙地赶往附近的酒吧，根本就不听医生的嘱咐——不要喝酒，要有足够的休息。现在空气室里的压力大概是22.7公斤（50磅）。接着发生了更多的瘫痪，其中有些非常严重。在为东桥墩工作的352个人中，发生了80例需要就医的事故，其中，2个瘸了，死了12个。但是从下沉东桥墩工程中所获得的经验与观察，为以后工作中减少沉箱伤害获得了宝贵的知识。

有了这次的经验与改进，西桥墩使用了同样的建造方法，其深入到了26.2米（86英尺），都是混凝土填充的。所有这些在1870年的上半年就全部完成了。然后，在这年的夏天，桥墩的顶部在水面之上用大理石砌了出来。但是所需的大理石运送得十分缓慢，一次，来自波特兰和缅因州的两艘船在弗洛力大海岸沉没了，更加延误了工程。在西桥墩，最大的气压也就18.1公斤（40磅），因此，瘫痪这类情况就比较少了，只有一人死亡。

由于有了成功下沉桥墩的经验，伊兹决定再一次使用气压沉箱方法，这能使他把拱架的基桩埋入到水面之下的31.4米（103英尺）或洪水位的41.5米（136英尺）之下。虽然这样对桥基的改变给原来的造价增加了不少的成本，它却使以前所担心的桥的持久支撑问题得到了彻底解决。东拱架的建造是工程上的一次胜利，创下了桥基建造的新纪录。在1870年11月，伊兹给他的资助者J. S. 摩根（J. S. Morgan）和伦敦公司（Company of London）写信说："未来是我们所不能预计的，我不可能告诉你在我们建东拱架的时候会有什么样的灾难降临我们的头上；但当我今天离开的时候，我突然有这样的一种感觉——那就是在我所有建造过的工程中，没有哪一个比这个工程更有把握，这个工程失败是不可能的，它将成为我这一生中最伟大的成就。"

在东拱架桥基的沉箱的施工中，采取了很多改进措施来减少以前所碰到的困难和危险。最重要的就是在竖井中央装了一个电梯，工人乘电梯上来，代替那190个阶梯的装置。这样的改进确实被证明是非常有效的。此外，所有的工人都是通过健康标准挑选出来的，总数减少到了140个。除了医院之外，也修建了供工人休息的建筑，那里供有卧铺、床垫和毛毯。每个人都有牛肉浓汤和肉吃。工人每天都要检查健康状况，除非他状态良好，否则没有人会容许他们踏进空气室。另外，从井里出来没有一个小时，不准离开。因为有这些预防措施，仅出现了四例瘫痪情况，但都很快恢复了。

一天，当气压达到18.1公斤（40磅）时，因为电梯要停下来维修的缘故，工人不得不爬上那170个台阶。四个人出现了疼痛不舒服的状况，但很快都好了。在电梯再次投入使用之后，随着气压的增加，出现了几例病状，但都很快恢复了健康。甚至在深度达到30.5米（100英尺），气压为22.2公斤（49磅）的情况下，发病率都很小，只有一个人牺牲了，是没有遵循规则的缘故。东拱架桥基的最后记录是29起，但是27人完全且迅速地恢复了健康，可怕的沉箱疾病问题得到了控制。

4.1.4　创新的艰辛与成就

1871年的5月8日，在修建东拱架的时候，一场龙卷风袭击了井架和旁边的机船，强度是史无前有的。结实的船就像稻草一样被折断，绳子、缆索和链条被弄得乱七八糟。几吨的木材和铁砸在下面的机工和伙夫身上。死了一个人，包括监管在内的八个人不是受伤就是被撞得失去了知觉。所有的电机都不转了，包括往沉箱里抽气的。空气室的工人被立刻召集了上来，很快沉箱被水浸没了。在岸上，建筑和火车站被毁损了；整列的火车也被刮得出轨；运货车厢被刮了起来，吹到了几百英尺以外，埋在了土里或者撞坏了铁轨；重型卧车被大风扔出了22.9米（75英尺）；一个沃巴希（Wabash）铁路局的火车头被吹了起来，一直吹到了它的尾部。

伊兹对这场龙卷风的教训记忆犹新。为了防止再一次被同样的龙卷风袭击，桥梁采用钢铁桁架，把每个桥墩都连接起来，来支撑上面铁路，以使桥梁能够经受得住同样强度的龙卷风的袭击。

上部结构的情形和下部结构的差不多。在1870年2月修建桥墩的时候与匹兹堡吉斯通桥梁公司（Keystone Bridge Company of Pittsburgh）签了一个合同，决定由他们来负责供应钢材和修建上部结构。这个合同的最后一条是这么说的："所有修建上部结构的风险均由乙方即吉斯通桥梁公司来负担。" 这个公司的董事长不是别人，就是从前为该桥提供过咨询并反对架设拱桥的工程师林维利，副董事长是个名叫安德鲁·卡耐基（Andrew Carnegie）的35岁年轻人。合同签订后不久，这个副董事长就成立了自己的公司——匹兹堡卡耐基–克洛曼公司（Carnegie-Kloman Company of Pittsburgh），为圣劳伦斯大桥供应所需的钢材。然后在桥的建设中，卡耐基因为供应原料被吸纳成了圣劳伦斯桥梁公司的董事之一，桥梁的所有者之一。当建筑完工后，卡耐基分得了3万美元的奖金，一天1000美元，因为其提前三十天完工了。

伊兹的设计在世界上产生了巨大的影响，提高了桥梁建筑的做工技艺。在1873年10月，伦敦的工程编辑把这些成就都归功于圣劳伦斯的美国工程师：

"选取一些现在发展程度最高的桥梁建筑，我们没有任何困难……最辉煌的拱桥就要数由圣劳伦斯的伊兹完成的那座了。在那个建筑中，实现了理论和实践的完美结合。最先进的现代分析技术被使用来决定拉力的大小……"

总工程师的高要求和惯用方法之间的差异造成了延误与误解。卡耐基在1870年12月给桥梁公司的陶西格博士（Dr.Taussig）的信中总结道："我们有理由感到高兴，因为这样一个创造性的工作已经进行到了这种地步——而且这是一个史无前例的工程。用来制造原材料的机器在很大程度上都是被创造出来的，完成工作的工具是非常特别的。我很确定结果将会是一个巨大的成功，但是可能要比预计晚三到四个月。就让每一步都按计划行事……如果吉斯通桥梁公司，甚至压抑不住的伊兹都不能惊喜的话，那么纪录将会被完全改变。……个人的魅力要为这样的失望负责。……你不许时刻提醒伊兹让他警惕什么是合理的，要注意遵循惯例。"

在1871年的夏季，伊兹把自己累垮了，他把自己全部的时间和精力都花在了费城、纽约、匹兹堡，来监督钢铁锚固的一些必备件——铆钉、拉杆，最重要是制造管子的横档。问题和困难必须得到解决与克服。到8月份，伊兹已经累得生病了。他在纽约购买铸钉在费城锻造它们。最后，令人满意的结果开始出现了。1871年，在伊兹的10月报告中，他写道："我很确定为桥梁供应钢铁中的困难已经得到了解决。"

但并不是再也没有出现过困难。一次爆炸使得锻造钢的磨子毁于一旦，因此工厂停工一个月。然后解决锻造横档的问题又花了数月。而为锚固的必备件找到符合要求的材料又花了一年的时间。每一样要在桥中使用的东西都必须得到测试。大型的测试机器一次又一次地毁坏，每次都是整体瘫痪。

虽然承包商坚持说这样的要求太高了，伊兹要求卡耐基—克洛曼公司都必须严格按照圆形钢铁支架的规定行事。六个月过去了，但是一个合格的支架都没有制造出来。为此，伊兹亲自去

了一趟匹兹堡，看能否进行些改进。承包商第三次扎制钢铁，每平方英尺的承受力达到了55000磅。但是林维利和伊兹坚持要达到国家要求水平——60000磅。同时，钢铁的价格在逐渐上涨，也就是说承包商都在亏损。1871年11月，卡耐基迅速向伊兹承诺他的公司正在尽全力来达到所要求的目标："我们在努力，就算是用很多金银的代价，我们也会愿意满足客户。"后来又进行了一系列会议，并达成新的协议，最后在1872年7月，承包商成功地按要求生产出了所需的钢铁支架。

在这个时候，因为卡耐基在整个工程中起着重要的作用，所以他也成为这个建桥公司的股东。在1871年12月的一次股东大会上，卡耐基提出了一项议案，让更多有名的工程师参与进来，对这个大桥的所有细节进行仔细的检查，并提出可行的修改办法。对此，伊兹表示欢迎，并聘请到了土木方面的工程师詹姆斯·劳瑞（James Laurie）。"他可以对整个工程进行检查，并对工程进度进行调查和评估整个工程的耗资。"劳瑞的报告中对整个大桥的工作和耗资进行了细致的检查，但他的一些提议会影响到整个大桥的耗资，每次都会使大桥在美观方面受到影响。劳瑞在工作上是极其细微小心彻底的。在检查整个恒载的估计情况时，他把每一个支架、钉子、螺母和桥板都计算在内了。最后他问克罗内尔·弗拉德："要在大桥上安装一个水管吗？""是的，"克罗内尔·弗拉德回答，想了一会之后，劳瑞问道："那这里面有没有包括关于这个管中流体的重量的问题？""没有，"克罗内尔·弗拉德回答道，"我想这方面的东西没有考虑进来。"劳瑞建议要把这一项也应含在恒载中。"是的，"克罗内尔·弗拉德说道，"这的确要修改一下，我们在工程中肯定也要考虑这个问题。"

他对钢管的强度提出了质疑。伊兹写了一个很详尽的报告，描述了他的透彻研究和测试，并建议设计一个器械来检测被任意挑选出来的组合钢管。计划用液压千斤顶来测试四个钢管。劳瑞先生在伊兹和弗拉德的影响下，同意了做此种测试以避免不必要的花销。这八个试验钢管被测试后发现它们的弹性极限在50000~55000磅／平方英尺之间，而最大的承载力在439.4~537.1t/㎡（97000~110000磅／平方英尺）。值得一提的是，所有横档的承载力应该在244.1t/㎡（5000磅／平方英尺）。

现在所有关于拱桥各种部件的制造问题都得以解决，除了钢管的联结制造之外。从1871年11月到1872年12月所有的制造钢联结的尝试都以失败而告终。

4.1.5　敬业的西奥多·库珀与拱架架设

在1872年的6月，西奥多·库珀（Theodore Cooper）——一个美国海军的工程师，他注定是要成为工程界的名人，以主力检测员的身份加入到了桥梁公司，被派去负责费城的钢铁工作。8月1日，用来锻造5吨的联结铸铁的平底火炉爆炸了，同一天，低一点的磨子也不能工作了。工作一度停止了27天。在9月4日，库珀接受了锻造的46个中的28个联结件；在9月24日，他去了匹兹堡看联结到底是什么样子。在完成了刨床和车床之后，他发现材料都是千疮百孔。那天，在费城工作的精加工机坏了，造成了更多星期的迟延。在10月，克罗内尔·弗拉德的建议得到了尝试——在锟压之前锤造铸锭——但是这被证明行不通。最后，休斯顿（Huston）——钢铁制造商，失去了勇气。"看这些圆形链接管，"他说，"简直就是无法实现的！"他的公司当时已经濒临破产。伊兹想方设法进行了有益的调整。在这个协议的推动下，钢铁公司加大了生产的进度和产量。订购了新的钢管，并且已有的那些可以炼钢的材料都很快被用来制造钢管。这样，在300个连接口中，库珀能够得到90件钢管。

大约两年半的时间过去了，但是为钢管上用的钢铁联接件的生产量却不能让人满意，这严重阻碍了整个工程的进度。最后一致决定使用卡耐基—克洛曼公司生产的熟铁作为原材料。这样，到1873年的4月，联结件的生产量达到一天40件。总负责人向股东们做了报告，肯定地说整个大桥将在这年年底完工。

伊兹大桥的三个钢铁桥拱完好地树立了起来。在桥拱的中间都由桥墩处连接的悬臂支撑着，在整个工程的进程中，结构进行相互支撑。在建桥史上，这是首次大规模的使用悬臂方法。

到1873年4月，西岸已经树立了三段钢管和支架，在西桥墩那里，也完成了同样的工程量。6月上旬，伊兹派遣库珀去圣劳伦斯，以监督官的身份监督整个工程的进度。工程的进度要比预想的慢一些，因为螺栓等其他小型的材料一直不能够按时到位。

7月12日，一个桥板坏了，造成三名工人掉到了河里，其中一人死亡。伊兹给出新的指令，鉴于此次事件的发生，以后工头要对所有工人的安全问题负责。

那些原来签约的商家都表示会在44天架立好这三个桥拱。而建桥公司允许期限是105天，但现在看来照这个进度，商家一年也完成不了。如果桥拱不能够按期树立起来，那就意味着他们原来期盼从铁路方面得到的资金就会有巨大损失。最后董事会一致决定："本公司不能够继续容忍这么慢的工程进度。……没有努力，也没有牺牲，我们要不惜一切人力和资金在今年冬季时候完成三个桥拱的工程。"吉斯通桥梁公司因为要加速工程进度，索要建设高塔和电缆的双倍价钱。伊兹不但没有给资金满足他们，相反，指控他们的进度太慢，并要扣除部分奖金。而另外悬赏能够在1月1号的时候完成三个桥拱，在1874年3月1号完成整个大桥的商家。林维尔接受了这项工程。

同时，伊兹的健康状况下降，得了严重的咳嗽，并且肺出血。医生建议他外出旅游。参加完费城和纽约的大会之后，伊兹在1873年8月就踏上了英国的轮船。而整个工程让弗拉德来掌控。

签约者很快声称不再对改造桥拱和内置封闭型的钢管负责，所有这些都要由建桥公司的工程师来承担。半悬臂的位置不是高了就是低了，一些过长，而一些又过短，这都是在铸锻的过程中时而热时而冷的缘故。另外在太阳光的照射下，南面的半悬臂要比北面的稍微长一些，因此造成两端都向北倾斜。

1873年9月14日，前两个桥拱在中间进行了合龙，弗拉德对桥拱的连接工作进行尝试，但是两边的空隙太小，以致无法放进封口钢管。董事会的成员大为失望，同时，伊兹在伦敦也在期盼桥拱连接的好消息，因为只要能在9月19日之前完成连接，那么他就可以在伦敦和商家进行谈判，获得更多的资金支持。要争分夺秒。弗拉德决定用冰块来帮助加快工程进度，把悬臂用冰块冻起来，通过把冰块放到木制的槽里面，围住这个管状的悬臂。所有的钢管都被黄麻布覆盖，到9月15日，有15吨的冰块放到了槽里。而当时天气仍然很炎热，到下午5点的时候，气温还达到了36.7摄氏度（98华氏度）。而且下段的钢管还短了5.7厘米（2.25英寸）。天气还是很暖，到9月16日凌晨的时候，还有1.6厘米（5/8 英寸）没有完成。又加多了冰块，共40吨，冰一天也没有间断的供应，但到日落的时候，还有0.3厘米（1/8英寸）没有完成。在16日晚间的时候，一股暖风吹过，到翌日凌晨，还有1.9厘米（3/4英寸）的距离。到9月17日，只剩下两天的时间，而且天气还是没有变冷的迹象，用冰块的计划被搁置了。到下午的10点，通过接受伊兹的建议，改变一些原来的封口用的材料，因为伊兹当时已经考虑到了这个紧急情况的发生。18日凌晨，仅剩了一天的时间，伊兹在伦敦收到了一封电报——"桥拱完成"。这个电报是由在伦敦的摩根接到了，这就大大降低了那些大资本家的怀疑。在这段桥拱的完工过程中，库珀和他的工人们一直65小时不间断地工作，他们已经筋疲力尽了。库珀写道："我们当时太困了，连睁开眼睛的气力都没有了。我当时还担心我们一不小心，很有可能掉到河里去。"

下一月，伊兹从欧洲的旅行中回到圣劳伦斯。他的身体状况得到好转，接下来的两个桥拱的完工都由他来监督完成。

在12月2日，我们在库珀的小房间里发现一段有意思的话："监督者（本人）一不小心踩到了一个破的桥板上，当时是上午11点，在第三个桥拱处，最后我掉到了河里，大约有27.4米（90英尺）高，今天下午专门检测了一下。还好没有受伤，平安上岸了。只是这次惊险让我倒吸了一

口气。"这就是库珀对整个事件的描述。尽管遭受了这个惊险的事件，下午的时候，库珀仍像往常一样在工地上工作。后来，他把这次经历告诉了C. M. 伍德沃（C. M. Woodward）。那天天气很冷，冰雪覆盖了一切，在整个降落过程中，库珀觉得时间很久。他当时在想这个力如果作用到冰块上会发生什么样的后果，所以他要在解除冰块的时候就施行滚动。他不知道自己是怎么一下子冲破冰块，到了水里面的，几乎到了河底。过了一会儿，他就浮出了水面，奋力向岸边挣扎，这时他才发现自己手里仍然拿着那只在危险桥板上用过的铅笔。从东岸很快就派出了一只小船，把他送上了岸。在极短的时间内，库珀换好衣服，重新回到工作岗位，就好像刚才的一切没有发生过似的。经过这一代人之后，美国以后所有建桥的工头都要求会有较好的游泳技术和良好的心理素质。

在1873年12月，中间和东边的桥拱的内置悬臂已经完工，这在很大程度上完成了整个桥梁的攻坚阶段。至于建造工程的外侧悬臂和修筑铁路，那都是相对来说极其容易的事情了。

在1874年1月19日，库珀发现在第一个桥拱的悬臂处，有两个钢管破裂。当时伊兹在纽约，而弗拉德则生病在床。库珀立即给伊兹去了电报，汇报这个情况并寻求指示。这个消息到半夜的时候伊兹才知道，这简直犹如晴天霹雳。在整个工程的设计中，他小心翼翼，没想到还是有了差错，脑海中不免出现整个大桥倒塌的情景。为了全面说明伊兹当时的心情，我们有必要说一下，在上午，他还要和股东们见面，报告整个工程的进度和完工情况，这是为了更好地筹集资金，来完成整个工程所需的最后的支持。过了一会之后，他逐渐恢复平静，并开始冷静地分析问题出现的原因。经过一段深思熟虑之后，他发现这是由于拉索和后锚索的压力所造成的，并不会对整个大桥造成严重影响。他小心翼翼地在电报中给出指示："用后锚索来固定好那些破裂的钢管；把B和C这两个下面的钢管拧下来，然后把破裂处缝补起来；之后，把每个拉索的压力减小100吨，其他部位的拉索压力减小一半。"紧急调整和修复在库珀的带领下迅速展开，两天后伊兹从纽约赶来的时候，对这项工作给予了肯定。购买了新的钢管，并把这些破裂的钢管替换掉了。在1874年1月24日，伊兹指示："将所有的拉索都撤掉，因为现在已经不再需要它们了。"现在桥拱的悬臂完成了，并是自我支撑着的。

1874年2月7日，董事会一致同意有必要给卡耐基发放每天1000美元的奖金。在整个大桥正式开始运营之前，卡耐基一直是整个大桥公司的重要负责人之一。在这种激励下，工程进度很快。整个桥拱上充满了工人，一个又一个的撑杆和横梁魔术般地拔地而起。而钉钉子的声音持续不断。因为雇佣的员工人数增加，难免会有伤亡事故。有两个工人从桥拱上掉了下去，但没有什么大碍。不过有个钉钉子的小孩，不小心掉了下去，没有生还。

4.1.6 大桥通车，举城欢庆

随着桥面上的铁轨铺设完毕，1874年4月17日，公司在报纸上宣布次日大桥将向人们正式开通。到半夜的时候，建桥公司的陶西格从床上被叫醒，因为公司正式告诉他不同意明日正式开通大桥。在这之前，公司考虑到法律方面的事情，只有到所有资金到位之后，再开通大桥。次日，人们都去观看大桥，但令他们吃惊的是，建桥公司却故意把一部分桥板去掉，并驱逐了很多来采访的特约记者，而且还派了许多的工人来看护大桥，不让行人过桥，也就是拒绝开通此桥。此时，伊兹正在华盛顿，他知道这事之后，和建桥公司达成了一个妥协的方法，允许上游的铁路段向行人开放。5月24日，约15000人去这个大桥上散步、行走。6月上旬，在下面的板上，轨道开始铺设，第一列火车慢慢地平稳地穿越了这座大桥。最终的工作终于完成了，这个大桥终于竣工了！

在7月2日，大桥有一个面向公众的检测，当时，成千上万的群众去观看这个有趣的盛会。14个很重的火车头，分成两组，七个一组。然后缓缓地驶向大桥上的两条轨道，肩并肩地在每个桥拱之上停留片刻。之后，这14个火车头，在两个轨道上并行，慢慢地驶过整个大桥。这是一个壮观的场景。来观看这些火车头的人群人山人海，欢呼的声音一阵高过一阵。真是激动人心的时刻。在整个河流的两岸，到处都是人——男人、女人、小孩等，都屏住呼吸看这个场景。如此纤细的桥拱可以支撑住达700吨的重量，让人难以置信。而在桥下面观看的人群，更是惊叹，感觉整个火车上的乘客，几百人的生命都全掌握在这细细的"线"上。而一些火车司机甚至惊恐地走出这个桥拱，问道："你觉得这个大桥可以支撑住我们吗？"还有个司机太紧张了，以至于他把火车开向了反方向，尽管它的车轮是往反方向用力的，但是这一组的其他六个重型火车头的力量足够拖着它穿过这座桥梁。

1874年7月4日，为了庆祝这个大桥的竣工，圣劳伦斯市举行了盛大的庆典活动。一个带有很多车厢的火车，约24.1千米（15英里）长，穿越城市的主干道，并在大桥上来回跨过。这列火车载着很多的货物和商品。晚上的时候，约10000美元的烟花响彻整个城市。河流的两岸站满了来观看的群众，而河上也停泊了许多船只。但是整个场景中，最震撼人心的还是要数这个高高的多孔大桥，它象征着信念和勇气的胜利。

对于圣劳伦斯的发展来说，伊兹大桥起着至关重要的作用。它使这个城市成为火车线路的交会处，成为密西西比河上最重要的城市。这座大桥在整个美国贯穿东西的铁路系统中也起着极其重要的作用。在1898年，美国发行的"横跨密西西比"系列邮票上出现了这座大桥，它在整个"西部开发史"上起到的重要意义得到了人们的一致认可。这也是桥梁史上第一个得到邮政方面认可的大桥。

这座宏大壮丽的桥和它的建设者的创造力与精神一样那么绚丽。当1920年建成美国名人纪念馆时，詹姆斯·伊兹上尉的洞察力和无畏的精神得到了普遍的认可，也是第一个被给予这种荣誉的工程师，他的成就在桥梁工程史上是具有纪念性的里程碑。

4.2　罗布林家族和布鲁克林大桥

图4.8　布鲁克林大桥侧景

图4.9　布鲁克林大桥

如同伊兹大桥一样，布鲁克林大桥也不仅仅是一座跨越河流的建筑，它是人类征服自然成就胜利的象征，它是第一座宏大的现代吊桥，是对后来桥梁建造的预兆，没有它，乔治华盛顿大桥和金门大桥都不可能建成。但是，在相同的意义上，这座宏伟的划时代的大桥的建成，也必须归功于19世纪早期工程师们修建诸多小型建筑所积累的经验。从泰尔福德的麦奈海峡大桥（1826）到罗布林的布鲁克林大桥（1883，图4.8、图4.9），吊桥的建筑原则被一次次应用于实践，然后加以改进。它本身经历了一场进化。

4.2.1　早期的悬索桥建设

19世纪早期最著名的铁索吊桥是布达佩斯多瑙河上的卡顿（Ketten）大桥。它是杰出的英国工程师W.蒂尔尼·克拉克（W. Tierney Clark）的作品。这座桥在二战中被毁。它两桥墩之间202.1米（663英尺）的跨度在此桥重建的年代（1839—1845）还是非常惊人的。下一项改进便是桥梁的建筑方法，1829年，当法国人M. 维卡特（M. Vicat）在罗纳河上修建一座吊桥时，巧妙地将钢索放置在空中，而不是先将其在地上搭好再送到塔上。自

此以后，维卡特发明的这种空中架线工艺得以广泛应用。所有的绳索都由平行金属线构成。

在同时代，关于金属拉索桥的试验也进一步展开。在法国的罗切·贝纳德（Roche-Bernard），黎·伯兰克（Le Blanc）于1836年建造了主桥长达198.1米（650英尺）的金属索吊桥。不幸的是，这座大桥在1852年的一次风暴中坍塌。一些吊桥逐渐出现于法国各处的河流上，然而第一个成功运用金属拉索的著名桥梁工程师还是业界出现的最杰出的人物之一克罗内尔·查理·伊力特。

伊力特于1810年1月1日出生于宾夕法尼亚州距波士顿8千米（5英里）的一个名叫盆庄园（Penn's Manor）的小村庄。由于家里人口众多，父母只是想将他培养成一个农民。然而伊力特自很小的时候就展现了超乎寻常的数学能力、惊人的记忆力以及对知识强烈的渴望。17岁时，只在语言学校接受过普通教育的查理·伊力特就听从自己内心的呼唤，开始了建筑生涯。离家后，他成为一名土地测量员，并参与了萨斯奎汉纳河（Susouehanna）沿岸的测量工作。由此他学到了自然科学的知识并且锻炼了测量的技能。

18岁时，伊力特被切萨匹克（Chesapeake）和俄亥俄州运河（Ohio Canal）的主任工程师贾奇·赖特（Judfe Wright）雇佣为志愿助手，在那里，伊力特处理办公杂物，参与测量，并进行数据处理。直到管理层更换到了第五届时他才因所做的贡献被正式承认为助理工程师。因为他的上级认为他至少22岁了，况且他也积累了一定的工程经验。同时，这个野心勃勃却又天赋超常的年轻人仍然孜孜不倦地学习数学、工程基础以及多种语言。

辛辛苦苦积攒了两年微薄的工资以后，伊力特终于出国完成了自己的学业。1830—1831年期间他在巴黎的艾克里技术学校（Ecole Polytechnique）刻苦学习。之前刻苦学习得来的一口流利法语以及自身杰出的逻辑能力使得他在所有巴黎的社交活动中大受欢迎。然而他却基本避开了社交活动，只和拉福耶特（Lafayette）将军成为朋友。后者对伊力特很有好感，并喜欢和他讨论政治话题。伊力特在金钱和时间上都非常节省，他存了一笔钱，作为去英国、法国及德国学习当地的最先进出版物的开销。在回美国途中，他不得不卖掉自己珍藏的书籍和仪器作为船费。

1832年，在他回家后，年仅22岁但却充满勇气和创造力的伊力特就向国会提交了一份关于在华盛顿波托马克河（Potomac）上修建一座长达300多米（1000英尺）的吊桥的提案。由于这个设计远远超越了那个时代，此提案自然而然地被国会否决了。此后的几年时间里伊力特凭借自己在工程方面的造诣就职于铁路和运河公司，并撰写了相当数量的学术论文。他的下一个计划便是在圣劳伦斯建造一座吊桥，这个在之前关于伊兹大桥的故事里已经提到。接着在1841—1842年间他又在费城菲尔蒙特（Fairmount）的斯处凯尔（Schuylkill）河上设计并修建了一座金属吊桥。此桥取代了沃恩瓦格（Wernwag）的"巨人"（Colossys）。伊力特的钢缆桥开创了美洲第一，并被认为是当时建筑界不寻常的精妙作品之一。此桥跨度109.1米（358英尺），每边由5条钢缆绳支撑。

此后他又开始了第二次欧洲之旅，当他返回时，已经成为斯处凯尔导航公司的主席。然而马上他就将有机会开始建造一所真正宏大的建筑了。1846—1849年间他在惠灵的俄亥俄河上设计并建造

图4.10 惠灵大桥

图4.11 惠灵大桥桥面系

了世界上第一座超常跨度金属吊桥。此桥中央跨度为307.8米（1010英尺），居当时世界之最（图4.10）。高于水面29.6米（97英尺）的桥面两边各由六组金属主缆支撑，每组主缆又由6600根钢丝组成（图4.11）。在1854年被风暴毁坏接着由罗布林修理及加固之前，它已经耸立了5年。这座大桥也正好例证了伊力特与罗布林在运用钢缆绳方法上的差异。伊力特将钢缆线一股一股地相邻分开放置，接着再由铁杆连接这些平行的线，再在上面悬挂吊缆，而罗布林却是将这些股连在一起，将其挤压成紧密的柱形绳索，接着将这些绳索用轻金属丝包裹，再将吊缆悬挂于包裹绳股的铁压条之上。罗布林的方法使得金属吊缆更能抵抗恶劣的天气，使缆绳更加紧密与结实，也使钢缆更坚固，此桥到今天仍然矗立并运营着。

在惠灵大桥修好之前，业界已经对在尼亚加拉大瀑布和惠而普（Whirlpool）之间的尼亚加拉河上建立一座铁路吊桥产生了兴趣。在美国当时所有的一流工程师中只有查理·伊力特，约翰·罗布林，塞缪尔·基弗和爱德华·瑟雷尔（Edward Serrell）认为此方案可行。令人惊奇的是，这四人后来都在尼亚加拉河上建了吊桥，以证实他们早期所表现出的信心。关于这个工程，伊力特写道：

"在大瀑布下的尼亚加拉河上修建吊桥是完全安全的，且绝对适用于铁路运输。无论是动力机车还是货运列车，抑或是其他任何形式的运输，都是无可挑剔的。但此桥若想修建成功，也必须要进行精确的测量，并将测量数据仔细统计。如果建造得明智，吊桥将会是最安全的桥梁。但如果平衡原则掌握得不好，危险发生的概率也是很大的。我一直以来都对在尼亚加拉河上建造桥梁深感兴趣。12年前我去此地进行过考察，自己也从心底确定了此桥的可行性。这个工程从未从我脑海中消失过。这项工程的完成将是我职业生涯中一次非常重要的满足。"

图4.12　尼亚加拉河铁路桥

图4.13　尼亚加拉河铁路桥

1847年，美国加尼亚加拉公司和伊力特签订了一份在大瀑布3.2千米（2英里）外建造一座铁路公路双用桥梁（图4.12、图4.13）的合同。根据合同要求这座桥的跨度为243.8米（800英尺），桥面宽为8.5米（28英尺）：两条客车道，均为2.3米（7.5英尺），两条人行道各宽1.2米（4英尺），以及一条铁路轨道，为1.5米（5英尺）。吊缆最大承受力须达到6500吨，塔身将为石制材料，桥面承受力为200吨。

伊力特于第二年春天开始了工作。他先建造了一条234.7米（770英尺）长、2.7米（9英尺）宽的轻吊桥，以作运输人力和资源之用。当步行桥几近修好时，兴高采烈的伊力特骑着马冲上了高于激流76.2米（250英尺）的桥梁。而当时桥面两侧连栏杆都尚未铺设。此桥建造共花费了3万美元，而在投入使用的第一年就带回了大约5万美元的过路费。1848年此桥被加固并调整为适宜邻近地区旅行的需要，直到最后的桥梁竣工。

同年3月伊力特还造了一辆空中索道车，其中包括一辆轻金属的四人座汽车，用一组钢缆绳悬于尼亚加拉大峡谷，可在河岸间来回运作，乘客每人次收费一美元。不幸的是，同年夏天，工程师与合同人之间就步行桥收费站的掌控权问题起了纷争。结果，1848年11月伊力特解约并终止了与此项工程的联系。尽管如此，直到1854年罗布林将主桥完成之前，他的步行桥还是一直应用于交通。

伊力特一直忙于各式各样的计划与工程，直到内战爆发。他完善了一种用装甲船毁坏军舰的策略，这是海战中一种新式作战手法。1862年6月6日，他在孟菲斯指导一场九军舰的战役，虽然最终联邦军获胜了，这位工程师将军却身负重伤。几星期后，伊力特因伤告别人世。

4.2.2　传奇的约翰·罗布林

在伊力特的同时代，其他很多工程师也在帮助吊桥修建原则的完善。但第一个以其作品引起世界惊叹的要数约翰·罗布林。

1840年，伊力特收到一封年轻的毫无名气的工程师的来信，这个年轻人曾经为费城的菲尔蒙特吊桥修建工作服务。他写道："过去几年在欧洲生活期间，学习有关吊桥的知识成为我最大

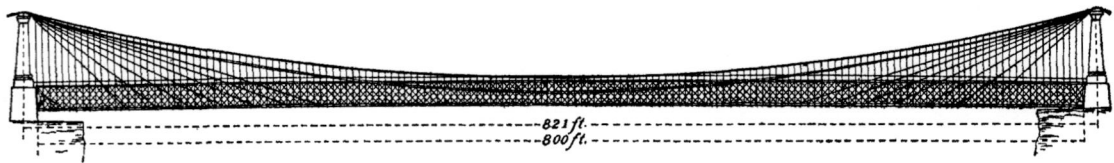

图4.14　尼亚加拉河铁路桥布置

的乐趣……对于您将在圣路易斯的密西西比河及费城的斯处凯尔各要修建一座吊桥的准备工作，我感到十分的惊喜与信服。当费城的这座桥修好以后，它将发挥巨大的功用，不用预言，它也将是由美国最顶尖的精英创造出来的新颖性与实用性合一的奇观。"

这位对吊桥可行性无限狂热的年轻人名叫约翰·奥格斯特·罗布林，他的一生集浪漫与惊险于一体，充满戏剧性，如同一本小说一样精彩。

约翰·奥格斯特·罗布林于1806年6月12日出生于德国图林根（Thuringer）的米尔豪森（Muhlhansen）的一座小镇。这座小镇始建于公元800年，由古城墙包围。约翰·罗布林的父亲波利卡普·罗布林（Polycrap Roebling）经营一家烟草商店，而且本身也是个烟鬼，几乎把自己卖的烟抽光。波利卡普·罗布林有着典型德国人温和的哲学家的气质，满足于自己的生活方式，闲暇时抽几口烟，不时内省地沉思。他热爱米尔豪森，满足于在这里生老病死。但他的

图4.15　约翰·奥格斯特·罗布林

妻子却是另一种个性，她野心勃勃，辛苦操劳，为了自己最小的儿子约翰牺牲一切。她想通过约翰实现自己内心的梦。她的雄心壮志汇集成了她一个终生的目标：使儿子接受最好的教育，今后在职场上出人头地。

观察到孩子不寻常的思维天赋后，母亲计划并努力给儿子提供最好的教育。因为米尔豪森并不能提供这样的机会，她就将约翰送去昂格尔（Unger）博士在爱尔福特（Erfurt）的学校。在那里他受到每个人的尊敬与喜爱，包括他的老师。得益于母亲的节俭与驱动，几年以后，约翰成功进入当时同类学校中最著名的柏林皇家工艺学校深造。在那里他跟随思卢特（Sluter）和拉比（Rabe）学习了建筑学和工程学，跟随迪特莱恩（Dietlyn）学习了桥梁建筑，跟埃特文（Eytelwen）学习了水利工程，以及跟随伟大的黑格尔（Hegel）学习了哲学，他也成为黑格尔最喜爱的学生。1826年毕业时，约翰取得了土木工程学位，在数学、工程学、建筑学方面造诣颇深，而在语言和音乐上也小有成就。

接下来的三年约翰服务于普鲁士政府，为其修路及建桥。然而此工作枯燥乏味，一成不变，且根本没有施展创造性与个性的空间。对一个雄心勃勃的年轻人来说，根本看不到未来。年轻的约翰·罗布林烦闷不满。

正在此时，他的一位刚从美国参观回来的工程师朋友为他描绘了一幅新世界色彩与荣耀的画面。约翰·罗布林边听边想，一个年轻人就应该勇于开拓自己的职业生涯，而不应被政府僵化呆板的教条所束缚。去一个年轻的、成长的、民主的国家定居，这个想法刺激着约翰，促使他和

他哥哥卡尔一起，酝酿着在米尔豪森召集一队人移民到新世界并建立殖民地的计划。1830年盛夏，法国革命的消息传来，腐朽波旁王朝的暴政被推翻了！消息迅速传遍德国，年轻的自由团体信心满满，认为全世界的自由指日可待了。但自由的火光却瞬间熄灭了。德国革命迅速被镇压。对本国的自由来临失望之极后，罗布林家族又开始计划移民。这时，又一个振奋人心的消息传来：比利时独立了！一个新的国家从外国统治者的锁链中挣脱了出来，自由主义指日可待！再一次，他们开始重拾一个民主德国的信心。然而古老的体制仍然顽固存活，政府镇压变得前所未有的严厉。工人或技术人员若离开祖国就算违法。约翰·罗布林从美国回来的朋友也因为唆使他人移民而被送进了监狱。前景一片黯淡。米尔豪森的小团体被官方间谍严密监视，他们的信件都被警察拆开检查。镇压变得让人愈发难以忍受，约翰·罗布林更坚定了逃跑的决心。当时他被警察列入米尔豪森最危险的自由主义者的名单，受到最高级别的监控。他的一些忠诚的朋友以及他的哥哥，纷纷为他集资并完善了航海出逃的秘密策略。他们从不莱梅租了一条船，并计划于1831年5月23日出航。团体中的成员一个接一个地离开了米尔豪森并在码头汇合。怀着紧张但又骄傲的心情，约翰·罗布林的母亲和儿子一起来到了不莱梅并送他离开。她将自己的积蓄——一笔不大的存款给了约翰，在航船开动时和儿子挥手告别。这竟成了母子二人的决别。当船消失在海平面时，她已经身患绝症，在得知儿子在理想国度安定后随即溘然长逝，一位英雄母亲的任务已经完成，在命运赋予她的角色里，她已经尽了自己最大的努力。

小船在航行途中受到了大风的袭击而偏离了航道，甚至一度被海盗追赶。然而，在海上漂泊了11周后，船在费城靠了岸。通过对各种可能性的考察，约翰·罗布林领导的小组最终决定在宾夕法尼亚州西部定居。他们在距离匹兹堡25千米处的巴特勒（Butler）县以每平方千米338.5美元（每英亩1.37美元）的价格购买了7000亩土地，并在当地建立了一个充满活力的小村庄。刚开始他们将其命名为杰曼尼亚（Germania），不久后改名为萨克森堡（Saxonburg）。

虽然年轻的约翰·罗布林没什么钱，他却有高质量的创造力和精力，以及精湛的技术与文化方面的知识。这在一个人少活多的开拓性国家里可是笔不小的财富。然而在所有自己的训练和天分允许选择的职业范围内，罗布林却选择成为一名农民。农村野蛮荒凉，在这片土地上种植庄稼难上加难。虽然农夫罗布林对音乐、工程及黑格尔哲学了解颇多，他却对种地一无所知，更别说种植的实际操作经验了。

出于对非科学事物的不耐烦，约翰·罗布林变得愈发焦躁。他的天资正在被荒废，而种地又屡遭失败。漫长的冬夜，就在他学习新语言以及沉思中逐渐度过。然而，即使是这些活动也无法平息一颗精力充沛的大脑。此时，罗布林察觉出在宾夕法尼亚州，作为文明的前线来说，运输方面还需要做很多工作：测量，筑路，以及运河航道。急于回到工程工作的约翰·罗布林加入了由宾夕法尼亚州政府所组织的运河修建工程中。接着他又加入了美国籍，他的第一份与工程学有关的工作就是在贝威尔（Beaver）河桥修建工作中担任助理工程师，在那之后，他工作于阿勒格尼（Allegheny）河，为宾夕法尼亚运河建造一个进料器。三年的时光在测量一条穿越阿勒格尼山脉的铁路中过去，这条铁路连接了哈里斯堡（Harrisburg）和匹兹堡，最终由宾夕法尼亚铁道局修建完成。

当从事后一份工作时，罗布林观察到将运河船托过山脉的方法：运船被划分为几个单元，这样以来，当到达山脉时，这些分别载有乘客及货物的单元就可以卸载于卡车上，并由绞绳拖住，同样的过程，这些货船又被运下山。传统的麻绳不仅笨拙，使用寿命也很短，价格还很昂贵，且十分容易折断。有一次罗布林就亲眼目睹了绳子在将货物吊上悬崖时突然断裂，结果两个人被卷入了货物残骸之中。这场事故激发罗布林去思考。他回忆起一篇在德国报纸上看到的有关在萨克森（Saxony）的弗莱贝格（Freiburg）里生产的一种金属绳的文章。虽然细节已经模糊了，但这个念头却一直盘桓在罗布林脑海之中，激发着他的创造力。

一段时间以来罗布林都在考虑这个问题。如果能够发明一种灵活到可以缠绕在绞车上的金属丝的话，他就可以组成一股只比普通缆绳稍微贵一点的钢缆绳，这种钢缆绳的直径只有麻绳的

四分之一，但坚韧得多，且寿命比用植物纤维编制的绳子要多出好些年。然而如何将金属缆绳制造出来仍然是个难题：那个年代美国根本没有人见过钢缆绳，更别说生产了。但是罗布林自身的实践才能让这个设想成为可能。根据自己脑海中对那篇德国论文的所有记忆，他在萨克森堡自己的农场上建造了一条"绳道"，购买了相当数量的金属丝，并指导他的邻居们将金属丝缠绕成绳。最后的成果大大超乎了他的预料，他在美国第一个发明了钢缆！一项新的工业诞生了。虽然它未来的重要性在当时看来还不那么明显，但在此后的生产活动和文明进步中，从原始森林的伐木业到大都市摩天大厦的建筑业，再到各种巨型桥梁的建造，这种工艺都被证明是无价之宝。罗布林的缆绳随即取代麻绳运用于水陆河道运输，并成功减少了运费，还解决了运船过山的难题。此项成就使罗布林在当地名声大噪。

但是罗布林并没有因此而停滞不前。在他脑海中，总还有一个恼人的问题等待解决：运河不仅要穿越山脉还得跨越河流，这样一来，运河过河时必须建成木质的管道，而这种管道的修建方法又困难，结果又不能使人满意，主要是因为运河桥要经常延伸至海里，所以河水里的冰会经常冲垮桥墩和码头。

在柏林学习期间，罗布林对吊桥工艺的兴趣就几近狂热。大学的一个假期里，他徒步去了巴伐利亚（Bavaria）旅行，在那里他第一次见到了吊桥。虽然那只是一座班贝格（Bamberg）基督小镇里雷吉尼兹（Regnitz）小河上的小型建筑，但吊桥样式的可行性还是打动了罗布林。他仔细观察了这座吊桥，画下图稿，并以此为题撰写了自己的毕业论文。他一直为"吊桥"这个概念所激励，并相信自己将来有一天可以以这种样式建造出更大更好的桥。现在15年过去了，罗布林觉得悬吊建筑的概念可以用于解决运河桥的问题，它可以减少对沿岸桥墩及码头的依赖，这样水道也可变得不再拥挤。不仅如此，还可以用钢丝绳替代铁链，这样就可以改进他学生时代在班贝格所看到的建筑。

不久以后，这个年轻的工程师就有机会试验自己的理论了。1844年，宾夕法尼亚运河穿过阿勒格尼河的管道桥变得岌岌可危。罗布林赶在运河公司其他工程师之前就搞好了修葺计划和相关计算工作。他坦率地承认自己的提案是前无古人并具有一定风险的。结果他被授权开始工作。这次工程包括修建7座各长49.4米（162英尺）的运河桥，两边各由一组直径为2.1米（7英尺）的铁索支撑，工程必须克服湍流的障碍，并在冬天之内完成。更困难的是，这种修建方法是全新的。大股钢缆必须由钢缆绳一根根缠绕而成。这种原地成绳的工艺在当时来说是很粗糙和不完善的。最终，所有困难还是被克服了。这项美国第一座悬吊桥取得了巨大成功，并有力驳斥了当时一些著名工程师的非议。在其职业生涯的早期，罗布林修筑了其他四座悬吊桥，其中宾夕法尼亚拉克卡瓦克森（Lackawaxen）的那座已经被改为了一座高速收费桥，以它一个世纪前的身躯承载着现代的汽车交通。

很明显，除开承受着巨大载货量这一点外，悬索本身就是一座吊桥。通过修建悬索桥时积累的经验，罗布林总结了一些改变桥梁建筑学工艺的理论。其中一个论断便是吊桥应由钢缆建造。此结论使得罗布林打算扩大自己的钢缆工厂规模。在他的一个朋友，在新泽西的特伦顿（Trenton）建立了炼铁厂的皮特·库珀（Peter Cooper）建议下，1849年，罗布林举家迁移到了那个镇子。在那儿他开设了新的钢缆工厂和商店，亲自规划一切生产活动，由此，著名的罗布林企业就在特伦顿建立了。

前面提到过在1846年，罗布林和伊力特一起曾被问到在尼亚加拉河上建立铁路吊桥的意见。而从他1847年的一封信中，我们可以从他清楚有力的表达中读到他对此方案的深信不疑：

"我已在这个项目上思考良久……并完善了很多计划和工作细节。虽然罗伯特·史蒂芬森（Robert Stephenson）先生对修建铁路吊桥持消极态度……我却只能冒昧地表明这位著名工程师在此问题的解决方案上并不成功…… 毫无疑问，制造精良的金属丝可为重货的支撑提供最安全和最经济的保障，任何跨度在457.2米（1500英尺）之内的桥梁，在误差允许的情况下，都可用其支撑以供铁路运输或一般交通使用。

　　须承受的重量越大，钢缆的强度就必须更大。这就需要精确的计算。在承载方面是绝对没有问题的。唯一的疑问是：一座吊桥能否建筑得足够坚固，以至于当一列行驶其上的火车对其产生不平衡的振动时，它还能不弯曲而安然无恙，以及列车飞速行驶对其产生的振动能否被避免或者抵消？

　　我对此问题的答案持绝对肯定。我也坚持认为钢缆桥梁只要建筑得当，在今后高于30.5米（100英尺）的铁路桥梁建筑方法里会成为最持久耐用也最经济的选择。"

　　桥身越大，桥就越坚固。因为自身的重量足以保证平衡。为了达到最大限度的坚固度，所有的木材，只要有可能，都应按地面的走势铺设。构架框的实际用途并不大。为了中和钢缆的振动，必须在一些位置放置支柱，与振动相呼应，使其更加牢固。这样一来，钢缆组才能一起支撑桥梁。

　　此时，正如我们已经知道的，在尼亚加拉瀑布上修建大桥的合同签给了伊力特，但当他中止工作时，也仅仅建造了一座临时的步行桥。接着，罗布林的计划浮出水面，最终被接受。当官方宣布罗布林计划在尼亚加拉河上修筑一条铁路吊桥时，世界各地的工程师都认为这是不可能的，是荒诞可笑的。就连著名的大不列颠管道桥（Britania Tubular）的修建者罗伯特·史蒂芬森都写信给罗布林说道："如果你的桥修筑成功了，那只能说明我的桥是个巨大的失误。"

　　然而尼亚加拉大桥却建造得异常成功，设计者罗布林孤军奋战，他总是拒绝为其它大工程出谋划策，除非决定权在自己手上。他的每一项设计都是独特的，他有着自己的建筑方法，修建的每一步他都仔细监督。

　　工程于1851年开始并持续了4年，即使在寒冬也没有停工。为了将第一根钢缆挂于峡谷上，罗布林宣布第一个将风筝放到对岸并将风筝线另一端系在河对岸树上的孩子可得10美元奖励。这个成功的小孩名叫霍曼·沃尔什（Homan Walsh）。80年后，当他白发苍苍的居住在内布拉斯加州（Nebraska）的林肯（Lincoln）郡时，开创尼亚加拉大桥的修筑工程已经成为他儿时记忆里最珍贵的部分。这件在宏伟桥梁修建时发生的事件触发了现代人们的想象力，并由Edwin Markham在诗中予以纪念：

第一个在尼亚加拉峡谷上建桥的工程师

他在从此岸与彼岸拉起钢索之前

探险性的放飞风筝 让其越过鸿沟

这如同无形的手，载着纤细的绳索

紧紧扣住了彼岸的峭壁

然后一根又一根绳索横跨峡谷

直到后天天堑之上出现了钢索

最终 一座宏伟的大桥气贯长虹

由此 我们可以放飞自己小小的梦想

让其穿越空间 到达上帝之手

释放出爱和信念来跨越鸿沟

点点滴滴 思想汇聚

直到纤细的绳索

逐渐变成固不可破的钢链

最后 我们把天堑变通途！

　　这座大桥跨度为250.2米（821英尺），高出激流74.7米（245英尺）。它由安置在中央桥跨两端石塔上的四组钢缆悬吊，钢缆底部固定在抛锚点处坚固岩石内（图4.16）。每股钢缆包含3640根熟铁丝，且都未电镀。吊桥分上下两层：上层铺设铁道，下层供步行和货车运输。两层桥面则由对角线的斜杆相连，形成深层坚固的桁架。1855年3月此桥竣工。它创造了历史，它是

世界上第一座成功的铁路吊桥，之后的42年它一直承载着急剧增长的交通流量，甚至一度超过原设计载重量的2.5倍。

最终，1896年，持续增长的铁路交通使其必须用现代的新结构替代以往的桥跨。通过运用吊桥的帮助，一座167.6米（550英尺）的拱桥被建成。这座拱桥于1920年加固后使用至今。如同它的前身一样，它也是上层供铁路、下层供高速公路的结构。

图4.16　尼亚加拉悬索桥

尼亚加拉大桥之所以常年矗立，还得归功于罗布林提出的建筑熟铁缆绳，在各端加固成圆柱体股绳并在外部包以软金属以抵抗恶劣天气的方法。

1855年5月11日，罗布林向尼亚加拉瀑布吊桥的负责人和尼亚加拉瀑布国际桥梁公司递交了他的最终报告。这份报告包含了所有建造这第一座巨型铁路吊桥的成功经验。

"我很荣幸地宣布尼亚加拉铁路大吊桥的所有部分都已经建筑完成。这项工程的成功已经是不争的事实。自3月18日起纽约中央车站和加拿大西部大车站的列车已经开始往返运行了，每天的旅程超过30次。

只要看一眼尼亚加拉大桥上行驶的列车，任何疑惑都会消除。尽管之前有那么多的疑惑，这座铁路吊桥的实用性还是得到了成功的印证。

这项您信任我并赋予我荣耀的工程花费还不到40万美元。同样的建筑若在欧洲修建则需花费400万美元，而且效果和安全性也不会比我的高。木材与钢材的混合使用也使如此大工程的成本减到了最低。今后，随着客流量及资金的增加，我们可以在公共工程上投入更多，我们可以全部采用钢材作为原料，而舍弃一切其他不实用的材质。到那时，我们就可以建造609.6米（2000英尺）以上的吊桥，这样的桥可以允许列车以最高的速度行驶。

坐在尼亚加拉大桥的石塔上，此时火车正以每小时8.04千米（5英里）的速度通过桥面。我感到的振动并不比我居住在新泽西特伦顿的砖房里大。那里我住房的门距速递列车的距离在60.96米（200英尺）以内。

业界和公众观念一直都反对铁路吊桥，而现在的问题已经变成尼亚加拉大桥到底用了什么方法，可以承担交通重任？这些方法不外乎如下：重量、大梁、桁架和拉索。这些因素使得任何程度的刚度都变得可能，也可使桥梁抵御列车振动、风暴甚至是飓风的袭击。且无论在任何地点，无论下方有无支柱，都可以达到这一目标。据我观察，若是缺少这几样东西，任何吊桥都不可能安全。

轻纤维缆绳就是因为缺少这些因素而事故不断。它早该被取消了。但即使如此，这些人们臆想中的完美产物还在这个国家存在，等待着新事物将其彻底摧毁。

重量是基本情况，而刚度是大问题。应该用别的方法将其正确连接，如果像惠灵（Wheeling）大桥一样仅仅依赖它，那么它就会是大桥毁灭的刽子手。那座桥之所以会塌，就是因为桥身随风晃动时，自身过重而产生过大的动量将其毁灭。如果缺乏固有的强度，那么狂风吹过桥梁时就会产生一系列的波动，这些波动又会使大桥中央同样振动。由此看来三角原则必须发挥作用了。也就是用固定的三个点减轻振动，重塑平衡。……由风产生的波动会因为自身作用增加到某一程度，直到一定量的动量形成，这会比绳股的强度大。虽然桥面重量对抵抗狂风很有作用，它也不应该导致自身的毁灭。重量必须服从于另一个更重要的因素：刚度。

此建筑上承受的重量不大时，因为主梁和桁架结合的缘故，它便已经可以变得足够坚固。

它们都圆满完成了我的预期。引擎和拉满汽车的列车所产生的压力都被分离了，而轻型货运及普通客运所产生的阻力也没有被仔细研究过……能够保证刚度的工具便是拉索。桥面上下的拉索都是必要的。这些和吊缆一起都是我在新泽西的特伦顿工厂里生产的。

跨度在1英里以内的吊桥，不论是普通客运还是铁路运输，都可用金属绳股建造，且绝对安全。但如果换上质量最好的金属绳，桥身的长度还可以加倍，且安全性也不会降低。"

世界闻名的尼亚加拉铁路吊桥刚刚建好，罗布林就又被聘请为一座更大的桥——俄亥俄河上连接辛辛那提和柯文顿的大桥的设计师。这个在内战戏剧性的时代中修筑桥梁的故事，简直就是一篇关于人类勇气和毅力的史诗。

4.2.3　辛辛那提桥——伟大工程的前奏

图4.17　辛辛那提大桥

18世纪末19世纪初，辛辛那提还只是边界上一座开拓者居住的小镇。1789年第一间木屋建立，1792年第一艘横跨俄亥俄河的渡船开航，1811年第一艘汽船也在河弯处喷烟运营了。这条伟大的河流逐渐成为繁忙的交通要道，将东岸的人口和文明运输到中西部。然而，它却成了南北交流的障碍。两岸文明独立发展，彼此分离，互相无关联。为了解决河流阻隔问题，建造一座桥梁变得势在必行。

1815年，辛辛那提一些热心的市民已经开始建议在俄亥俄河上修建一座桥梁。但要在1/4英里宽的河面上建桥，连那些赋予进取心的俄亥俄州和肯塔基的开拓者们都觉得不大可能。当时世界上还没有如此长的桥梁。另外，修建一座桥梁不仅需要想象力，还需要资金。然而在西部这样一个新建的不太发达的地区，资金是急缺的。尽管如此，20多年来人们还是一直谈论着在俄亥俄河上建桥的方案。

一段时间后，当伊力特和罗布林都开始修建吊桥时，此地对于修筑俄亥俄大桥的念头又开始复苏。1845年，肯塔基州的克罗内尔·朗（Colonel Long）宣称建造这样的一座桥需花费15万美元。"而掌握建造吊桥技术的工程师，并已通过匹兹堡的阿勒格尼（Allegheny）河大桥的修建确立了自己理所应当名人地位的那一位，我们认为他应该答应以10万美金的价格建筑此桥。"而克罗内尔·朗所指的这位建筑专家——"理所应当名人地位"不是别人，正是约翰·罗布林。

资金不足仍然是最主要的障碍。1837年美国东部经历了经济大萧条。这在1839年也波及了西部，商店工厂纷纷倒闭，银行关门，新兴企业破产。从1841年到1843年，辛辛那提不得不和纽约及费城一起组织了紧急救援委员会，为成千上万的失业者提供汽油、食品和衣物。尽管如此，1846年，柯文顿的市民还是从肯塔基中央议会那里取得了修筑桥梁的批文，成立了柯文顿和辛辛那提桥梁公司。然而，这只是20年与意想不到的困难及延误的斗争的开端。

接下来，桥梁公司必须取得俄亥俄州的批文。汽船商和其他有偏见的人纷纷站出来尖刻地反对，他们从任何可能的或者扭曲的角度来攻击这一计划。"世界上哪有把桥梁建这么长还不用中央桥墩的？"这证明修筑此桥是不可能的。"如果将桥墩放置水中，河水就会溢出大坝，河岸就会被淹没，整个城市都会被毁，俄亥俄州的水运通道会受阻，辛辛那提的地产业本身价值也将被毁。"这样的争议从未停止。俄亥俄州议会也就拒绝给桥梁公司批文。反对者以此为胜利并庆

祝了一天。

1846年5月，也就是3个月后，桥梁公司将罗布林请到了辛辛那提。他观察了河水，测量了河畔，并检验了河床的地质结构。做完笔记后，他返回了匹兹堡。4个月后，罗布林完成了自己的计划。9月1日，他的报告在辛辛那提立即出版。此报告共36页，包含桥梁各个部分，技术方面清晰并令人信服的论证，并且连相关的商业问题都做了详细分析。在此报告中，罗布林讨论了当时欧洲正在修建的大桥。"吊桥建筑技术现在已经很成熟了。"他写道，"任何胜任的建筑师都不会犹豫采用吊桥方式去建造457.2米（1500英尺）或更长的桥梁，而且在价格如此优惠的条件下……现今世界上最大的吊桥正在匈牙利的佩斯州（Pesth）和奥芬（Ofen）之间的多瑙河上修筑……然而我这座桥是会修筑在新世界的大河上的，此桥梁系统会随着时间流逝而将自己的功用发挥得更加彻底。"

当时俄亥俄河上最大的汽船高出水面19.5~21.0米（64~69英尺），罗布林认为桥面在码头附近应高于水面27.4米（90英尺），而在水中央为36.9米（121英尺）。他曾听到一个汽船主如何抱怨任何可能出现的桥梁。"这种反对，"他写道，"都懒得反驳，也不值得大动肝火。"

桥梁的反对者立即出版了一本匿名的册子来攻击罗布林的报告。他们在其中描绘了一副船骸遍河、洪水泛滥、水运受阻的惨状。他们将此桥称为"水里的一片叶子"，并警告说如果工程按现在的提议开工，那么就会殃及整个辛辛那提，整个俄亥俄州，甚至整个联邦。新的攻击果然奏效。1847年，俄亥俄州议会在哥伦比亚开会后拒绝给桥梁公司授权。

然而，当看到伊力特在惠灵修筑的吊桥几近顺利完工时，俄亥俄州议会在1849年改变了看法并通过了肯塔基和柯文顿桥梁公司的批文。为了安抚反对者，俄州议会在批文中加入了一大堆愚蠢抽象的关于宽度、高度及地点的数据，这些规定严重阻碍了桥梁公司和工程师的工作。

同时，附近从柯文顿到纽博特的利肯河上的小型吊桥也开始动工了。1853年此桥完工，共花费了8万美元。投入使用的头两个星期，一切正常。然而不久后一天，当一群牛过桥时，此桥却突然坍塌。投资者的信心又被动摇了。仅仅几分钟，刚刚对吊桥承重能力及安全性所积累的信心就土崩瓦解了。

自1849年起，加利福尼亚的淘金潮给商业的动脉注入了新鲜血液，整个国家也因此繁荣起来。到1854和1855年时，第一次铁路修筑热潮开始了。单纯的桥梁似乎失去了感染力，也不如铁路来得吸引人。资金都投入给铁路公司，而桥梁公司连出售股票都变得难上加难。

1856年，阿莫斯·申克（Amos Shinkle）当选董事长后，桥梁公司又被一道激情与决心的光芒所激活。申克出生于俄亥俄州一所农场，18岁那年到达辛辛那提时口袋里只剩下75美分。由于出众的远见及人格魅力，他马上在城里的商业发展中成为领导者。

公司马上通过了新的内部章程，成立了新委员会，并制定了新的法律以保障此桥的建立。在申克的指导下，工人们被派去一些特定的地点，统计当日渡船所运输的行人、马车、货车、客车及牛和猪的数量。

在领导层的邀请下，以及公司提供费用的条件下，罗布林在10年后重返辛辛那提。他写了一份关于在俄亥俄河上建筑吊桥可行性及所需费用的新报告。接着公司从资本中每股抽出百分之十集资。资金积少成多，关于石头、木材、沙料及混凝土供应的准备工作也开始展开。

公司同时也展开了和罗布林关于施工合同的谈判。他现在正在爱荷华州的滑铁卢（Waterloo）河上修筑一座桥梁。但公司高层在那时是如此狂热，不想有任何耽搁。公司总经理理查德·拉瑟姆（Richard Ransom）单独拜访了罗布林并接受了他的条件。合同表明，罗布林和公司可在3年或4年内将桥建成。

1856年9月1日，从股票中集资的31.4万美元已经到位，所有关于这座伟大建筑的准备工作都已就绪。3星期后，柯文顿一侧河流的地基挖掘工作完成了。沉重的橡木铺成了一个固定的平台。

在辛辛那提岸上，由于地基低于水位线，河里的水开始涌进了坑道，严重影响了工程进度。蒸汽引擎的抽水机持续运作，将大量的水抽出，但还是不够。"清除清水很容易，"罗布林说，"但清理大量的软泥沙就很困难了。"11月雨季到了，河面上涨。每天每时都变得尤为重要。最终罗布林决定自己制造合适的水泵。他用橡木制作了四个0.9米（3英尺）深的方形盒子，用铁索将它们连接到强劲拖船"冠军一号"的引擎上。这艘船属于阿莫斯·申克，已在岸边闲置了很久。这套水泵效率极高且从未出过故障。它们每次可以排出40公升的量。泥和沙也同样奏效。疏浚工作夜以继日地进行，直到所有泥沙排净，一个坚实的砾石床出现了。用长铁棒探测后，他们发现地面3.7米（12英尺）以下都为石灰岩地质。必须马上做出决定，是直接挖掘岩石，还是铺设坚固的木质平台。深思熟虑之后，罗布林决定停止在砾石堆上的工作，去修筑与低水位平衡的固体木质地基，之后再开始砖石结构部分。

在将橡木铺到地基上时，河水慢慢下降了。但雨季随之到来，每星期的降水可使水位上涨6.1米（20英尺）。为此，坚实的木沉箱被安置在地基6.1米(20英尺)的周围以抵御洪水。每天都有成千成百的市民前来观看桥塔建筑工的工作。

在1856—1857年那个漫长阴郁的冬天里，俄亥俄河结冰了。所有的水运商业都停止了。石油和食品都极度匮乏。2月的一天清晨，冰裂了。绝望的市民看到了一副惨烈的毁灭景象。下沉并被巨大的冰块所撕裂。随之而来的洪水更加深了灾难。直到7月水位才有所下降，桥塔上的工程也才得以恢复。工程接着进行了4个月，直到11月份时被上涨的河水打断。这也使得工程在整个冬天处于停工状态。

与此同时，财政困难变得比上涨的洪水及寒冷的气候更加突出。预期的70万股票基金实际只凑到43.33万，其中真正支付的更是九牛一毛。没有钱付给工人及购买原材料。第七次打给持股人的电话以及前六次要求兑现拖欠款的努力都收效甚微。理查德·拉瑟姆（Richard Ransom）主席去了纽约寻求财政支援，却连一分钱都没有筹到。董事会秘书长辞职了。5星期后，财务主管也辞职了。

接下来真正的打击开始了。1857年8月24日，纽约传来电报：一所银行倒闭了。而那正是主要机构设立在辛辛那提的俄亥俄人寿保险公司。现在，一场不可抑制的灾难爆发了。1857年的灾祸，正如同20年前的那次一样飓风般席卷了整个国家——银行倒闭、铁路破产、工厂关门。最最不幸的是，桥梁公司的主席理查德·拉瑟姆于1858年11月去世了。

1859年，公司再次尝试出售多余的股票。在这个重要关头，柯文顿和勒星顿铁路公司被失误的出售。柯文顿拒绝支付桥梁基金，前景再一次变得渺无希望。

现在桥梁公司已经花光了基金，那些伫立的石塔成了巨大的未完成的纪念碑——如今虽然毫无功用，但却对洪水、时间、天气和风暴及所有阻碍工程的因素发出了挑战。

1860年，一场新的惨剧又发生了。美国北部和南部开始分裂。随着林肯就任总统，受威胁的南部各州将国家分成了两半。因为这种骇人的危机，修建桥梁未来的财政保障变得更加渺茫。同时，物价较1858年也开始上涨。现在看来若要完成这座桥至少需要100万美元。这几年间，桥梁公司采取了观望态度，等着看美国是否被分裂，南北方是否会分道扬镳。

1862年，同盟军一路北上，横扫至肯塔基，并占领了辛辛那提作为据点。在卢·华莱士（Lew Wallace）将军的命令下，市民们被组织起来防御。整个俄亥俄州的士兵都赶到辛辛那提为迫近的袭击做准备。为了清除正在逼近肯塔基的袭击者，成千的人口及物品都得过河，且不得耽搁。仅靠船只无法完成这一任务。紧急情况下，一座横跨俄亥俄河的浮桥建成了。这也是连接辛辛那提和柯文顿的一座桥。只要浮桥没有被毁，衣冠楚楚的"松树军"和"义勇兵"就可以通过肯塔基岸。柯文顿从敌军手里救了出来，辛辛那提的控制权也被转移了。

灾难退去后，人们思维观念发生了变化，对大桥的兴趣又复苏了。股票集资的工作进行的快速且有条不紊。约翰·罗布林在描述这一改变时写道："战争中军队的行进和物资运输过河的紧急情况，使得人们觉得建桥比任何时候都重要。这是一个值得历史注意的事实：在普遍阴暗消沉的气氛下，人们出于本身不动摇的勇气及对国家未来统一清晰的信任，都愿意将资金托付给那

些大企业操控，而这种情况通常只发生于天下太平、繁荣昌盛的时代。"

1863年1月，桥梁公司开始了更大的工程。两艘载满石头的船驶向了柯文顿塔，关于提供石头、砖块、木材、钢铁及混凝土的广告也被四处发放。虽然经过了四年风吹、水冲、以及汽船及货船的撞击，两座桥塔还是安然无恙。这也证实了此工程的科学性及安全度。泥浆结合处没有一点裂痕，顶部也仍然平滑无损。

辛辛那提塔的建筑工作恢复于1863年7月1日，一星期内钻塔就倒掉了。再一星期后罗布林写道："今天我检查了钻塔的重建工作，并开始布置工程。当然，如果不是因为摩根军的入侵而颁布了戒严令的话。"

那时传来了人见人怕的约翰·摩根（John Morgan）上校及他的军队穿越肯塔基迅速行军的消息。据传5000名军人已穿越了印第安纳州，现在直奔辛辛那提而来。7月13日，政府颁布了戒严令。所有商业活动被迫中止。大桥的建筑也停止了。在阿莫斯·申克上校的命令下，城里所有的军事资源都被调动起来。虽然摩根将辛辛那提作为一份必须得到的奖品，他还是意识到自己没有足够的力量达到目标。他旗下的小支队在掠夺了周边的小村庄后准备逃窜。10天后摩根在西俄亥俄被逮捕。

去掉所有的这些打扰，在1863年寒冬完全打断工程之前，辛辛那提塔已经加高了一倍，并高出低水位27.4米（90英尺）。

1864年春天，桥梁公司又面临新的财政危机。所有的物价都稳步上升，尤其是黄金价格上涨的速度令人咋舌。而与黄金相关联的纸币也使得从英格兰订购缆索钢丝时的支付变得困难。那时美国根本就没制造商可以提供这种供运输用的特殊钢丝。吊桥所需的每一磅钢丝都必须从914.4千米（3000英里）或者更远的地方运来，且必须用金币，而不是纸币支付。这样就大大增加了桥梁公司的成本。

但是内战即将结束。1865年4月，同盟军被击溃，国家内部大战结束，美国历史上一个全新的时代开始了。

桥梁新法令颁布了，并被赋予了特权。肯塔基议会授权筹集多达125万美元的资金。新股的总量不久就凑齐了。股东名册也被重置了。桥梁修建又一次被提上了日程，每个人的希望都高涨起来。

几星期后第一船钢丝从英格兰运来，工程进展顺利，少有停顿。平常的春潮淹没了陆上设备，使得工人不得不下塔停工。6星期后，施工恢复。1865年9月底，两座巨大的建筑塔完工了。它们高出河面70.1米（230英尺），中间相距322.2米（1057英尺）。

第一根牵引的金属绳在罗布林新泽西的特伦顿工厂里完工，然后卷成轴状送去了桥梁施工现场。绳索由平底船拉起，并由汽船滑车升起。步行桥随即修筑。1865年10月4日，步行桥第一个道口完工，并举行了庆祝活动。

几千人陆续来看大桥的建设过程。每天都有几百人申请踏上在河上摇摇晃晃的长27英寸宽的步行桥。但因为害怕干扰工人工作而被拒绝了。一些雄心勃勃的冒险家用贿赂的手段找借口以达到目的。一些受欢迎的人被允许做了尝试。当中一小部分人成功地过了桥，其他人因为害怕腿软而退缩了。步行桥被大风严重损坏了3次，一次它被吹到了辛辛那提塔附近，最后一次柯文顿塔的一部分被吹断掉进了河里。

钢缆的架设工作开始于1865年11月。两组缆股，各含7根由5180根金属丝组成的缆绳开架。工人们奋力施工，不畏寒暑，只在夜晚和暴风的时候停工。6月23日，最后一根缆绳架设完毕。此时，索牵引轮已往返河面达10360次。

接着挤压和包裹缆绳的工作开始了。镀过锌的包裹丝由一台叫"蜘蛛"的手动操控器操纵，平均下来每天完成6.1~7.62米（20~25英尺）。吊缆接着被连接在这些主缆上并从高空垂下，准备迎接加劲梁。

1866年12月1日，星期六。大桥开始向公众开放观光。鞭炮齐鸣，钢管弦乐震耳欲聋，来庆祝这一工程的完工。虽然天气寒冷，但还是有46000人次过桥，第二天更达到了120000人。人们为了买票不得不排起长队。

大桥正式落成庆典于1867年的新年举行。刺骨的寒风中，一队马车游行过了大桥。在这种庆典中，工程师往往被忽略，但这次没有，第一个车厢里坐着桥梁公司的主席和工程师，第二节里坐着副主席及助理工程师，接着是桥梁负责人、城市官员，以及其他重要性稍逊一筹的人物。

于是，这项工作在开工的十年后——这十年难以言喻的艰难足以摧毁任何一个弱者的意志，世界上最伟大的桥梁之一俄亥俄的辛辛那提大桥宣告竣工。

4.2.4　布鲁克林大桥建设和罗布林家族的贡献

尼亚加拉和俄亥俄大桥这些由约翰·罗布林建造的大跨度建筑仅仅是一个初步的锻炼，一切都是在为另一项高居在荣耀之巅的伟大工程做准备，这项工程甚至值得他付出生命的代价——这将是约翰·罗布林事业生涯中的最高成就，将会是那个时代的奇迹，突出地代表着人类对自然的征服，同时也耗费了另一个罗布林家族成员的健康和事业，这些都决定了只有且只能是布鲁克林大桥，将在所有时代的桥梁建筑中以全新景象脱颖而出。

早在约翰·罗布林出生前50年，人们就开始纷纷讨论这座渴望已久的大桥，但当局总是摇头说这是不可能完成的工作。1857年罗布林给备受尊敬的爱布拉姆·S. 休伊特（Abram S. Hewitt）写信，证明这座跨越东河连接纽约和布鲁克林两座城市的大桥的建设可行性。这封信被刊登在纽约商业杂志上，但很多人要么依旧持怀疑态度，要么就是被保守的传统束缚着，结果过了很久事情还是没有任何动静。

不过美国内战结束后，这个计划还是被一小部分布鲁克林的公民接受了。这些人中间就有"布鲁克林大桥之父"—— 亨利·C. 墨菲（Henry C. Murphy）和威廉·C. 金斯利（William C. Kingsley）。

John A. Roebling　　Washington Roebling　　Emily Warren Roebling
图4.18　罗布林家族

大桥的拥护者们幸运地等到了转机——1866—1867冬天是纽约市有史以来最寒冷的一个冬季，河流被冰块拥堵得厉害，而轮渡对此却无能为力。人们开始嚷嚷着要修座大桥，这种情形在以前是不可能出现的。有人尖锐地批评说从奥尔巴尼搭火车到纽约都比从布鲁克林坐轮渡去纽约来得快。社会压力与日俱增，市长墨菲保证1867年的政府财政预算将包括纽约建桥公司同时授权其在东河上建造大桥。这个机构很快就被选了出来，市长墨菲亲自担任主席。摆在公司面前的第一个问题就是遴选工程师进行实地勘察和设计。首选当然是约翰·罗布林，这样他就在1867年5月23日走马上任总工程师。

不过这仅仅是万里长征第一步。工程的开展还需要罗布林一步一步地克服各种轻信、忽视和偏见。曾发生过针对他的群众抗议浪潮，一些工程师和知名教授指责罗布林的设计蓝图是异想天开、痴人说梦，有些不明事理的官员和群众受这些声音的影响也公开谴责和阻挠。但是罗布林意志坚定、胸有成竹，况且身后还有那个选他出来的人全心全意地支持。

在对两座城市未来发展的深刻的判断和预测性眼光指导下，罗布林选择了大桥的建造地，调查和勘探工作随之开展。短短的三个月，罗布林就做出并递交了这项里程碑般伟大工程的初步方案。大桥的跨度达到了前所未有的487.7米（1600英尺），这比之前的最长跨度——辛辛那提大桥还要长50%。不过比长度更惊人的是重达18700吨的大桥——仅仅由四根直径0.406米（16

英寸）的钢缆拉起。以下是来自罗布林报告的摘录，从中我们可以看出作者缜密的思维和巨大的热情：

"任何914.4米（3000英尺）长的跨度内的吊桥都是可以实现的。只要有质量最好的钢缆，为了适应各种交通需求，即使更长的跨度都可以造起来，不过理所当然造价也会随之上扬……487.7米（1600英尺）的跨度可以和30.48米（100英尺）的跨度拥有同样比例的安全度和刚度。大跨度不是个能不能实现的问题，仅仅是造价问题而已……为了适应垂直和水平摆动，同时也要绝对可以在强风引起的这种摆动中保证路面刚度，我设计了六根顺着悬空的路面从一头到另一头的斜拉索……我并没有乐观地低估强风的破坏力……但是我的建筑系统与从前那些业已实现的有着根本的区别，为了应对这些毁灭性的力量，我为东河大桥特别设计了系统。也正是这个同样的原因，我在计算桥身承重量的时候，很大一部分都被安排在锚碇的功用上……每个锚碇的单个承重量可以达到15000吨，足以支撑起路面系统。即使没了这些缆索，大桥也只是中间部分会下沉而不至于坍塌。"

工程前所未有的规模不禁使人们产生怀疑。甚至一些名人，比如著名编辑霍勒斯·格里利（Horace Greeley），布鲁克林的卡布弗莱什（Kallbfleisch）市长都表示非常担心。为了平息不断增长的怀疑和大众的忧虑，也为了打消那些冷冰冰的反对者们的担忧，罗布林邀请了由最知名的专业工程师组成的专家团来检验他的计划。这个专家团包括了来自罗布林竞争对手公司的人，以及那些先前批评计划荒谬的人们。会议举行了多次，罗布林每次都能完美地向世人证明他的设计及其可行性。经过长达两个月的激烈讨论和慎重考虑，顾问专家团终于在1869年5月正式认可了由罗布林设计策划的结构的可行性、刚度和承载力。

与此同时，另一个由战争秘书处指定的由三名军队工程师组成的委员会也在进行研究，他们的主要研究对象是计划所带来的航行障碍影响和工程的总可行性。他们制定的可准许净空为41.4米（135英尺），后即成为将来所有在可通航水域建造的桥梁的标准之一。战争秘书处于当年7月批准了计划以及大桥的选址。克服了专业人员的反对，官方核准也已确定，赢得了公众的信心，工程的开工授权也得以顺利通过。

这个充满梦想和勇气的人赢得了胜利，他克服了一切障碍，即将看见他的工程破土动工。悲剧的命运宣判了这个天才注定无法亲眼看见他的梦想成真。在战争部门的许可通过后一个星期，罗布林在布鲁克林码头为主平台桥址做勘察时被一艘船的隔离舱撞伤，导致他右脚的梁骨被压碎。1869年7月22号，伤后三个星期罗布林死于这次事故引发的并发症。

在他积极的事业生涯中，约翰·罗布林到底是如何挤出时间来做这么多事的，至今依然是个谜。他参加技术大会，给科学杂志写长篇大论；他学过吹长笛和弹钢琴，而且都玩得不赖；他又专研玄学，还就他的宇宙观写了篇长达两千页的手稿；他发明了不少的工具和机器，而且自己给专利局画图样；他不仅设计了大桥，还躬身监督工程建设。有一次（还是在内战时），弗里蒙特（Fremont）将军把罗布林找来，让他在棋牌室等候差遣。最后，变得不耐烦的工程师写了个纸条："先生，我愿意为您做任何事，但是，我从来就没奢侈到允许让自己这样干等着。"

据说，和罗布林约见的人如果迟到5分钟他就不会见你了。他的日常生活顺序井然而又十分系统化，每分钟都不闲着。他对自己的命运仿佛有种预感，所以他近乎发烧似的忘我工作着，好像已经知道他有太多的目标要达到却已没有那么多的时间来完成。他最终极的工作就是和死亡赛跑，可是他还是没能目睹自己最辉煌的成就所带来的荣耀。

筑桥公司董事会在会议上做出了如下决定：

"董事会得知约翰·奥格斯特·罗布林先生逝世的消息十分悲痛。在和他正式合作的那段值得肯定的日子里，我们必须感谢，作为我们工作的工程师和指导员他功勋卓著，同时也向他作为一个人所拥有的备受尊崇的才能和美德表示敬意。在他那值得升华的人类本性中体现出的所有优良品质将得到我们无条件的称赞。"

随着灵魂人物的去世，布鲁克林大桥似乎就不可能建造起来了，因为约翰·罗布林不仅仅只是大桥设计师。他代表着观念、构思，对每个细节的关注，甚至可以说是整个工程的特征。大桥需要一个新的精神领袖才能继续下去。或许是命运和灵感给了他提示，约翰·罗布林准备了一个副手——实际上也是他本身的一部分，那就是他的儿子，克罗内尔·华盛顿·奥格斯特·罗布林（Colonel Washington A. Roebling）（图4.19）。这个年轻又能干的工程师早就在为这项英雄般的工作做准备了。也正是得益于这个儿子，伟大的工程师才得以完成工程。

图4.19　华盛顿·罗布林

小罗布林是1857年毕业于伦塞勒（Rensselaer）工学院的民用工程师，这也是美国最先成立的一座工程性学校。内战期间他的指挥官宣称他是"最能干和最勇敢"的，也因此赢得了军衔。

在建造辛辛那提大桥的时候他就和父亲一起工作过，所以对父亲的方法非常熟悉。1867年小罗布林去欧洲学习最新发明的空气加压沉箱法，返回美国后没几个月他的父亲就去世了。带着勇敢和忠诚，小罗布林接过继续执行这项浩大工程的艰巨责任，毕竟这是他父亲最伟大的梦想。为了这项神圣的工程，这个孩子付出了他的一切——健康、精力，以及事业。

但是，在建造布鲁克林大桥的时候，困扰小罗布林更多的是挑战、问题和麻烦。第一个大问题就是工程码头的选址。为了能承受住高达82.8米（271.5英尺）的石塔，极其坚固的地基是必不可少的。这项工作采用了空气压缩沉箱法——一种已经在同时期建造位于圣劳伦斯的大桥上被引进和发展的筑基方法。

布鲁克林基础的工程开始了。木制的沉箱计划由30.48厘米×30.48厘米（12英寸×12英寸）的松木制作，采用最通用的样子，即31.1厘米×51.2厘米（12.2英寸×1.68英尺）的模式。2英寸厚的又硬又紧可以互通的木制隔板将沉箱分隔为六个独立的部分，每个部分约有4645.152平方厘米（5平方英尺）。每个转轴的底部都有一个特殊的小隔间，高约24.1厘米（9.5英寸），由30.48厘米（12英寸）厚的木板盖着用来承受上面的压力。每个工作隔间22.9厘米（9英寸）的顶部都被弄成锥形，这样底部就会形成一个切割面；这个切割面约有15.24厘米（6英寸）厚，用其圆形的铁质模具来穿过泥沙和土层。

沉箱的内部由橡胶裹着且涂上了一层沥青以使它防水。第四个隔箱的外面包着一层锡，用来排除海水的影响和防止蠕虫附着，整个沉箱的外面又加了一层三英寸厚的加强木板。沉箱的制作有其固有的过程，完成后被拖至塔的位置那里。

纽约这边的沉箱要比布鲁克林那边的长10.2厘米（4英寸），顶也由38.1厘米（15英寸）加到了55.9厘米（22英寸），因为它更重也更深，内部更是加铺了铁皮来防火（布鲁克林那边的沉箱就多次起火）。

当两个沉箱顶做好时，大量的管道开始被铺置：两根用来吸出挖出来的泥沙的水管，两根人行管和输送管则负责沉箱到底时向其输送充填物，另外还有些输送水和气的细管道，用压缩空气来吹走泥沙，同时还有一项刚刚由伊兹为其在密西西比河上的构基工程而发明的"沙管"技术也得到运用。纽约那边的沉箱的水管被做成圆形，这就减轻了疏通工作量，同时也可以在空气的压力下增强其抗坍塌能力。

供人进出的管道也被做成圆形。在它的顶部有一个铁制的汽缸"空气锁"——17.8厘米（7英寸）长的直径16.5厘米（6.5英寸）的圆柱体。岸上的建筑里有6台压缩机向沉箱供压力。

布鲁克林沉箱下方的地点需要首先在河底挖出一个45.7厘米（18英寸）深的坑来。15.2厘米（6英寸）粗的铁管先插在泥土里又拔出来，大量的火药立刻被塞进去炸开一个更大的洞以便挖掘。在挖掘区，有一个为沉箱准备的木制围堰，沉箱被小心地放置在中间。

三个10吨重的起重架被安置在沉箱顶端，沉箱被放置在石头构造物上。其他的附属物也随着挖掘工作的进行被陆续安装。塔的下部是由采自休斯顿市金斯顿的石灰岩构成，上半部分则是

由采自缅因州的花岗岩构成。

1870年5月10日，人们第一次进入沉箱。刚开始工作的时候发生多次漏水事故。布鲁克林沉箱的压力最高达到4.1kg／cm²；还好材料异常坚固和结实，里面松散地分布着钢条。遇到非常多的卵石，如果不及时发现和移除，切割面很快就会遭到破坏。隔间里的人实行三班八小时工作制。

不断有新的困难产生，仿佛永无止境。工程师对使用炸药进行爆破尚有疑虑，因为之前没有对可能产生的后果的经验。他们冒险尝试了小规模的爆破，接着就进行了猛烈的爆破工程。事实证明，爆破产生的冲击是无害的。

按计划"水管"要从沉箱的顶部一直到最底下的管井。在这个管井里所有挖掘出来的东西都会被一台通过管道操纵的挖掘机挪走。就这样152911.0立方米（20万立方码）的土石被从布鲁克林的沉箱里掏了出来。水管入水的那一端是密封的，里面有一段维持沉箱里气压的水柱。

一个周日的上午，由于监察员忘了把管道密封，结果导致了一次大漏水事故。一大股泥沙混杂着小石块伴着可怕的响声冲进来，附近的人们都惊呆了。沉箱有层次的石工构造使它在10英尺的时候停了下来，某些切割面的边角也受到了破坏。

那个时候还没有电灯。试用过钙质灯，但是太贵了；油灯烟太大；蜡烛倒是不错，可也很贵；汽油灯要压缩空气，还会增加温度。最后终于安上了14盏钙质灯和60个煤气炉，照明的花费共5000美元。自然而然，沉箱里由此产生了电灯时代来临前最大的安全隐患——火灾。布鲁克林沉箱就着过好几次火。最大的一次发生在1870年12月2日，引发的原因是一根管道的照明蜡烛太靠近木顶。漆油面被点燃，气压将火引向内部，因而人们什么都看不见，也没有火苗或烟雾让人们得知沉箱现在的危险境地。当火势被发现时，灭火器里的二氧化碳大量输入管道，但是火势又起。水和蒸汽通过软管轮流输入灭火。小罗布林上校也被叫了过来，从上午10点到下午4点，经过7个多小时的奋战，大火终于看上去被灭了，但他还是对水下隔间的压力担心不已。接着他失去了知觉，被抬了出去。几个小时后，螺旋转的洞口升过了顶——这表明其实大火还在继续。小罗布林上校决定只有放水淹没沉箱才有救。这时市火灾部门也出现了，38根水柱从上面打了下去，5个半小时后沉箱才被放满水。两天半后，这些水被压缩抽水机抽了上来。从气压发生变化开始一直到水箱被彻底淹没，没有一个人受伤，但是修复这些却花费了好几个月的时间。所有被烧过的管道和木制装置都要清理干净然后拆掉，再统统换上新的，而且还被仔细地打上了些小口以防万一。

最后布鲁克林沉箱里的挖掘工作终于完成了。工作间被填上混凝土作为基底，上面还加盖了20.3厘米（8英寸）厚的顶。当沉箱被填好后，码头的石构工程就飞快地开展起来，直到两座塔也建造好。

接下来就是纽约这边桥基码头的建设了。工程的方法类似，只不过这个底基要打入地基更深一些。一共有13台空气压缩机在使用，沉箱顶部的压力达到3.9kg／cm²。启用了一些特殊的保证措施，同时采用医学手段给沉箱消毒。纽约沉箱的空气锁被安装在管道的底部，这样就可以在同气压的情况下保持上升。后来还安装了一部电梯。

小罗布林还在沉箱里工作，他躬身指导工作也给大家树立了精力和勇气的榜样。他日夜和人们在压缩空气中工作，直到筋疲力尽。1872年春，小罗布林上校不得不被抬出沉箱——不能自理，严重受伤，他成了可怕的沉箱病的受害者之一。在极度的痛苦中他瘫痪了——注定了他一生的煎熬，同时他也失声了。

但是工程还得继续，小罗布林上校从他的病房里继续指导着工程的每一个细节。他自己都在担心是否能活到工程结束之时，所以他花了大量的时间写写画画，为将来钢缆的架设和其他困难部分工程的指导做准备。他在哥伦比亚山庄的一个高高的阳台上，不无忧虑地戴着厚厚的眼镜注视着工程的进展，同时也在为自己祈祷多一点的时间和精力。他的妻子（图4.20）和她身边的这个男人一样难能可贵。在紧急事件的处理中她就是小罗布林最得力的助手，为他做注释和记

图4.20　艾米丽·罗布林

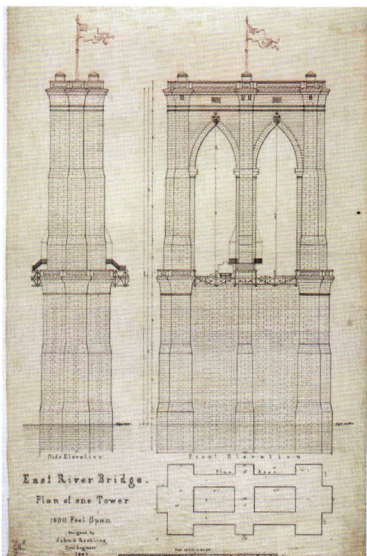

图4.21　布鲁克林大桥桥塔示意图

录，把他的指示传达给工地上的人。他的助理工程师们也全心全意地用他们的精力和才智辅助和支持着小罗布林上校的计划和梦想。

当开挖深度抵达突出的岩石部分的时候，凹凸的岩石层被修理得平平整整，接着用一堵混凝土墙把底端围起来防止流沙的侵袭，然后整个工作间的区域都被混凝土给填满。在被密封的沉箱上面，石构塔（图4.21）的建设工程很快就完成了。

用做缆索的钢丝并不是罗布林家族位于多伦多的工厂生产的，而是由同时期的另一家位于马萨诸塞州的伍斯特（Worcester）生产，从纽约的仓库转运过来的。每一卷钢索都被仔仔细细地检查和测试过。但是在工程进行时，有些没有被检测员通过的钢缆从仓库的前门拿走，然后又悄悄地从后门拿了进来，实际上还是被送到了工程实用的钢缆中！这种现象被发现后，小罗布林上校不得不做出决定，已经完工的那些不合格钢缆的加入将使工程至少延期一年或者更久。经过苦思冥想和大量的调查后，他决定承包人必须自己掏钱，在缆索上增加额外的好的钢缆来获得先前计算好的抗拉强度，这也就是为什么布鲁克林大桥的四根主缆索的钢丝线条数目不尽相同的原因。

架起钢缆花费了六个月的时间。1876年8月14日，第一条传输缆索架设过了河，紧接着航运就被开通了几分钟。这条缆索从河的底部架起来，然后以一个合适的松紧程度放置在两座塔间。第二个传输缆索也于当天架好。两条传输缆索的末端同固定的动力齿轮和牵引齿轮相结合形成一条环状的缆索。1876年8月25日连接工作完成，人们首次用这条缆索过了河。在第一条环状缆索的帮助下，又有两条运输缆索架设过了河，接着就是传送缆索，三条吊架缆索，两条底梁缆索，一条备用缆索，两条抗风暴缆索，两条扶手缆索以及四条摆动缆索。在所有的安装和调试完成，底梁木板也完成铺设后，缆索的准备工作就结束了。

在首尾相连的传输缆索的基础上，两个传输滑轮槽由鹅颈钟摆轴承悬起。每条传输滑轮槽的缆索都有一个两线装的线圈穿过布鲁克林跨到达纽约跨。空的滑轮车返回布鲁克林，与此同时另一辆滑轮车驶向纽约。算上外加的增补缆索，286根缆索中的19根就是用这种方法构建在了巨缆上（图4.23）。

传输滑轮槽携带的线卷架设时的速度是每秒钟3.4～3.7米（11～12英尺）。缆索偶尔也会在半路出现问题需要重新编接。桥脚下安排了一个信号员来监督传输缆索的进程，通过两端塔鞍部的工作人员调整松紧，缆索就可以进行有规律的运转了。

每根巨缆内部的7根缆索被拧成一根9英寸的钢缆，然后和间隔10英寸的缆绳捆在一起。这样在每根主缆的12根附加缆索完成后就相对简化了最终组装和捆绑。

1878年7月14日，事故终于还是发生。负责起吊钢缆的起重设备倒塌——286根缆绳全部掉下来，造成两人死亡、三人受伤。如果正好有经过的船舶被那些缆绳砸到的话，后果更加不堪设想。

接踵而来的麻烦和琐事阻碍着工程进度。政治贿赂丑闻，资金短缺产生的延误，禁止令诉讼案，承包商不信任案，这些仅仅是众多困难的一部分。就在竣工的前一年，小罗布林差点被从大桥总工程师的位置上挤下来。小罗布林夫人在美国民用工程师协会前宣读了一份由他起草的声明——公共机构里第一次出现女性演讲者的身影，这产生了极大的轰动，也赢得了大众对工程的

图4.22　布鲁克林大桥猫道的修建

图4.23　布鲁克林大桥斜拉索的安装

信心。

为钢缆准备的巨大锚碇需要进行特别的设计——因为周围没有天然的岩石基础。这些固定点不仅仅是为了拴紧钢缆，同时本身就是引桥的一部分。它们虽然由石灰岩构成，看起来却像花岗岩一样。在钢缆构建完成之前，锚碇的石工工程已与固定链的最后一部分以及钢缆附着物加入拱顶的工程同时完成，这样更容易达到审查要求。

锚碇是砖构拱，表面覆盖花岗岩切片，由石灰岩构基与石构塔完美地结合在一起。建造过程中，这个构造就被描述为"绝美优雅设计的典范"。

一家很有影响的编辑物给出的一些物理数据颇有意思：中心跨长486.3米（1595.5英尺）；每个边跨长283.5米（930英尺）；大桥全长（包括引桥）1825.5米（5989英尺）；桥宽25.9米（85英尺）；每四根钢缆就包括大约5434根平行的电镀涂油线缆，紧紧地捆在直径40厘米（15.75英寸）的圆柱体内。整个工程花费共计900万美元，包括路面费用和利息在内。

4.2.5　永恒的丰碑，不朽的灵魂

1883年春，在正式开工后的十四年，布鲁克林大桥终于竣工。庆功大会于当年5月24日举行。这是辉煌的一天：商业暂停，全城都被装扮起来，从远近赶来的成千上万的人目睹了整个仪式。这个时刻也被认为是具有历史意义的全国性的重要时刻。参加大会的有切斯特·A.奥瑟（Chester A. Auther）总统和他的内阁成员，纽约州州长霍·格鲁弗·克利夫兰（Hon. Grover Cleveland），以及其他几个州的州长和这一区域的几乎所有城市的市长。当官员们的敞篷车队所在的正式队伍抵达大桥时，海港的堡垒和停泊在大桥下面的美国舰队同时鸣枪示意。空气中到处是悠扬的钟声，绵绵的汽笛声，人群的欢呼声，除此之外还有海港局（后来成为纽约最高的建筑）从河口传来的银钟的优美乐声，引桥上更是锦旗飘飘，旗山旗海——这是所有纽约人的节日（图4.24）！

正式的庆祝大典在布鲁克林大桥桥尾举行。在公开祈祷后，桥梁公司的受托人委员会主席——同时也是大桥建设过程中的总负责人——霍·威廉·C.金斯利（Hon. William C. Kingsley），庄重地向纽约城和布鲁克林介绍了这座大桥。接着又由布鲁克林的市长霍·塞斯罗（Hon. Seth Low，当时最年轻的市长，后来成为纽约市市长和哥伦比亚大学校长）发表演讲代表布鲁克林认可大桥。纽约市市长霍·富兰克林·安德森（Hon. Franklin Edson）代表纽约市认可了大桥。霍·爱布拉姆·休伊特（Hon. Abram S. Hewitt，后来的纽约市市长）发表了当天的正式演讲，其中的一些话语即使在今天看来依然意义非凡：

"当我们转向面前的这个优美的建筑，在巨大的塔间悬着的那道巨大的虹，用轮廓划破天空的美丽，只能让人产生对艺术的联想，能与它媲美的只有那遥不可及的天堂和脚下不曾停息的波涛这些永恒的力量。面对这一切，我们会情不自禁地大声喊道：看，这是我们人类的杰作！

图4.24　布鲁克林大桥建成通车

　　如果把这项工程放到古埃及修建金字塔的时期，用同样的技巧、器械和装置，而且工程款只有900万的情况下，被雇的劳动者每天的薪酬将只有不到两分钱……这个对比明确无误体现出40个世纪之后，很多艰难困苦（负担和劳动）明显已经不再必要；所有科学的成就，艺术的发现，天才的发挥，文明的进步，所有这些向前发展的趋势已是不可改变，同时也不可避免地带动了社会条件的改善……

　　金字塔的建设是活人为死人的牺牲。除了让后世憎恶独裁暴虐把人性发挥到极其残忍状态的可恶之外，它们没有任何实用目的。如今的社会已绝不会允许这种事情发生。今天，公众的花费被投资在有意义的项目上……

　　中世纪时，各个城市用城墙将自己与其他城市隔离起来……今天，每个人和国家都在寻求着相互自由交流的机会，而且世界上大量的资源和精力都被用来打破各种自然和人为的障碍束缚。

　　仅仅依靠知识和科学技术来建造这座大桥是不可能的，成就这项伟大的事业还要有永不放弃的耐心和无所畏惧的勇气。这需要忍受寒冬酷暑和身体的困苦……确实，死亡是伟大的规划者的命运，体弱多病仿佛是伟大的工程师们的通病，而这种命运也还得由他们来完成。圣徒般的信仰和英雄的勇气在设计和执行这项工程的理念中紧密结合。"

　　克罗内尔·华盛顿·奥格斯特·罗布林缺席了所有这些庆祝他工作完美结束的典礼。除了远远地看看，他还没有见过完整的大桥。庆功这天，已经瘫痪11年的他用望远镜遥望着引桥，看见美国总统正式为大桥通车剪彩。微风带来气息里满是人群的欢呼和乐队的音调，但演说家们热情洋溢地赞扬他是没法听到了。那天晚上，豪情万丈而又心怀感激的人们在官员们的带领下列队游行到小罗布林家表达敬意——为了完成父亲的梦想他牺牲了太多的健康和精力。

　　虽然疾病缠身，克罗内尔·罗布林依然很长寿。1921年他的侄子去世，84岁高龄的他担任起罗布林公司的领导职务，直到90岁去世时，他给家族留下了一个欣欣向荣的大产业，也给未来的工程师们树立了光辉典范，更给后世留下一件绝世佳作——布鲁克林大桥。

　　完成后的大桥被誉为"世界第八大奇迹"。这项伟大成就的难得之处在于，当时的桥梁设计学科尚处在初级阶段，初步的吊桥分析理论尚未出现，尽管如此，这个由天才的判断和直觉所创造的巨跨，经过了百年的风霜洗礼，已经安全承载了三倍于它的设计承载量。

　　布鲁克林大桥毫无疑问是世界上最著名的大桥。全球每个学童都对它耳熟能详。它已经成为世界遗产的一部分。

图4.25　布鲁克林大桥

　　约翰·奥格斯特·罗布林是这种超越了自己所处时代好几代人的少数天才之一。布鲁克林大桥不管从造型、构思还是比例都是他的创造，这座桥在他的设想里就已经建造起来了。它既是件工程杰作，同时也是件伟大的艺术品。

　　贯穿其中的花岗岩石塔，钢索展现出的优雅弧线，细钢缆游丝般的网络，和道路显示出的艺术性的线条，一起构成的混合体，表达出力量和典雅的完美结合，让它美丽永驻（图4.25）。

　　正如一位约翰·奥格斯特·罗布林的传记作者所说："布鲁克林大桥真是太美了。数学家所有的潜在的诗意的灵动——发挥到极点时数学家就成了最

天才的诗人；建筑师所有的审美观念的集合；音乐家所有对和谐的敏锐感觉；最理想化哲学家的所有神秘主义信念（约翰·罗布林既是个音乐家也是个哲学家）。他心中包含的一切，不管是信仰、感觉，还是崇敬，都在这里明确无误地展现给世人。仿佛清醒地预知到未知的厄运会把这一切都带走，他把才华都浸入这个杰作中，一种看得见的远大志向，一个力争达到不朽的灵魂。"

4.3 苏格兰福斯桥

虽然悬臂桥有着悠久的历史，在古老的中国桥梁中就有木悬臂梁桥，但直到很晚这种桥才摆脱了原始阶段的徘徊探索，因为它的主要用途直到桁架发展完善后才被人们发现。与桁架结构结合的悬臂桥极其坚固并且非常经济，这两点对于铁路建造来说尤为重要。并且悬臂桥修建时不需要搭建临时支架，河流的航运不会受到影响。悬臂桥跨通常由建在桥墩上的悬臂构成的锚碇桁架组成，这些桁架由短一些的悬挂桥跨相连。

4.3.1 独领风骚的悬臂桁架桥

1883年尼亚加拉河上建成的一座著名的桥梁第一次使用了"悬臂桥"这一名称。悬臂（cantilever）是从拉丁词"cantilebrum"衍生来的，最早使用此词表示"房椽的边缘"，但是人们通常认为这个词是由cant和lever演化而来的，表示倾斜的或凸出的撬杆。尼亚加拉悬臂桥的设计师是当时桥梁建筑领域里的杰出人物施耐德（C. C. Schneider），这座桥是密歇根中央铁路系统的一部分，距离约翰·罗布林铁路吊索桥只有几杆（1杆=5.029米）距离。当时河水速度为25.7千米／时（16英里／时），河中还有危险的旋涡和涡流，而大桥的铁轨层距离河面只有72.8米（239英尺）。大桥长277.4米（910英尺），主悬臂桥跨的两座吊塔中心距离为150.9米（495英尺），桥身建筑材料为熟铁和钢，大桥的建成只用了八个月，证明了铰接建桥方法的简易性。桥的建造过程在当时构成了一道惊险刺激的景象——桥下是波涛滚滚的尼亚加拉河，河岸上建有向内凸出的巨型工作架，工人们就站在用绳子从工作架上吊下来的平台上工作。

以此为背景，人们就很容易理解为什么苏格兰那座拥有两个长518.2米（1700英尺）的桥跨的福斯铁路悬臂桥的修建吸引了全世界的注意力了。桥梁预计的巨大的体积和重量、建造过程中无数艰难险阻以及高负载量对桥坚固程度的要求使得这座桥的建成希望渺茫。

1818年爱丁堡的詹姆斯·安德森（James Anderson）首先计划修建福斯桥，他的方案是建造一座三桥跨的吊索桥，桥跨长度从457.2米（1500英尺）到609.6米（2000英尺）不等。但他的计划由于缺乏支持而流产。随后托马斯·包奇（Thomas Bouch）爵士提出了建造两个1600英尺桥跨吊索桥的方案，他不仅得到了授权，筹集到了一笔资金，而且真正开始了施工，但随后泰河湾桥灾难使福斯桥梁公司和公众失去了对包奇的信心，因此他不得不终止其事业。著名的托马斯·包奇付出了十年辛劳，于1878年建成了当时世界上最大的铁桥，即总长3.2千米的泰桥（Tay Bridge），其卓越的功绩受到维多利亚女王的奖赏，并被授予爵士称号。

图4.26 悬臂桁架的原理

不幸的事情发生了，这座桥在使用了1年3个月后发生了垮塌（图4.27）。1879年12月28日，一个暴风雨的夜晚，支撑在27米高桥墩上的跨度70米、总长近1千米的13跨桁架被暴风吹毁垮塌，正在通过桥梁上的由7辆车厢编成的列车也一起落入海湾中，乘客和司乘

图4.27 泰桥垮塌

图4.28 独领风骚的福斯铁路桥

人员共75人遇难。从此，结构物上静风压力作用成了重大的问题，泰桥的不幸事故也将托马斯·包奇从福斯桥（图4.28）主要设计负责人的地位上赶了下来，取而代之的是年轻的本杰明·贝克（Benjamin Baker）。

在此期间，本杰明·贝克发表了一系列文章陈述悬臂桥的优越性，据说他在建造福斯桥之前就在纸上设计出了众多的悬臂桥。作为伦敦约翰·福勒（John Fowler）爵士的工程师事务所的合伙人，两人制定了福斯悬臂桥的建造方案，1881年两人将方案提交给桥梁公司并获得了公司的认可，被公司聘为总工程师。两人中年龄较大也更为著名的是约翰·福勒，他于1817年出生于谢菲尔德的沃兹利（Wadsley Hall），其父名字也是约翰·福勒。小约翰在受过普通教育之后，17岁时在著名的水利工程师莱斯（J. T. Leather）手下做学徒，在这位杰出的工程专家的指导下，年轻的福勒的知识和经验迅速增长。他的青年时代见证了铁路时代的崛起——他8岁时斯托克顿（Stockton）至达林顿（Darlington）的铁路开通，13岁时曼彻斯特至利物浦的铁路开通。学徒期一满，他就开始涉足铁路建造领域，受雇于拉斯特克（J. U. Rasterik）先生在伦敦的事务所。工作两年后他回到莱斯身边，成为斯托克顿至达林顿铁路的驻工段工程师。26岁时，他开始独立承担铁路桥的施工设计，当时英国建成了许多重要的铁路，如谢菲尔德—林肯郡铁路、大格里姆斯比（Great Grimsby）铁路、新荷兰铁路及东林肯郡铁路等等。福勒成为这些铁路的主要工程师，他们获得了议会批准的筑路申请，并完成了这些铁路的修建。凭借着良好的信誉，他在伦敦开办了自己的建筑师事务所，并承担了大伦敦铁路系统的大部分路桥工程。1865年，他当选为土木建筑工程师协会主席，以奖励他在这一领域的突出贡献。值得一提的是，他是这一协会历史上最年轻的一任主席。福勒职业生涯中最为有趣和浪漫的一段当属他在埃及的经历。1868年由于健康原因他来到埃及度假，那一年是苏伊士运河完工的头一年。度假期间他与赫迪里（Khedive）、伊斯梅尔·帕查（Ismail Pacha）等人建立了良好的关系，因此被任命为埃及政府的工程顾问。福勒在这一职位上工作了八年，工作期间他组建了埃及的铁路系统，改进和完善了埃及的工厂，建设了无数灌溉工程。鉴于他在埃及的贡献，英国政府授予他骑士称号。随后便是他一生中最伟大的成就——福斯大桥。大桥完工后1890年他被授予男爵爵位，八年后11月20号他在伯恩茅斯（Bournmouth）逝世，享年82岁。他的生意伙伴本杰明·贝克于1840年出生在巴斯（Bath）附近，比他年轻了整整一代。完成建筑工程普通教育后他受聘于南威尔士的一家钢铁工厂，随后他在著名建筑工程师普莱斯（H. H. Price）的事务所中当学徒，在那里他获得了大量的实战经验。来到伦敦后不久他就加入了约翰·福勒爵士的公司，并最终成为公司的合伙人。福勒逐渐将一些重要的工程交给他这位年轻助手来管理，本杰明·贝克参与了伦敦大都市铁路的建造以及用于将克利奥帕特拉（Cleopatra）之针从埃及运至英国的圆柱形海轮的设计。也就是在这段时间内他成为桥梁建造领域的权威。1890年他同样获得骑士称号，十二年后被封为男爵。他与伦敦地铁系统的建成密切相关，并担任了阿斯旺大坝的顾问工程师。1907年5月19日，这位杰出的工程师在伯克郡的潘博恩（Pangbourn）与世长辞。但是得到福斯桥建造的授权之前，工程师们必须消除议会中由于利益不同而产生的反对意见。当时伦敦货运公司、西北货运公司和喀里多尼亚（Caledonian）运输公司垄断了苏格兰到珀斯或到高地地区的交通，因此这些公司不遗余力

地防止桥梁公司获得桥梁建造授权。这些利益集团的影响是巨大的，开始时他们组建了一个半公开的委员会抗议建桥的议案，从建筑学角度提出种种不利于桥梁建造工程的证据，他们甚至召集了所有船务公司来反对修桥的提案。但是最终主张修桥的一方取得胜利，这一议案于1882年7月全票通过。

4.3.2 桥位选址及桥基修建

图4.29 福斯铁路桥

福斯桥（图4.29）的选址近乎理想，当地和两岸高度刚好符合为桥跨做桥下净空的需要，建造桥墩的河底由坚硬的粗玄岩和圆石黏土构成，两者都是稳固且能承受重压的材料。并且再也没有其它地点拥有更深的水深，从而更加适合运用压气排水沉箱法建造桥基。这里的自然风景美得惊人，林木葱葱的河岸缓缓倾斜，延伸到海边，从河口向波涛汹涌的大海远望，视野极其辽阔，无边的大海一直延伸到海天相接处。

虽然这里的风景秀丽，但恶劣的气候条件并没因为此地的风景而放过它。大风在这里很常见，雨和雾也非常频繁，虽然很少降雪，霜冻天气却时常发生。在这种气候条件下每月工作20~23天便算是最好的纪录了。并且大风使工作环境异常危险，建桥过程中每天有几百人在雨、雾、冰雹等恶劣天气中往返于河的两岸。

有时福斯桥像一头巨大的恐龙在阳光底下若隐若现，这种景象当然不能算美丽或令人赏心悦目，但这座巨大的桥梁确实令人对它的刚劲有力肃然起敬。福斯桥的建成似乎是对美学的一次嘲笑，它甚至自我陶醉在自己别别扭扭的棱角中，因为正是因为这些棱角分明的骨架，使它能够负载巨大的重量。它无法摧毁的力量是其漠视其他桥梁而又自命不凡的源泉。

总的看来，这座大桥由建于河两岸的两座高架引桥和跨越水面的主悬臂结构构成。可容纳双铁轨的铁轨轨面距水面45.7米（150英尺），从桥南端到南岸高架引桥桥墩位置有四座花岗岩石拱，再向北则为十个桁架桥跨，最后一个桥跨的末端支撑在南岸锚定桥墩上。北岸高架引桥由与南岸相似的三个桥拱、一个桥柱和五个横架桥跨构成。桥身有三座巨大的主桥塔，侧面是两条锚定桥臂，从桥塔上伸出的悬臂吊起了桥的两个吊跨。每座主桥塔都有四个支撑在分隔开的圆形石质桥墩上的圆柱形钢柱，桥的锚定桥臂和悬臂都与桥塔分开，两个悬臂桥跨都长518.2米（1700英尺），锚定桥臂和悬臂长205.7米（675英尺），悬索桥跨长106.7米（350英尺），桥身长度为1630.7米（5350英尺），若将引桥计算在内，大桥全长2528.6米（8296英尺）。三个主桥塔中，外围的两个完全一样，而建于因奇—加维（Inch-Garvie）中央岛屿上的第三座桥塔的重量则大得多。桥塔的地基都是用压气排水沉箱法建造的圆形花岗岩桥墩。为了更好地抗击风力，桥塔的塔身都被压扁。

由于当时人们对风压这一重要因素缺乏足够的认识，泰河湾桥灾难的教训又如此深刻，在福斯桥建成之前，福勒和贝克为了确定风力对露天建筑物的影响程度做了大量的实验。因此福斯桥完全能够承受每平方英尺50磅的风力，这一数值比实际需要大得多。虽然这种过度小心的态度浪费了大量的钢铁，但福斯桥却因此拥有了巨大的储备承受力和备用构件，这一点对桥的持久耐用非常重要。接下来的调查研究表明假设的50磅/英尺²的风压未免太大了，强风集中吹在面积狭小的区域或许能产生这种压强，但对于巨大的桥跨来说，这种压强是不可能产生的。因此桥梁工程领域后来一直采用30磅/英尺²的风压作为标准风压参考数据，事实证明这一数据既保守又安全。建桥计划完成后，1882年12月21日坦克雷德（Tancred）和阿罗尔（Arrol）集团公司获得了建桥合同，很快河边就建起了库房和小屋。四十多座小屋建立起来作为食物、衣服和日用品等商品的仓库，另外还有一座餐厅、一间阅览室。为了安置苦力和筑路工人，河边建起了60所廉价公寓。一家木匠兼细工木匠作坊正式开张，作坊内有一台台锯、一间木模车间、一间很大的制图室，制图室黑色的地板上准备着实际大小的图纸，还有实际大小的模型被用来试验。难以计数的办公室、车间和桥墩铸造中心之间使用了电信技术互相联系。

大约140000码石料和44000吨钢材运送到该地，又从这里被分配到不同的工作地点。花岗岩、石块和沙料由水路运来，因此可以直接送到需要的地点。从商店里运来的钢材，已经裹了一层油，用触轮运往驳船准备向各地运送。四艘汽艇和八艘驳船用来运输建筑材料。为了方便工作人员的往返，公司专门建了一艘可一次容纳450人的轮船。另外，为了防止有人落水遇难，每个悬臂都配备了一大批双桨船，船上两人都是水性较好的船夫。根据记录，这一措施确实从水中挽救了八条性命，还有被大风吹进水中的八千件帽子和衣服。

最新发明的弧光灯的应用解决了工地的照明问题。电力照明很大程度上使得压气排水沉箱过程避免了火灾发生的危险。但最终人们也没有完全避免火灾。1889年12月13日夜晚，因奇—加维桥墩处起火，猛烈的西南风使火情恶化，大火很快蔓延开来，造成了巨大的损失。

1883年春，北岸引桥的桥墩处开始了挖掘工作，这一工作一直持续到1889年大桥的通车前。

潜水箱在河岸上建造，随后顺水流漂到其停放地。1884年5月26日为皇后渡轮（Queensferry）桥塔的西南桥墩建造的潜水箱下水，这是该桥的第一个潜水箱，阿伯丁（Aberdeen）伯爵夫人参加了庆祝仪式。桥梁最后一个潜水箱是为西南因奇—加维桥墩修建的，于1885年5月29日下水。潜水箱中最重要的安全装置是一个空气锁，进入潜水箱之前必须经过一间前厅，将门关上（门接缝由橡胶制成），然后转动阀门，让压缩空气缓缓进入箱中。当两边门上的压力相等时，门就会打开，潜水箱开始下潜。从水中出来后工人必须按照相反的顺序操作，但是必须更加小心地缓缓减小箱中的压力。有一次沉箱的橡胶接缝突然打开，里面的空气迅速释放使一个工人严重受伤。不过幸运的是他身体强壮，而且已经适应了在压缩空气中工作，因此除了口腔、鼻腔和耳朵出血，及腿部的疼痛之外，并没有其他显著症状。

为修建皇后渡轮桥墩西北角而建造的潜水箱下水时出现了一次奇怪的事故。沉箱按照通常的方法放入水中，1884年元旦在一次高得出奇的涨潮水位中被冲出水面，随后的退潮水位又出奇地低，结果潜水箱陷进了河底淤泥中。由于潜水箱一侧深深陷入到淤泥中的硬土部分中，再次涨潮时水流不能从箱底流过，因此潜水箱也就不能随着涨潮再次浮出水面。很快潜水箱中灌满了水，这使它更加倾斜——较刚陷进去时向前倾斜了大约20英尺。桥梁公司雇佣了一些潜水员给潜水箱绑上绳索和金属板，四周和顶端也由木料支撑起来。但不幸的是，抽水机的进浆率太高，使木匠们无法继续建造支架，薄薄的金属板也不能承受箱外水流的巨大压力而很快就被压毁了，潜水箱的下部出现了一条很大的裂缝。最后人们不得不决定在潜水箱周围建一个由12英寸桁木组成的外围木箱，这个木箱的建造必须全部由潜水员完成，因此工程进度非常慢。但这项工作一直没有停，直到1885年10月19日那个星期天的早晨，潜水箱出人意料地从淤泥中浮了上来。到1886年2月中旬，这个不听话的潜水箱跟它的同伴一起都在水下的黏土层中工作着。安置潜水箱的工程转包给了夸萨（M. Coiseau）的巴黎和安特卫普公司，该公司大批员工都参与过安特卫普码头、河堤和港湾的建设。虽然福斯桥的潜水箱距离高水位深度从4.3米（14英尺）到27.1米（89英尺）不等，并且每78天才安放一个，但施工过程中没有一例死亡案例与潜水箱安放有关。两个工作人员的死亡与之前就有的肺病有关，就有一个人发了疯，另外有一些人会感到身体的疼痛和暂时性的身体麻木。

每一座桥墩的花岗岩圆形地基在高水位下5.5米（18英尺）之下直径都是16.8米（55英尺），再往上3.7米（12英尺）的圆形有些扁，周长为14.9米（49英尺），桥墩有20.3厘米（8英

寸）在高水位之上。每一个圆柱桥墩都有19层石料砌成。

4.3.3 悬臂桁梁横空出世

除了几百吨的螺丝垫圈和桥墩上锚定金属板由生铁制成，置于桥两端桥墩的锚定桥臂顶端以保持平衡的2000吨的桥梁自重中含有生铁和上面铺装的沥青，这座超级大桥全部由钢材料建成。选用这种新型材料曾经引起人们的不安和争论，但时间证明了这一选择的正确性。每一件钢制品都要经过多种检验，以符合工程师们严格的规定。大桥最初估计要用钢42000吨，其中12000吨由威尔士阿伯陶埃附近的伦敦钢铁公司冶炼，另外30000吨由苏格兰钢铁公司提供。由于设计的改动，对钢材的需求又增加了16000吨。所有的钢材都是通过西门子—马丁（Siemens-Martin）平炉炼钢法炼成的，产品的不合格率非常小。

大桥施工过程中的独创性在于钢铁材料的就地装配。管状构件的接驳处就地切割并安装，这就省去了复杂的规划和分配工作。福斯桥像一件订做的西装，各部分放到一起，再经过切割与安装就完工了。

悬臂桥建造过程中最能让人心跳加快的要属悬吊桥跨的安放了。当时安放悬吊桥跨采取了与安放悬臂同样的方法——悬吊桥跨由两端向中间建造，建造过程中两边的半个桥跨都由临时支撑物将其锚定在悬臂上直到桥跨在中间合龙。在合龙之前，第一座桥跨的施工都很顺利，但就在最重要的接口处气温一直不够高。几天当中人们一直密切关注着温度的变化，为合龙而做的一切准备工作都已经就位，理想的温度为60华氏度，6~8华氏度的差距对工程也不会有影响，只要温度上升到这一范围，合龙工作就会立刻完成。液压千斤顶的应用使位置偏差只有3/8英寸，温度测量的误差也只有3摄氏度，因此合龙工作已经万事俱备，只等升温了。1889年10月10日，人们终于盼来了一个晴天，这天下午阳光明媚，温度很快升到了55华氏度，此时的工作就只是连接0.6厘米（1/4英寸）的接口了。东部桥的底弦杆构件生起火以保持温度，几分钟内弦构件已扩展到足够大的面积，二十三只螺栓迅速插入螺孔中并拧紧。因为这次对接是在一天中温度最高的时候进行的，因此如果晚上温度大幅下降，桥的构件将会缩短，剩下的一个没来得及安装螺栓的螺孔很可能会开裂。焦急的人们整夜关注着温度的变化，但幸运的是夜间温度并没有降到很低。第二天早上六点钟这座桥跨的最后对接终于完成。

由于所有的缝隙中都填充了钥匙孔板，温度一升高悬臂就会扩展，这将导致悬臂临时支架的倒塌。察觉到这一现象后，人们小心地卸下了桥的连杆销，拆卸的过程中还必须用火为构件加热，以方便拆卸。随着临时支撑装置的拆除，悬吊桥跨才真正独立承担起其任务。

1889年10月15日，虽然第二座桥跨还没有对接完成，两端头面缝隙上就铺上了一层厚板，以使桥梁公司的领导们得以通过大桥。实际上桥梁公司老总是第一个从福斯桥上经过的人。

11月6日第二座桥跨合龙的准备工作都已经就绪，而温度又一次让人们失望。但晚上温度突然升高，第二天早上7：30桥跨的底弦杆已经对接好。接下来需要较低的温度对接顶部弦杆，但温度却并没有像这个季节中通常的情况一样降下来，直到11月14日，最后的对接工作才得以进行。

在这一过程中发生了一件奇怪的事故，清除掉底部连接的临时金属板，装上钥匙孔板后，温度计显示温度升高了少许。工程师们命令用火使上部的弦杆升温扩展，为移除临时连接装置做准备。或许是温度计出了问题，或许没有被加热足够的时间达到要求的面积，也或许是温度忽然下降了，原因现在已经很难说清，在火发挥作用之前，螺钉还没有完全卸掉时，临时金属板扯断了剩余的螺钉，随着一声巨响倒塌。由此引起的悬臂的晃动使人们恐慌不安。但是桥跨并没有受到影响，如当初设计的一样，吊在摇轴上。拆除临时连接装置的工作得以继续进行，并没有出现报纸上所宣传的桥跨倒塌。

就这样福斯大桥竣工了。总体上说，这次施工非常平静，一共只有几次事故，而四分之三的事故是可以避免的。贝克先生也曾说道："所有必须雇用许多工人的大型项目都不可避免地会出现事故，遇到困难。"很容易理解这种工程随着时间的不同要求，人数也有很大的不同，从工资表上来看，整个工程在不同时期工人数量从1000到4000多不等。工程自始至终都有游客云集而来，参观这座划时代的桥梁的建造。1889年8月23日威尔士王子及王妃参观此地，从此，每周都会有名人来访，其中有巴西的佩德罗（Pedro）阁下、萨克森国王、比利时国王以及伊朗的国王。1890年1月21日，两辆试验火车由南向北并列驶过大桥。每列火车都有两个机车，50节货物车厢，一个车尾发动机，总重量达到990吨。火车在桥上缓缓行驶，时而停下来检测桥梁。毫无疑问，这次检验的结果说明所有的压力都在桥梁的承受范围之内。1890年3月4日，大桥正式通车。

4.3.4 世纪荣耀

福斯桥将其世界第一长跨桥的荣誉保持了将近一代人的时间。值得一提的是，它是第一座大规模使用平炉炼钢法生产的钢铁建筑，并且在使用了50年后，这座桥仍然是唯一一座能够通行时速96.6千米（60英里）的高速度列车的大桥。福斯桥的建成标志着悬臂桥试验阶段的终结，并在桥梁建造领域确立了悬臂桥的统治地位。

图4.30 夕阳下的福斯铁路桥

对福斯大桥的美学鉴赏（图4.30）有很多不同的意见，本杰明·贝克爵士也有他自己的评价，他说道："这座桥的价值并不在于方法的创新，而在于当面对在福斯这样暴露的河口修建如此巨大的桥梁所产生的困难时，我们坚定不移地运用了正确的力学原理和试验结果。"当被问到为何桥的内侧轮廓为多边形而不是圆形时，他的回答很得体："将其建成圆形无疑是个错误，福斯桥本身不是座拱桥……有人说桥的外观不如想象中的漂亮，但是在我内心中我始终觉得培根勋爵的话是对这种观点有力的驳斥，他说：'房屋是用来居住的，而不是用来观赏的，因此实用性要先于观赏性被考虑，除非二者可以兼得。'追求实用性和观赏性的统一是我们的目标。"

通常人们认为福斯桥虽然让人印象深刻，却并不美。但是尽管桥的外观和比例看上去很沉重、笨拙甚至是难看，观赏者们很难不对它巨大的外形留下很深的印象。力量和强度产生的令人敬畏的力量本身就是一种美。如果一座规模较小的桥梁使用同一种设计的话，结果肯定会令人失望，因为它缺乏福斯桥那种庞大的体积，从而不能让人感到强大的力量之美。

这座具有划时代意义的大桥其他令人满意的因素当然包括其坚固性和稳定性，还有桥形和功能的完美结合。大桥各部分分工明确，不仅是因为设计时强调了外形和比例，桁架系统的简化在其中也起到了重要作用。与其他绝大多数悬臂桥不同，即使是对桥梁知识完全外行的人也能明白福斯桥的桁架系统。工程师们为了简化桁架系统，采用了尽可能少的构件，并且这些构件的体积要尽可能大。因此，大桥上没有任何凌乱无序、令人眼花缭乱的桁架构件，所有的构件都有机地组合在一起。但是后来工程师们发现使用尽可能少的大体积构件并不符合经济原则，所以现代大型桁架桥跨设计时，为了达到简化的效果，必须采取主要构件与次要构件大小搭配使用的方法。

历经岁月的洗礼，福斯桥获得了它应得的荣耀，这座名胜代表了苏格兰人民的荣耀。第二次世界大战期间德国在桥上空投掷了1600多颗炸弹企图炸毁这座桥，却没有伤到大桥分毫。福斯桥

已经像爱丁堡城堡、罗伯特·彭斯故居一样代表着苏格兰的伟大，就像金字塔象征着埃及一样，福斯桥象征了苏格兰。聪明的游客到了苏格兰总要去拜谒一下这座历史名桥，因为在那里——

"你将会发现福斯河上

横跨一座悬臂大桥

一座伟大的桥

而当它建成时，建桥者却诅咒他们的桥

因为这座桥

没有得到

苏格兰玛丽女王的祝福。"

桥造成7年后，中国总理大臣李鸿章出使英国，在参观这座巨型大桥后，被西方现代工业文明的成就深深震撼，也想在中国的渤海湾建造一座这样的大桥。限于当时中国的国力，多好的构思和计划只能是一个梦想。

第五章 混凝土桥梁——20世纪桥梁建设的宠儿

　　在19世纪的后几十年里，建成了三座举世瞩目的大桥——伊兹铁路桥、布鲁克林大桥和福斯铁路桥。它们分别是拱桥、悬索桥和悬臂桁架桥的典型代表，其跨度达到前所未有的长度，钢材显示出令人意想不到的强度。然而人们并没有就此止步，创新的激情和对新事物的敏锐感知，使得人们又将钢材和混凝土结合起来，发明了一种新型的结构——钢筋混凝土和预应力混凝土。20世纪迎来了全世界前所未有的建筑活动的兴盛期。

　　在19世纪与20世纪之交，一项新发明——汽油引擎提供动力的汽车诞生，它为桥梁建造者们提供了更多桥梁建造的机会，将人们带进了交通运输方式的新时代。从1900年的八千辆汽车到1915年的两百万辆，美国汽车和机动卡车的数量激增到1940年的三千万辆。随着汽车数量的增加，新的公路和桥梁要修建，公路系统无与伦比的效率和规模直到今日还在延续，就像一个巨大的网络覆盖着世界各个大陆。从单跨桁梁桥到大跨度吊桥，这个系统上点缀着数不胜数的大大小小的公路桥。在城镇和乡村，这些桥跨过河流和运河，湖泊和峡谷，年复一年连接着一条条望不到尽头的汽车流。现在设计师们可以使居住在这个世界任何地方的人都接触到商业和快乐的巨轮。这一切的便捷、舒适和经济大多都归功于混凝土结构这项新材料的发明和使用。

5.1 混凝土桥的应用

　　在2008年开工建设的1300千米的京沪高速铁路上，有80%以上的铁路在桥梁之上，包含了24米、32米跨度的预制预应力混凝土箱型梁。因为对于小型的单跨梁桥来说，这是最经济实惠的材料。混凝土的基本原料是水泥、沙石及水，水泥之所以得名，是因为在水中会变硬或凝固。如果缺少了水泥的大量、优质供应，现代混凝土结构只能是纸上谈兵。在人们掌握了如何制造水硬水泥之后，混凝土才成为桥梁建筑材料的一部分。

5.1.1 水泥的发明和混凝土的应用

　　值得一提的是，罗马人曾掌握并使用过一种天然水泥，但随着罗马帝国的衰败，这项技术也随之消失了数个世纪。直到 1796 年，一位英国建筑者在舍培（Sheppy）岛上发现这种物质，天然水泥才被人们再次发现。在 18 世纪的英格兰，这种天然水泥被称作舍培石或罗马水泥。1818 年在美国伊利运河沿岸，距锡拉库扎（Syracuse）东数英里处，挖掘出一种相似的沉积物。这种矿藏的发现主要归功于一位名叫怀特的年轻设计师。他在本杰明·怀特手下工作，不久前刚从英国回来。他在那里研究了这种重要的结构并且调查了舍培石的使用情况。怀特申请了这项发现的专利权，称之为水石灰。在 1819 年的施工期，负责伊利运河的承包商使用了水石灰作为砌断面的材料并且采用砖石结构来修建码头、桥台、地下电缆道和渡槽。为了确保他的专利，怀特起诉这些承包商，并且赢得了对一个公司的判决。他们赔付给他一万美金并接管了他的专利，从那以后允许任何人自由使用水石灰。从这时到 1870 年，天然水泥在美国的许多地方被使用，主要是在东部。水泥的生产在 1889 年达到了最高峰，当时有一千万桶水泥被消费掉。纽约的罗森

图5.1 约瑟夫·阿斯普丁

代尔（Rosendale）是一个重要产地，罗森戴尔大量的水泥用来建造布鲁克林大桥的砖石结构。

1889年之后，一种人工的更加高级的产品——硅酸盐水泥迅速兴起和发展，这项发明主要归功于一个叫约瑟夫·阿斯普丁（Aspdin）的人（图5.1），他是英格兰北部利兹（Leeds）的一名砌砖工人，但是很少有人知道他制造水泥的方法，因为他在申请专利时用词模糊。在1824年到1825年，他因发明这种叫作硅酸盐的人工合成的水硬水泥而得到专利。阿斯普丁之所以这样命名，是因为它在颜色和质地方面与英格兰岛南岸波特兰岛上发现的石灰石极为相似。从那时一直到现在，这种水泥都是最受欢迎的建筑材料。1825年，阿斯普丁在维克菲尔德建立了自己的生产基地，将那里的水泥垄断了三十年。他于1855年去世，安葬在圣约翰教堂。见证他发明硅酸盐水泥的墓志铭仍然依稀可见。

但是英国早期最著名的进行人工合成的水硬水泥实验的是查理·威廉·帕斯理（1780—1861），他在皇家工程公司任职。早在1826年，也就是在阿斯普丁申请专利一年以后，在查塔姆（Chatham）的工程学校学习时帕斯理就开始了他的实验，并在1838年出版了关于石灰、钙质、水泥和灰浆的专著。这本由帕斯理所著的书在整个行业是最全面的英语著作。到1840年，硅酸盐水泥已经被坐落在泰晤士河下游的许多家英国公司制造。

尽管混凝土在古罗马时期就被使用，但是精确的配比和混合的混凝土规则直到19世纪中叶人工水泥被使用时才确定下来。一座建于1845年英格兰布莱顿的建筑，似乎是第一例除地基外全部使用混凝土精确配比的建筑。

然而，法国人却比任何其他民族更敏锐地意识到混凝土的优势。普瓦雷尔（Poirel）在1833年首次使用了这种材料重建阿尔及尔（Algiers）港口的防波堤。另一个法国人弗朗索瓦·夸涅（Francois Coignet）在1861年写了一部关于混凝土及其制造工艺的著作，也许更适合称之为现代混凝土之父。夸涅预测只要制得一种能够在三四周内变硬的混合物，混凝土就会大行其道。

美国第一部关于混凝土的著作在1871年由L. A. 吉尔摩（L. A. Gillmore）所著，他改进后的测试水泥的方法至今仍被使用。当硅酸盐水泥在市场出现时，混凝土开始被大量使用。

5.1.2　钢筋混凝土结构的诞生

图5.2 莫尼耶

钢筋混凝土的产生很有戏剧性，这种被广泛使用的材料并不是业内人士的发明。关于这种材料迅速兴起的文章，其标题可能是"从花盆到桥梁"。尽管在1849年一个叫朗博（Lambot）的法国人造了一艘混凝土铁船，一个叫威尔金森（Wilkinson）的英国泥水匠在1855年将铁箍放入混凝土板，用一种我们现在认为更聪明更有理性的方法。钢筋混凝土的诞生应归功于约瑟夫·莫尼耶（Joseph Monier，1823—1906，图5.2），他是巴黎一位种植并出售植物的花匠。他是第一个将两种材料科学结合的人，一种材料配合另一种材料使用。钢筋混凝土不仅仅是在混凝土中加入钢或铁棒，它是两种材料的结合以使得金属能够承受拉力，混凝土能够承受压力。莫尼耶的第一个关于钢筋混凝土的实验源于

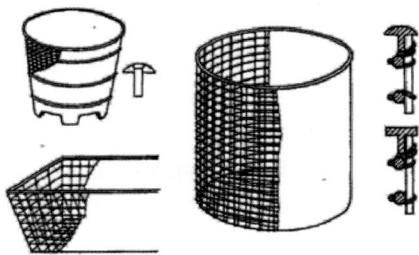

图5.3 钢筋混凝土的诞生

为他的植物花盆设计形状。他的第一个专利，追溯到1867年7月16日，涵盖了水盆、水桶以及水泥的蓄水池的结构，并且在其中嵌入了铁网（图5.3）。逐渐地，莫尼耶认识到他的发明对其他结构的重要性。十年后，由于将钢筋水泥应用到铁路中的枕木，莫尼耶申请了另一项专利。再后来，他的专利涵盖到地板、建筑、桥梁、拱门等其他结构。奇怪的是，他的专利在澳大利亚比在法国应用得更为广泛。

莫尼耶试图在不失强度的情况下保证轻便。在他的系统中，被加固的棍棒是圆的并且以合适的角度彼此交叉，成为一个类似格子的网络。但是，由于莫尼耶不是设计师，实际上他对钢筋混凝土的发展贡献甚少。

在美国这种结构的先驱是门闩的制造者威廉·E.沃德，他称自己对钢筋水泥的兴趣是通过观察工人们试图把变硬的水泥从铁制工具上去除而激发的。在1871年到1872年间，他为自己建造了一幢全部使用新材料的住宅，这是美国首幢此类建筑。这种类似寺庙的建筑至今仍可在康涅狄格州格林威治西部的一座山上见到。

但是正确分析钢筋混凝土梁压力问题的第一人是撒迪厄斯·海厄特（Thaddeus Hyatt，1816—1917)——一位具有建筑头脑的纽约律师，他的晚年是在英格兰度过的。他用梁和板进行实验并在1877年出版了一本书，书名叫作《硅酸盐水泥混凝土与铁的结合作为建筑材料的实验记录》。因此，花匠、泥瓦匠、制造商、律师都成为发展钢筋混凝土结构新工艺的重要先驱者。到19世纪末，混凝土和钢筋混凝土结构已经推广到全世界。

最初由于偏见和原始的困难延迟了大众对新材料的接受。对合理设计、配比、混合和安放缺乏正确的理解导致了结构出现缺陷甚至频繁失败。历史在重复！这与钢作为新材料诞生时世人的偏见是一样的。现在我们已经很难想象最初对将钢铁应用于桥梁的抵制，也很难具备那种在早期就使用新型材料的勇气。直到1877年，英格兰贸易部的规章制度还禁止在桥梁结构中使用钢！但是仅仅五年之后，福斯桥的设计者就大胆地采用钢结构来建造这种宏伟的建筑。这种尝试的成功既证明了设计者们精明的判断，也证明了这种新建筑材料的可靠性。一个时代以后，关于钢筋混凝土的介绍，威廉·H.布尔教授1908年在《美国社会土木工程师记事》一文中对这种相似的状况做出了有效表述：

"那些对钢筋混凝土可靠性和耐久性的紧张和担忧不由得使人想起25年前，一些设计师和其他一些人对于钢结构刚刚出现时所持的态度。人们意识到结构钢实际上是唯一一种现在可以使用的金属结构。当和一些可靠的材料，例如熟铁相比较时，那些主张钢结构的人们在那个时候展现出来的古怪的行为，在这个想法形成的阶段，讨论它未来使用的可能性是很有意义的。当初，经常有暗示着这种材料毫无未来前景可言的争论，但当我们意识到钢结构是我们现在使用的唯一金属结构时，那段时期就显得极为荒谬，经验印证了拥护者对钢结构的支持，现在这种金属不仅被证明是可靠的，而且是目前为止最理想的建筑材料，适用范围极为广泛……如今钢筋混凝土也经历着同样的阶段……事实上，由于实际测验的原因，人们对于混凝土与钢筋结合的产物的使用能力或最终的耐久性的了解要比当初对铁柱的了解多得多。"

欧洲在钢筋混凝土结构方面突飞猛进。因此，19世纪初期世界上最长的十五座拱桥都建在欧洲。总体来讲，欧洲能够建造出很多宏伟壮观的桥梁，他们的设计师对于处理这种材料都经过专业培训，他们比美国同行拥有更多工作经验，早一个时代起步，在这个领域拥有更加专业的团队。从主管人到施工人员，每个人对于安放和固定钢筋以及混凝土的配比、混合、浇注工艺都一丝不苟。无论在钢筋还是混凝土方面，欧美桥梁的大部分区别在于欧洲的技工更加廉价而材料则相对昂贵。因此，在二战之后，他们尽力做到在钢的使用量方面经济化。

对那些专修钢筋混凝土专业的现代桥梁设计师来说，他们面临的主要问题是：如何将这种

材料的真正功能表达出来，如何将隐藏钢筋的良好张力和单片特征体现出来。这个问题就好比艺术家们在素描时必须采取行动解决的问题，他必须表现出人体潜藏在皮肤之下的肌肉线条。显然，只看混凝土表面就像与之类似的石头一样或者只注重结构就像砌块一样都行不通。在大众的心目中，拱桥与砖石结构紧密结合的产物就坚实无比、牢不可摧。的确，设计师们已不愿意再用传统的方法建桥，他们更愿意使用钢筋混凝土。

加入钢筋的混凝土拱桥就在牢固和功能方面都合乎要求。它不需要依靠传统的砖石结构来提升美学价值或设计品质。一座现代的钢筋混凝土拱形结构通过以下方法可以很好地体现它的张力和坚固程度：采用过去无法达到的抛物线的曲度；削减弯曲的骨架；注重桥墩的狭窄程度；削减拱肩以达到体积的减小；避免使用表面的装饰物，而仅仅依靠混凝土骨料（混凝土中使用的石和沙）的色彩搭配来美化外表；采用现代建筑学派的宗旨，即在本质上，美是线性的，只有通过对线条的正确认识才能达到。

5.1.3 早期设计理念的发展与竞争

正如19世纪是铁的时代一样，20世纪则是混凝土的时代。

19世纪末期钢筋混凝土有三种主要来源。1867年，前文提到的约瑟夫·莫尼耶（1823—1906）提出将铁丝网置于混凝土中以加强细混凝土管的主张，并为此获得专利权，后来又将其应用于建筑物和桥梁。1879年，另一位名叫弗朗索瓦·埃纳比克（1843—1921）的法国人为了给他正在比利时修建的金属框架的房屋增加防火能力，他决定用混凝土覆盖金属梁。这个决定直接导致了结构系统的发展，在这种系统中金属承受拉力，埃纳比克用混凝土覆盖金属结构使其成为永久性结构。再一位就是一个名叫G. A. 韦斯（1851—1917）的受过训练的工程师把莫尼耶的主张介绍到德国。在第一次世界大战之前，他领导的韦斯和弗赖塔格公司一直是在德国推广使用钢筋混凝土的主要公司，在韦斯和他的同事手中，钢筋混凝土成为标准的建筑材料，这种材料的性质经过很好的测试，其结构可以通过数学方法计算出来。然而，韦斯并不认为工程作品是美学作品。在德国越来越多的人认为桥梁和建筑的美学问题是建筑师而不是工程师应考虑的问题。到了1925年韦斯和弗赖塔格公司庆祝成立50周年之际，早期莫尼耶作品的薄的特色已经丧失，该公司所宣传的桥梁形式显示了不善于思考的建筑师笨手笨脚的美学观念。

在与韦斯的直接竞争中，法国人埃纳比克于1892年建立了一个国际事务所，其业务量发展非常迅速，从1892年就完成六项工程，到1900年，仅一年就有1229项。到1902年，他完成了7026项各类结构，如桥梁、工厂、各种城市建筑、水塔、工业结构等。和泰尔福德一样，埃纳比克开始当石匠学徒，以后学会了建筑。1867年他成为建筑承包商，在1879年他修建了用混凝土和铁作材料的房屋，之后的12年内，在继续建筑常规工程的同时，他又修建了为数不多的类似的工程。1892年他获得"埃纳比克体系"的专利权，从建造业退休后，在巴黎定居，在那里建立了全欧洲特许权持有人的庞大系统。埃纳比克从没有完全摆脱工匠出身的影响，他的工程显示了和泰尔福德工程类似的特点：力争轻巧，不喜欢计算，随着经验的积累而不断增强的自信心。然而，不同于泰尔福德的是，埃纳比克并未亲自与他创新的设计保持密切的联系。他成为"优秀先驱埃纳比克"，在他的巴黎总部指挥一个商业帝国的活动。即便到20世纪初越来越多的工程项目是在国外进行设计的，他仍对他的所有工程项目担保。

从埃纳比克的数以千计的结构物中确定哪些是他设计的，的确不是一件容易的事。他的三座记载最详尽的桥——沙泰勒罗桥（1899）、列日桥（1905）和罗马桥（1910），在外观和技术上均截然不同，显然，罗马桥的设计事实上是在都灵的G. A. 波切都事务所完成的。面对公务官员怀疑这种新材料的眼光，埃纳比克的名声的确帮助了地方上的工程师确立他们的地位，但是把那些设计，尤其是那些在法国之外进行的设计，归功于埃纳比克本人的设计想象力是不可能的。同样，韦斯和弗赖塔格公司的许多工程也不能归功于一个设计师。这两家相互竞争的公司拥有很多工程师，他们设计了各种各样的结构。

埃纳比克依靠自己成功的现场经验，而韦斯鼓励公开的试验，并在1887年写出了也许是第一本关于混凝土设计的教科书。埃纳比克在控制大部分主要设计权力的同时，通过经济上独立的领有许可证的人来工作，而韦斯通过财政上不独立的分公司工作，他给这些分公司设计权。埃纳比克是位商业巨头，通过个人经验的神圣权力，主宰着他那集中的官僚机构，而韦斯把欧洲中部当成自己的殖民地，通过公开的科学计算来证明他的统治是正确的。

德国人强调计算的做法犹如一把双刃剑，它迫使设计师进行合理思考，但又使他们对无法进行计算的形式不敢问津，这样就缩小了可能获得成功的结构物的范围。这种缩小反映了技术作为一门应用科学所受到的信任，其应用必须遵照由数学公式所定义的"科学"原理。站在这种信任对立面的是整体的埃纳比克系统，它不是计算的结果，而是成功结构物的结晶。一个把结构看成是适合于数学公式的成分，另一个把结构当成是一个从以前成功的形式演变出来的整体。

莫尼耶早期的轻便的形式不是经过计算设计出来的，可是，由于数学公式不能对这些早期形式中的所有因素都给出定义，韦斯把形式改变了以适应数学公式。埃纳比克和他的同事没有被公式束缚住手脚，随着形式的成功，他们进一步进行试验，在经济竞争面前，他们探索更轻便的形式。这种做法在商业上是可行的，但是由于没有控制少用材料的规定，因而有点麻烦。韦斯的公司稳健地迈进到20世纪，他细致的细节设计不断地弥补他们在美学方面的欠缺。虽然埃纳比克的大胆的轻便形式激励了其他的设计者，然而在有些地方，却变得涣散了。韦斯的公司迄今仍存在，而埃纳比克的帝国却在它的创始人去世前就崩溃了。

5.2 瑞士工程教育的传奇和罗伯特·马亚尔的钢筋混凝土拱桥

在整个20世纪的桥梁建筑历史上，很多著名的桥梁和它的设计师都和瑞士有关，其中瑞士的罗伯特·马亚尔（Robert Maillart，图5.4）设计建造了许多别出心裁、轮廓分明的钢筋混凝土拱桥，他在1940年去世。罗伯特·马亚尔扩展了钢筋混凝土的理论，使钢筋混凝土板成为结构中的一部分，从而无须使用支撑梁。他对建桥的重要性在于，打破了传统模式并赋予钢筋混凝土以新的面貌。

5.2.1 富有特色的瑞士工程教育

德国的科学和法国的大胆做法在瑞士自然地结合起来，在欧洲的这块地方，两种文化相遇，而无须相互竞争，人们可以流利地讲法语和德语，而根本用不着表态支持哪种文化，因而就可以从两种文化中吸取精华。这种可能性在1855年正式开创瑞士结构工程时就已成为现实，当年新改组的联邦所采取的一项主要的全国性措施就是创办了苏黎世瑞士联邦理工学院，这是唯一的不由州或市办的教育机构。他们任命的第一位土木工程学教授——卡尔·库尔曼代表了法国和德国结构理想的结合。库尔曼是德国人，毕业于卡尔斯厄理工学院，参加过德国铁路的修建，他还在法国的梅斯学习过，对18世纪伟大的数学家加斯帕德·蒙格所开创的法国结构分析的视觉传统印象很深。库尔曼把他在德国接受的训练和对计算的兴趣与他的法国式的视觉研究的

图5.4 罗伯特·马亚尔

理想一起带到了苏黎世。他于1866年出版的伟大的著作《图解静力学》为以后半个世纪的瑞士结构教育打下了基础。

与其说库尔曼具有法国风格，倒不如说他更具有德国风格，他的著作和教学中尽管到处可见其视觉研究的意图，但还是充满了德国的计算科学。库尔曼所预见的特殊的瑞士式的结合体是由威廉·里特(1847—1906)完成的。里特是地道的瑞士人，库尔曼的得意门生和继承人。再没有比里特更理想的培养设计师的导师了，里特的逻辑思维和强烈的美感激励了两位20世纪最伟大的桥梁设计师：罗伯特·马亚尔(1872—1940)和奥斯马·安曼(1879—1965，图5.5)。

里特把库尔曼的《图解静力学》改写成四本短小精悍的书，他还撰写了一系列的文章，和以往的技术

图5.5 奥斯马·安曼

作品相比，具有永恒的技术价值。最重要的是里特传授了经验和计算的价值。在他讲课时，不断引用已经完成的实体设计，他常常教诲学生要注意到结构的产生是美学和科学相结合的结果。在他向学生头脑中灌输结构形象的同时，还教会他们如何动手进行计算。他从未把这两个目的分开，因而他的学生在实际工作中既有视觉的经验，又有科学的自信心。里特的教学不仅仅非常适用于钢筋混凝土这种新材料，他对设计的态度还帮助马亚尔决定了其职业的前途，里特是马亚尔早期设计的顾问。

里特遵循了三条设计原则。第一条原则与计算的重要性有关，其目的是使用简单的分析方法确定更有效的形式。在他1883年的一篇重要文章中，里特示范了如何用令人感叹不已的简单方法来分析加劲桥面拱的复杂结构，他认为平的桥面系比弯曲的拱更坚固，这种想法来自里特对桥体的实际作用的深刻了解。而对很多其他的学究式的工程师来说，这种简化方法由于没有遵循一般的数学理论而很难得到承认。里特和其他人一样熟悉一般理论，可是，由于他的目的是设计而不是分析，因而他把研究的成果直接用于设计专业，而不是为了进一步进行研究。这样，对里特来说，设计决定了所需的数学计算的类型。结构的作用产生于形式选择之后。

这条原则如果不和第二条原则共用的话，那是十分危险的。第二条原则是：设计师的责任应包括对施工过程和完成了的工程的细致考虑。里特在1899年发表的一系列关于钢筋混凝土的论文中直接抨击了埃纳比克体系，这种体系允许其地方分公司在总公司的担保下独立进行工作。里特认为有必要对地方工程施工进行监督，以避免细节上的失误，甚至总体的倒塌。1901年埃纳比克的一项设计在瑞士巴塞尔施工时倒塌，人员伤亡，在整个欧洲引起反响，这件事验证了里特发表的预言，并有效地结束了埃纳比克的早期控制局面。根据包括里特在内的三人顾问委员会的报告，这次众所周知的倒塌确定了责任原则的伟大意义，并促成欧洲的第一个国家施工法规的诞生。

里特的第三条原则是：通过足尺荷载试验把计算精度和施工质量结合起来。检测结构物是否成功的最终手段是检测这项完成了的工程在自然环境中的性能。法国人和德国人都做过荷载试验，但他们都不像瑞士人这么强调这点。当埃纳比克企图证明他的体系正确时，他主要利用了19世纪90年代瑞士发表的足尺试验的结果。在补写一些这样的试验时，埃纳比克有意地强调了里特当时在场，从而暗示获得了他的同意。一些德国人趋向于更多地依靠计算，因而认为足尺试验既浪费时间又浪费金钱。他们认为德国的数学计算比单独的实际测试结果更有效。1892年里特为足尺荷载试验辩护，来对付弗兰茨·恩格塞(1847—1931)的强烈反对，恩格塞是德国著名的学者，当时是卡尔斯鲁厄的一位教授。里特的论点具有典型的瑞士风格。它用通俗的语句评估了试验的价值，并避免一概而论地下结论。他的中心论点是：以现场观看结构物来获得实际的知

识对工程师来说是很重要的。这种想法不仅仅包括纯数量的目的，即根据测得的挠度和应变数据与计算的结果进行大量的比较，而且远远地超出了这种目的，这是因为观察结构物本身就是一种深刻的美学经历。对结构工程师来说，美学经验是由技术的正确和视觉的满足所组成的，不能只有其一，而必须是两者共存。只有在工程投付使用之后才能检验其技术的正确性。计算是不可缺少的，但其价值完全取决于对整个结构特性估计的正确程度。埃纳比克强调了他的渊博经验，这是对的，但在1901年前却没有足够的数理基础，这就错了。韦斯提倡科学的模型试验和标准化公式是正确的，但是恩格塞不强调具体物体的足尺荷载却是错误的。里特把这两种做法组合起来了，这样，为20世纪结构艺术的最伟大的设计铺平了道路。

5.2.2 罗伯特·马亚尔的创新和成就

1900年到1940年期间，罗伯特·马亚尔在结构设计方面进行了一场革命，对其意义，工程师和公众现在才认识到。他是20世纪第一位完全不用砖石结构的设计师，他用混凝土创造了技术上适合其特性、视觉上令人耳目一新的形式。

马亚尔1872年2月6日生于伯尔尼，母亲是瑞士籍德国人，父亲是比利时人，祖父母在1848年革命后不久就定居日内瓦。1890年马亚尔进入苏黎世瑞士联邦理工学院学习，深受里特的影响，里特教他图解静力学、结构设计和桥梁。1894年毕业后，马亚尔先为一家伯尔尼工程公司搞铁路设计，也为苏黎世市公共工程局设计道路和桥梁，最后为一家苏黎世设计和施工公司进行桥梁和建筑设计与施工。1902年初他在苏黎世创建了马亚尔和伙伴公司，搞钢筋混凝土结构的设计与施工。

在随后的10年内，他的公司发展成为国际公司，在西班牙和俄国都建立了分公司。1914年马亚尔和妻子以及他的三个孩子在里加避暑时，战争切断了他们的归家之路，他们决定留在俄国，一直住到1918年底。在那儿他修建了不少大型工程。1919年初他重返瑞士，负债累累，孤鳏一人(他妻子死于1916年)，无家可归，无事可做。1920年和1940年期间，马亚尔重整旗鼓，以设计师(而不是建筑师)的面目出现，在日内瓦、伯尔尼和苏黎世都有事务所。在他一生的最后10年，他独自一人住在办公室里，设计出许多重要的工程，这些设计使他至今仍广为人知。他设计的47座主要桥梁中，除3座外，其余的仍在使用，很多桥梁已经连续使用了80年。他的主要建筑物几乎都完好无损，只有两个最伟大的薄壳建筑物除外，那就是圣加伦煤气罐和苏黎世水泥厅。他还留下了大量的著作，大多数发表在《瑞士建筑学报》上，这些文章表达了他在结构艺术上的观点。

自从1947年在纽约现代艺术博物馆举办首次个人展以来，他设计的结构物照片和模型在数不清的艺术博物馆的展览中展出。主要是通过马亚尔的工作，20世纪现代艺术运动形成了工程是艺术的观点。他第一次把很多20世纪的作品置于艺术世界面前，这些作品被称之为艺术，但完全出于一位工程师的想象力。工程结构有独立的艺术形式，这种说法在研究马亚尔的作品中可以寻找出根源。由于具体的形象必须先于抽象的阐述，我们必须仔细地审视马亚尔的几个典型设计，以了解他把技术的正确性和结构的视觉奇特性结合起来的做法。

图5.6 佐兹桥

在1900年以前马亚尔就认识到，用混凝土可以设计出以前用石料或金属不可能设计出来的形式。1901年他设计的佐兹桥（图5.6），曲拱和平桥面由纵墙连起来，这样就把整个结构变成了一个空腹箱形梁。尽管

图5.7 斯陶法切桥

这种想法和罗伯特·史蒂芬森的管桥一样，但马亚尔首次将其用于钢筋混凝土结构。他并没有从早期的金属桥中获得这种看法，而是在观看1899年建成的斯陶法切桥所产生的想法，这座桥是他在两年前为苏黎世市设计的。这座桥的曲拱很重，隐藏在石砌纵墙的后面，桥面荷载通过混凝土横墙传到拱上。

马亚尔的佐兹桥模仿了斯陶法切桥（图5.7）的外观，而其无用的石立面由混凝土纵墙所代替。桥的外观形象促使他认识到如何利用装饰改变其实效。由于师从里特，他当然知道包括铁制或钢制的空腹箱型桥在内的各种金属桥的形式。然而这并没有使他开始这样进行设计构思，而仅仅证实了他从第一手的经验中得出的一种想法。美学的想法先于并控制了技术的构想。

里特是斯陶法切桥和佐兹桥的所有者苏黎世市和格劳宾登州的顾问。没有里特的支持，马亚尔就不会设计出斯陶法切桥，也不会修建起佐兹桥。数学理论分析不了佐兹桥的混凝土空腹箱，里特向格劳宾登承认他用计算方法来证明设计合理是有困难的。在很多国家，这种困难会导致官方否定设计，可是里特冥思苦想，仔细设计出一种足尺荷载试验以保证桥的可靠性。

里特关于佐兹桥荷载试验的咨询报告是桥梁设计的样板，尤其是强调要考虑实际情况，而不仅仅是关心通过数学估算出来的准确性。试验中的确出现小裂纹，这使里特和马亚尔均有所补益(他们在三天的试验期间一直在现场)，然而总的结果使里特认定设计可靠，并且赞扬了这座桥的新颖外型。

马亚尔从佐兹桥这座永久试验室学到了更多的东西。两年以后应当局的要求，他回到佐兹桥，来处理在桥台附近纵墙上出现的新裂纹。桥的整体工程没有受到损害，马亚尔却又二次取得宝贵的经验。他在1904年设计横跨福尔德尔—莱茵河的塔瓦纳萨桥（图5.8）时，把在佐兹桥上出现裂纹的那部分去掉了。其结果是一种新颖的形式，取得了从未有过的视觉效果，节约了建筑材料，降低了施工和维修成本，简言之，这是一座更好

图5.8 塔瓦纳萨桥

的桥。塔瓦纳萨桥是马亚尔的第一件杰作，但是战前欧洲人的传统喜好使人们忽视了这座桥，25年以后，马亚尔才又建了一座这种形式的桥。

塔瓦纳萨桥和佐兹桥以及斯陶法切桥一样，是座混凝土三铰拱桥，是由两个完全相同的半拱在拱顶处铰接组成，并分别与两个桥台相连，这样在这三点都可以允许自由转动。温度升高时，铰链允许拱自由伸展，而不产生内应力；温度降低时，拱自由收缩。1899年埃纳比克设计的横跨维也纳河的沙泰勒罗桥，其拱未采用铰接，在桥台和拱顶出现严重裂纹。埃纳比克未从佐兹桥的实际情况得出任何结论，反而嘲笑马亚尔在佐兹桥上使用了铰。

马亚尔在20世纪30年代的著名桥梁都源于塔瓦纳萨桥的形式。1927年，一次塌方毁坏了塔瓦纳萨桥，并促使马亚尔在第二年用同样的形式在附近设计了索尔吉纳托贝尔桥（图5.9）。这座1930年完工的桥，马亚尔没有采用石质桥台，创造出一种完全看不出使用其他材料的形式。索尔吉纳托贝尔桥标志着马亚尔最后硕果累累的10年的开始。与佐兹桥和塔瓦纳萨桥一样，马亚尔是在设计施工竞争中获胜而修建索尔吉纳托贝尔桥的，他的方案最经济。因而这些桥和以后

图5.9 索尔吉纳托贝尔桥

的工程同20世纪的任何其他设计一样都达到了结构追求的标准：用料最少，造价最低，外观最美。

在他的众多设计中，马亚尔不断地从荷载试验中学习，又利用这些结果不断完善他的数学计算。他不断学习促使新形式的产生，不断完善促使更简单的公式的产生。与此同时，里特逝世后，在20世纪20年代的苏黎世，德国科学的影响加强了，马亚尔的思想受到了新一代学院派人物的攻击，这些人的研究越来越针对其他研究人员，他们的教学也越来越不涉及近期建成的典型的结构物。他们攻击最甚的是马亚尔第二种新桥形式——桥面加劲拱。马亚尔的这种设计思想一部分来自现场观察，一部分受益于里特。现场观察源于马亚尔1913年建造的一座新式拱桥。这座桥在阿尔堡横跨阿尔河，既未采用铰接也未采用空腹箱型截面，而是像斯陶法切桥一样拱承受全部荷载，也像佐兹桥一样桥壁和桥面也未承载。换言之，马亚尔设计的拱相对重了些，桥面相对较轻，连接柱也很轻。不起结构作用的混凝土护墙很厚，看上去桥面很牢固，但实际并非如此。再者，和佐兹桥一样，完工后数年桥出现裂纹（图5.10）。有两点显而易见，第一，出现严重裂纹的桥面，结构轻，和拱一起变位，这和当时的标准假设是矛盾的，这种假设认为桥面是由毫不变位的拱牢固地支撑着；第二，看上去沉重的护墙暗示了加固弱桥面的方法，正如同斯陶法切桥看上去沉重但不起结构作用的石壁暗示了加强佐兹桥薄拱的方法一样。

马亚尔1919年从俄国回来，再创基业，在取得阿尔堡桥的经验后，开始再次寻求更薄、

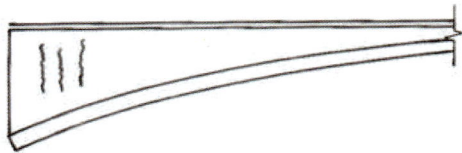

图5.10 拱桥出现裂纹

图5.11 施万德巴赫桥

更漂亮的形式。1923年他设计了在瓦吉塔尔跨弗利恩格利巴赫的一座小桥，参考了阿尔堡桥出现裂纹的情况，把防浪矮墙设计成加劲桥面的一部分；从效果上看，他回到了里特1883年的想法，用薄拱支撑加劲桥面。采用这种形式的桥用料少、成本低，是马亚尔寻求第二种新形式所迈出的第一步。1926年完工的瓦尔茨切巴赫桥是第二种新形式的顶峰；从那以后一直到1934年，他设计了一系列的桥面加劲拱，不断改进桥梁形式和计算方法，最后完成了杰作施万德巴赫桥（图5.11）和托斯桥（图5.12）。马亚尔设计的施万德巴赫桥完全不用沉而无用的石砌桥台，用轻侧梁和金属栏杆代替沉重的桥面护栏，把水平方向上弯曲的路面和垂直方向上弯曲的拱平滑地结合在一起，施万德巴赫桥完美的形式产生了更薄的桥体，消除了石砌桥所做的表面修饰。这座桥薄得令人吃惊，各部分完美地融为一体，与环境形成鲜明对比。毫无疑义，这是巧斧而不是天工。这座桥不是源于任何有机的、大自然中可以找到的形

式，而是出于工程师的想象。它表达了最少地使用材料和最低成本的理想以及马亚尔独特的品格。前无古人，后无来者，只有马亚尔设计了这样的桥，他把人造石的性能用到了极限，正如埃菲尔在加拉比特和战神广场把铁的性能用到极限一样。由于薄，这座桥比那些铁的工程更为持久。和那些最高艺术工程一样，施万德巴赫桥似乎已无改进的余地。

图5.12 托斯桥

5.2.3 皮埃尔·拉迪——瑞士工程教育传奇的延续者

图5.13 克里斯琴·梅恩

就在索尔吉纳托贝尔桥施工的时候，在建桥工地下游一边的施尔斯任教的一位年轻数学家决定由数学转向结构。于是，已经获得数学博士学位的皮埃尔·拉迪(1903—1958)于1930年重返苏黎世学习结构工程。他获得了第二个博士学位，并于1945年被任命为苏黎世瑞士联邦理工学院的结构教授，继续库尔曼和里特的工作。拉迪融数学家的才能和艺术家的才能于一身，他还是位才华出众的钢琴家。然而，最重要的一点是他热爱结构艺术，他关于美学的讲演给学生留下深刻的印象。他吸引了相当一批年轻的工程毕业生，其中包括克里斯琴·梅恩（Christian Menn，1927年出生，图5.13）和海因茨·艾斯勒(1926年出生)，他俩是20世纪后期最杰出的结构艺术家。和半个世纪以前的里特一样，拉迪用

典型的结构形式鼓舞学生，同时也强调认真的数学分析。尤其重要的是，他重视实际模型和对结构性能的精确测量。

在西班牙人埃杜阿多·托罗哈关于其工程美学的著作发表之前，拉迪就被他的思想所吸引。托罗哈强调，工程应从模型开始，为与这种思想相一致，拉迪让他的一个学生(汉斯·豪里，后来成为苏黎世瑞士联邦理工学院的院长)建起模型制造实验室。在这个实验室里，学生们不仅能直接看到这些实际形式，而且还能了解其细部，并从中汲取有用的技术方法，这是至关重要的。这个实验室决不是研究人员利用多种复杂且昂贵的设备进行新发明的地方，而是工程师们利用最简单的工具认真地进行可靠设计的场所。实际上，拉迪基本上没有做什么研究工作，他的主要贡献是他对学生的影响——他向学生们介绍他的思想，并鼓励他们进行设计工作。

按照模型进行足尺结构设计时，拉迪特别强调美学的重要性。每当拉迪要进行一项结构设计时，他总是先考虑其外观，且从不因批评意见而退缩。由于他不是设计师，所以没有什么特别的观点或者工程需要他维护。他不受批评意见约束的观点给他的学生们留下了永久的印象。

拉迪的个性鼓励他的学生向他吐露真情。有一次，艾斯勒把自己的想法告诉他：我们首先应该把每一结构当成一个整体看待，之后再按部件进行分析。拉迪主动而又热情地表示同意艾斯勒的意见。将一结构分成若干部分，然后再用先进的数学方法对它们进行分析，当时盛行的就是这种结构研究的方法，这种方法现在很大程度上还保留着。自第二次世界大战甚至更早些时候起，很多学术教育和研究都致力于分析法的改进以及从数学和科学方面对结构形式的描述。这种方法重视能够分析的形式，忽略了那些不能用数学分析的形式；这样做还忽略了美学方面的评价，甚至对能够分析的形式也不例外。拉迪在教学过程中倾向于分析研究的逆过程，即在见到各部件或分析它们之前就整个结构形式进行描绘。这些实际的模型引起拉迪注意的一个原因是，它们能够提供对形式进行研究的方法，而任何数学分析法都不可能做到这点。

由此可见，艾斯勒、梅恩以及许多其他人从拉迪那儿得到的启示是，要重视模型，把它作为足尺设计的一种方法；要重视美学，把它作为设计的主要目标；要重视总体形式，它比对各部

件的分析更重要。这种教学法体现了威廉·里特的精神，是融德国的数学传统与法国的视觉传统于一体的真正的瑞士方法。拉迪本人在遗传和性格方面也表现了这种结合。他的双亲分别是法国人和瑞士人，但他在苏黎世求过学，且会说一口流利的德语。

有时候建筑师被认为像是交响乐队的指挥，指挥着全部乐器，按照自己的想象形成曲调。根据这种比拟，拉迪就像一位杰出的钢琴师，同他的指挥管弦乐队的建筑同伙一起演奏一支协奏曲，如果没有管弦乐队的配合，显然就谈不上什么协奏曲；但是，只有演奏者是伟大的艺术家，协奏曲才能超越一般的艺术水平。

5.3　尤金·弗雷西奈与预应力混凝土

预应力混凝土是建筑史上又一项最新的发明之一，很快它就享誉全球。由比利时的古斯塔夫·芒内尔（Gustav Magnel，图5.14）和法国的尤金·弗雷西奈（Eugene·Freyssinet，图5.15）带头的一项发明中改进了许多关于在钢丝嵌入混凝土之前先将其拉伸的不同的方法。当时大多数工程师称他们对这种新型的将钢筋与混凝土结合的方法的优点仍知之甚少。他们仍需要进行大量的研究和测试。

图5.14 古斯塔夫·芒内尔

预应力桥梁早期的一个例子则是位于德国的奥厄，它是一个混凝土悬臂大桥，中跨为226英尺，建于1936年。这座建筑的创新性的特点是给桥梁预加应力且可调式钢筋拉力弦杆并没有嵌入混凝土中。但在战争中预应力混凝土证明了它的优越性。1943年6月，在突尼斯的法国人要即刻将三百座桥梁全部更换。但当时只有一点钢筋，几乎没有木材。于是，预应力混凝土便派上了用场。法国一直忙于用预应力混凝重建五千座在战争中被毁坏的桥梁。应用范围如此之广，是因为它节省了钢筋的使用及建造的成本。它可以节省至少70％的钢筋及30％~40％的混凝土。

图5.15 尤金·弗雷西奈

5.3.1　预应力混凝土初显经济性及跨越能力

最长的连续预应力混凝土梁桥位于德国沃尔穆斯莱茵河上。它建于1953年，有三个跨，分别长101.5米、114.3米、104.2米。它一个重要的特点是整个施工没有使用脚手架。

世界上第二长的连续预应力混凝土梁桥横跨比利时斯莱西（Sclacy）的缪斯河，于1950年竣工。它的设计者是著名的古斯塔夫·芒内尔。二战之前，坐落于此的是双跨钢桁架桥。战争期间被炸毁后它被一座双跨预应力混凝土梁桥代替，每跨长62.8米，总长为125.6米。据说这样设计是因为他只能利用现有的桥墩、桥台。它的线条清晰简单，这使得它比过去的桥有了很大的进步。

另外一个重要的连跨预应力混凝土梁桥——世界上最长的预应力混凝土梁桥之一，横跨德国南部临近阿尔姆的多瑙河谷，总长为375米。它有五个跨，三个中跨均长70.1米，两个边跨均长62.2米。这样完美的结构由弗里茨·莱昂哈特（Fritz Leonhardt，图5.16）设计，他来自斯图加特，是巴登乌坦布尔州德国公路建造权威的工程师顾问。

在美国，预应力混凝土第一次使用是在1950年田纳西州麦迪逊县，用来建造公路桥。这个桥于两周后竣工。报告显示比传统的钢筋混凝土成本节省了40％。这个桥很小，桥跨只有6.1米和9.1米长。

但是第二座预应力混凝土梁桥是一个重要的大型建筑。位于美国费城的核桃巷（Walnut Lane）桥（图5.17），于1951年竣工。它由13个48.8米及14个22.6米的梁构成。最大的梁重达150吨。采用的正是古斯塔夫·芒内尔提出的预应力方法。

现在预应力混凝土桥变得越来越受欢迎，尤其是用于建造那些短跨或中跨。易于建造、节省成本、设计简单等优点使得这项混凝土的新发明备受工程师甚至外行人的青睐。

混凝土的使用带来了一种新式梁桥的发明——刚架桥。这种桥看起来像一个简单的梁，有两个水平的梁架在两个桥桩或桥墩之上。然而它是整块石头的混凝土结构，即桥墩和桥梁在一个模子里。这种桥梁在建造小跨的公路桥或公路时尤其适用。有趣的一个例子则是建于1941年的德克萨斯州瓦布斯（Wabunsee）县的干溪（Dry Creek）桥，由堪萨斯州立公路局修建，由E. S.埃尔科克（E. S. Elcock）和G. W.兰姆（G. W. Lamb）担任工程师。桥的三个拱分别长15.2米、21.3米、15.2米。

图5.16 弗里茨·莱昂哈特

另一类通常用水泥建造的桥是浮桥。有名的一个例子是西雅图横跨华盛顿湖的桥，于1940年由华盛顿收费桥当局建造。这个桥的漂浮部分有1999.8米长，由25个长度为35.7米到115.2米预制格形钢筋浮桥构成。桥的滑动部分为船只运行开放了61.6米长的通道。

图5.17 核桃巷桥

5.3.2 预应力混凝土工作原理

1949年尤金·弗雷西奈写道："预应力概念本身既不复杂也不神秘，甚至相当简单，但它却属于传统结构材料以外的一个领域，人们初次接触预应力概念，困难的是要让他们自己去适应这个新的领域。"尽管钢筋混凝土可以被称为是石、木和铁建筑领域中陌生的材料，埃纳比克对它也没有过多地谈及。然而这两位法国人根据金属和混凝土的结合宣布了建筑领域新纪元的开始，他们两位都掌握了马亚尔所说过的金属的轻便和石头的持久。

马亚尔自己实践了这一点，他将已分散的单元集合在一起，创造了承受荷载的形式而不是承受荷载的数量。当桥台是坚固的时候，抛物线拱承受由纯轴向压力传来的均布荷载。这样，桥梁自重（静载）和车辆或雪（活载）的竖直荷载就可以由石拱桥承受，这仅是因为桥台阻止了竖直沉降和水平滑动。竖直和水平的反作用阻止了这些运动，并给拱以压力；这就使没有用灰浆加固的石头(这些石头的接缝处无法承受压力)可以承受竖直荷载，不致拉断和倒塌。

混凝土像石头一样，抗压力强、抗拉力弱。这样，水平反作用力给拱的压力克服了混凝土在受拉后断开和裂纹的趋势。如果用直梁代替曲拱，不会产生这样的水平反作用力。会朝外展开以变平缓，这种作用引起水平反作用，其结果是梁受桥台的支撑，仅仅阻止了竖直运动。适当支撑的薄拱可承受纯压力的均布荷载。但梁只有在弯曲时才可以承受这样的荷载，其上半部承受压力，下半部承受拉力。石头和混凝土需要大量的材料才可以抗拉力。拱通过其几何形状和外形承受应力，而梁要通过大量的材料才可承受。几何形状使得形式变得轻巧，这样自重就轻，而大量地使用材料使形式笨重，自重就增加，拱的外形可趋于极小，而梁则趋于极大。

用石料只能建造跨度很小的梁。轻型石拱打开了增加跨度的大门，而沉重的石梁封闭了选择建筑形式的方法。这当然是希腊和罗马的古典的对比，帕台农神庙和罗马万神庙的对比。这也是美学派或现代派的建筑师所极力赞扬的希腊建筑外观的雅致与工程师结构表现力所推崇的最基本的罗马结构的应用能力的区别。

埃纳比克展示了混凝土和金属在一起可以制成一种轻型梁，也不需要石建筑所要求的相隔很近的支柱。可是埃纳比克的梁实质上需要钢筋，即便是这样，在梁的下部由于弯曲产生的拉力，出现小裂纹，虽然无害，但也说明了使用很多混凝土只是保护金属不生锈，而不是承受荷载。

弗雷西奈展示了怎样消除这种裂纹，就像在拱中一样，方法是加水平压力。然而，这种压力不是来自桥台的反作用力，以抵抗拱变平缓向外展开的趋势，而是人为的力，用千斤顶直接张拉结构物或更常见的是使用高强度钢缆。在混凝土梁预制时，中间留一个洞通往两端，其纵断面应是弯曲的，洞中穿入钢缆，在端部固定。在强拉力下，钢缆把固定的两端往一起拉，这样混凝土梁承受了高压。除此之外，弯曲的钢缆把梁向上推。设计师可以让向上的推力等于预计的静、活载给的往下的压力。这样预应力可以使不抗拉的混凝土全都承受压力，可以把结构弯曲到静、活载所引起弯曲的相反方向。

由于这种对拉力和压力的控制，有可能使用高强度钢，比在普通钢筋混凝土中用的钢筋强度大4倍以上。在钢筋混凝土梁中，钢和混凝土粘在一起，因此，钢的应力越大，也就是钢给出的越多，混凝土中的裂纹就会越大。另一方面，预应力混凝土梁中固定的钢缆总使梁处于压力之下，钢的应力可以很大，这样钢缆就给出很多应力，而不影响混凝土或引起裂纹。使用高强度钢，意味着钢用量大幅度减少，还意味着用于防金属腐蚀的混凝土量大大减少。混凝土减少了，梁也就轻了，钢用量少了，成本也就低了。现在这两种材料结合在一起的方法把它们的应用推向新的极限，高强度钢和高强度混凝土用量都少了。毫无疑问，弗雷西奈把他的发明称之为"一个新的天地"。即便是这样，他还是不自觉地错误地解释了这种思想。

弗雷西奈生硬地把钢筋混凝土和预应力混凝土分开了，他坚持认为，如果对梁施加预应力，那么，所有的荷载必须由预应力来承受。他的观点阐述得相当有说服力，以致几乎所有第二次世界大战后撰写的教科书和建筑规范都接受了他的观点。可是一些工程师认识到，用预应力承受部分荷载和用钢筋承受部分荷载，可以把结构设计得更好。奥地利人保尔·艾贝尔斯(1897—1977)早在1941年就提出了这个想法。芬斯特瓦尔德在1952年就用到桥梁设计中去了，克里斯琴·梅恩20多年来在瑞士广泛地运用了这种观点。弗雷西奈宣称一场结构革命的激情阻碍了他认识到预应力更为广泛的应用潜力，而其他人却更合理地认识到这一点。

我们在此举一例说明结构工程所受到的合理与激情间深刻的相互影响。不认识激情与合理平衡的中心位置，是不可能理解这段历史的。尽管历史在人们面前展现使结构工程史看起来很明显，但是，在这么一个时代，仍需对其进行再评价，这个时代被蒙上了合理的所谓科学的工程基础，使人们不易看出同样有力量的感情基础。

为了更好地了解弗雷西奈的感情传统和这种传统如何限定了他的观点，我们将简单地介绍一下他的背景材料及其与预应力混凝土演变的相互作用。在弗雷西奈和其他同时或早些时候有预应力想法的工程师之间，有一个主要的区别，这种区别只能称之为性格的区别。很多其他人都受过良好的培训，有现场经验，对结构有清楚的看法。但没有一个人像弗雷西奈那样受情感的驱使。正如他1949年所说："当他们偶尔接触到这个领域时，由于没有一个指导思想，使得他们不能做出有任何实用价值的结论。"弗雷西奈预应力的指导思想使他的视野变小，这种思想把他的注意力集中在把混凝土只能当成在压力下工作的一种材料。弗雷西奈一贯认为，他最清楚地了解加压的混凝土的性能，而这种观念对他的指导思想是绝对重要的，在后面我们可以看出这一点正是他的美学观点。

5.3.3　弗雷西奈的设计思想

由于弗雷西奈经历了第二次世界大战，并且见到了战后建筑业的高速发展，他比他的同代人罗伯特·马亚尔更有名望，马亚尔在第二次世界大战结束前去世。

弗雷西奈1879年出生于波尔多东边的科雷兹高原。对弗雷西奈来说，这片土地是他继承传统的一个重要的组成部分："几千年来，我的祖先一直生活在陡峭峡谷两边的家园，科雷兹高原中湍急的河流从峡谷中呼啸而下。"这片土地的特点是："到处是人们无法通过的灌木丛，恶劣的气候和贫瘠的土壤，多年来这片土地是没有被征服的人和造反者的庇护场所。"这片土地培养了弗雷西奈独立的情感，他一直到临终都保持着。在19世纪80年代中期，他们全家搬到了法国的首都，他对巴黎相当不喜欢，说它是"讨厌的巴黎"。他总是想到他的故乡，故乡的荒凉"培育了一个坚强、勇猛而不善于交际的民族，他们虽然贫穷但很高傲，从不向别人求援，只是向这片贫瘠的土地索取他们生活所需的一切"。

这种鲜明的对比，使弗雷西奈对第一次世界大战之前巴黎巨大的浮华浪费的情景产生了反感。他认为，对先锋派来说，巴黎不是一个感情洋溢、发人奋进的中心，他们用极为抽象的语言辩论分析立体派和象征主义诗篇的理想。他曾说过，就艺术而言，他故乡的人们不是艺术家，而是"万能的工匠"。他概括了他们的理想，这也是他和所有结构艺术家的理想，他说："这些人为他们自己创造了一种文明，其主要特点是对简单的形式和经济的手段尤为关心。"这就是尤金·弗雷西奈指导思想的来龙去脉，在他长期从事结构艺术的生涯中一直热情洋溢地遵循这一点，这是因为，正如他自己所说："我热爱建筑艺术，和我的工匠祖先一样，我认为这尽可能减少人所付出的劳动，以获得效益。"弗雷西奈的父母很快就发现有必要把他们古怪内向的儿子送回荒凉的故乡去久住，而根本不需要忍受巴黎的生活方式。

1898年综合工科学校没有录取弗雷西奈，正如他们半个世纪前没有录取埃菲尔一样。和埃菲尔不同的是，这位青年人又报考了，第二年被录取，"名次不太出众，是第161名"。然而，他毕业名次是第19名，然后被桥梁和道路学校录取。在这里弗雷西奈工匠般的对建筑的热爱第一次与他老师的理想吻合了，这些老师他们自己就是"伟大的工匠"，对工作充满热情，他们是雷萨尔、塞如尔内和拉布。在1903—1904年授课时，查尔斯·拉布把预应力的想法传授给弗雷西奈（图5.18），这种想法从那以后一直指导着弗雷西奈的工作。

和埃菲尔一样，弗雷西奈的早期工程建造在法国中南部的荒凉地区，在这里他受到当地条件的限制，不得不寻求简单的形式和经济的手段。最初他在公路局当工程师，和马亚尔一样，建造了一些小桥。他在1949年写道："这使我非常高兴，因为一项工程给其创建者带来的喜悦不取决于其大小，而取决于他对这项工程所倾注的爱，这些事情到我老时仍历历在目。"在严格限制的条件下找到解决问题的方案是他最大的满足。所有弗雷西奈的创造都直接源于"自然是最少的成本这样的条件，因为我们（省公路局）很穷"。

他谈到了在这个贫穷地区造桥的经历，尤其是在1907年设计的勒弗尔德桥。阿列河上的三座悬索桥都需要更换了，公路局已经设计出在勒弗尔德的一座石桥，费用估算为63万法朗。造价这样高昂，不可能再建其他两座邻近的桥。因此，弗雷西奈在经过仔细研究之后提出让他根据自己的设计来造这三座桥，并强调他用给一座桥的拨款来造这三座桥。弗雷西奈1949年回忆道："结果是不同寻常的，一封正式公函把我推向了监造的地位……桥梁的设计师是我，承造的也是我，建桥方案用不着上级审批……我的上级给了我不受限制地使用资金的权力，但是没有给我一个人、一把工具或一条建议。从来没有一个承建者享有这样的自由。我是绝对的主人，没有人给我下命令，或对我忠告什么。"最后弗雷西奈以21万的造价

图5.18　身着学校制服的弗雷西奈

完成了勒弗尔德桥，也就是每平方英尺路面的造价大约是2美元，埃纳比克1899年建造的沙泰勒罗桥每平方英尺的造价是3.12美元，而这座桥的跨度只有勒弗尔德桥的2／3长。马亚尔1901年建成的佐兹桥每平方英尺的造价大约是2.28美元。弗雷西奈设计的三座三跨桥都有一跨长72.5米(238英尺)，这在1907年设计时，是世界上跨度最长的钢筋混凝土桥。弗雷西奈既兴奋又担忧，这样的结构没有先例，尽管需要尽量地节省开支，他还是决定建造一个足尺试验拱，来研究这种比例的混凝土的性能。为这个跨长50米(164英尺)的拱，他设计了钢拉杆，从一桥台水平拉到另一桥台，和拱的一端固定好，在另一端再拉，然后固定住。这样，拱的两个端部(由没有水平反作用力的两个桥台支撑)向内运动，使拱处于永久的压力作用下。这个试验跨事实上是弗雷西奈的第一个预应力结构。拱在预应力作用下移动太大了，以致在一定程度上1906年法国混凝土规范都没有预料到。可是1908年的这次试验使弗雷西奈了解到混凝土的徐变，即在压力不变的条件下混凝土材料不断收缩。他写道："这是一个可怕的未知数，而官方的科学却坚决否认这一点。"在建造勒弗尔德桥时他也没有忘记这种增大的位移。

在1910年建成勒弗尔德桥之后，弗雷西奈继续仔细观察桥的性能。在1911年初，他开始发现由于混凝土的徐变，桥以惊人的速度向下沉降。这个主要的观察结果迫使弗雷西奈采取行动：

"夜晚我返回穆兰，跳上自行车，向勒弗尔德骑去，叫醒了比古埃和其他3个人。我们5个人又重新放入了拆卸拱架用的千斤顶——我一直保留着这种可能的做法——天刚有点亮，我们就用水准仪和水准尺，开始同时上抬3个拱。那天正好是集日，我们每隔几分钟就得中断操作，让几辆车通过。然而结局理想，桥又整平了，消除了病根，这个病害差点把桥毁了。直到1940年战争中桥被毁，勒弗尔德桥一切正常。"

弗雷西奈在拱顶或拱中心预留了一个开口，可以往里面放千斤顶，千斤顶把两半下沉的拱顶开，这样就抬高了拱。开口灌注混凝土后就成为拱很结实的一部分，永远地固定在新的高些的位置上。在引入引起拱中压力并使拱向重力相反的方向移动的人为作用力时，弗雷西奈成功地完成了他首次主要的预应力混凝土结构。对弗雷西奈来说，这是令人振奋的经验，因此，他认为勒弗尔德桥是他最好的桥，这不仅仅是因为该桥合理的性能，还因为在这座桥上他延伸了结构的极限，只有当他采取了焕然一新的想法时，才保住了桥不受毁灭之灾。桥轻得令人吃惊，但其几乎毁掉的历史更令人惊叹不已。只有摆脱常规的法国官僚制度，才有可能实现这一大胆的计划。只有当要优先考虑经济时，才可能出现这么轻的桥。勒弗尔德桥就是弗雷西奈的塔瓦纳萨桥，是从现场失败的教训中设计出来的形式，和马亚尔略早些的工程一样，桥不复存在并不是设计上的原因。

1914年弗雷西奈离开了公路局，到克劳德—利穆桑建筑公司工作，一直到1929年。在这段时间内，他设计并建造了一系列壮观的工程，为他赢得了国际声望。第一个是洛特河畔维尔纳夫桥，是双肋拱桥，桥跨96.3米(315英尺)，1914年开始施工，直到1919年才完工。无铰接的混凝土拱支撑一个用面砖砌筑的高架拱桥。在第一次世界大战中，他设计了不少带有筒形薄壳屋顶的工业结构，在1921年至1923年间，他在奥利建造了两个大型抛物线型拱飞机库，其跨度为86米(282英尺)，中跨净空高50米(164英尺)。拱是薄的空段，由薄板横向连接起来，看上去成波纹状。

1921年弗雷西奈开始认真地研究他的预应力思想，完成了横跨桑布尔河的坎德利亚铁路桥，桥跨64米，双铰拱。在这座桥上他在支座处运用了混凝土铰，在拱顶处用千斤顶把拱顶开，抬离拱架，他吸取了勒弗尔德桥的教训，在施工计划中就考虑到这一点，不久他又将同样的想法用到一个更大的工程上。1919年他竞争取胜，获准建造横跨塞纳河的圣皮埃尔杜沃夫桥，这座跨度为131.8米(435英尺)的空腹拱桥，1923年完工，是当时世界上最长跨度的混凝土拱桥。中跨高25米（82英尺）。1940年被毁，1946年又按原形式重建。

1924年至1928年间，弗雷西奈在拉昂建了一座小悬桥（1926年，图5.19），在巴涅完成了有圆锥形薄壳屋顶的铁路修配厂车间，最为重要的是，着手建造他最大的拱桥，在普卢加斯泰勒

图5.19　拉昂悬索桥

图5.20　布雷斯特桥

镇旁布雷斯特附近的埃洛恩河的三跨桥（图5.20）。这座桥1930年完工，每个拱都是空箱型，跨度180米(592英尺)，拱高27.5米(90.5英尺)，中跨部分4.5米(14.7英尺)高，9.5米(31.2英尺)宽。由于规模很大，弗雷西奈细致地研究了混凝土徐变，正是这种研究使他发展出更为通用的预应力的思想。1928年10月他获得了预应力想法的专利权，1929年他和朋友J．C．西依莱斯一起离开克劳德—利穆桑建筑公司，在蒙塔尔吉开了一个工厂，生产预制的预应力混凝土构件。工厂办得不成功，但1935年弗雷西奈通过拯救在勒阿弗尔往下沉的水运终点站，展示了预应力的潜力。同年他加入了坎佩农—贝尔纳建筑公司，在第二次世界大战前后和期间，他设计并建造了很多的预应力结构。

　　1945年以后弗雷西奈主要的预应力工程是1946年完工的横跨黑河的卢赞西河桥（Luzancy Bridge，图5.21），桥跨55米，1941年开始施工；其他5座横跨马恩河的桥，完成于1947年和1951年间；委内瑞拉拉加斯附近的3座跨度为150米的拱桥，完工于1951至1953年间；1956年至1958年建成的卢尔德教堂；1958年完工的奥利桥；图卢兹的圣米歇尔桥（Saint-Michel Bridge，图5.22），在他1962年去世前3个月完工。但是，即使弗雷西奈从未研究发展预应力的想法，也还有很多他搞出来的著名的结构，这足以使他和罗伯特·马亚尔齐名，他是20世纪上半叶最伟大的钢筋混凝土工程师。

图5.21　卢赞西桥

图5.22　圣米歇尔桥

5.4　乌尔里希·芬斯特瓦尔德将混凝土悬臂架设变为现实

　　预应力混凝土带来的另一项重大革新是随预应力混凝土梁桥的悬臂施工法的发明一起实现的，这种在钢桁架桥中利用三角形稳定原理实施的施工方法，通过预应力混凝土悬臂施工的实现彻底改变了混凝土梁桥结构的局限。

5.4.1　预应力混凝土梁桥悬臂架设法的发明

　　1930年10月30日，位于巴西赫沃（Herval）区里奥得佩谢（Rio de Peixe）河上的一座公路桥连同它68.5米主跨在跨中合龙了。这在钢筋混凝土桥梁建筑史上是一个大喜的日子，这座桥不但是当时钢筋混凝土梁桥中跨度最长的桥，还是第一座成功使用圆钢筋进行悬臂建设的桥。这条河汹涌的河水迫使工程师埃米利奥·鲍姆加特（Emilio Baumgart）舍弃一般的脚手架。悬臂建造在木架延伸出的1.5米的部分上进行。直径45毫米的纵向钢筋用连接器联结。鲍姆加特是德国后裔，在巴西被尊为钢筋混凝土建造之父。1926年他创办了自己的工程学校，后来成为巴西最好的结构工程院校。时至今日，他的一些学生在钢筋混凝土建造中仍具有很大的影响力。然而几年后这种建造方法似乎只被一座桥效仿，就是在1937年的英国。

直到预应力混凝土出现，这种建桥方法才取得了突破。经过特别设计的钢丝束允许悬臂延伸部分长达3~4米，因此也提升了建造的速度和效率。直径为26厘米的钢束首尾相连，第一次应用于预应力筋。这种建桥方法在1950—1951年第一次得到验证，这就是位于巴尔杜因斯泰因（Balduinstein）的跨度为62米的莱恩（Lahn）桥（图5.23）。这座桥在总工程师乌尔里

图5.23 莱恩桥

图5.24 虎门大桥辅航道桥

图5.25 平衡悬臂施工法

希·芬斯特瓦尔德（U. Finsterwalder）指导下，迪克尔霍夫·维得曼（Dyckerhoff & Widmann）公司负责建造仅仅两年后，位于沃尔姆斯（Worms）的莱茵桥就超越了100米的跨度，它有3个桥跨，其中最大的桥跨长114米。1965年，本多夫（Bendorf）的莱茵桥主跨为208米，创下了预应力混凝土梁桥的新纪录。在不到10年的时间里，这个纪录被不断地超越，在日本达到了240米。1997年建成的中国虎门大桥辅航道桥跨度达到了270米的记录，成为世界上最大跨度的悬臂施工预应力混凝土梁桥（图5.24）。

多年来，应用悬臂建设来避免复杂艰难的辅助地基建设已经成为钢桥建设中的惯例。而这种建造方法在建设过程中保持了交通通道，尤其是船运通道的畅通。然而，混凝土桥建设则与此不同，除了上文提到的这些目的外，设计者们还希望以此来避免建造复杂又危险的脚手架来支撑桥梁完工前混凝土的重量。他们还希望以此来使分段建造合理化。从本多夫莱茵河上的桥和意大利溶胶高速公路一部分的泊桥（Po Bridge）的一组建筑照片的对比，就可以看出不同之处（两桥的桥跨分别为60和68米）。不管是出于严苛的地基条件，还是深谷、洪水或其他危险，抑或是为了保持交通畅通，脚手架越是复杂，悬臂建设的优点也就越明显，尤其是在长跨度桥梁的建造当中，这点更是毋庸置疑的。

悬臂建设是分段进行的，可以从岸边桥墩开始，也可以从中间桥墩开始。在这种情况下，上层建筑的建造就是从两边同时对称地开展，例如平衡悬臂的建设（图5.25）。

预应力钢筋首先放入直径为30毫米的管鞘中。钢条延伸了两段长，然后交互连接。在桥各段接点处，这些钢条根据悬臂梁的弯矩图曲线被固定住。每个建筑用钢丝圈可以向前移动到桥梁完工部分末端，然后它伸出悬臂，为下阶段待建部分提供建筑用钢材。在新阶段完工前，它还负责承担这段的重量。延伸到此处的钢条就被拉紧、固定。桥梁每段所能提供的预应力包括新一段可以接合在完工部分，而且可以承担钢丝束和新一段混凝土的重量。这种方法简单易行，因此在短时间内广为流传应用。即使是在15年后巴尔杜因斯泰因和本多夫的桥创下了新的纪录，其建造过程中依然应用这种方法。因此，这种建桥方法——有时还会结合其他方法——已经成为长跨度预应力混凝土桥建设中世界通用的准则。为了在每段的结束部分能够固定住足够的预应力筋，预应力被分配到许多预应力筋上。然而在最开始的时候就需要增加每个钢条相对较小的预应力（每条大约200~300kN），其主要目的是减少长跨度桥梁中预应力筋的数目，进而完善结构设计。然

而，将悬臂建设中串成束的钢筋（这些钢筋可以相互连接从而达到所需长度）换成钢丝束（钢丝束可以承担更大的预应力）的尝试失败了，原因在于最初就没有解决的预应力筋连接问题变得更加棘手。

早在1948年，维司·福雷特（Wayss＆Freytag）和弗雷西奈在竞争科布伦茨—凡芬道夫（Koblenz—Pfaffendorf）181米跨长的莱茵桥时就提出了在悬臂建设的桁架梁中使用预应力筋，尽管每个预应力筋只能产生约200kN的预应力。预制的桁架组件将用高架移动起重机（替代了建筑用钢丝束）进行组装，并用槽中连续的预应力筋进行预加压力。

这种方法在上文提到的马尔纳（Marne）桥（图5.26）的部分悬臂建造中得以实现。预加压力后，用混凝土将这些槽封闭，从而使得预应力筋免受侵蚀。尽管从工程和经济角度来看，能够承担更大预应力的钢索具有绝对的优势，然而对于分段建造的大型桥来说，没有必须连接点的钢索终究不是最佳选择，因为没有一种方法能将钢索放入后面的混凝土截面中去。

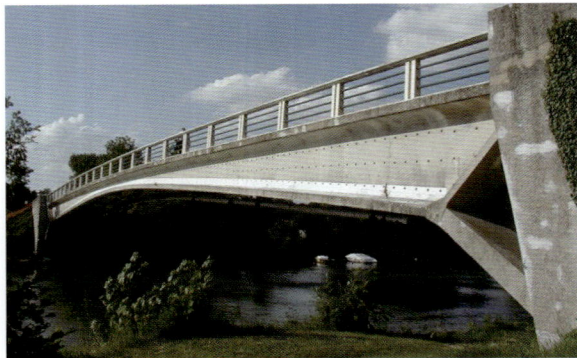

图5.26　马尔纳桥

1954年，波伦斯基·措尔纳（Polensky＆Zollner）公司发现了解决这一问题的一个简单的方法：将结实的、带有棱纹的管鞘放入混凝土横断面里，从而为后来阶段的预应力筋提供管道。通过将细的、植入墙的钢管插入管鞘中，这些管鞘变得坚实，从而在浇灌混凝土的过程中能够保持在原位。这些管鞘一部分一部分地连接起来，并将钢管拉入将要浇灌混凝土的分段。这种钢管保障了一条畅通且有一定弯曲度的管道。浇灌混凝土后，通过这条管道就可以将很长的预应力钢丝束轻松穿进来。

只有那些与新一阶段建设同时结束的预应力钢索才能够在浇灌混凝土后穿越管道，这种优势使得钢索只遭受短时间的侵蚀。一旦新一阶段的混凝土浇灌工作完成并预加压力，管道就被注入水泥浆，因此钢丝束和混凝土就粘合在了一起。

尽管有许多大型桥梁的设计值得一提，然而直到1958年这种方法的可靠性才得以证实。在卢森堡跨度为520米的阿尔泽特（Alzette）桥国际竞赛的最后阶段，竞争主要集中在一座钢桥设计和一个110米桥跨的预应力混凝土梁桥设计上。这个混凝土设计深受联邦德国交通部桥梁部的主管喜欢，因此这种建筑方法被敦促首先应用于一座正在计划中的小一些工程建设中。他还成功地说服霍恩林堡（Hohenlimburg）城在莱内（Lenne）桥（B7的一部分）的建造中使用这一新的建筑方法。而当时已经开始建造这座桥的地基，上部结构（三个45米长的中心桥跨）的建造本来是打算在脚手架上完成的。

在霍恩林堡城莱内桥取得成功的基础上，同年签署了贝丁肯（Bettingen）城美因河上一座桥的建造合同，这座桥是法兰克福—纽伦堡（Nuremberg）高速公路的一部分。1959年12月，第一条车道建成，第二条也在1960年的8月完工。上部结构在桥墩部分有7米的梁高，桥跨正中则有3米。当时，这座桥140米的桥跨创下了一个新的纪录。预应力筋是由钢丝束组成的，每个预应力筋承担1160kN的预应力。不同于以往的悬臂建设，在这座桥的上部结构分段建造过程中还使用了轨道式脚手架钢丝束。在分段预加应力完成后，它们将混凝土的恒载转移到上部结构上去，因此减少了由于各种负载带来的压力的波动。也正因如此，将分段长度增加到7米也变成了可能。模板移除后，还需要一些特别的建筑用脚手架来稳定建造过程中的建筑。

当正在建造贝丁肯桥时，斯太尔（Steyr）城雷德尔（Reder）桥的悬臂建设成功地引入了1160kN预应力钢丝束，这座桥是奥地利第一座预应力混凝土桥（1960—1961），其跨度超越了100米。在悬臂建设中，不仅使用了连接在一起的预应力钢筋，没有连接在一起的钢丝束也越来越多地应用于悬臂建设中。与此同时，在悬臂建设中，迪维达（Dywidag）体系预应力钢筋已经在全球广泛应用，其影响十分深远，哪里的道路被水阻隔，哪里就有这种体系的身影。在德国，许多重要的桥梁都效仿沃姆斯（Worms）的莱茵桥，其中最为突出的是科布伦茨（Koblenz）的摩泽尔（Moselle）桥，它最大的桥跨为123米，还有赫希斯特（Hoechst）的梅因桥，跨长为130米。1957年，奥地利跨长为80米的奥路斯登洛（Au-Lustenau）莱茵桥建成通车。

斯堪的纳维亚半岛的水道和海湾十分适合建造悬臂桥。在1958—1963年间，用这种方法依次建成了挪威跨长80米的特罗姆瑟（Tromso）桥、瑞典斯卡格拉克海峡（Skagerrak）主跨约107米的Kallosund桥和七个主跨长60~134米不等的Alnosundet桥。

有着许多海岛和较长海岸线的日本，情形与斯堪的纳维亚半岛相似。四国（Shikoku）附近跨长70米的娜达（Nada）桥和主跨为176米的名古屋欧哈希（Nagoya Ohashi）桥也是两座悬臂桥建筑。然后桥跨的长度就开始了飞跃：1972年的浦户（Urado）桥跨长230米，1975年的广岛欧哈希（Hikoshima Ohashi）桥跨长236米，1978年的滨名（Hamana）桥跨长240米。滨名桥最近被科罗尔（Koror）岛和巴伯尔图阿普（Babelthuap）岛之间的一座桥超越了1米，这座桥是卡罗琳娜（Caroline）群岛帕（Palau）岛链条的一部分。总的来说，悬臂建设在日本取得了极大的成功。面对地震的威胁，日本人彻底检查了这种建筑的安全性，并在理论与模型测试方面对上部结构与支撑柱节点部分力的相互作用进行了细致的研究。

5.4.2 形式的自由

混凝土发展到这一阶段，人们才完全认识到这种材料可以塑造成任何形态。现代预应力混凝土结构设计使得以前想都不敢想的建筑成为可能。梁的纤细程度达到了材料的极限。人行桥环树而建，看起来如此轻盈，就像可以自由弯曲扭转一样。事实上，如果共同的作用是将外部交通负载的力抵消掉的话，那么钢铁的预应力极大地影响着混凝土的力。然而，结构设计和建筑成本的增加被建筑材料成本的降低抵消掉了（1957）。六年后，设计师用电脑解决了弧形连续梁里挠度和扭矩之间的问题。

在车道上没有任何中间支撑结构而跨过道路和高速公路的桥的形式越来越多样化——不管它们是从桥墩伸出弯曲得让人担心的悬臂，还是用桥柱在车道两边架起一道连续梁，再或者是在末端接入有趣的匝道。

当曲线桥一座又一座地建成时，曲线的影响变得至关重要。

封闭箱体部分尤其适合建造曲线桥，因为它具有扭转坚固性（抗扭刚度）。π形截面梁也被用于曲线桥建设，正如加利福尼亚奥克兰（Oakland）桥一样。这种形式的自由对于大型桥梁也有影响，尤其是那些设计得不规则的桥梁。科隆（Cologne）的四叶式立体交叉桥连接着去往公园桥的环（Ring）路，位于莱茵河的右边。总表面积为26000平方米，没有任何扩展节点。主要匝道长达500米，宽度从34~42米不等，曲线半径长达450米。桥的跨度分布在35~56米之间。入口匝道跨度从27~41米不等，曲线半径小一些，最小的只有35米。主匝道是一个多室箱梁，梁高仅2米。入口匝道为单室箱梁，梁高为1.55米。固定点约在桥的正中间。为了减少支撑点的数量，在主匝道下用了两个支撑柱，在各个支路下设置带有端承桩的单根支撑柱。这种间隔开来的支撑柱对于箱体部分（延伸到整个桥梁的宽度）不但是最经济的，也是最具美学效果的。第一期建设包括了主匝道中间部分56米的桥跨和两边一般的桥跨。四叶式立交桥的建造是一个桥跨一个桥跨进行的，一边一边地轮换。入口匝道的建造也包括在建造日程里。

预应力混凝土设计能力的影响还体现在拱桥上。为避免对预应力筋再施压时产生不利影

响，位于阿尔斯莱本（Alsleben）由迪斯金科（Dischinger）设计的萨勒（Saale）桥，其桥面本身就是一个预应力混凝土张力带。整座桥使用同一种材料建成，因此材料所有的属性都相同。早在1960年，波伦斯基·措尔纳（Polensky & Zollner）就提交了一个这种类型建筑的、很有竞争性的设计，这项设计是法兰克福一座210米桥跨的凯瑟雷（Kaiserlei）桥。一年后，在哈根（Hagen）成功建成了160米长的弗帕（Fuhrpar）桥，其净跨为93米。这个桥的桥面悬在两个拱上，拱是由直径为12厘米的钢支架组成的，间距为7米。这两个拱在桥面上方并没有用交叉梁连接。在原本参与竞争的设计里，这些支架也使用预应力混凝土，然而后来却采用了看起来精致的钢支架。

5.5　克里斯琴·梅恩的创新设计

20世纪末，英国1999年《桥梁设计与工程》（*Bridge Design and Engineering*）最后一期向世界推荐了30位桥梁学者和专家，并征集对20世纪最美的桥梁的意见。从20世纪建造的成千上万座桥梁中选出了15座最美的桥，其中梅恩的设计有两座中选。

5.5.1　克里斯琴·梅恩

克里斯琴·梅恩1927年出生于瑞士的迈林根。由于他父亲的工作，他在瑞士的很多地方生活过，但他的家庭来自瑞士最大而人口最稀少的格劳宾登州。1946年他进入苏黎世瑞士联邦理工学院学习，1950年毕业，获土木工程学位。1951年他开始了博士学位的理论研究，1953年成为皮埃尔·拉迪（Pierre Lardy）教授的助手，从拉迪教授那里第一次详细地了解到有关马亚尔的工作情况。

他的父亲西蒙·梅恩(1891—1948)是一位著名的土木工程师，20世纪20年代，曾作为营造总工程师负责马亚尔的两项最大的桥梁工程。西蒙·梅恩和马亚尔既是工程方面的同事又是好朋友。

1956年梅恩获得博士学位以后，在巴黎为联合国教科文组织大厦工作，大厦的结构设计师是内尔维。1957年他回到瑞士，同年6月在库尔开设了自己的事务所。在以后的几年中，他设计了许多桥梁和大厦，大部分坐落在格劳宾登，在瑞士全国桥梁竞赛中他多次荣获一等奖。1971年，梅恩在他的母校苏黎世瑞士联邦理工学院被聘为结构工程教授，他放弃了库尔事务所。从那时起，他是瑞士大部分大型桥梁的顾问，而从1977年开始，他一直担任瑞士钢筋和预应力混凝土建筑规范修订委员会主席。

克里斯琴·梅恩最早的一些桥梁明显地表现出受罗伯特·马亚尔的影响，特别是受在格劳宾登的马亚尔桥梁的影响。确实，格劳宾登是马亚尔进行他的第一项设计的地方(1900年为因河设计了佐兹桥)，20世纪的初期，他在那里进行过研究，并受到那一山区地带石桥的影响。同样，梅恩也一直深受这些桥梁结构的影响，其中包括古代桥梁，如他少年时居住过的农场附近的后莱茵河桥和壮丽的曲线型兰德瓦塞尔高架桥。

5.5.2　桥面加劲拱桥和曲线箱梁桥

20世纪60年代，梅恩遇到了施工条件变化的困难，所以他在早期桥梁中表现出来的风格发展很慢。有三个重要的因素影响了他的思想。第一，人工成本的迅猛增长，使竖向支承间距密集的上承加劲拱变得很不经济。梅恩把支承的间距拉大，从而解决了这个问题。他1964年设计的第一座100米跨度拱的赖歇瑙桥（Reichenau Bridge，图5.27)及1967年的大维亚玛拉桥（Great

Viamala Bridge ，图5.28）就是很好的说明。第二个重要变化，即预应力的采用，使对桥面仍有加劲作用的宽间距在经济上特别引人注目。由于采用预应力的方法，因此可以建造更长跨度的直梁桥，如梅恩为莱茵河设计的巴特拉加斯桥。对于这样低的河渡口，比较容易架起整座桥的脚手架。但是，此时对跨度较长和河渡口较高的桥，梅恩仍采用上承加劲拱，如1967年的纳宁桥（Nanin Bridge）和卡塞拉桥（Cascella Bridge，图5.29），它们位于格劳宾登州讲意大利语地区的梅索科山谷。影响梅恩风格的第三个因素是极高的脚手架工程成本的增加。自20世纪50年代以来，人们一直寻求简化脚手架以降低拱桥成本的方法。赖歇瑙桥的脚手架直接支撑在河里的一些地方。1970年在对伯尔尼北部阿勒河上非常大的费尔塞诺高架桥的设计竞赛中，梅恩提出的不是需要复杂脚手架的拱设计，而是一份完全不需要地面脚手架就可以建造起来的全部预应力悬臂桥的方案。

图5.27 赖歇瑙桥

图5.28 大维亚玛拉桥

图5.29 纳宁桥和卡塞拉桥

梅恩的桥梁的三个重要特点，表明他是怎样在正常的设计思想上发展自己的个性从而创造出一种新颖的艺术作品的。第一个特点是曲线桥面方案。为此，梅恩提供了一种曲线箱形截面梁，由主跨两端两堵又细又狭的高混凝土墙支撑。这个方案提供了156米长的总跨，而大梁所用的材料仅相当于净跨144米大梁的材料。此外，尽管墙很薄，纵向劲度却很大，因为有12米的宽间距。因此双狭支柱的方案是有效的。它也是经济的，因为柱的间距宽，用非常简单的脚手架就可以把梁构件放在柱上，还可以搭一个长平台，从两侧把第一个悬臂脚手架一次竖起来。最后，双狭支柱方案可以使结构的外观更加开放。早期的高架桥通常两根支柱并排，支撑着一对箱形截面梁。因此，从这些桥的下面观看，一堵堵宽大坚固的墙挡住了风景，当一排支柱与从另一角度看到的下一排支柱汇合在一起时，更是如此。特别是对于曲线桥，这种汇合会挡住梅恩方案所提供的壮丽景色。

第二个特点产生于通过宽山谷的桥面的纵剖面，这里指的是既多树又位于郊区的山谷。对此梅恩设计了比较长的跨度，桥面越靠近支座，总厚度越增加，使纵剖面略成拱形或加腋拱形。这些加腋桥面是有效的，因为它们比固定厚度的桥面需要的材料少。但是，在现场施工中，加腋所需增加的成本高于固定厚度的大梁。很清楚，材料效率所节省的成本至少有一部分被现场人工增加的成本抵消了。这个典型的问题强调了这样一个事实：效率、经济和美学三个标准中，每一标准都有其内在的复杂性，而且在某种程度上每一标准都可以平衡其他标准。换句话说，最好的设计应该是合理地满足所有三项标准的设计。虽然加腋并没有明显地把成本减到最少，但它确实提供了比棱柱梁更引人注目的外观形式。

第三个不寻常的特点表现在费尔塞诺桥（Felsenau Bridge，图5.30）大梁的横截面上，宽大的桥面使用单箱式大梁。过去建造预应力分段拼装式桥的方法是使用两根箱形大梁，桥的每一半用一根，因此实际上建造的是并排的两座桥。带有宽悬臂桥面板的单箱式大梁所需的材料比两

根箱形大梁少。与两根箱形大梁相比较，单箱式大梁要经济得多，施工时，梁可以分成两半做成，而且在以后建造悬臂桥面板时，只要在完成的箱形大梁上搭上非常简单的脚手架即可。最后，单箱式方案与狭柱墙一起会产生一种引人注目的轻巧的外观。梅恩设计的单箱式大梁和支柱之间过渡的方式同样也很重要。单箱式大梁不仅改变纵向厚度，而且改变宽度，在靠近支座的地方其厚度增加而宽度变窄。梅恩给单箱式大梁加楔使其变窄，这样，大梁顶部的宽度保持不变，而大梁底部的宽度随着大梁厚度的增加而减少。从美学的角度来看，支座处这种平稳的过渡优于大梁底部宽度大于支柱横向尺寸的过渡。如果使用直立式腹板梁，成本会少一些，但由此形成的外观会显得非常沉重。因为很难知道这种小的方面是否会影响总成本，所以梅恩毫不犹豫地设计出更加美观的形式。他的竞争方案被判定是总成本最少的一个。只要总的观念(性能和施工程序)是合理的，形式上的微小变化不会使成本有明显的改变。

图5.30 费尔塞诺桥

5.5.3 甘特桥的设计

1974年春天，正当费尔塞诺桥接近完工的时候，瓦莱州的工程师向梅恩进行咨询，征求他关于在辛普龙公路上建造一座新桥梁的意见。该州曾建议挖掘一条隧道，以避开布里格上游甘特山谷不良的地基条件，这条隧道的费用估计为5000万瑞士法郎。该州工程师担心费用太高，便向伯尔尼的联邦公路局征求意见，而公路局建议他向梅恩请教。

图5.31 峡谷中的甘特桥

图5.32 甘特桥

梅恩观察了现场和地基条件以后，建议修建一座桥，他估计桥的费用大约是隧道估价的一半。他起草了初步方案，并制作了模型。一般来说，对于这样重要的项目要进行一场设计竞赛，但瓦莱州非常喜欢梅恩的方案，担心审查委员会选取另一种设计，他们便直接委任梅恩继续完成最后的计划。这个例子的确说明了保守的审查委员会的看法：因为甘特桥（Ganter Bridge，图5.31、图5.32）的形式似乎没有直接的先例，所以与费尔塞诺桥相比，很难在竞赛中获胜。然而，甘特桥的形式是梅恩对早期工程思考的结果。简短地研究一下这种形式的形成过程，有助于说明最合理的建议是怎样直接从足尺结构的经验中产生的。

对于费尔塞诺桥，梅恩有意设计了长跨(当时是瑞士最长的)，以避免在水道中间出现桥墩，同时也是为了在交通繁忙的阿勒山谷有一个外观轻巧的结构。在甘特山谷，他的出发点也是支撑条件。他首先在北侧山坡找出建立在坚固岩石基础上的最高桥墩的位置，下一个桥墩的高度与已有的路面齐平，再把另一个主跨桥墩放在适当的位置使桥的主跨对称。

有了这些初步想法，梅恩接着开始详细考虑桥的上部结构。费尔塞诺桥主梁产生的巨大的力引起了梅恩的注意。梅恩认为174米跨度的甘特桥所产生的更大的力需要用一种新方法来解决。他的方法是通过斜拉提供一种中间支承力，从而使主跨上87米的悬臂所产生的力与短跨上悬臂所产生的力大致相等（图5.33）。

对于高桥墩，同费尔塞诺桥一样，两堵分离的薄墙需要更大的截面，因为高度增加很多，会导致较高的侧向弯曲。因此，梅恩对150米高的桥墩采用了带有翼缘的单空箱式，翼缘的纵向宽度从顶部的6.5米增加到底部的10米。正像费尔塞诺桥，桥面梁和桥墩设计为刚架，使主跨没有结点或支座(三个较矮桥墩的底脚处除外，它们是为了把结构与缓延的山谷分开)。

费尔塞诺桥和甘特桥之间的这些比较，说明梅恩为了设计一个比较新而且比较大的工程是如何修改早期的经验的。为了更清楚地了解他的思想，有必要对甘特桥进行分析，因为它代表着极少数产生一种新形式的事件。和往

图5.33 甘特桥的斜拉体系

常一样，我们对剖面、截面分别加以考虑，并对性能、经济性和美学的问题逐一进行研究。

从平面图上看，桥面弯曲离开北侧斜坡，笔直地越过山谷，然后又弯回，与通往辛普龙关的公路会合。梅恩根据地基条件首先把支座放在适当的位置，然后按照他心里的另外两条标准，即对称性和均匀性，对它们进行调整。选择和双道桥面大致同样宽的单空箱式桥墩，从外观上看具有很强的支承力，与宽阔的山谷相比较，仍然呈现出一种开阔的景象。因为桥的跨度很大，因此，单空箱式桥墩是抵抗沉重侧向弯曲的有效形式，这种侧向弯曲主要来自当地极高的设计风速。若使用实体的上承式大梁，改变拉索的形状和间距，以形成一种显著而开放的总体结构，则具有经济意义。

从纵剖面来看，由于梅恩决定避免在支座上使用厚梁，所以甘特桥最鲜明地表现出自己的新形式。他采用了拉索，从而使支座处的总结构深度为16米，而把87米悬臂的跨度减少到只有36米。但是，由于拉索一直延伸到127米的曲线边跨，因此必须把它们包在混凝土墙内，使它们能够沿着平面曲率而延伸。拉索又使这些墙具有预应力的作用，这是一种新的方法，带来三个优点：第一，保护拉索不被腐蚀；第二，没有疲劳危险，因为拉索与混凝土墙结合在一起，经受的应力仅大约为正常拉索桥拉索应力变化范围的1／5；第三，包括箱上混凝土墙在内的坚固的大梁断面增加了总的安全。

结构功能的这些优点同实际施工的优点是相伴随的，施工中把所有的悬臂脚手架变为一种标准的形式，从中跨2.5米深到支座5米深。建造混凝土墙的成本很高，如果没有悬臂脚手架的严格标准化，则简直不能认为这种建造是合理的。

最后，同以往一样，梅恩最关心的是美学问题。桥的纵剖面的真正起源不是来自有关效率和经济的思想，而是来自梅恩的简单观察，"非常强有力的桥墩和非常狭窄的大梁之间的极端关系，导致了一种上部结构的不寻常的设计(Ausbildung)"。与英语"design"一词的模糊含义相比较，这里的德语单词"Ausbildung"具有在整个理性阶段就形成某种形式的含义。因此，梅恩的主要动机是美学，一般的悬臂形式虽然在技术上是可行的，但会导致外观薄弱的水平剖面(与所需要的强有力的垂直构件相比较)。这种美的敏感使梅恩更深入地研究这个问题，并寻找一个尽可能有效而经济的解决方案。

在决定使水平剖面外观更粗壮以后，梅恩首先让桥墩高出大梁，形成高出桥面大约10米的桥塔，作为拉索的支撑。这些拉索又使最大悬臂深度只有5米。因为采用曲线方法，拉索必须埋置在混凝土墙内以随桥面延伸。从技术上来看，主跨上不需要这种墙，但是，只要人们设想一下轻便的拉索暴露在174米桥跨上的外观效果，就会认识到把拉索全部埋置起来能起到改善美观的作用。此外，把拉索全部埋置还有技术上的优点。因此，即使是最好的设计，也不可能把任何一个具有纯美学或纯技术外观效果的决定分离开来。在最好的设计中，美学是主要动机，但决不能与技术相抵触。

最后，狭窄的双线桥的截面是一个没有外伸板的单空箱。梅恩在费尔斯诺桥横向跨度10米的腹板梁上使用了25厘米厚的预应力上承板。因此，从技术上说，悬臂是不必要的，尽管它们确实可以为静载提供平衡力矩。为了经济施工，虽然墙和桥塔的费用大，但没有悬臂的单箱很简

单，因此总的费用比较少。

从美学的角度来看，断面图最难预料。形式是由总的外观发展而来的，它强调侧面图，在完工阶段，铰的联结和精巧程度令人钦佩。当开车从桥上驶过时，桥会显得非常沉重，因为高墙和狭窄桥面的比例不相匹配。此外，桥塔横向显得有些沉重，特别是水平大梁与垂直的细薄结构相比较时更是如此。这个两种比例的问题(一种是纵剖面，另一种是断面)使人想起罗伯特·马亚尔的索尔吉纳托贝尔桥。在马亚尔这项最著名的工程中，沉重的护墙是桥面的主要景色，而且不论从哪一边看，都会强烈地感到风景在缩小，这强调了三铰空箱形式的威力和庞大，但与其闻名的精巧的形式和铰接的侧面图有根本的不同。甘特桥取代了费尔塞诺桥，成为瑞士跨度最长的桥。按桥面的面积计算，甘特桥比费尔塞诺桥费用大得多，因为其跨度较大，支柱较高，地基条件困难得多，尤其是南侧斜坡的地基条件更为突出。然而，事实证明它是一种比较经济的方案。第一，其决算为2350万瑞士法郎，还不到最初提出的隧道方案估计成本的一半；第二，在投标阶段，另一位设计师准备了一份竞赛设计，总承包商朱布林和西埃公司对它和梅恩的设计一起做了估价。朱布林发现梅恩的设计至少便宜200万法郎，于是只对梅恩的设计提出正式投标。

除了作为效率手段的功绩及作为经济手段的竞争以外，甘特桥的美学已引起人们的极大兴趣。著名的德国结构工程师弗里茨·利昂哈特在他1982年所著的《桥梁》一书中展示出的甘特桥的照片比任何一座其他的桥都多，虽然对其设计并非不加评论，但他得出这样的结论："甘特桥以其新颖而大胆的结构获得理应受到的赞赏。"形式主要来自美学思想。美学思想又只能来自工程师的想象力。对于梅恩的设计，没有任何建筑师或其他美学顾问参与。甘特桥就这样保持了以泰尔福德铁拱为开始的现代桥梁的悠久传统，这是一种旨在将技术和美学思想结合起来的结构传统。当结合得最好时，这种结构就成为艺术作品。费尔塞诺桥和甘特桥就是两个合适的例子。

5.6 预应力混凝土桥的新领地——中国的混凝土桥梁

1978年中国实行改革开放政策以后，经济得到了飞速发展，交通基础设施的建设是经济发展的动脉。在这样的大背景下，预应力混凝土梁桥在中国得到了它的新领地。高速公路建设、高速铁路建设及城市化进程的加快，为混凝土桥梁建设提供了展示的舞台。目前中国已成为混凝土桥梁建造最多、发展最快的国家，公路和铁路部门都进行了桥梁标准化的设计，提供了系列的标准梁，用以专业化和节约成本。如2009年全线贯通的武广高速铁路，全长968千米，桥梁662座（共411千米，占线路总长度的42.1%）。2010年开通的京沪高速铁路正线长度为1318千米，桥梁长度为1140千米，占线路长度的86.5%。其中包括了预应力混凝土简支梁、预应力混凝土连续梁、预应力混凝土刚构等多种形式，施工方法也是多种多样，包括工厂预制、现场浇注、悬臂架设等。

中国的预应力混凝土连续梁在1980年以后发展迅猛，预应力混凝土结构向双向预应力和三向预应力体系发展，跨径出现了很大跨越。

大跨度预应力混凝土桥根据结构体系不同分为预应力混凝土T构桥、预应力混凝土连续梁桥和预应力混凝土连续刚构桥。

5.6.1 大跨度预应力混凝土T构梁桥

预应力混凝土T构桥在中国的应用始于1960年代。1965年设计，1966年建成的成昆铁路旧庄河一号桥是中国第一座悬臂施工的预应力混凝土铁路桥梁，梁桥孔跨布置为24米+48米+24米，对称悬臂施工，跨中设铰，是中国预应力混凝土铁路桥梁第一次突破32米大关。由于这种桥型行车线形不够平顺，铁路桥梁没有继续采用这种桥型。

1968年建成了广西柳州大桥，主跨为124米，该桥跨越柳江，是中国第一座采用悬臂施工法的预应力混凝土T构桥，桥梁宽度为20米，全桥由三个T构组成，在T构之间设置25米的挂梁，主梁采用双向双室截面和三向预应力体系。1971年建成的福建福州乌龙江大桥主跨为144米，主孔桥跨布置为58米+3×144米+58米，各个T构之间设置了33米的简支挂梁。

1980年代T构桥建设在中国有了进一步发展，全长1073米的重庆石板坡长江大桥（图5.34）建成通车，该桥是目前中国最大的预应力混凝土T构桥，主跨为174米，悬臂端梁高3.2米，根部高11.0米，吊梁跨度35米，桥宽21米，四车道，两边各有2米人行道。全桥由86.5米+4×138米+156米+174米+104.5米8跨组成，该桥是重庆市区第一座长江大桥。重庆石板坡长江

图5.34 重庆石板坡长江大桥

大桥位于重庆市渝中区石板坡与南岸区梨子园之间，1977年11月动工兴建，1980年7月1日建成通车，总造价为6468万元。桥头建有代表春、夏、秋、冬的大型铝铸雕塑4座，分别命名为春姑娘、夏小伙和秋姑娘和冬小伙。1984年9月，这组由四川美术学院雕塑系叶毓山等设计的大型铝合金雕塑《春夏秋冬》落成揭幕，每座雕像高9米。

有关这组雕塑还有一段很有趣的故事。"春夏秋冬"分别由两组男女人物代表，最初设计的四个人物全部裸体，小样时，大家没什么争议。但当放大时，各种争议不断。当时报社接到许多市民的投诉，说桥头放四个光身子的雕塑有伤风化；有的说四个裸体雕塑会让司机开车分心，容易发生事故。当时的争议五花八门，让艺术家很为难。裸体雕塑事件闹到当时四川省主要领导那里，当时一名省委主要领导看后批示四个字："裸体不妥"。最后，双方妥协，给裸体雕塑披上一层薄纱，作品才得以通过。如今人们所见雕塑身上都有一条长长的飘带，这其实也是历史的痕迹。如今，这四个人物雕塑已成为重庆的标志，为大桥起了画龙点睛的效果（图5.35）。

图5.35 春花 夏风 秋实 冬雪

1982年泸州长江大桥是中国建成的另一座T构形式的大型桥梁，桥梁全长1252.5米，宽16米，主桥由105米+3×170米+105米组成，主梁采用了单箱双室形截面，刚构根部梁高10米，悬臂段2.5米，每跨跨中设置了40米的挂梁。

T形刚构墩梁固结，在桥墩顶不设支座，但要在跨中设置剪力铰或挂孔，运营中跨中剪力铰或挂孔处变形不连续，行车不顺，而且冲击力很大，近年逐渐被连续梁桥和连续刚构桥取代。国外T构最大的桥梁是加拿大的联邦（Confederation）桥，跨度为250米。

5.6.2 大跨度预应力混凝土连续梁桥

原计划1967年建成的成昆线孙水河大桥，跨度为32.7米+64.6米+32.7米的预应力混凝土连

续梁桥，由于"文化大革命"，工程数次中断，直到1970年7月1日才建成通车。这是中国当时跨度最大的铁路预应力混凝土连续梁桥。

图5.36 湖北沙洋大桥

1985年建成的湖北沙洋大桥（图5.36）跨度为111米，是中国首次跨度突破100米大关的预应力混凝土连续梁桥。该桥宽12米，主跨布置为62.4米+6×111米+62.4米，主梁采用单箱单室截面，支点梁高6米，跨中梁高3米，采用悬臂法施工，在纵向和竖向施加了预应力。1986年建成的湖南省常德市沅水大桥采用了84米+3×120米+84米孔跨布置的预应力混凝土连续梁桥，采用了宽翼缘直腹板单箱单室截面，桥面宽19.5米，箱底宽9米，三向预应力混凝土。1988年江门市外海大桥主跨达到110米。1994年建成通车的山西省风陵渡黄河大桥采用了九跨一联的预应力混凝土连续梁桥，桥孔布置为87米+7×110米+87米，连续长度达到972米。1991年位于云南省的六库怒江大桥是一座跨度为85米+154米+85米的预应力混凝土连续梁桥，实现了150米跨度的突破。

1996年建成的广州至湛江高速公路上的九江大桥跨度达到160米，主孔的选择是为了和先前与此桥平行的已经建好的九江大桥斜拉桥跨度保持一致。不幸的是2007年6月15日早晨5点钟，一艘运砂船将斜拉桥的引桥拦腰撞断，大桥中段约160米完全塌陷到江中，9人遇难。

2001年建成的南京二桥北汊桥，主跨达到165米，成为中国最大跨度的预应力混凝土连续梁桥。北汊桥是南京二桥的重要组成部分，跨越长江北汊航道，桥跨布置为90米+3×165米+90米五跨变截面预应力混凝土连续梁，桥面宽度为32米，由上、下游分幅的两个单箱单室箱梁组成，箱梁根部梁高8.8米，跨中梁高3米，主梁采用了三向预应力体系。桥梁支座吨位达到6500吨。桥墩为薄壁空心墩，为了抵抗船只的撞击，桥墩底部壁厚加大。桥梁基础采用群桩基础，桩基长度达到了66~69米。同类桥型中世界上的最大跨度是挪威的瓦洛德（Varodd）2号桥，主跨达到260米。

在武广和京沪高速铁路上，已经大量采用了跨度40米至80米不等的预应力混凝土连续梁桥，在跨越高速公路或重要水道的地方，采用了跨度100米至125米的预应力混凝土连续梁桥。

预应力混凝土连续梁桥因为要采用大吨位支座，加上合龙前后的体系转换有一定难度，使连续梁的跨度受到一定限制，跨度更大的预应力混凝土梁桥优先考虑预应力混凝土刚构桥，尤其是双肢薄壁连续刚构桥。

5.6.3 大跨度预应力混凝土连续刚构桥

在中国首次采用连续刚构的桥是广东番禺洛溪大桥（图5.37），1988年建成通车，主孔孔跨布置为65米+125米+180米+110米。为了减少温度应力的影响，主墩采用了柔性的双肢薄壁墩，这在当时创造了中国梁桥的最大跨度纪录。大桥的设计和施工深受澳大利亚盖特威（Gateway）大桥的影响，盖特威大桥主跨达260米。

洛溪大桥位于广州市海珠区与番禺区之间的珠江沥滘航道上，是广州市区连接番禺的交通要道。该桥全长1916米，宽15.5米。主桥长480米，双向四车道，于1984年10月动工，1988年建成通车，洛溪大桥建设经费8100万元，其中时任全国政协副主席的爱国商人霍英东先生捐出1000多万元人民币。

图5.37 广东番禺洛溪大桥

　　洛溪桥设计流量为每天3万辆，后来由于经济和城市的发展，每天的流量达到6万辆左右，按一辆车收五块钱，每天就是30万左右，一个月下来将近1000万，一年就将近一个多亿，洛溪大桥已收费了17年，收费未完，争议不断。最后，广东省政府宣告从2005年7月1日零时起终止收费，结束了17年的收费历史。

　　1993年建成的贵州省贵阳市至毕节公路上的六广河大桥为一座三跨预应力混凝土连续刚构桥，跨径布置为145米+240米+145米，桥梁的跨度突破了200米大关。同年建成的河南省三门峡黄河公路大桥为六跨预应力混凝土刚构桥，桥跨布置为105米+4×160米+105米，是这种结构的一种长联结构。而山东东营黄河大桥为九跨连续的双肢薄壁刚构桥，孔跨布置为75米+7×120米+75米。1995年建成的湖北省黄石大桥是一座五跨预应力混凝土连续刚构桥，分跨为162.5米+3×245米+162.5米，主梁采用了单箱单室截面，三向预应力，江中的4个主墩设置了钢浮式消能防撞设施。

　　1997年建成的广东虎门大桥的辅航道桥跨度达到270米，其主跨为中国的最大跨度，采用三跨双肢薄壁刚构体系，超过了澳大利亚的盖特威大桥创造的跨度260米的纪录。而1998年挪威斯道摩（Stolma）海峡桥跨度达到了301米，创造了新的世界纪录，这是一座只有9米宽的海峡大桥，桥跨布置为94米+301米+72米，支点梁高15米，跨中梁高3米，采用平衡悬臂架设。大桥耗用了1850吨钢材，11500方混凝土，再次显示了北欧追求桥梁建造的经济性（图5.38）。

图5.38　斯道摩海峡桥

　　前文提到的重庆石板坡长江大桥因为不能满足现有交通要求，2003年12月进行复线桥的开工建设，建造目的是要缓解重庆石板坡长江大桥不堪重负的现有车流。按照最初的设计构想，复线桥只是原有桥梁的复制品。但在勘察论证中发现，复线桥的第6个桥墩将影响航运通行。于是，桥亦是原先的桥，桥墩却减少了一个，要达到这种设计理想，桥的跨度比原先增加了近一倍，有人提出用斜拉桥等其他方案，但这样无疑会以牺牲城市景观为代价。

　　另一方面，根据航道专家们的论证，新桥的主跨必须提供292米的航道净宽，而要满足两桥其他桥墩相吻合的要求，唯有把两个主跨之间的桥墩除掉，这样一来，重庆石板坡复线桥的主跨达到了330米，该桥2006年建成通车，成为连续刚构桥型中的世界第一。

　　预应力混凝土刚构桥适用于高墩大跨结构，高墩可以降低结构墩柱的线刚度，减小温度力的影响，如南昆线清水河大桥桥墩高度达到120米，采用了跨度120米的连续刚构桥。攀枝花铁路专用线桥梁跨度达到了168米。

　　除了直腿刚构桥，还有更加适应地形的斜腿刚构桥，中国最大的斜腿刚构桥是太原至长治铁路线上的浊漳河桥，斜腿之间的跨度为82米。

　　以上简约介绍了部分中国近年预应力混凝土桥梁的进展情况，在一串串枯燥的数据中能够看到中国桥梁的进步与创新。这种西方人发明的结构形式在中国现在热火朝天的工地上日益发挥着重要作用，实现了它们新的跨越，为我们的便捷出行做着默默的贡献。

世界大跨度梁式桥一览表

编号	桥 名	主跨(m)	建成年	地 点
1	石板坡长江大桥	330	2006	中国重庆
2	斯道玛大桥	301	1998	挪威
3	拉夫森德大桥	298	1998	挪威
4	虎门大桥辅航道桥	270	1997	中国广东
5	巴拉圭河桥	270	1979	巴拉圭
6	苏通大桥专用航道桥	268	2008	中国江苏
7	红河大桥	265	2003	中国云南
8	门道桥	260	1985	澳大利亚
9	瓦洛德二号桥	260	1994	挪威
10	泸州长江大桥	252	2000	中国四川

第六章　大跨度拱桥

受19世纪伊兹桥建造的启发，现代钢拱的建造始于20世纪。20世纪的头十年，华盛顿、匹兹堡、波士顿、悉尼等城市分别建造了钢拱桥。一些大的钢拱的建造体现了纷纷朝向改良后的建筑设计靠拢的趋势。英国的新式桥梁取代了老式及过时的桥梁，德国出现了积极的复兴建桥之潮，尤其是高架桥的建造及拱在铁路建设中的应用。很自然，以拱的建造为主流形式、建造大型钢拱桥及钢筋混凝土拱桥的时代已经开始。

关于钢拱桥的一个有趣的例子是位于南非、于1907年竣工、横跨扎梅斯（Zamesi）河的维多利亚瀑布桥。它总长为198米（650英尺），拱的跨度为152米（500英尺）。它建于100多米深的峡谷之上，被称为当时世界上最高的桥梁。铁路高度大约与瀑布顶端相齐，有小段距离是逆流而上。这条河在瀑布那段有1.6千米宽，突然冲入桥下又深又窄的峡谷。这段桥梁上承载着连接南非和埃及的铁路。

有个故事是这样说的：南非的当地人很惊奇地注视着这个钢拱的两段如何在大峡谷的高耸两侧始建并在中间汇合。而且当拱桥竣工撤掉空中索道时，钢拱仍能立在那里。他们看呆了，然后问他们的长者："它是怎么立起来的？" 这位虔诚的长者答道："是上帝的手把它撑起来的。"

拱桥跨径世界纪录不断刷新：1932年建成的澳大利亚悉尼港大桥跨径达503米，1977年美国西弗吉尼亚州新河谷大桥把这项纪录改写为518米，2003年落成的上海卢浦大桥把纪录提高到550米，2009年完成的重庆朝天门长江大桥的桥拱达552米，创造了新的世界纪录。

6.1　赫尔盖特桥

图6.1　赫尔盖特桥

20世纪早期最宏伟的拱桥、同时也是迄今为止最宏伟的拱桥之一，是位于纽约横跨东河的赫尔盖特（Hell Gate）桥（图6.1）。它建造的时间是1916年，这座大桥竣工时跨度为当时世界之最。由于有两个石塔架，塔架处上、下弦间距离较大，使这座钢桥看上去很雄伟。因为拱在桥台处是铰接的，从结构的观点看，两个塔架毫无用处，所有的荷载基本均由下弦承担。

建造这座伟大桥梁的工程师是有名的古斯塔夫·林登塔尔（Gustav Lindenthal，图6.2），他于1850年出生于奥地利的布伦县。后来在德国的德累斯顿工艺学院学习工程，他接受了理论及技术的培训。1874年移居美国。他在费城当了一段时间的石匠，为美国建国100周年的纪念场工作，早期在其本国与建筑公司的接触给他提供了许多有趣且有用的经验。从1874年到1881年，他一直担任费城百年纪念展览馆的副工程师。接下来的一年他担任匹兹堡的吉斯通（Keystone）大桥公司的计算员。然后他在克利夫兰（Cleveland）的大西洋及西部铁路公司待了三年。1881年，他开了一家私人办事处，开始专职为别人提供咨询建议。然后搬到纽约，并在1902—1903年被委任为所在城市的桥梁委员会委员。从此以后便是他30年辉煌的建桥史。他退休后，在新泽西一个毫不起眼的小办事处处过余生。1935年7月去世，享年85岁。

他的毕生理想便是在哈得逊（Hudson）河上建一座通向纽约的公路、铁路两用吊桥。他为

图6.2 古斯塔夫·林登塔尔

这个目标奋斗了40年，一直到他死的那一天，其间希望与失望循环往复。1888年，他为哈得逊河桥制定了初步设计，是在哈得逊河上建造一座主跨945米的公路、铁路两用大桥，相当于约翰·罗布林关于东河的设想。这是一项相当大的工程，历史上还没有建造过这样大的桥梁。最后宾夕法尼亚铁路部门决定在河底下开挖隧道，这样，林登塔尔的计划被搁置一旁，直到第一次世界大战之后。20世纪20年代，林登塔尔竭力想让他的方案通过，但没有成功。他的那项工程后来由他的前助理工程师奥斯马·安曼（Othmar Ammann）接替，桥的位置做了变动，形状也与以前大不相同。

1888年古斯塔夫·林登塔尔提出的西23街悬索桥方案，如图6.3（a），中跨跨度868.7米（2850英尺），两个边跨跨度457.2米（1500英尺），桥梁下面通航净空45.7米（150英尺）。

1889年马克·艾姆·因德（Max Am Ende）提出的拱桥方案，如图6.3（b），中跨跨度868.7米（2850英尺），两侧边跨跨度242.3米（795英尺）和214.9米（705英尺），桥梁下面通航净空45.7米（150英尺）。

1889年联合桥梁公司提出的悬臂桁架桥方案，如图6.3（c），主跨640.1米（2100英尺），边跨246.9米（810英尺），通航净空45.7米（150英尺）。

1920年林登塔尔提出的西57街悬索桥方案，如图6.4（a），中跨987.6米（3240英尺），两边各位边跨502.9米（1650英尺），通航净空45.7米（150英尺）。

1924年沙亨迈尔（W. Schachenmeier）提出的悬索桥方案，如图6.4（b），中跨跨度1200米（3937英尺），两个边跨为399.9米（1312英尺），通航净空50米（164英尺）。

图6.3 哈得逊河在23街修建公铁两用大桥的方案

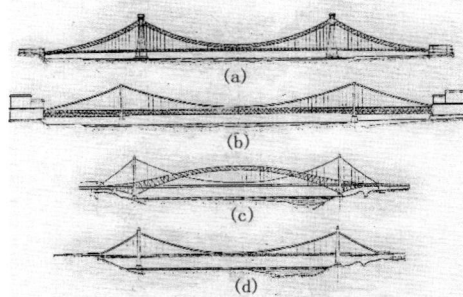

图6.4 哈得逊河在57街及179街修建悬索桥方案

1927年克里沃舍因（G.G. Krivoshein）提出的179街拱–悬索组合桥梁方案，如图6.4（c），主跨1066.8米（3500英尺），边跨198.1米（650英尺），通航净空64.0米（210英尺）。

1923年奥斯马·安曼提出179街的悬索桥方案，如图6.4（d），主跨1036.3米（3400英尺），边跨213.3米（700英尺），通航净空64.0米（210英尺）。通过一些修改，这个方案被乔治·华盛顿桥采用。

林登塔尔的形式对年轻的设计师们是很大的鼓舞和激励，但他的眼光仍然停留在19世纪德国的粗大形式上，赫尔盖特桥突出表现了他的特点。林登塔尔的影响一直延续到20世纪末期，主要的继承人是他的助理工程师安曼和斯坦因曼，这两位均成了大跨度桥梁的领军人物，不过他们的成果与林登塔尔的大不一样，他们二人比他们的老师更加接近结构艺术的思想，比较多地把力学和美学当成了工程师的职责。

林登塔尔最大的贡献就是建造了赫尔盖特拱桥（图6.5）。拱桥位于长岛和纽约主要河流的交汇处。这座大桥是通往大都市的一条很重要的铁路通道，它是隧道、终点站、桥梁以及铁路线

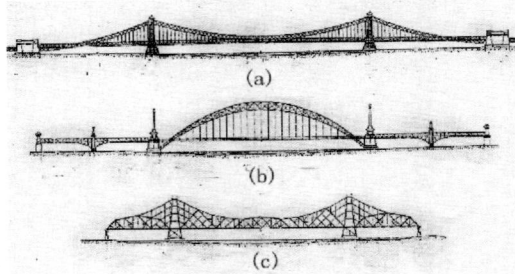

图6.5　赫尔盖特桥铁路线

这一复杂网络中的最显见的构造物。这条铁路从康涅狄格开始，穿过布朗克斯、昆斯、布鲁克林和曼哈顿，最后到达新泽西。东河有一很深的跨度259米的水道将长岛和沃尔茨岛隔开了，为了跨越这一水道，人们提出了各种各样的设计方案，第一个设计方案是1892年提出的，是一座三孔悬臂梁桥。1904年，林登塔尔设计的三个新方案分别是：一座悬索桥、一座连续桁架桥和一座悬臂桥。

1905年，原计划的铁路线进行了更改，这使三孔桥方案不太实用了，于是，林登塔尔开始研究单孔双铰拱桥。他提出了两个方案，一个是模仿埃菲尔的新月形桥，另一个是模仿克罗恩1896年两座分别位于波恩和杜塞尔多夫的莱茵河桥。林登塔尔喜欢德国式拱桥，他的理由表明他对粗实的热爱胜过轻巧，对德国式的热爱胜过法国形式。

当时建桥的初衷是想建一个真正壮观的大桥，因此这种愿望在考虑采用哪种桥形时变得尤为重要。采用悬臂或吊桥的设计似乎更为经济，但悬臂的设计不怎么美观，吊桥又缺乏那种大气，而表现出这种气势却又是这项宏伟的工程必不可少的亮点。

赫尔盖特拱桥两桥墩正面之间跨度为298米，总高度出平均水位93米。道路在桥拱上延伸，承载着铺满碎石的路基之上的四条铁轨。它是当时世界上最重的大桥，每英尺要承重76000磅。其中24000磅是运行中的火车的重量，其余的则是大桥本身的重量。52000磅的重量要比之前世界上最重的曼哈顿和皇后区大桥的总重量还要多。

建造赫尔盖特拱桥用到了大量的零部件，建造桥拱时用到四个当时最大的钢结构构件。它们构成下弦的根部，每个重185吨，需要两辆货车来运送。而且运送这些大块钢件途中会产生一些问题，因为并不是所有的大桥或隧道都有足够的净空让其通过。每段钢构件的高度大约有3.35米，被水平分隔或横向分隔为两格，在这样的空间里人可以自由通过，也可以相对轻松地在其内部工作。断面由厚达2英尺的高碳钢板构成。所有构件上都有20英尺的维修孔以便到达内部。连接各构件的铆钉是各建筑工程用过的最大的铆钉，直径为40厘米，长度不等，最长达3.35米。包括厂合铆钉等在内，整个拱桥共有117400个铆钉。

拱桥下弦是抛物线形状。它是一条完美的拱形曲线，各部位共同承载整个桥跨的重量。采用这种弧形使得下弦成为拱的主要受力载体，桥的其他部分则是用来支撑过往铁路车辆等的重量。

桥拱上弦有稍微翻转的弧线，形成了赏心悦目的一条天际线。它强调了桥给人的无限延伸的感觉，从拱的钢架一直延伸到巨型桥塔的砌墙。然而，这么富有艺术美的外观并不是像很多人想的那样是随意强加的，而是综合对经济上及工程设计的要求上的正确诠释而产生的。对桥跨的不同部位要有各自合适的刚度及净空的规定决定了上弦的轮廓。因此人们不能认为上弦在工程建筑中处于次要地位。

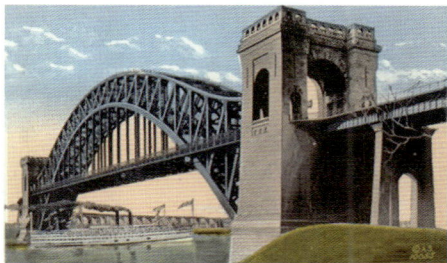

图6.6　赫尔盖特桥头堡

位于桥侧的桥塔地基的建造带来了很多异乎寻常的问题。在沃尔茨岛上挖掘桥塔地基时，人们发现在建造大桥地基的岩架上有一巨大的断层。由于桥下深沟的泥层太软，因此很有必要用拱和水泥悬臂建造地基。一排三个充气沉箱均有12米长、9米宽。中间的沉箱完全是由建在其他两个沉箱之间的沉重的水泥拱支撑起来的。这个拱基大约有18米。在统一地基中的其他一排沉箱中，两个毗邻的沉箱只有一部分建在石头上，它们相邻的边缘由悬臂架于断层之上，两悬臂分别为4.26米和6米长。在建拱和悬臂时，施工人员在转角下方建造了砖石砌筑的桥墩用以支撑沉

箱。所有这些危险的施工均在充气沉箱的边缘之下完成的，要知道这可是水下21米啊！这是一次史无前例的施工，因为解决种种意想不到的问题使得整个工程的成本增加了50万美元。

建造赫尔盖特拱桥时期兴起的建桥大潮及大桥河床的特点使得人们在水道之上建桥时不需要再用脚手架来支撑桥拱。大桥由在两岸的两部分构成，即所谓的悬臂法。为了平衡突出部分的重量，突出部分由桥墩后面厚重的钢缆索连在一起，在它们的尾部各承载了5300吨的重量。这些拉索只是临时建造，当桥拱在中跨部分相连后它们就会被拆掉。这种立起方案很经济，因为临时用到的材料还可以用于永久性的建筑。

为了控制拱的两端的立起及在中间相接，在桥塔的顶端安置了四个承重2500吨的千斤顶，这些千斤顶在当时是力量最大的。它们在大桥立起的过程中发挥作用，将大桥向上托起6.85米。

两个公司的工程师在建桥的每个阶段都用特殊的仪器测量所有构件承受的压力及嵌板的偏差。他们的测量都与之前的计算严格一致，以确保所有的施工都精确到位。通过变形测定器，他们可以测量钢构件的内部压力状况和有关大桥的主应力次应力，以及建造过程中产生的非寻常反应的一些信息。

1915年10月1日，桥拱的两端在中跨相连。测量数据与预期长度一致，正如之前计算的一样，误差额在9厘米以内。长达两年的艰难计算，要制造4000万磅的钢构，这样的核算惊人的精确。要知道悬臂是由数不清的长度各一的零部件构成，还要将它们精确地组合在桥跨千分之四十的空间内，确实是过硬的本领，正是这种技艺增加了工程师及施工人员的知名度。

支持悬臂的鞍形架是通过载重2500吨的水平千斤顶支撑起来的，从而使相互接近的两端高于它们最终落下的位置。通过降低千斤顶将两个悬臂相接。拉索上的载重撤离，桥拱最终立了起来。误差在预计的0.01米（1／32英尺）以内！

桥拱建成后，通过在桥拱之下吊起沉重的长达28.3米（93英尺）的桥面横梁建造桥面。12.8米（42英尺）长的纵梁固定在横梁之间。纵梁上放了大约三千根"工"字形桁条用来固定和支撑水泥槽板。

接下来，在达到预计的天气及温度之后，施工队开始进行关键的施工，将拱桥的铰链由三个转变为两个。通过闩住大桥顶端倾斜的连接处这么简单的一步便把它转成了用铆钉相接的结构。通过除去顶端铰链可以使大桥在通车时更加坚固。钢构架建起之后，临时的支索也撤去，大桥的支架——宏伟的花岗岩桥塔最终完工，高达76.2米（250英尺）。这些桥塔是通过深入的研究之后最终建成的，大桥能有如此的艺术效果，塔桥是其不可或缺的一部分。

作为建桥者的一件艺术臻品——集天才的理念、大气的施工及完美的外形于一体，赫尔盖特拱桥至今仍举世闻名（图6.7）。它不仅体现了工程师的高超技艺，更是一件建筑精品。它证明了冷冰冰的钢材建筑同样具有美感。

然而，在建筑步伐日益加快的时代，修建大桥创下的纪录很难保持长久。仅仅过了十年，在地球的另一端便开始了一座更长更重的钢拱大桥的建造，即有着502.9米（1650英尺）主跨的悉尼港大桥。

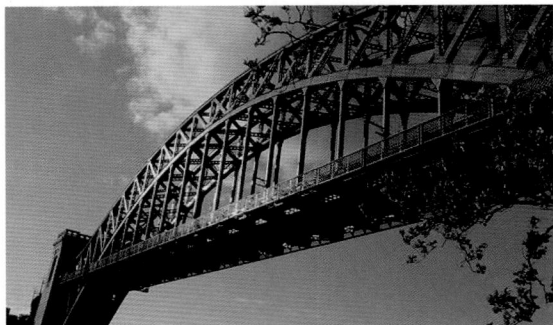

图6.7 阳光下的赫尔盖特拱桥

6.2　悉尼港大桥

悉尼港大桥（Sydney Harbour Bridge）的建造是受赫尔盖特拱桥的启发，采用了它的著名的外形结构（图6.8）。它是抛物线形，具有双层的高架桥。包括引桥在内，大桥总长为4.4千米（2.75英里）。公路位于长度为502.9米（1650英尺）的桥跨中间，距离水面52.4米（172英尺）。桥的两边各有五跨钢引桥。大桥由新南威尔士州政府公共事物部的总工程师约翰·布莱德菲尔德（John. C. Bradfield）博士负责整体规划。拉尔夫·弗里曼（Ralph Freeman），伦敦道格拉斯·福克斯及合伙人（Douglas Fox and Partners）的工程师顾问，受雇于英国多曼·朗（Dorman Long）承包有限责任公司，主要负责大桥的设计。

悉尼港大桥和赫尔盖特拱桥一样，承载着四条铁路线，但同时它也有宽阔的公路及人行道。桥跨的静负载为每英尺57500磅，而与之相比赫尔盖特拱桥为每英尺52000磅。

澳大利亚的悉尼是世界上最重要的城市及商业中心之一，人口超过一百万，位于风景优美的天然港口——据说是世界上最美丽的港口。悉尼南部发达，因为北部道路迂回曲折，长达10英里只有坐船或车才能到达。很多人提过修桥的建议，甚至在一百年前就有人说过，而且选的地方也恰恰是现代大桥所在地。但由于当时轮渡服务上乘且造桥成本很高，所以直到1921年，所提的这些建议及设计都没有收到任何实质性的进展。

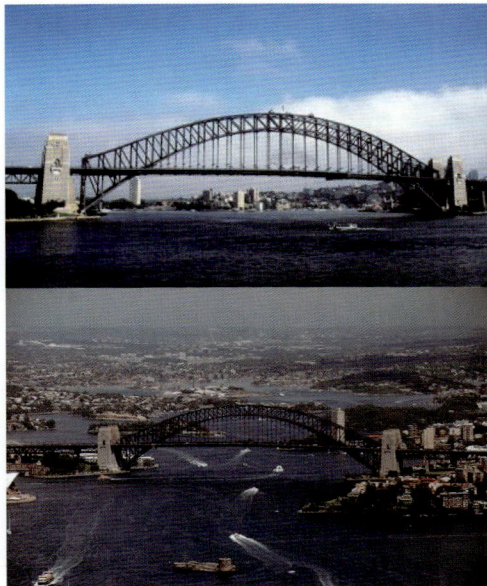

图6.8　悉尼港大桥

1922年，约翰·布莱德菲尔德发表了建造大型横跨悉尼港的悬臂大桥的规划。接着他决定对施工所遇到的问题进行更深入的调查研究。因此，他到美国及欧洲各国参观，研究世界上的长跨桥梁。他对赫尔盖特拱桥的印象尤为深刻，因此一回到悉尼，他便改变了他的计划，决定改建相似的钢拱大桥。1923年，他邀请了世界上很多桥梁公司及工程师参与投标并递交桥梁的设计方案。他收到了很多标书，其中有各式各样关于吊桥、拱桥、悬臂等的设计方案。中标者是英国多曼·朗承包有限责任公司，提交的拱桥设计与布莱德菲尔德所构想的恰好一致。

可能会有人问为什么选择拱桥的设计方案而不是悬臂大桥呢？岩石与地面如此接近，难道建造悬臂大桥没有更省钱？然而标书显示的结果恰恰相反。可以在建筑公司提交的批准报告里面找到少许答案，尽管比原来的标书多了1000万美元用于调整设计方案及确定施工人员所增加的费用，但公司还是因为合同损失了100万美元。在标书中，他们也从美观的角度说明采用哪种方案更合适，然而当时首要考虑的是澳大利亚决心要建造一座拥有世界上最长拱跨的大桥。

1923年7月开始建造引桥。1925年1月，建筑公司开始主跨的施工。打地基并没有很大困难，因为岩石离地面仅大约9.1米（30英尺）。

由于澳大利亚没有哪个公司有能力建造如此庞大的钢架，因此决定就地建造一间新的工场。就地制造构件这项决定对桥拱的设计也有一定的影响，因为施工人员可以将构架的嵌板固定在18.3米（60英尺）的高度，同时也使其他长的构件的安装更为便利，因为要从别的地方运输这种构件需要花费巨额的费用。两个大型现代化的工场在港口北部落成，里面都是最现代化的装置，使它们成为世界上最具有能力提供大桥装备的工场之一。硅钢用来建造主要的拱桥构架，碳钢用来建造车行道和引桥跨。整个大桥用了50300吨钢材，在主跨上就用了37000吨。

当所有的构件制造好后，按照图纸，它们便被组装成精确的部件，从而确保了大桥施工的精确程度，最后是铆钉固定及粉刷工作。准备工作完成后，便把它们装到驳船上，在码头停泊，然后直接把它们吊运到等待立起的地方。之后用可吊120吨的起重机将它们各就各位。所有构件都是澳大利亚人在这两间工场制造，大约三分之一的钢铁由澳大利亚生产商提供。

多曼·朗承包有限责任公司在离悉尼200英里的地方开发了一个花岗岩采石场。共有250个雇员，公司专门为他们建造了一座小县城，里面商场、家庭、邮政等应有尽有。为了将碎石和分割后的石头从采石场运到大桥施工场地，还专门建造了三艘载重400吨的大船。

然而将主拱立起是此次大桥施工的最大亮点。它是当今最卓越的建筑工艺之一，因此建造这座大桥的方法值得我们关注一下。

悉尼港大桥钢架的建造工作开始于1928年10月，从港口两岸同时施工。在立起的过程中，拱的两部分分别由128根钢缆索牵引着。每条缆索的直径为0.84米（2.75英尺），由217根金属线组成。这些缆索系在一个构架的端柱上，通过坚硬的石头地基上的U形通道然后拴在另一构架的端柱之上。

为了将主跨的钢架立起，专门设计了两台特殊的起重机。每台重达565吨，能吊起122吨的重量，靠电力程控，吊起的车厢可以在桁架之间自由移动。这两台起重机负责将所有钢架归位。1930年8月14日，拱的两部分立起，已做好相接的准备。

然而，因为罢工，大桥的建造一度中断或推迟。在建造的五年内大约有十七次罢工。这些罢工由政府劳工委员会发起，每次都保证了劳工工资有所上调。这些上调的工资由政府同桥梁承包者协调解决，增加了大桥的成本支出。

为了组合桥跨需将端柱顶端连接处的缆索撤掉，然后将拱的两部分用吊机落到中心处。用水压千斤顶承载缆索所承载的压力，然后慢慢将缆索松懈撤去。这项工作在桥两端同时进行。在每个悬臂的角落有六个人的小组，他们跟指挥用电话机时刻保持联系，小组实行两班倒的工作制度。吊机将拱的两端慢慢向下降直到紧密相接。缆索慢慢撤出，开始每次撤0.9米（3英尺），后来1.2米（4英尺），8月19日，东面的构架处还相差2.4米（8英尺），西面的相差2.6米（8.5英尺）。

每个半拱的下弦通过长8英尺固定在弦上的栓梢接起来，栓梢由铸造的鞍座包着。当天下午4点当三个栓梢几乎到位时，温度突降，工程进度缓慢下来。直到晚上10点栓梢才衔接到位。此时整个结构是三铰拱，外部承载作用在缆索张力之上。

接下来要释放缆索张力然后将它们移开。进行此项工作时，上弦端柱和中心嵌板上面的横向支撑物也被立了起来。上弦装配完成后，由千斤顶在上弦中心承载起3250吨的重量之后三铰拱变成两铰拱。当温度适宜时上下弦延展了1.75米（5.75英尺），用来搁置包着3.0米（10英尺）栓梢的钢柱鞍座。

剩下的工作就是将吊架、横梁和车行道各就各位。从中间开始施工，吊车从后面朝着桥墩的方向运行。1931年5月，最后一条钢筋放到车行道上后就将吊车拆卸了。

大桥优美的弧线令人想起赫尔盖特大桥，然而最具美感的是标志着工程完工的桥塔。这些装饰性的标志物高出水面86.9米（285英尺），用水泥建成，表面是花岗岩。它们在结构上不起什么作用，建造它们是为了表现桥的宏伟壮观（图6.9）。

值得一提的是，在悉尼立起桥拱时临时用到的这些笨重的缆索也可以用于建造悬索桥。几年之后，这种想法便被付诸于行动。1936年，在布里斯班（Brisbane）附近的印多伦波利（Indoroopoly）便建成了主跨182.9米（600英尺）的悬索桥，这座大桥用悉尼港大桥的部分缆索作为永久性的缆索。这是澳大利亚当时第二大跨度大桥，而且仍是当今大洋洲最长的悬索桥。有趣的是它属于弗洛里亚诺波利斯（Florianopolis）桥——悬索桥的一种，由美国的斯坦因曼（D. B. Steinman）引进，被称为斯坦因曼式大桥。

1932年初，悉尼港大桥竣工，自豪的澳大利亚人高兴地庆祝这一宏伟建筑建成通车。然而

图6.9　悉尼港大桥夜景

图6.10　伯奇纳夫公路桥

他们建造世界第一长跨大桥的梦想破灭了，因为另一座拱桥比悉尼港大桥跨度长7.6米（25英尺），比悉尼港大桥晚施工五年却早竣工四个月。悉尼港大桥桥跨仅为502.9米（1650英尺），于1931年11月正式建成通车的纽约奇尔文科河上的贝永（Bayonne）大桥桥跨为510.5米（1675英尺）。

悉尼大桥自然成为一个吸引澳大利亚人兴趣和激情的焦点。它的光芒一定会吸引那些心情沮丧或心理不平衡的人，所以这座桥很快被当地人称为"自杀桥"。因此，在栏杆及人行道边不得不架起坚固的铁丝网来防止大桥的这种意想不到的用途。

悉尼港大桥建成后不久，拉尔夫·弗里曼设计了另一座举世闻名的钢拱桥，外观上与悉尼港大桥非常相似。1935年12月，南美萨迪（Sadi）河上的伯奇纳夫（Birchenoug）公路桥（图6.10）建成通车。它是一座高架拱桥，桥跨329.2米（1080英尺），高出水面65.8米（216英尺）。桥跨长度使它成为当时世界上第三长桥。使它出名的另一点是它用了一种叫"Cromador"钢的钢铁合金。

6.3　安曼和贝永桥

1931年，三大建筑结构给了纽约以规模上的优势，从而使之与其人口、港口和财力相匹配。这些结构就是乔治·华盛顿桥（图6.11）、贝永桥（图6.12）和帝国大厦。每一个结构都比世界上相类似的工程大。1931年的两座桥梁都是安曼设计的，都是刷新了同类桥梁跨度的世界纪录，特别是乔治·华盛顿桥是人类历史上第一个跨度超过1000米的大桥。这个时候，安曼已经取代他的良师林登塔尔成为美国最著名的桥梁设计师。他比20世纪的任何一位工程师对钢桥设计的影响都要大。从整体上讲，他的设计是这一世纪结构钢桥艺术的光辉典范。他所设计的钢桥除一座外，其余的时至今日都完好地屹立着。安曼的成就一方面是他与众不同的传统，另一方面是他与众不同的眼光。

奥斯马·安曼（图6.13）于1879年生于瑞士沙

图6.11　乔治·华盛顿桥

夫豪森。在他出身的前几年，汉斯·乌尔里克·格鲁本曼（Hans Ulrich Grubenmann）建造了一座著名的木桥。在这个小村庄里，莱茵河上一直只有一座小木桥，因此对小安曼来说建造桥梁是一个成功标志，同时也是一个挑战。开始他立志成为一个建筑师，然而数学上的资质使他最终选择做工程师。安曼和他的良师林登塔尔一样讲德语，但他在瑞士长大，受的是瑞士传统教育。虽然他的桥梁都在美国得以建成，但瑞士人总认为这是他们国家的代表。

安曼毕业于瑞士苏黎世联邦理工学院土木工程系，和马亚尔和后来的梅恩是校友。1885

图6.12　贝永桥

年，由于苏黎世联邦理工学院的建立和任命卡尔·库尔曼为土木工程的第一任教授，现代瑞士工程传统开始了。直到20世纪末期，现代最优秀的桥梁工程中仍能看到这种传统的痕迹。1999年英国《桥梁设计与工程》向世界30位著名桥梁设计师、建筑师和学者征集20世纪最美丽的桥梁的意见。虽然20世纪建成的桥梁成千上万，但最后只有15座被提名。马亚尔设计的瑞士萨尔吉纳托贝尔（Salginatobel）桥名列第一，梅恩设计的瑞士圣尼伯格（Sunniberg）桥和瑞士甘特（Ganter）桥名列第七和第十二，安曼的乔治·华盛顿桥也榜上有名。

安曼在学生时代就立下了雄心壮志：他要建桥，比其他任何人建的都要宏伟。美国似乎是能实现他的梦想的最佳地方。因此，1904年，他辞掉了德国工程公司的工作坐船前往美国。他来到了纽约在约瑟夫·迈耶（Joseph Meyer）——一个工程师顾问那里找了份工作。然后，他在宾夕法尼亚钢铁公司工作。1907年魁北克大桥施工失败后，他决定去现场研究失败的原因。他自愿甚至是免费当助手，开始是施耐德（C. C. Schneider），后来是给加拿大政府任命前来调查事故原因的美国大桥公司的副总做志愿工作。

最后安曼进了古斯塔夫·林登塔尔工作室，那时古斯塔夫·林登塔尔正准备建造赫尔盖特大桥。开始安曼是助理，负责办公室和大桥施工。之后1914年，他被召回瑞士。当时瑞士正忙于准备一战。建造赫尔盖特大桥时他的工作由同样在林登塔尔工作室工作的斯坦因曼接替。

图6.13　安曼（1879—1965）

安曼回到美国后加入了林登塔尔的一项工程，即在15号大街建造横跨哈得逊河的铁路桥，然而他的计划没有实现。但他并没有放弃。他突然想到可以找投资商在某地建造一座更轻、造价更低的大桥。安曼的余生都用来建造纽约乔治·华盛顿桥，之后我们会提到。1925年，安曼成为纽约港务局的桥梁工程师，纽约港务局是一个国企，主要职责是购买、建造及管理车站和交通设施。

奇尔文科（Kill Van Kull）河是一条重要的水上通道，它是宽0.25千米的一个河口，将新泽西的贝永市与纽约斯塔腾岛分开。每年通过此河的船舶的总载重量比苏伊士运河还要多，由此可见它的重要性。1925—1926年，纽约和新泽西的立法机关授权纽约港务局建造和管理横跨奇尔文科的大桥。

纽约港务局立即研究建桥方案。他们对交通需要进行深入缜密的研究，同时通过勘察和地质钻孔试验绘制了地形图，进行了详尽的设计方案的比较和成本预算。做完这些准备工作，纽约港务局在1927年向州政府上交了一份报告，称建造这座大桥很有必要，桥跨可望在四年内建成，需要花费1600万美元。收到报告后，州立法机关拨款400万美金，剩下的1200万通过1200万美金的证券差额筹集。

做完准备工作，拿到了陆军部的许可，公债也开始发行之后，1928年，大桥开始施工。综合经济及结构的考虑进行了大桥选址。通过之前的地质钻孔试验，在水面附近发现岩石地基条件非常优越。坚硬的暗色岩构成的岩壁向南延伸穿过了奇尔文科河，构成了整个河床。河床在贝永市的那边是水下3.0米（10英尺），里士满（Richmend）港那边是水下9.1米（30英尺）。

至于选择哪种适合当时条件的桥梁，需要花费大量的时间来进行深入的研究。有三种选择：拱桥、三跨悬臂大桥和悬索桥。之后是进行三类桥设计方案。从美学角度看，悬臂大桥造价最高且最不令人满意，因此被迅速排除。设计人员对剩下的两种大桥——拱桥和悬索桥进行更为

深入的对比研究。地基条件更适合建造拱桥，因为拱的推力可以很快地传到水下坚硬的岩面上，最终选择建造拱桥。

最终的设计方案桥跨为510.5米（1675英尺），主要的下弦形成一条抛物曲线，离水面266英尺。大桥属于高架拱桥，桥面中心部分从桁构桥拱通过钢索吊钩延伸。之前计划用Ⅰ号钢板，鉴于因为震动压力导致特克内-帕尔迈拉（Tacony-Palmyra）大桥发生过事故，所以施工前临时改成钢索吊钩。

在施工之前，按比例用黄铜做了一个大约2.7米（9英尺）的大桥模型，在实验室里进行测验。通过测量模型承受的压力，可以计算出实际大桥的承压及偏转程度。港务局与美国桥梁公司签订生产钢构件的合同。桥梁公司提供了一种新的碳锰合金钢用以代替镍钢建造下弦，这种钢成本比镍钢要低一点。主工程师对它进行了检查（包括特殊的高温测试）之后谨慎接受了这种材料，之后也进行了许多其他关于大型桥桩及铆钉相连的构件的测试。然而，用这种材料制造的用铆钉相连的各构件的张力测试结果却令人不安。因此，为了保证大桥施工的安全，需要进行设计方案的调整。这是碳锰合金钢第一次用于桥梁建设。整座大桥共用了5000多吨这种合金钢。

用水泥建造的大型桥墩表面是花岗岩，它们构成桥拱的拱基，将压力直接传递到岩基。然而，这种水泥浇筑的桥墩只有下面是实心的，因为它承载着拱推力。上面的部分只用来承载桥面，因此是空心的。

将钢拱立起来的方法非常有趣。它通过悬臂从桥墩两端在空中运送原料。很多临时建造的钢桥柱用来支撑大桥的桁架。随着施工的进行，这些支撑物随之往前转移直到桥拱最终相接。然而，桥拱并不是在中间相接，北部的悬臂要比另一侧的长很多，因为不得不开放的通航海峡更接近南部河岸。

图6.14 贝永大桥全景

贝永大桥于1931年开始通车（图6.14），然而当它在建时，地球另一边的悉尼港大桥也正在建造过程中。为象征这一巧合，在贝永大桥的落成典礼上用来剪断彩带的那把金色剪刀几个月后——1932年3月——又在悉尼港大桥的落成典礼行使了同一职责。这把剪刀现在被保存在纽约港口管理局。

尽管贝永桥比澳大利亚那座桥长了7.6米（25英尺），但后者却被设计用于承受更大的载重。事实上，悉尼港大桥保持了两项纪录：它是最重的拱桥，同时也是世界上所有长桥中最宽的一个。总宽度为41.8米（137英尺），宽度中心到拱桁架中心的距离为30.0米（98.5英尺）。

悉尼港大桥和贝永桥是钢拱桥的大跨度桥梁的代表，使钢拱桥的跨度突破了500米，成为大跨度桥梁的主要形式之一，并把这一世界纪录保持了近半个世纪。直到1977年在美国西弗吉尼亚州修建了一座跨越新河谷（New River Gorge）的公路桥才打破了这一世界记录（图6.15）。该桥拱跨为518.2米，桥面宽度22米，建成时是世界上跨度最大的钢拱桥。这么大的桥梁，桁架拱是比较合适的结构形式，从远处看，桥梁巨大的跨度与纤细的结构形成鲜明的对比，惊心动魄，叹为观止。

新河谷桥承载着19号公路和CSX铁路，桥梁桥面高度距水面为267米，是美国最高的桥梁，也是世界上第二高的桥梁（2004年建成的米卢大桥为第一）。桥梁1974年6月开始建设，1977年10月22日竣工通车，是由迈克尔·贝克（Michael Baker）公司的克拉伦斯·克努森（Clarence V. Knudsen）设计。桥梁建设费用为3700万美元，比预算高出400万美元，桥梁结构采用了耐候钢。建设中采用耐候钢也有许多挑战和难题，其中最重要的一个问题就是如何保证焊接部位的耐候能力与其他部位的钢结构相同。也许有点夸张，当地人说，大桥建成以后使两岸之间的旅行由45分钟缩短为45秒。法耶特县举行每年一度的桥梁节，节日定在每年10月的第

三个礼拜六，节日期间，桥梁不对车辆开放，只是近年才半边桥梁对车辆开放，桥梁节期间有高桥跳水、蹦极和登高等节目。

图6.15 新河谷桥

6.4 亨利·哈得逊大桥和斯坦因曼

图6.16 亨利·哈得逊大桥

图6.17 霍尔顿·罗宾逊

亨利·哈得逊大桥（Henry Hudson Bridge）是美国最为壮观的上承式拱桥之一，位于连接曼哈顿森林山公园和纽约斯普顿（Spuyten）的哈拉姆（Harlam）河口处（图6.16）。桥主拱跨度为243.8米（800英尺），高出水面36.6米（120英尺），包括两片工字形钢拱肋采用横向联结系相连，立柱采用钢立柱。作为当时最长的无铰拱和板梁拱，主跨在当时是别具一格的。

它是由哥伦比亚大学土木工程专业一名学生的毕业论文提出并设计的。这个学生就是斯坦因曼。25年以后，这个学生的梦想变成了现实，他给他的罗宾逊和斯坦因曼公司拿下了这个工程。大桥于1936年完工。有趣的是，这个学生竟然预料到了下一代的桥梁设计，成为世界桥梁界的风云人物。

霍尔顿·罗宾逊（Holton.D. Robinson）是建造悬索桥和其他大型桥梁的领头人（图6.17）。他于1863年出生在圣劳伦斯河罗宾逊湾的马塞纳（Massena）镇上。从圣劳伦斯大学毕业后，他便开始了他的建桥工程师生涯。开始参与建造哥伦比亚河上的北太平洋公路桥、尼亚加拉瀑布桥和克利夫顿（Clifton）公路悬索桥。接着，他负责威廉斯堡（Williamsburg）桥的建造及纽约东河上的曼哈顿大桥的设计及施工。他是建造费城卡姆登（Philadelphia-Camden）大桥和熊山大桥（Bear mountain Bridge）以及中部哈得逊大桥的工程师顾问。自从1920年与斯坦因曼博士共事时，他便是许多工程设计和施工的工程师顾问，像巴西的弗洛里亚诺波利斯（Florianopolis）大桥、罗得岛上的蒙特霍普（Mount Hope）大桥、魁北克的悬索桥及纽约的亨利·哈得逊大桥等等。罗宾逊和斯坦因曼公司的成员，作为工程师顾问，也参与了美国大多数有名的长跨大桥的建造，像乔治·华盛顿（George Washington）大桥、底特律的大使桥、圣弗朗西斯科的跨湾（Transbay）桥、纽约的特里博拉夫（Triborough）桥等等。1926年，因为罗宾逊所取得的成就，圣劳伦斯大学授予他博士学位。他于1945年5月7日去世。

斯坦因曼于1886年生于纽约（图6.18）。他从小在布鲁克林（Brooklyn）桥边长大，急切地想解开这一宏伟建筑的奥秘。他十四岁时得到纽约桥务委员的批准去攀爬这座大桥和东河上的第二座大桥——那时仍在施工威廉斯堡桥上的人行道（图6.19）。他被悬索桥的美妙壮观深深吸

图6.18 斯坦因曼

图6.19 霍尔顿·罗宾逊所参与建设的威廉斯堡桥

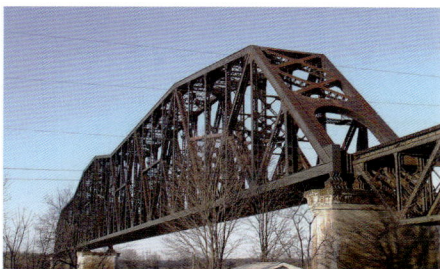

图6.20 肖托万大桥

引了，因此立志成为桥梁工程师，在建造布鲁克林桥的基础上推陈出新，设计并建造出更为宏伟的桥跨。

他提前一年就在夜校开始了科技研究和学习，之后又继续在夜大夜以继日地学习。1906年，他获得最高荣誉毕业于纽约学院。获得的三年奖学金可以使他在哥伦比亚继续学业，在那他就读于桥梁专业。1911年，他凭借对长跨大桥和地基的研究获得博士学位，发表的第一本书《悬索桥和悬臂桥——经济比例及极限跨度》是他研究上的高峰。

因为书的缘由，那时已经是爱达荷大学土木建筑系主任的斯坦因曼认识了当时美国桥梁工程界资深专家古斯塔夫·林登塔尔博士。1912年，在给林登塔尔的一封信中他透露了专攻长跨大桥的想法。然而，林登塔尔博士不是很赞成，说以后不会再建长跨大桥。当时钢铁成本及劳务成本增加，经济问题很难解决。然而2年后，林登塔尔让斯坦因曼到纽约来帮他设计和建造两个突破两项纪录的桥跨——纽约的赫尔盖特大桥和位于俄亥俄与肯塔基交汇处的俄亥俄河上的肖托万（Sciotoville）大桥（图6.20），前者在拱跨上创了新纪录，后者打破了所有连续型大桥的纪录。

1920年，斯坦因曼已经是纽约学院机械和建筑专业的教授。一天，他接到了著名的桥梁专家霍尔顿·罗宾逊打来的电话。罗宾逊简单地做了自我介绍希望能见面。在他们第一次会面时，罗宾逊大略地介绍了将在巴西建造的悬索桥情况并邀请斯坦因曼加入。经过几年的艰难试验，罗宾逊和斯坦因曼关于肖托万大桥的设计终于脱颖而出并最终付诸行动。这是著名的罗宾逊和斯坦因曼的第一次合作。他们一直合作直到罗宾逊去世。

斯坦因曼设计的有名的桥梁已经延伸到澳大利亚、巴西、玻利维亚、海地、西班牙、德国、加拿大等国。在美国境内，从缅因州到加州到处可以看到他设计的桥梁。其中很多获得了美国工程局颁发的"最具艺术感大桥"奖。

在建造亨利·哈得逊大桥时遇到的主要问题是桥拱的立起（图6.21）。因为它属于固定型的大桥，必须用千斤顶支撑起拱肋上的压力从而将拱的两端组合。用到的建造方法是当拱从桥墩上用悬臂立起时，利用临时性的钢端柱支撑拱的两端及用吊机运送和安放各种原料。建筑的处理技术很简单，主要是依据拱的线性弧度。有趣的特点是桥墩上的钢塔的设计。它与拱的设计在材料和桁架上都相协调。

罗宾逊和斯坦因曼初步设计是每层有六条车行道。这是经济大萧条时期第一座私人筹资大桥。银行家们变得胆小，资金不到位，大桥的宽度只能减为四条车道。幸运的是，工程师们在设计中做好了可能建造双层桥的准备。1936年12月11日，大桥建成通车。因为交通负担过重，罗宾逊和斯坦因曼又被召回继续实行原来的双层建造计划。

这是一座收费大桥，与两个街区之外的布罗威（Broaway）的免费大桥竞争。在这种情形之下没有哪个数学公式可以计算出可能的交通流量。罗宾逊和斯坦因曼预计的每年汽车流量是6万。银行家把它减到3万，同时相应地减少了投资。大桥第一年实际通车6.5万辆，第二年10.5万，第三年超过13万，几年之后便开始盈利。这是现代的建桥方法。用者付费，普通大众可以不用承担费用。

图6.21 亨利·哈得逊大桥

亨利·哈得逊大桥将世界最长的无铰大桥的纪录保持了五年。之后便被尼亚加拉大瀑布的彩虹桥超过，这座桥由著名的瓦德尔（Waddell）和哈德斯蒂（Hardesty）公司承担设计。尽管瓦德尔已过世，他的公司仍由他的合作者哈德斯蒂继续经营。哈德斯蒂于1884年出生于密苏里，在伦塞勒（Rensselaer）理工学院就读。1898年，他在瓦德尔和哈里特（Harriton）公司任职，与瓦德尔合作直到瓦德尔去世。1927年，瓦德尔和哈德斯蒂公司建立。

彩虹桥于1941年竣工，被称为"蜜月桥"（图6.22）。它取代了1938年被冰灾破坏的拱跨桥。新的桥跨是长289.6米（950英尺）的钢拱，是世界上第四长的拱跨，最长的无铰跨。它是公有收费大桥，由一个国际机构掌管。

图6.22 彩虹桥

经过精心设计和仔细建造后的钢拱大桥魅力无人可挡。从美学角度看，上承式拱桥凭借其结构上的明了，在所有的钢拱桥中是最简单、令人感觉最愉悦的一类。因为它符合突出道路的主体性、清晰性及不受干扰的设计要求。

现在工程师又提出了建造钢拱长度为600米甚至900米的桥梁的设想。将来的某一天肯定会由某一个工程师将此宏伟的建筑设想变成现实。

6.5 上海卢浦大桥

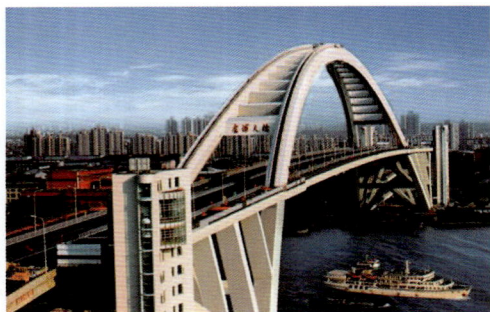

图6.23 卢浦大桥

2000年10月18日卢浦大桥开始动工，2003年6月28日"世界第一钢拱桥"——上海卢浦大桥建成通车，这是黄浦江上架起的第6座大桥。卢浦大桥总投资25亿余元，全长3900米，其中主桥长750米，为全钢结构（图6.23）。

卢浦大桥的修建是由中国船舶工业集团公司联合上海中福城市投资建设公司、江南造船(集团)有限责任公司、上海工业投资(集团)公司、上海黄浦江大桥建设有限公司、上海远东国际桥梁建设有限公司组成的上海卢浦大桥投资发展有限公司投资中标，上海建工集团、隧道股份等多家企业的近万名建设者参加了大桥的施工。

上海卢浦大桥以全钢结构、主跨达550米而傲视天下，经过建设者两年9个月的奋战，终于在黄浦江上划出一道"世纪彩虹"。比排名第二的美国西弗吉尼亚大桥长出32米。是世界上首座采用箱形拱结构的特大型桥梁，主拱截面世界最大，拱肋结构为双肋倾斜式钢箱截面，拱箱高度从跨中6米增加到拱脚为9米，箱宽5米，桥面以上由25道一字形横撑将主拱相连，桥面以下由8根K字形风撑相连。桥下可通过7万吨级的轮船。同时，卢浦大桥还是世界上首座采用除合龙段拴接外，完全采用焊接工艺连接的、一跨过江的特大型拱桥。大桥用3.4万吨厚度为30~100毫米的细晶粒钢焊接而成。现场焊接焊缝总长度达4万多米。2008年第94届国际桥梁与结构工程协会（IABCE）上，上海卢浦大桥被授予杰出结构大奖。

大桥的总设计师林元培，1936年2月出生，福建莆田人，在40多年的桥梁工程设计生涯中主

图6.24　林元培

持设计大跨度桥梁20余座，他是上海市市政工程设计院总工程师、著名桥梁专家、中国工程院院士，在上海南浦、杨浦、卢浦、东海四座特大型城市桥梁建设中均任总设计师（图6.24）。在上海杨浦大桥的设计过程中，林元培大胆地提出了全新的理论——"空间结构稳定理论"。

世界第一钢结构拱桥卢浦大桥的观光平台位于拱肋最高点，距黄浦江江面110米，犹如一顶桂冠，其拱形结构及中间拉杆通过增加LED投光照明，增添彩色光照效果，曼妙的灯光或聚或散，摇曳的江水五彩斑斓。夜晚的卢浦大桥本身光彩照人，艳压群芳。

上海是典型的软土地基，在软土地基上造拱桥历来就是桥梁界的一大难题，更何况是特大型拱桥。卢浦大桥通过在桥面和桥肚各装上8根长度达760米的水平拉索，有效地平衡了巨大的水平推力（图6.25）。

图6.25　卢浦大桥主拱合龙

拱脚主墩采用直径90厘米的打入式钢管群桩基础，水平推力由设置在主梁两侧的32根水平拉索承担。主梁桥面采用正交异性板全焊钢结构，中跨主梁截面为分离双箱，边跨为整体单箱室截面。主梁通过吊杆或立柱支撑在拱肋上，主梁高3米，宽40米，中间设6车道，两侧设置人行观光道。

由于桥型采用三跨连续系杆拱桥，在恒载作用下主墩不受水平推力。钢箱拱自重很大，悬臂拼装拱肋时，采用斜拉扣索，拱轴线的线形由拉索张力调整。这座大桥在设计上还融入了斜拉桥、拱桥和悬索桥三种不同类型桥梁的设计工艺。

卢浦大桥紧邻上海举办世博会的所在地。毗邻的江南造船厂和上钢三厂的厂区，数年后新建半岛型游览区，成了用花草组成的各国国旗图案及包含各国展馆的新景点。来自世界各国的游人可以登上大桥高高的观光台，感受"夜上海"的无穷魅力（图6.26）。

上海卢浦大桥2003年6月28日上午正式建成通车，小巨人姚明带领千名中外长跑爱好者参加了主题为"活力上海，

图6.26　卢浦大桥夜景

奔向未来"的跨桥长跑活动（图6.27）。

图6.27　卢浦大桥竣工典礼——姚明在桥上领跑

6.6 重庆朝天门大桥

图6.28 朝天门大桥效果图

重庆朝天门大桥位于长江与嘉陵江交汇处的朝天门码头下游1.71千米处，横跨长江，主桥为190米+552米+190米的三跨连续中承式钢桁系杆拱桥（图6.28）。该桥为大桥局勘测设计院与重庆交通科学研究院设计，二航局修建。朝天门大桥主桥为钢桁系杆拱桥，主跨达552米。大桥分上、下两层，上层为双向6车道，下层为双向轻轨轨道，是重庆市轨道交通规划"九线一环"中的"一环"。在大桥下层（即轨道层）的两侧分别预留了两个汽车道，以满足以后车行交通的需要。澳大利亚悉尼港大桥以迷人风姿征服世界。重庆朝天门长江大桥，同类构造，规模更宏大，气势更恢弘，其552米主跨，跨度超越了卢浦大桥2米，创造了大跨度拱桥的新跨度纪录。

该工程造价9.22亿元，其规模在我国建桥史上是空前的，在世界建桥史上也是少见的。它也是我国最大的公路、铁路两用桥，设计使用寿命100年。 大桥主拱有70个节段，南北主拱各有35个节段。主拱合龙的部位，位于西岸江北城一方的最后一段，长约12米。朝天门全桥永久用钢4.6万吨，辅助用钢近4万吨，用钢量可用来制造10万辆轿车。 大桥上部结构使用182.7万套高强螺栓。

大桥位区属长江河流侵蚀地貌，施工受水位影响大。北主墩基础施工，遭遇破碎岩层漏水，流量每小时3800立方米，是川江施工最凶险的纪录。一边，40多台大排量水泵强力排水，一边，浇注U形墙挡水，建设者苦苦奋战20多天，保住施工区。赶在春汛到来之前，建设者们拿下工程3个关键节点，所有基坑、桩基和承台，脱离大水威胁。

在桥基施工前，勘测人员意外发现，江底基脚下居然有一个中空的大洞，深达数米。为了解决承重问题，并减少桥身自重，专家研讨攻关后，决定用一种加入特殊粘结材料的混凝土，浇灌在洞中进行填补。

2008年1月，朝天门大桥主拱合龙（图6.29）。为保证主拱合龙精准无误，采用了全自动激光照准仪，误差是全球定位系统的十分之一。另外，为确保大桥坚固安全，整座大桥的钢构件全部用高强螺栓连接，没采用焊接。为了保证所使用的182.7万套高强螺栓个个都能达到质量技术要求，专家们制定了非常严格的施工控制方案和施工质量要求，还使用了数字控制扭力扳手，确保螺栓之间的拼装误差不超过1毫米（图6.30）。

值得一提的是，新安装完成的朝天门长江大桥还经受了汶川大地震的考验。大地震发生时重庆市区的震感也十分强烈，但是大桥依然雄立在长江两岸，没有移动分毫。

图6.29 已经合龙的朝天门长江大桥主拱

图6.30 架设中的朝天门大桥

朝天门大桥主桥颜色为"中国红+灰白色",其中,主拱上、下弦涂装成"中国红",主桥其余部分则涂装成灰白色。涂装层共有4部分,分别为底层、中间层和两层面层,前三层是基础层,在工厂制作钢材杆件时就已涂好。面层由施工人员在现场喷涂,仅最后一层面层,就需用油漆60余吨。

朝天门大桥主桥的油漆喷涂,都是人工作业,要在高高的主拱上施工,十分困难。主拱最高处离桥面100多米,相当于30余层楼高。为了方便施工,并保证人员的安全,事先安装了涂装辅助设备,这就花了两个多月。

经受了四川汶川大地震考验的重庆朝天门长江大桥主桥刚性系杆于2008年5月18日顺利合

图6.31 朝天门长江大桥正在进行最后的桥面板安装

龙。5月12日汶川大地震发生后,业主单位、建设单位和施工单位对大桥进行了全方位的质量安全检查及仪器检测,确认工程质量处于受控状态。地震后,项目部每天都对桥梁线形、应力变化进行监控。得出的结论是地震对大桥没有影响。之后,大桥正常进行施工。大桥的选址、设计都考虑了抗震因素,地震后经过仔细观测,已建成的桥体仍然坚固,建桥所用的设施设备也没被危及。第二天便恢复了施工,并着手准备桥面的合龙。

6.7 九江长江大桥

图6.32 九江长江大桥

九江长江大桥是京九铁路上的一座公路、铁路两用特大桥梁,位于江西、湖北、安徽三省交界处的长江上,大桥是双层式公路、铁路两用桥,铁路桥全长7675米,公路桥全长4460米,正桥全长1806米(图6.32)。该桥于1973年12月开工建设,1993年1月公路桥建成通车,1995年7月1日铁路桥建成通车。

它是继武汉长江大桥之后,我国在长江上建造的第八座大桥,也是我国最长、工程量最大的铁路、公路两用桥之一。我国研制的15锰钒氮新钢种在这座桥上首次使用。这座桥使用的钢材、水泥、木材等建筑材料,创造了中国建桥史上的最高纪录。九江大桥墩顶到基础最低底面,相距将近64米,相当于一座22层高的楼房。从钢梁拱顶到基础最低底面,高达132米,相当于一座45层的特大高楼。

九江,古称浔阳。九江一带的长江,古称浔阳江。九江城畔有浩浩长江和中国著名的巍巍庐山。这一山一水,天下闻名。一千多年来,古今中外名人和政客,到庐山和浔阳江者不计其数,但一直都没有人提出在九江修建长江大桥,说明古代在天堑修桥,连想都无人敢想!中国革命的先行者孙中山先生,首先提出要在九江修建长江大桥,在他的《建国方略》中提到,九江要成为"中国南北铁路之一中心"。遗憾的是伟人早逝,无法实现中国修建"二十万里铁路走龙蛇的愿望"。

图6.33　九江长江大桥桁梁架设

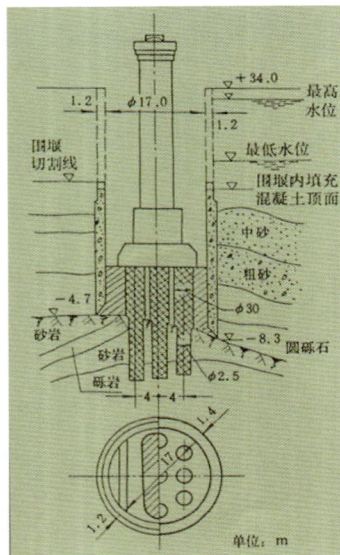

图6.34　九江大桥基础

九江长江大桥修建之初，正处在"文革"期间，开工日期为1973年12月26日，国家建设资金相当困难，后又遇国家"调整、改革、整顿、提高"八字方针的贯彻，九江桥所处路网规划存在争议，九江桥成了有桥无路的工程，于是工程几近停顿状态。直至1986年11月，国务院副总理万里视察九江桥工地，指示大桥先通公路然后通铁路，资金由铁道部、交通部及江西、湖北、安徽省共同出资，工程才逐渐恢复正常施工。1986年，九江长江大桥重新上马，终于在1992年8月，正桥钢梁三大拱合龙，1993年元月公路桥建成，3月正式通车。

随着改革开放政策的贯彻，国民经济高速发展和香港回归祖国的大好形式，国家做出了修建北京至九龙铁路的伟大决策，从原来是"小京九"（北京至九江），变成了"大京九"（北京至九龙），大桥工程进展顺利快速。至1994年9月，铁路桥面变线铺通，10月1日开通工程列车，支援了京九铁路建设。1995年7月1日，合（合肥）九（九江）线客货列车通过九江大桥；1996年2月，京九线首次列车通过桥；1996年4月1日，京九铁路全线开通运行。

九江长江大桥的正桥钢梁，主跨通航三大孔，采用了180米＋216米＋180米刚性梁柔性拱，外形新颖、轻巧美观，钢梁杆件材质，采用高强度低合金钢，板厚56毫米，工厂焊接，工地用高强度螺栓连接，这一整套的先进技术，除日本外，其余发达国家都未能采用，达到世界铁路桥之先进水平；九江长江大桥钢梁主跨跨度达到了216米，比南京桥160米大大增加了，而且要求采用栓焊钢梁新结构，南京桥是铆接，这里又有许多新技术需要解决，首要的是钢材问题。开发了用于钢梁制造的15锰钒氮新钢种和制造配套的35钒硼高强度螺栓，构件板厚达到56毫米，突破了铁路桥梁钢板厚度50毫米的限制。无论是桥的材料、结构、工艺，都反映了我国当时的建桥水平。九江长江大桥的厚板栓焊钢梁推动了我国栓焊钢梁技术的发展，从此铆接桥梁退出了历史舞台。

吊杆防风振，采用TMD（Tuned Mass Damper，质量调谐阻尼器）技术；在大拱细长吊杆上安装的调谐质量阻尼器，解决了涡激共振问题。钢梁架设采用"双层吊索塔架法"，全伸臂架设两孔180米及"中间合龙法"，架设216米；将单层吊索架发展成双层吊索架，实现了全伸臂架设主孔边跨跨长180米钢桁梁，

正桥基础，采用"双壁钢围堰"基础；1973年12月开工的九江长江大桥最大的突破就是采用了"双壁钢围堰大直径钻孔桩基础"新技术，实现了梦寐以求的在长江上修桥，深水基础一个枯水期修出水面的梦想，其贡献是巨大的。从武汉长江大桥的钢板桩围堰管柱基础结构施工技术到南京长江大桥的四种深水基础施工技术，再到九江长江大桥的双壁钢围堰大直径钻孔桩基础新技术，我们每一次都在前一座桥的基础上实现了技术上的重大突破（图6.34）。

根据以往经验，在长江上修建深水基础，因受水位控制，将一个桥墩筑出水面至少要一年半，也就是两个枯水期时间，这也是在长江上建桥工期较长的主要原因。九江大桥采用双壁钢壳围堰的防水措施。这种围堰有坚强的圆形双壁钢壳，内有支撑连接，可承受围堰内外较大水头差所产生的巨大压力。抽水时不受水位限制，可以较早地在围堰内封底而安全度洪，因此在任何季

节均可施工。围堰的制作、安装、下沉等工序简单，再加上钻岩技术的改进，封底混凝土内预留钻孔位置等工艺措施，从而就大大缩短了修建深水基础的周期，达到了一年之内可筑一个桥墩的新水平。

　　1990年，在九江大桥钢梁设计制造最繁忙的日子里，一位同行向国务院总理李鹏上书，对其设计提出质疑。中国国际咨询公司组织了专家论证会，大桥设计总工程师方秦汉（图6.35）在国务院有关部门组织的专家委员会上进行了一次次长篇答辩。经反复研究论证，最终证明他的设计是可以信赖的。此次论战即是我国桥梁界赫赫有名的"京都大辩论"。

图6.35　大桥总设计师方秦汉院士

图6.36　1993年1月16日江西九江长江大桥建成

　　1992年，九江大桥公路桥正式建成通车，1995年大桥铁路桥贯通（图6.36）。大桥全线通车后，成为京九铁路的枢纽，对加强我国南北交通运输，促进华东、中南经济建设、文化交流和旅游事业都具有重要的战略意义。九江长江大桥北岸是湖北省黄梅县的小池镇，南岸位于九江市区的白水湖，现已成为游客观光的一个新景点。大桥附近有琵琶亭、锁江楼塔，相映成趣。

6.8　青藏铁路拉萨河桥

图6.37　拉萨河铁路桥

图6.38　建设中的拉萨河铁路桥

　　拉萨河铁路桥是青藏铁路全线唯一非标准设计的特大型桥梁，全长928.85米，是青藏铁路的重点标志性工程（图6.37）。该桥的主跨108米，采用双层叠拱结构。主桥桥墩设计为牦牛腿式变截面双圆柱墩，引桥桥墩设计为雪莲花式变截面圆端形墩，结构新颖，融民族特色与现代风格于一体，成为拉萨市一个重要的人文景观。大桥由铁道部第三勘察设计院设计，拉萨河大桥采用钢管混凝土五跨三拱连续梁系杆拱组合体系以及主跨的双层叠拱结构，桥体为白色。建成后的拉萨河大桥距西藏拉萨市市中心5千米，从布达拉宫的金顶、贡嘎机场的公路和拉萨火车站广场，都可看到拉萨河大桥雄姿。

　　中铁大桥局承担了这座大桥的建设，拉萨河特大桥于2003年5月9日开工建设，2005年5月13日建成。建设总投资达7800万元人民币。

　　由于拉萨河属于二级水质，因此在修建大桥时，建设单位完全采用了无污染设备，对水质进行实时监控，保证了工程的环保要求。在整个拉萨河特大桥建设过程中，共有2000多名藏族工人参与建设。

　　整个大桥采用了现代工艺和藏族传统文化相结合的建设理念，主桥采用三跨连续钢拱组合

体系，主跨采用双层叠拱结构；而桥体的艺术化主要表现在：主体桥墩宛似牦牛腿，引桥墩若似莲花，三拱桥则如祝福的白色哈达。

西藏是一片神奇的土地，修建进藏铁路是几代人的共同心愿（图6.38）。新中国建国之初，毛泽东及第一代中央领导集体，就着手研究进藏铁路建设问题。得知修进藏铁路的最大困难是冻土、缺氧和经济能力三个问题时，毛泽东说，我们目前修进藏铁路是有一些困难，但有困难不等于永远不修。50年代不行，60年代差不多吧？1973年，毛泽东同志在会见尼泊尔国王比兰德拉时，他坚定地说，青藏铁路要修，要修到拉萨去。邓小平同志高度重视西藏交通事业的发展，始终关注青藏铁路。1983年，邓小平同志在听取西藏自治区工作汇报时询问了进藏铁路情况后，专门做出指示：还是走青藏线好。

图6.39 拉萨桥下部结构

2000年11月10日，江泽民在铁道部关于修建进藏铁路的报告上批示：修建青藏铁路是十分必要的，应该下决心尽快开工修建。这是我们进入新世纪应该作出的一个大决策，必将对包括西藏广大干部群众在内的全国各族人民带来很大的鼓舞。2001年6月29日，中华民族盼望已久的青藏铁路在格尔木和拉萨同时开工。

以胡锦涛为总书记的第四代党中央领导集体，始终心系高原，牵挂着青藏铁路。2002年5月27日，正在青海考察工作的胡锦涛，专程来到海拔3080米的青藏铁路南山口施工段现场，慰问一线职工。2006年7月1日，胡锦涛专程赴格尔木出席青藏铁路通车庆祝大会，并发表重要讲话。

2006年7月1日，全程1142千米的青藏铁路开通。青藏铁路通车多年来，实现了线路基础稳定、设备质量可靠、列车运行平稳。青藏铁路安然度过了全线开通运营以来的数个夏、秋、冬、春，经受住了不同季节天气的考验。

青藏铁路格尔木至拉萨段工程在中国铁路工程建设史上引入环境监理制度，并建立了"四位一体"的管理模式；为野生动物大规模修建迁徙通道；成功在青藏高原进行了植被恢复与再造科学试验并在工程中实施。这些举措，有效保护了铁路沿线野生动物迁徙条件、高原高寒植被、湿地生态系统、多年冻土环境、江河源水质和铁路两侧的自然景观，实现了工程建设与自然环境的和谐。

"太阳和月亮，是一个妈妈的女儿，他们的妈妈叫光明。藏族和汉族，是一个妈妈的女儿，我们的妈妈叫中国……"当年，一曲《一个妈妈的女儿》唱遍了神州大地，道出了藏汉等各民族兄弟般的深情厚谊；今天，伴随着青藏铁路悠扬的火车汽笛声，这首广为人知的歌曲，在大江南北唱响，在长城内外传诵，表达了青藏铁路通车后，逐渐富裕起来的西藏各族人民的共同心声。

图6.40 拉萨桥与山脉遥相呼应

拉萨河特大桥设计既具有民族特色，又具有时代气息，实现了技术先进、经济合理与环境景观的完美统一。主跨一大二小三个连拱结构，配上简洁的引桥和纯白的色彩，令人联想到飘舞在蓝天碧水间的哈达，又仿佛是雪域高原上连绵起伏的雪峰。造型优雅的桥墩，则犹如盛开在河面上的雪莲。大桥与举世闻名的布达拉宫和拉萨火车站遥遥相望，建成后已成为圣城拉萨一道重要的人文景观（图6.40）。

图6.41 列车通过拉萨河铁路桥

"众所向往之境域，旷世铁路展新姿，青龙声声轰鸣急，雪域民众绽笑颜。"这是在2006年7月1日青藏铁路正式通车之日，十一世班禅写下的诗句（图6.41）。

6.9　北盘江大桥

图6.42　贵州水柏铁路北盘江大桥

图6.43　建设中的北盘江大桥

贵州水柏铁路北盘江大桥位于云贵高原中部北盘江大峡谷上，山高路险，交通不便，地质地形复杂，施工环境极为恶劣（图6.42）。北盘江大桥为水柏铁路重点控制工程，全长468.20米，桥跨布置为：3×24米PC简支梁+236米上承提篮式钢管混凝土拱+5×24米PC简支梁。高达280米，钢管拱采用转体法施工，单铰转体重量达10400吨，为当时世界之最。该桥于1999年开工建设，2000年12月24日成功转体顺利合龙，并于2001年11月建成通车。大桥由铁二院设计，大桥工程局施工。

大桥主跨结构236米，其拱轴线为悬链线，矢高为59米；每侧拱桁管中心高为4.4米，宽为1.5米，由4根ϕ1000×16毫米的Q345D钢管及H腹杆、腹板以栓焊连接而成；上下游拱肋之间则以ϕ800×14毫米及ϕ600×14毫米钢管组成Ж字形构件，管管相贯焊接；拱肋拱顶中心距6.16米，拱趾中心距19.6米。拱肋钢管内灌注C50微膨胀混凝土。拱上结构为：5×16米预制钢筋混凝土简支梁+82米拱顶现浇π形混凝土梁+5×16米预制钢筋混凝土简支梁，拱上立柱为钢筋混凝土刚架墩。

236米主跨钢管桁架拱采用工厂内分单元制造，铁路、公路运输，在大桥南北两岸陡峭峡谷的工地支架上进行栓焊连接成两个半拱，单铰水平转体合龙（南岸水平逆转180度，北岸水平逆转135度），钢管内混凝土以泵送顶升法施工；拱上结构用吊重60吨、跨度为480米的缆索吊机施工。

本桥轨底到峡谷底深达280米，为国内最高的铁路桥梁；桥主跨为236米上承提篮式钢管混凝土推力铁路拱桥。

大桥为我国第一座铁路钢管混凝土拱桥，也是目前世界上最大跨度铁路钢管混凝土拱桥和最大跨度单线铁路拱桥。大桥施工采用了钢与填充聚四氟乙烯复合滑片作为摩擦副的转体球铰，转体施工重量达10400吨，为当时世界单铰转体施工最大重量（图6.43）。主桥每延米材料用量：混凝土——20.45立方米，钢材——10060千克，预应力钢材——16千克，普通钢筋——94千克。水柏铁路采用236米拱桥一跨跨越北盘江，较采用展线方案，减少线路长度10千千米，节约工程投资约22580万元，每年节省运营运输成本1113万元。比同等跨度的连续刚构桥节约投资约3000万元，经济效益十分显著。大桥的建成使铁路大跨度拱桥建桥技术为山区铁路选线提供了更大的自由度，为铁路大跨度拱桥的设计与施工积累了一整套丰富的经验。

大桥于2001年11月铺轨架梁通过并开始使用，2002年4月进行了大桥的静、动载试验，2002年8月全线开通交付运营。通过大桥的静、动载试验及多年的运营表明，列车在大桥上运行平稳、安全舒适。北盘江大桥的建成为铁路大跨度桥梁的设计与施工积累了一整套较为丰富的经验，对山区铁路跨越深山峡谷的大跨度桥梁的建设具有重要的指导意义和重要参考价值。过去的

铁路在深山峡谷面前不得不绕行或延缓建设，随着这一科研成果的示范与推广，铁路更大跨度的拱桥将会得到更多的应用和推广。目前正在进行的滇藏铁路前期研究中，已有多个桥位应用于该桥式方案。在一定条件下，桥梁应用转体施工是非常必要和适宜的，大吨位单铰转体设计与施工技术有着广泛的应用前景。本项目研制的球铰形式，在本桥应用约两年半后，还在北京五环路立交斜拉桥施工中得到应用。2003年1月经铁道部组织专家鉴定，北盘江大桥设计与施工整体技术达到世界领先水平（图6.44）。

图6.44 贵州北盘江桥

6.10 南京大胜关桥

图6.45 南京大胜关大桥效果图

京沪高速铁路正线全长1318.5千米，纵贯北京、天津、上海三大直辖市和河北、山东、安徽、江苏四省，与既有京沪铁路的走向大体并行。全线为新建双线，设计时速350千米，初期运营时速300千米，共设置21个客运车站。南京大胜关长江大桥（图6.45）是京沪高速铁路的控制性工程之一，也是沪汉蓉铁路快速通道及南京铁路枢纽的重要组成部分。南京大胜关长江大桥位于南京长江大桥上游约20千米处，是一座300千米时速、6线铁路特大桥梁，大桥全长约9.273千米，按高速双线设计，主桥及合建段引桥长3.674千米。

主桥为双孔通航的六跨连续钢桁拱桥，桥跨布置为：109米+192米+2×336米+192米+109米，采用三桁承重结构，其中两主跨钢桁拱圈矢高84.2米，跨距各为336米，三个主墩基础采用46根 ϕ 3.2米/ϕ 2.8米的钻孔桩基础，承台平面尺寸为34米×76米，桩长107~112米。墩上支座的承重量高达17000多吨，是目前世界上设计荷载最大的高速铁路桥梁。

大胜关长江大桥上将铺有3种6条不同的平行铁轨。可同时行驶3种速度完全不同的列车：京沪高速铁路旅客列车时速300千米；客货共线的国家一级干线沪汉蓉铁路列车，其中客运列车设计时速200千米；同步过江的南京地铁八号线轨道列车，时速80千米。 根据设计方案，大胜关长江大桥靠近三桥的一侧为双向并行的2条京沪高速铁路线，另一侧为2条沪汉蓉铁路轨道，地铁八号线则一来一回分列在这4条铁轨两侧，由悬臂支撑，"挂"在桥边上飞驰。从外观上看，大桥由3个主桥墩在平缓的江水中撑起巨大的身躯，两架组合钢拱架组成优美的"M"形，与"一"字形桥面一起，把水天一色映衬无遗。整个桥梁将以淡蓝色为主。

主桥墩承台长76米，宽34米，厚6米，巨大的承台下面连着46根120米长的桩，根根直伸到水下的岩石中，共同支撑起万吨以上的荷载。从侧面看，主桥共有11个桥墩，双孔通航，桥下净空和南京桥一样为24米。

桥梁主桁钢料共需约7.8万吨，混凝土约122.5万方，仅桥下的钻孔桩就多达2355根。

钢拱桁梁全联桁架的两端240米为平弦桁架，高16.0米，节间长度12.0米的"N"形桁式，竖杆与线路的纵坡垂直。两个336米的主跨为钢桁拱连续梁，拱的矢高84.2米，矢跨比约1/4，拱顶桁高12米，从拱趾到拱顶总高96.2米。平弦与拱桁间设加劲弦及变高桁相连接。铁路桥面设

图6.46　大胜关大桥施工

在平弦的下弦和拱桁的系杆上，离拱趾约28米高。三个主墩的两侧各60米范围内为4个15米节间，其余的节间长均为12米，竖杆呈竖直设置。由于桥面有竖曲线，要兼顾拱跨结构的对称性，近7#中主墩的两个节间调整到15.72米，其余节间长仍为12米。

大胜关大桥的材料是专门为它量身研制的，桥钢为Q420，这种钢材不仅"体重"比同类钢材轻盈，而且在强度、韧性以及抗疲劳性方面都比较优异。随着我国铁路钢桥跨越发展，从武汉长江大桥、南京长江大桥、江西九江长江大桥到芜湖长江大桥，桥梁主跨跨度由128米发展到312米。特别是芜湖长江大桥的建设，使我国铁路桥梁建设达到国际先进水平。与桥梁设计及制造相比，国内桥梁用钢的发展起步较早，20世纪60—80年代开发了16Mnq、15MnVq、15MnVNq；80年代末由于九江长江大桥建设需要，九江桥采用了15MnVNq；90年代初，铁路桥梁建设面临芜湖长江大桥的建设，中铁大桥局和武钢联合共同开发了大跨度铁路桥梁用钢——14MnNbq钢。目前，由于京沪高速铁路南京大胜关长江大桥最大跨度达336米，拱肋部位最大轴力达9300吨，需要比14MnNbq钢更高级别的高性能结构钢才能满足结构受力要求，所以开展了新型高强度Q420铁路桥梁用结构钢的研制。

大胜关长江大桥总承包合同价为38.6亿元，工期从2006年7月到2009年11月。

6.11　钢筋混凝土拱桥和钢管混凝土拱桥

建造钢筋混凝土和钢管混凝土拱桥具有较大的价格优势。钢筋混凝土拱桥主拱采用箱型截面，截面挖空率大，用料省，受力合理。无支架吊装施工是大跨径拱桥的一种比较经济、合理的形式。据有关资料介绍，100米左右跨径的钢筋混凝土箱型拱桥，每平方米的造价与跨径20~30米的梁桥造价相当。

历史上，建拱桥都是先在河上搭好支架，这种方式不仅材料耗费多，且搭架难度很大，拱桥跨径很难有大的突破。钢丝绳斜拉扣挂松索合龙法施工工艺的出现，虽解决了修桥不搭拱架的难题，但拱肋悬拼段数一般不过5段，钢筋混凝土拱桥跨径不超过150米。

直到20世纪90年代初，国内采用斜拉扣挂合龙后松索的施工工艺，解决了拱肋多段悬拼的安全性、准确性问题，成功地建成了当时世界最大跨径的钢筋混凝土肋拱桥，跨径突破了300米大关，1996年9月建成通车的广西邕宁邕江大桥，跨径为312米，成功地运用了大型钢拱骨架拼焊成型等施工新工艺，创当时中承式钢管骨架外包钢筋混凝土拱桥跨径最大纪录。

1997年建成的重庆市万县长江大桥，是目前世界上跨径最大的钢筋混凝土拱桥（图6.47）。该桥位万州区（原四川万县市）上游7千米处，是上海至成都高速公路跨越长江天险的特大型拱桥。大桥一跨飞渡长江，全长856.12米，主拱圈为钢管混凝土劲性骨架箱型混凝土结构，主跨420米，桥

图6.47　万县长江大桥

面宽24米，为双向四车道，是世界最大跨径的混凝土拱桥。1994年5月1日大桥正式动工，1997年完工。该桥为劲性骨架钢管混凝土下承式拱桥，桥长814米，宽23米，桥拱净跨420米，桥面距江面高140米，单孔跨江，无水下基础，跨度雄踞世界同类桥梁首位。主拱圈采用钢管与劲性骨架组合的钢筋混凝土箱形截面，采用缆索吊装和悬臂扣挂的方法施工。

1995年，建成的贵州省江界河大桥，是一座跨径330米的钢筋混凝土桁架拱桥。采用预应力技术成功解决了受拉杆件的开裂问题，使桁架拱桥突破了跨度300米大关。

江界河桥位于贵州省瓮安县，跨越乌江中游峡谷（图6.48）。主跨为1孔330米组合预应力混凝土桁架拱，桥面高出常水位近270米。边跨桁架顺着山坡分别为30米＋20米及30米＋25米＋20米，全长461米。它的布孔特点是利用山坡岩石，使边孔的下弦杆与岩盘合一，斜拉杆的预应力粗钢筋锚于岩盘内。桥面为净9米＋2×1.5米人行道。全宽13.4米。拱圈高2.7米，宽10.56米。矢跨比为1／6。采用起重量为120吨的钢格构人字扒杆起重机进行悬臂拼装。受拉的斜腹杆采用24φ5高强钢丝以及钢质锥销锚和镦头锚体系。由贵州省交通厅桁式组

图6.48 瓮安江界河大桥

合拱桥课题组设计，同济大学合作，贵州省桥梁公司施工。江界河大桥是江界河风景区的中心，以它为主形成了瓮安县独具特色的峡谷风光、人文景观、革命遗址等江界河风景区。

进入20世纪90年代初，中国开始修建钢管混凝土拱桥。所谓钢管混凝土，就是在薄壁钢管内填充混凝土，使两者共同工作的一种材料，钢管内的混凝土受到钢管的约束，处于三向受压状态，从而比普通混凝土具有更大的强度，而薄壁钢管由于管内混凝土的支承和约束，其稳定性也得到提高。钢管混凝土的主拱肋一般做成由上下两根钢管组成的哑铃型或桁架型。修建桥梁时，先制作和安装重量很轻的空钢管，然后用混凝土泵充填管内混凝土，形成拱肋全截面。钢管同时发挥施工拱架、灌注混凝土用的模板和建成后受力的三种作用，施工十分方便，较好地解决了修建桥梁要求的节省材料、安装重量轻、施工简便、承载力大的诸多矛盾，是大跨度桥梁的一种比较理想的结构形式。

图6.49 广州市丫髻沙大桥

图6.50 丫髻沙大桥夜景

2000年建成的广东省广州市丫髻沙大桥，是一座中承式的钢管混凝土系杆拱桥（图6.49）。丫髻沙大桥是广州东南西环高速公路西环线上跨越珠江主副航道和丫髻沙岛的一座标志性特大桥梁，全桥总长1084米。丫髻沙大桥主桥采用76米+360米+76米三跨连续自锚中承式钢管混凝土拱桥桥型。其主跨以360米一跨飞跃珠江主航道，气势恢宏、造型优美。这种新桥型充分发挥了材料的性能，以抗压能力高的钢管混凝土作为拱肋，以抗拉能力强的高强度钢绞线作为系杆，通过劲性钢骨架外包混凝土的边拱肋的重量，随着施工加载顺序逐步张拉系杆中的预应力束，以平衡主拱所产生的水平推力，最终形成对拱座基础只有较小水平推力的拱桥，使拱座相应变得轻巧，为平原地区的大江大河上修建大跨度桥提供了可行性实例。丫髻沙大桥于1998年7月动工，2000年6月

图6.51　岸上立架拼装拱肋（远处为对岸拼装现场）

建成。因为珠江是广东的黄金水道，不可能采用封航、在江面上立架拼装拱肋的传统方法（图6.51），于是采用在两岸分别立架拼装拱肋，然后竖转加平转，合龙成拱的先进工艺方法施工。每侧转体总重量为13685吨。

该桥的施工单位是贵州省桥梁工程总公司，转体工艺设计单位是四川公路规划勘察设计研究院和贵州省桥梁工程总公司，竖转与合龙微调采用的是同济大学液压同步提升技术。

该桥于1999年10月下旬顺利完成竖转、平转（图6.52）及合龙（图6.53）。

重庆市巫山大桥主桥是一座大型钢管拱桥，一桥飞架巫峡南北两岸，如同长虹卧波一般，使天堑变通途。2001年12月28日，重庆巫山长江大桥开工建设。2003年4月17日大桥钢管主拱合龙，2005年1月18日正式竣工通车。历经3年多时间建成通车，耗资1.96亿元，全长612.2米，主跨492米，桥面净宽19米，双向4车道，引道全长7.4千米。"神女应无恙，当惊世界殊。"这座美丽的大桥还是长江上唯一的"彩虹桥"。

巫峡位于重庆巫山县，是长江三峡之一，为著名的长江天险。刚刚建成通车的巫峡长江大桥遍身橘红色，远远望去，紧紧"扎根"在两岸的峭壁上巨大的拱形桥梁就像一道迷人的彩虹，与周围景致浑然一体（图6.54）。站在桥上眺望对面的巫山移民新城和大宁河小三峡口，如同欣赏一幅气势恢弘的画卷；转身再看巫峡，长江像巨龙一样流淌在风光秀丽的巫峡十二峰中。大桥下面，时有轮船驶过，给长江带来生气和活力。

图6.52　转体工程实施中（江上航运照常）

图6.53　主拱即将合龙

图6.54　巫山长江大桥

巫山大桥在同类型钢管拱肋吊装成塔的缆索吊机跨径、吊塔高度、起吊高度、吊重、微膨胀自应力混凝土强度等方面有较大突破，攻克了钢管拱肋制作、吊装和管内混凝土压注施工技术难题，成为目前长江上唯一一座中承式钢管拱桥（图6.55）。

该桥建设建立了完善的质量管理组织机构，施工及监理单位建立了工地试验室，严格原材料控制，不合格材料禁止使用。比如，2003年通过施工单位自检及抽检，共清退了200吨不合格钢材，土建施工单位清退了100吨不合格混凝土外加剂、500立方米中砂、200立方米碎石。再次，加强过程控制及检验。在施工过程中严格执行工序检查及旁站监理，对重要工程和部位加大抽检力度，如钢结构焊接在施工单位百分之百检验后，要求监理按抽检频率上限20%抽检；对管内混凝土，专门委托了重庆煤科院按每60厘米设置检测点进行管内混凝土强度及密实度检查。最后，对质量问

图6.55　完成主拱架设的巫山长江大桥

题、质量缺陷实行四不放过，如对监理及质监站检查出的焊缝质量缺陷，先由施工单位按规范进行返修，自检合格后报监理进行无损检查。

橘红色的桥身，与闻名中外的巫峡融合在一起，远远望去就是一幅"长虹卧波"的美景。巫山县交通局称，要把巫山长江大桥建成一座质量好外观美的精品桥、风景桥，打造成名副其实的渝东"门户桥"、"第一桥"。桥建成通车对拓宽巫山旅游景观、顺畅渝东交通、带动巫山经济发展等有着显著的现实意义和深远的历史意义。

世界最大拱式桥一览表

类型	编号	桥 名	主跨(米)	建成年	地点
钢拱桥	1	朝天门大桥	552	2008	中国重庆
	2	卢浦大桥	550	2003	中国上海
	3	新河谷桥	518	1977	美国西弗吉尼亚州
	4	奇尔文科桥	510	1931	美国新泽西州
	5	悉尼港大桥	509	1932	澳大利亚悉尼港
	6	ST.Marco-1	390	1929	南斯拉夫萨格勒布
	7	弗里蒙特（Ferment）	383	1971	美国俄勒冈州
	8	兹达科夫（Zdakov）	380	1961	捷克和斯洛伐克
	9	曼港（Port Mann）	366	1964	加拿大温哥华
钢管混凝土或混凝土拱桥	1	巫山长江大桥	492	2005	中国重庆
	2	万县长江大桥	420	1997	中国重庆
	3	克尔克I桥（Krk-I）	390	1979	南斯拉夫
	4	贵州江界河桥	330	1995	中国贵州
	5	邕宁邕江桥	313	1996	中国广西
	6	格拉德斯维尔	305	1964	澳大利亚悉尼
	7	黑约帕拉那桥（Rio Parana）	290	1964	巴西
	8	亚拉比达桥(Arradida)	270	1963	葡萄牙
	9	三多桥（Sando）	264	1943	瑞典

第七章　大跨度桁架桥

　　19世纪末建造的雄伟壮观的福斯桥证实了钢悬臂桁架桥对于大桥跨的实用性，率先突破了前人从未跨越的500米跨度，拉开了20世纪大跨度桥梁建设的序幕，同时也使钢悬臂桁架桥在20世纪前25年大受欢迎。它强大的刚度使之非常适合于铁路建设，因此在铁路大发展的时代，钢悬臂桁架桥成了最佳选择。在那个年代，以材料力学为准则的学院派设计风格大行其道，结构的布置及外部轮廓是根据静力学弯矩图得出来的，看起来似乎非常科学，符合物理规律，一时间成为桥梁界的一种设计时尚。今天看来，当初的设计并不周全，因为片面照顾弦杆，使腹杆尺寸复杂化，也影响了连接系布置的合理性，给设计和施工带来了很多麻烦，也带来了高昂的造价和维修费用。后来，由于预应力混凝土和悬臂施工法的广泛应用，在300米以下的跨径内，逐渐由混凝土梁桥替代，而大跨度则由更具竞争力的悬索桥或斜拉桥取代。

7.1　大跨度悬臂桁架桥

7.1.1　魁北克大桥和它的设计者库珀

　　福斯桥在很长时期一直保持着世界最长跨度的纪录，直到1917年加拿大圣劳伦斯河上著名的魁北克铁路桥的建成才改写了这一纪录，而且至今保持着同类桥梁最大跨度的纪录。

　　这座桥位于加拿大，在东起大西洋岸哈利法克斯、西至太平洋岸鲁珀特王子港的铁路干线上，是魁北克附近跨越圣劳伦斯河的公路铁路两用桥。

　　魁北克桥于1904年开工，1917年12月3日单线铁路通车，1918年8月21日双线铁路通车，1929年在双线铁路线中间铺设了双车道公路。1951年拆除一条铁路线，加宽公路桥面，这座桥被改修成一座公路、单线铁路桥。

图7.1　世界最大跨度的悬臂桁
架桥——魁北克大桥

　　魁北克大桥的跨度为548.64米（1800英尺）。最终采用的结构设计是圣劳伦斯桥业公司的菲尔普斯·约翰逊（Phelps Johnson）和杜干（Duggan）的作品，他们是与以拉尔夫·莫杰斯基（Ralph Modjeski）为首且由五个工程师组成的一个顾问理事会合作完成的（图7.1）。这座桥梁的建设多灾多难，在克服了巨大的困难之后，这一跨度才最终建成，最先曾担任工程建设总指挥的库珀在遗憾和失意中退休。

　　西奥多·库珀是一位美国工程师，他以担任1907年垮塌的魁北克桥而闻名于世。他是当时最卓越的铁路桥梁专家，1900年承担设计了这一新的破纪录的结构（图7.2）。在本书第四章曾介绍过库珀的一些情况，他年轻时在詹姆斯·伊兹手下担任工程师，负责伊兹的拱架架设，工作特别敬业，十分勤奋，但有些易于慌张，和伊兹一起建成了第一座铁路钢桥——伊兹桥。经过不断的学习和工程历练，库珀已经成为纽约著名的铁路和桥梁专家，是对铁路和桥梁建设做出重大贡献的优秀的技术大师，是当时美国的技术权威。

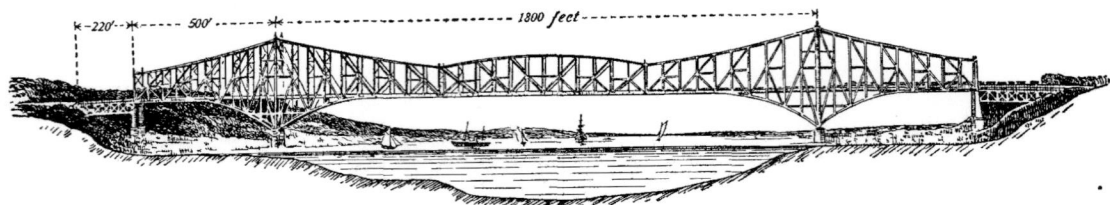

图7.2 库珀的魁北克桥设计，下弦杆为曲线

在1858年获得土木工程学位后，库珀在从托伊至格林菲尔德的铁路建设中担任助理工程师。1861年加入海军，他的从军生涯达数十年，在海军科学院担任工程师。1872年从海军退役以后，在伊兹设计的伊兹桥担任驻场监理。1872—1875年，他继伊兹之后担任桥梁隧道公司的工程师。库珀也是负责纽约高架铁路建设的助理工程师。他是由总统任命的决定纽约休斯顿桥梁形式的五人专家成员之一，也是纽约图书馆建设项目的咨询工程师。

库珀的设计作品非常广泛，但最为著名的贡献是在桥梁设计领域。他的桥梁建造生涯自他1872年从海军退役到1907年退休。

从1885年到1902年间，库珀发表了许多关于铁路和公路桥梁设计的重要文章。他的理论对铁路桥梁荷载的采用产生重要影响。与此同时，他担任了数个城市铁路捷运发展委员会的咨询工作，如纽约和波士顿。他两次获得美国土木师协会的努曼奖章。这种卓越成就的职业生涯伴随着1907年的魁北克桥的悲剧而终结。

1894年，库珀负责建立了铁路桥梁安全运营的荷载标准和计算方法。库珀的荷载系统基于E10，即一对2-8-0型的蒸汽机车拉着无数辆列车。火车机车头的轴重分别为：驱动轴10000磅，引导车5000磅，煤水车6500磅。而轨道上列车的轴重按每0.3米(1英尺)1000磅。在1880年，铁路桥梁设计荷载对应E20。1894年库珀发表了他的设计荷载标准以后，他推荐E40或4倍的E10。1914年，美国铁路桥梁荷载标准增加到E60。1990年美国铁路工程师协会建议混凝土桥梁采用E72，钢桥采用E80，即7.2倍和8倍的E10。由此可见库珀的影响延伸至今。

1889年，当他最初接触到魁北克桥时，采用的跨度是183米+488米+188米桥梁设计方案，但在1900年，根据河床地质调查的资料，他提出再将中跨加长61米，从而使中跨达到了549米，超过了福斯桥成为世界第一而且是比较经济的方案。

这一改变埋下了不幸的种子，孕育了后来可怕的悲剧。

事情的原委是这样的，从该桥建设伊始，建筑成本的压力一直很大，业主魁北克桥梁公司竭力想节省成本，促成了结构设计上的失败。由于在浅水中打基础要便宜很多，为此，把悬臂塔架移向浅水区域，中跨的跨度比原来增加了12.5%，成为世界上最大跨度的桥梁。而修改后的结构断面居然未做尺寸校核，仍然采用原来跨度未增加时的断面，犯下了重大错误。它的最终跨度定为549米，超过著名的福斯桥跨度28米。预算成本不菲。负责设计的工程师们承受着巨大压力的同时，充分发挥他们的能力和才干来降低用钢量。尽管规模和体量都是空前的，但用于指导设计工作的实验性调查的设备和资金仍然不到位。

在尽力完成魁北克桥大部分设计工作后，桥梁的跨度增加了61米，修改工作没有看成非常重要的事情。库珀意识到这个问题时已是开工两年后的事情了。这座桥和福斯桥是一样的结构体系，同样的施工方法，从两侧同时向中间建造。1907年8月初，桥体两侧已经有三分之二完成了，这时有人发现主要支柱底部的钢板正开始扭曲变形。此时已年迈体弱的库珀难以去工地巡视，而是在纽约监工。

1907年8月29日17时15分是一个在桥梁建筑史上值得牢记的时刻，当桥跨的悬臂长度达到223米，接近中间部位时，某个底部下弦杆出了问题，整个框架突然歪斜起来并最终坍塌。85个筑桥工人随着混乱的残骸碎片摔了下来。巨大的框架"像冰柱一样尾部迅速消融掉了"，几秒钟内就完成了毁灭过程。事故中损失了2万吨钢材，74人不幸遇难。这是桥梁建筑史上最令人震惊的一次灾难。

这座大桥本该是著名设计师西奥多·库珀的一个真正有价值的不朽杰作。库珀曾称他的设计是"最佳、最省的"。可惜，它没有架成。库珀自我陶醉于他的设计，而忘乎所以地把大桥的长度由原来的488米加到549米，以成为世界上最长的桥。桥的建设速度很快，施工也很完善。正当投资修建这座大桥的人士开始考虑如何为大桥剪彩时，人们忽然听到一阵震耳欲聋的巨响——大桥的整个金属结构垮了。由于库珀的过分自信而忽略了对桥梁重量的精确计算，导致了一场事故（图7.3）。

图7.3 1907年8月29日17点15分魁北克桥的第一次垮塌后的现场

也许在这次灾难中最突出、最痛切的一点在于人类的事业在到达巅峰时却不幸遭到毁灭这一悲剧。西奥多·库珀，在为桥梁建造的艺术上做出了一生的贡献后，当时正处在专业名望的顶峰。那天一早上他在阅读研究了桥梁工地送来的关于桥梁压杆屈曲的报告之后，他竭尽全力地想挽救那些工人，他给工地的主管约翰·迪恩发出了停工的电报，命令迪恩立即停工，在研究了细节之后才继续施工，但是他发出的让所有工人远离桥跨命令的电报到达得太晚了。在下班前的15分钟，桥梁垮塌了。灾难过后，他退休并隐居起来，1919年就悲伤地去世了，享年81岁，他终身未娶，去世前已经破产，真是一个心碎的可怜人。

图7.4 1907年*Scientific American*解释魁北克桥设计失败的原因

灾难后的调查表明，坍塌是由一个受压构件因未加固好而发生变形引起的。原来在零部件的设计和受压构件的细节问题上广为接受且对更小的零件也尝试并测试过的经验性规则，在用于更大的且前所未有的规格上的受压构件上时却使设计师们遭遇了失败。随后大规模的实验和研究使大件的受压构件的设计和细节问题成为科学上的一个基本问题（图7.4）。此外，现在更多的注意力指向受压构件的接合面的适合的设计和构造，以及如何分析并消除由桁架杆件的变形产生的次应力。魁北克桥的弦杆采用了矩形截面，这是借鉴了当时北美的设计原则，并将它推广到更大规模。相比较而言，福斯桥基于结构形式的观察和直觉判断，采用了一种完美的部件，一种类似于竹子的空心管状截面。1907年的魁北克灾难较之桥梁建筑发展中其他事故对桥梁建筑艺术有更大的改革意义，使之上升到了科学分析和设计的一个更高的层面上。

受压的结构构件，都有一个理论上的承载力，一旦超过这个承载力，构件就会弯曲。这个构件的承载力理论问题其实在当时的100多年前已经由欧拉计算出来啦！就是现今材料力学教科

书基本公式——欧拉公式，但当时还没有全面被人接受。

在持续数年的调查和意见听取后，加拿大当局怀着无畏和坚持不懈的决心决定再试一次。在一个由桥梁工程师组成的委员会的努力下，新桥的蓝图被勾画出来。多种不同的轮廓和规模使此次设计更加具体详实（图7.5）。采用了强度更高的钢材和笔直的外形，同时设置了一个特殊的腹杆系统使次应力减至最小。与第一个结构相比，新的设计承受同等的列车载重而钢材用量是原来的2.5倍。

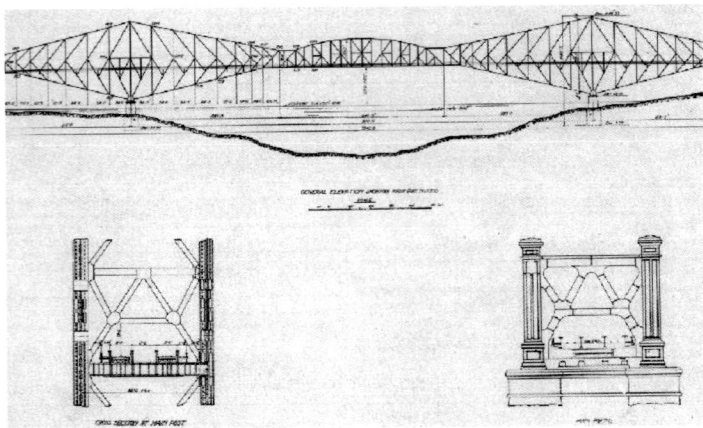

图7.5　1907年后莫杰斯基五人小组设计的方案，下弦杆为直线

这次不再冒险尝试悬臂的方式立起悬挂的桥跨，而是采用了托举方法。需利用一个强有力的液压起重器把重达5200吨的桥跨从驳船上举至45.7米(150英尺)的高度。

1916年的某天，这一持续96个小时的作业开始了。一个槽口接一个槽口地，随着液压起重器小心的抽吸作用，悬挂桥跨慢慢地被举至支撑它的驳船上，一切都非常平稳地进行，事实上太平稳了，以至于那些从黎明时分就开始这项操作的工程师们都决定要去吃午餐。但是在他们做出这个决定不久，什么东西好像突然断裂了，已经升高了3.7米(12英尺)的5200吨重的悬挂桥跨突然从固定它的镫筋中滑了出来坠入河中，11名工人不幸遇难。一个摄影师碰巧带着摄像机在现场，他所拍摄的这一灾难的唯一照片被世界上多家报纸和期刊翻印再版。就在相机闪过不久，断裂的桥跨很快沉入了圣劳伦斯河滚滚的流水中（图7.6）。

图7.6　1916年魁北克桥的第二次垮塌后的现场

当局把灾难归咎于桥墩一个拐角下的起阀装置存在一个有缺陷的铸件。另一解释则被查禁压制了——即因有人忽视了物理学上的一个基本原则，起阀装置的设计本身的均衡性就不够稳定。

以前的缺陷被纠正之后，在更坚固的绳索上重新设计并建造了提升装置（起重设备）。第二年，即1917年，一座崭新的悬挂桥跨落成了。它被强有力的液压起重器一级一级地举起。为时四天的起重操作收尾时，悬挂桥跨最终在正确的位置成功对接。为悬臂式桥跨创造了一项新的世界纪录的雄伟的魁北克桥终于合龙了。

对于整个世界，魁北克桥是以一座丰碑的形象矗立着，代表着百折不挠的勇气和坚定不移的决心。以建造过程中的两次大灾难为代价，桥跨长度的世界纪录由518.1米(1700英尺)增加到了548.6米(1800英尺)。

1907年和1916年的两次倒塌事故，加上又是第一次世界大战，建成这座历史第一的桥梁时，并未举行盛大的竣工典礼。由于这件事，促使了加拿大成立正式的工程师协会，制定工程师专业和道德守则，发牌管制工程人员。 也是因为这起事故，加拿大所有的工程学校，都有一块纪念碑，纪念这起事故。每个在加拿大大学念工程的学生，在毕业的时候，都要领取这么一枚戒指，由这座桥梁的钢材加工成的戒指，取名为"耻辱戒指"，而且必须带到签字手的尾指上。意思是当他们签发工程文件的时候，总有个东西顶着你的手，提醒他们牢记曾经有过这么一次惨痛的教训，好让所有的工程师铭记自己的责任，不能疏忽大意，也激励他们在今后的工作中认真仔细，精益求精。

7.1.2　皇后区大桥

图7.7　皇后区大桥

当魁北克桥艰难地成形时，另一座著名的悬臂桁架式桥梁已经开始酝酿，设计并建成，即位于纽约市的皇后区大桥（Queensboro Bridge，图7.7）。该桥也是由著名的设计大师古斯塔夫·林登塔尔在纽约市桥梁委员会任职时领导设计的。它横跨在曼哈顿到长岛市的东河上。中间两个桥墩位于布莱克威尔岛（又称康乐岛），该岛实际上位于河的中部。刚开始这座桥是以岛的名字命名的，被称作康乐桥，但是建成后就改为皇后区大桥。

尽管在皇后区大桥建成的时期（1901—1909），它的桥跨长度比福斯桥或魁北克桥小得多，但它当时是美国最长的悬臂桁架桥。

皇后区大桥是一座不等跨的连续悬臂桁架桥。曼哈顿一侧的锚跨长143.1（469英尺5英寸）；皇后区一侧的长139.9米（459英尺）。两个悬臂中跨或称河槽跨分别长360.3米(1182英尺)和299.9米(984英尺)。中间横跨该岛的锚跨长192米(630英尺)。槽跨在中间连接起来而没有悬跨，因此使应力变得不确定。省去了悬跨是皇后区大桥的一大特色。这可能是受模仿其他三座东河桥梁的优美的吊桥外形这一想法的影响。然而，正如通常会产生的结果一样，这一不适当的模仿被证明是不幸的。皇后区大桥的结构要承受比前面那些桥更大的载重。上层桥面要承载四条列车轨道和两条人行道，稍低的下层要承载一条铁路线和四条汽车道。

支柱或锚臂和岛上的桥跨是用钢制脚手架树起来的——这在皇后区大桥时期是一个创新——而槽跨则是在两个自走式起重机的协助下支撑起来的。

桥基建在坚硬的岩石上，所有桥墩则都建在陆地上——两个在岸上，两个在岛上。

建造过程中共使用了大约50000吨钢铁，即每英尺用13.5吨钢。该桥以首次大量使用镍钢做受压构件和铁栓而著称。这种新型合金包括三成镍，按其自身的重量的比例比建桥用的普通碳钢坚硬一半。

1907年魁北克桥的事故发生之后，皇后区大桥的安全性成为人民关心的焦点，当时该桥的建造已快完工。两组独立的工程师受聘调查该设计并报告其安全性能。经过仔细的研究和应力分析，两个报告一致认为这一建筑不足以承受预定的载重量。原因是在设计最初的一次改动中有人在静荷的修订中犯了大错。他们认为有必要把原来提议的活载由上层上的四条铁路线减至两条，为照应从桥上除去的两条铁路，又在东河下距第十六大街一个街区处修建了一条地铁轨道，这一

图7.8　皇后区大桥近景

图7.9 鸟瞰皇后区大桥

额外开支达400万美元。

竣工的皇后区大桥看起来沉重而笨拙，毫无必要的华丽装饰也极不得体（图7.8）。据说建筑顾问亨利·F.伯斯坦（Henry F. Hornbostel）第一次看到建成的大桥时惊呼："上帝啊——这就是一个铁匠铺嘛！"他想起自己曾审定验收了设计的所有细节，但是他很吃惊地发现他在建筑图纸上一个例行公事的签名成了他的正式批准。传闻那家钢铁公司经受不住高额合同的诱惑，增加了大桥许多地方的重量，其实这种增重完全没有必要，因此导致了成本和负荷的增加，还有桥身过重及整个结构过于臃肿（图7.9）。

7.1.3 卡奎内兹大桥——辉煌逝去

随着20世纪不断向前发展，悬臂式的建造方法变得简化了，从而有效避免了类似魁北克桥这样的灾难。1917年魁北克桥悬挂桥跨经过四天的起重后终于被抬升到位。10年后，利用一个改进且简化了的方法，卡奎内兹大桥（Carquinez Strait Bridge，图7.10）被方便安全快捷地抬升到了同样的高度——45.7米(150英尺)，用时仅35分钟。

位于加利福尼亚的卡奎内兹大桥也属于悬臂桁架桥，它有两个长335.3米(1100英尺)主桥跨——这一长度使其成为世界上第六大悬臂桥。尽管采用的是典型的大型现代悬臂桥的建造工序，但它的两个特点仍使其具有特殊影响——桥墩的筑造和独特的防震装置。

图7.10 卡奎内兹大桥

卡奎内兹大桥的落成成为加利福尼亚州交通方面一个重要的标志。因为它扫除了困扰几个世纪的一个障碍。萨克拉曼多河（Sacramento River）和圣华金河（San Joaquin River）从各自的山谷中穿流而过，在流入水深湾（Suisun Bay）时融汇在一起，后流经卡奎内兹（Carquinez Strait）进入圣保罗湾（San Pablo Bay），再经圣弗朗西斯科湾穿过金门大桥，最后注入太平洋。这一串水流形成了一个有效的障碍，威胁着加州南北方向的交通，阻断了圣弗朗西斯科附近的海湾城市与北部地区之间川流不息的交通。

1922年或者更早，克服这一障碍的计划就已经在酝酿中了，即修建一座大桥横跨最狭窄的部位——卡奎内兹。

卡奎内兹大桥横越于卡奎内兹西部，大约在圣弗朗西斯科北40.2千米（25英里）处。处在从圣弗朗西斯科到萨克拉曼多和加州西北地区及中部其他居民点的既定的交通线上。

桥体长1021.1米(3350英尺)，南端的高架桥引桥长345米（1132英尺），整个结构总长达到1366.1米（4482英尺）。大桥本身由两个长152.4米（500英尺）的锚臂，两个长335.3米（1100英尺)的悬臂跨和一个长45.7米(150英尺)的中央吊桥塔构成。每个悬臂跨都是由两个101.6米（333英尺4.5英寸）和一个132米（433英尺2.375英寸）的臂状物组成。桥下为航运需求留的净空最低处为41.4米（135英尺），依靠百分之一的坡度，水面以上铁架的高度在桥的另一端增加到45.7米（150英尺）。

卡奎内兹大桥是由一个加州的商人埃文·J.翰福德(Aven J. Hanford)构思的，他殚精竭虑地为这一项目筹措资金并发起建造。这是在私营收费桥企业最大的一例投资，是美国收费桥公

司的一个项目。埃文·翰福德是该公司的总裁，但是他却未能在有生之年看到自己梦想的最终完成，在大桥竣工前半年就去世了。大桥的工程人员包括总工程师查尔斯·戴雷斯（Charles Derleth），设计师大卫·斯坦因曼以及工程顾问威廉·布尔（William H. Burr）。

首次设计的草案是一座由一个长487.7米(1600英尺)的主跨和两个长243.8米(800英尺)的边跨组成的吊桥。但是因为南侧主桥墩的位置有碍于船舶的航行，随后一座长594.4米(1950英尺)的吊桥和一座由两个长335.3米(1100英尺)的主跨构成的悬臂桥两个方案被提了出来。这两项设计都满足了国防部关于设计的成本预算降低才能获批的要求。最终，采用了悬臂桥的方案。

在完善该设计的过程中，用于悬跨的顶部弯曲式所用的钢材比直线式的更经济实用。此外，既然它主要考虑的是构造功能和经济因素，从外观上看，采用弯曲桁架的悬跨也更为合理。在研究过的几种包括K型在内的桁架系统中，普拉特桁架（Pratt truss）是最经济的。最终决定的比较经济的跨度为152.4米(500英尺)。后来，当架桥的抬举方式确定之后，桥跨长缩减为132米(433英尺)以减少悬挂和托举的重量。用于悬跨的桁架系统与用于悬臂的相异。整个建筑的功能用这种方式表现得一目了然，没有因企图掩饰悬臂结构而造成的迷惑。

桥墩的建造构成了该建筑一个突出的特点，因为二号和三号桥墩在当时是美国水位最深的桥墩。在到达岩层前，除了27.4~30.5米（90~100英尺）的水位以及12.2~15.2米（40~50英尺）的河床，工程师们不得不与额外的困难做艰难的斗争，这些困难是由每小时11.3千米（7英里）的水流以及浪高范围超过2.4米(8英尺)的潮汐引发的。

建造过程中最困难的问题是位于河流中央的二号和三号桥墩的设计和建造。两种设计方案（一种是用于开放式清淤的钢架，另一种是钢筋混凝土框架）在第三个和最后一个建成前被提出。最终建造的是一个木制格床。采用这一设计是因为它被认为风险最小，被承建者指出意外失误的因素也最少。沉箱的设计相对坚固，有四个主要的疏浚井。木制格床的外井或外室注满了混凝土来增加其重量以便没入水中。底部边缘有锋利的带金属包头的棱边。

必须特别小心谨防凿船虫的破坏，这是一种很令人棘手的船蛆。在整个外表面覆了一层油毛毡，这一层外还有一层厚板。此外，为预防凿船虫的破坏活动，露出地面的主要支柱或壁骨不是木制的而是钢筋混凝土做成的。沉箱内部的骨架嵌入这些钢筋混凝土制的柱子，以保证木制外层（尽管有油毛毡和其他保护措施）被凿船虫破坏后，这一混凝土外壳可以在凿船虫和建筑内部重要的木料间形成一个有效的隔层。

为引导沉箱的下沉，开发利用了一个导向架系统。这个系统包括插入27.4米(90英尺)的河水深至水下物质6.7米(22英尺)深的钢柱或壁骨。这些钢柱与纵梁在平行和竖直方向都牢牢地稳固在一起，在各个方向形成一个完整的系统。由此产生的导向架被锚在四个角上沉重的铁锚上，每个锚重达16000磅。导向架一边的左侧打开，沉箱随即被下沉，然后第四边合上，完成了整个封闭过程。

这些导向架一次又一次成功地用于好几个桥柱，因为有六个这样的桥柱必须被沉入深水中——其中两个是二号桥墩的，四个是三号桥墩的。除了第一个沉箱遇到了一点麻烦，其他的都很顺利。在进入海峡底部时，它突然离铅垂线倾斜出4.0米(13英尺)。环绕着笨重的钩链并被锚定住，然后通过减少低侧的喷射及加速高侧的喷射和疏浚作用，支架被修正并安放在精确的位置。尽管有这些种种困难，桥墩还是穿过滚滚流水穿过27.4米(90英尺)深的河水和13.7米(45英尺)的地下物质，几乎没有误差地沉入它们的最终位置。

南侧悬臂的主要支撑四号桥墩建在钢筋混凝土桩上，上面的混凝土在一个围堰内。这里遇到的困难之一就是凿船虫的攻击。在围堰的支架建好下水并安放到位之后，必须小心保护其不受海中凿船虫阴险的攻击。由于那年河水流量很小，导致海湾中水的含盐量异乎寻常地高，这成为一个非常实际的问题。所有可能的方法都被用来保护那些木材。用油毛毡覆盖表层，油毛毡上又额外加了一层厚板。钢板被搁置在距外墙很短的距离处，中间的空间灌满了有毒的硫酸铜溶液。凿船虫在加州的河水中如此活跃，它可以在90天内摧毁一座木制建筑物，在6周内蛀空一根木

柱。在这种情况下，即使足够谨慎，围堰的底部仍然遭到严重损坏，变得满目疮痍，导致混凝土中的水泥因冲刷而大量流失。最终的后果就是在三次连续尝试排除围堰中的积水后，混凝土爆炸了。最后在增加了混凝土密封层的深度后，围堰中的水才被排干，桥墩的建造才得以完成。

建造上部构造时，非常有必要小心确保其结构在防震方面的安全性能。尽管圣弗朗西斯科的居民可能不同意，但加州是地震多发地带，且工程师们研究了1906年地震观测结果以便分析可能作用在该桥上的地震力。为应对此类紧急情况，工程师们决定把该桥结构的不同部位捆绑在一起成为一个单个的纵向个体。扩展停止且将液压缓冲器安装在所有伸缩缝上，以限制在温度造成的热胀冷缩允许的范围内可能的变动量，阻止并抑制在地震发生时任何突然的移动。

鹰架通常在岸上用于支撑钢结构，但是在第一个锚臂下只能在短距离使用。二号桥墩所在的方位水深达27.4米（90英尺），在建造时工程师们从马尔岛(Mare Island)海军基地获得了一架美国海军水上浮式起重机。这一庞然大物价值100万美元，可接受的总重量达150吨，垂直方向可伸至水面以上51.2米(168英尺)。它由远洋航行的拖船操作，非常适合建桥的需要。

另外一个比较重要的特点是两个长132米(433英尺)的悬挂跨的安放。最终以托举的方法把它们竖起，这样既能减少成本和时间又可降低危险。南侧悬臂从南岸上的高架桥上探出，北侧悬臂则从北部山坡上探出。中央桥塔跨与它的两个悬臂一起竖了起来，留下两个空隙用悬挂跨封闭。由于对魁北克桥事故仍心有余悸，工程师们对竖起的态势十分谨慎；研发了一种精巧新颖的方法来竖起桥跨，使之上升到指定的位置，在升举的过程中使用了平衡钢缆。

到1927年2月8日，除了两个悬挂跨，整个上部构造都已建成，只剩下对悬挂跨的准备工作和实际操作。为升起一个悬挂跨而需对邻近的悬臂所做的准备工作如下：利用一个临时链环和一个装满从下面的沙船上提升的沙子的平衡箱，从每端的中点部位吊起对顶线。在平衡箱的顶部捆上两根6.4厘米(2.5英寸)的钢制电缆，绕过两个1.5米(5英尺)高的浇铸的钢架直接沿着对顶线捆到箱子的上方，再绕过两个1.5米(5英尺)高的架子下垂至接近水平面的地方，末端有准备与悬跨相接的插座。每个平衡箱上都配备了一个缆绳滑轮组，其探测索从扣线滑轮绕回到悬臂的电动卷扬机上。

桥跨的每个角都靠一个装满50吨沙子的箱子的重量来保持平衡。

当承接的悬臂即将建好时，两个悬跨在旁边一个临时码头的脚手架上被成功地竖了起来。然后它们就从驳船上被抬起上升至桥下的指定位置。

3月3日一大早，在较低的浪潮处，首个悬挂跨从码头上被抬起放到了一艘宽12.2米（40英尺）、长39.6米（130英尺）的钢制驳船上。在一艘拖船的护送下桥跨骄傲地驶向海湾。

桥跨上升至悬臂下的指定位置，并用平衡索捆起来。桥跨大约650吨的重量由液压起重器从驳船传送至缆绳上，这一作业发生在落潮期，因此桥跨的重量是由比装满沙土的平衡箱自身的重量再多一点的重力来平衡的，因为每个箱子都比桥跨的一个角重22吨。这额外的重量被8节的滑轮组传递到起重引擎上。

平衡箱同时也被降低，它们额外的重量足以克服摩擦和其他阻碍。该作业是由工程师在悬臂的一点控制的，他通过一个多方电话系统向各个作业点进行指挥。布置在桥塔两点的仪器维护人员向总控工程师报告桥跨上升的高度。随着平衡箱的下降，桥跨像一部电梯一样平稳地上升。在提升的过程中，不定时地校准桥跨使其保持水平以防整个水平系统因过多的拖曳而伸张过度。

最后桥跨终于被搁置到位，连接销已经驱动；桥上的工作人员挥舞着他们的帽子；蒸汽警笛拉响了，岸上的一万多人将自己的帽子抛向空中。其中多数无疑是被可能发生的灾难的场景吸引来的，当看到操作安全无事的结束时他们在回家时肯定略感遗憾。

整个作业过程，从在码头上为桥跨的漂移做的准备工作开始直到桥跨安放到位及清空沙子后的平衡箱被移走，持续了一整天，而与魁北克悬跨历时四天的抬举过程相比，把桥跨从驳船上举到它在整个结构的位置上实际用时仅35分钟。

大约两周后，3月19日，南侧的悬挂跨也上浮并抬举到位，因此整个结构两端衔接了起来。

第二次抬举仅用了30分钟。在这些相当危险的操作中没有出现任何意外，一切都按计划进行。当看到桥跨已成功抬举并在适当位置连接起来了这一好消息的电报时，那些关注此工程的人都松了一口气。

卡奎内兹大桥使用了三种不同的钢材：普通建筑用钢、硅钢和热处理碳钢带环拉杆。桥塔、压缩构件、悬跨上桁架的受压杆件、悬臂和锚臂的主要用料都是硅钢。桁架受压杆件上硅钢的使用使成本减少了600000美元。主桁架上的主受压杆件和高架桥桁架上某些受压构件采用的是热处理低碳钢。建桥所用的钢材总量为13294吨。

图7.11　两座卡奎内兹大桥

图7.12　新卡奎内兹大桥

1927年3月21日，人们庆祝了卡奎内兹大桥的竣工。这是从加拿大延伸至墨西哥的大西洋海岸公路系统最后的连接点。加拿大到墨西哥之间的西部各州州长和官员代表出席了庆典。随着华盛顿州州长柯立兹(Coolidge)手中那把金钥匙的转动，卡奎内兹大桥正式开通。

1958年第二卡奎内兹大桥建成，它和第一座桥梁采用了相同的结构外观，但随着科技的重大进展，桥梁采用了焊接性能良好的高强度钢材（图7.11）。

随着交通量的增加和结构性能的不断退化，以及地处地震区高昂的维修费用，促使人们提出了将第一卡奎内兹大桥拆除重建的计划。从1992年开始通过对多个替代方案进行了研究和比选，最后选用了混凝土塔柱的悬索桥方案（图7.12）。

悬索桥主跨728米，南侧边跨147米，北侧181米。桥塔基础为桩基础，每个塔基有12根桩基，桩直径3米，长度近90米。采用了流线型的箱梁断面，桥梁连续长度达到1056米，主梁高3米，宽29米，采用正交异性板截面，顶板厚度16毫米，肋高305毫米，厚度8毫米，主梁在日本分段制作，用船运输到现场，吊装就位后通过焊接连成一体。此类断面的悬索桥在美国并不多见。

7.1.4　日本港大桥

港大桥（Minato Bridge，图7.13）位于日本大阪至神户高速道路大阪湾岸线上，是连接大阪住之江区和港区的一座悬臂钢桁架梁桥，于1974年竣工通车。该桥主桥全长983米，其中主跨510米，三跨布置为：235米＋510米＋235米，公路桥面分上下两层，宽均为22.5米，每层4车道，每层的交通量分别为62800辆和53100辆（2004年统计），桥梁的一期建设仅有上层桥面，1970年开工建设，1974年桥梁和1.9千米的引桥投入运营，桥下

图7.13　港大桥

通航净空约为50米。是仅次于魁北克桥和福斯桥的第三跨度的悬臂桁架桥。1974年上层桥面竣工通车，1991年下层桥面投入运营。

桥梁采用了高强度可焊钢材，强度达到了800MPa，钢板厚度达到75毫米。日本港大桥是世界上第三大跨度的悬臂桁架桥，因为桥址处土层软弱，为了避免基础沉降对梁部产生不利影响，

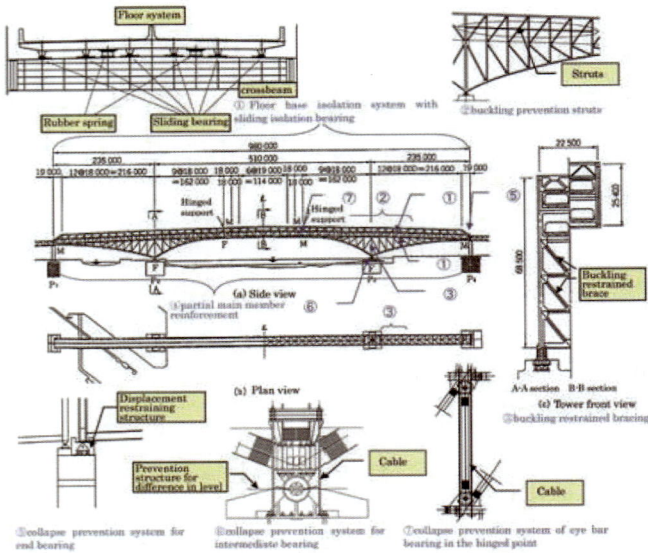

图7.14 大桥的隔震措施

采用了悬臂桁架桥式。同时为了减轻桥梁的恒载，采用了HT780和HT690的钢材。全桥用钢量40000吨，全桥重量45000吨。

因为桥梁处在地震多发地区，桥梁桥面与主桁架之间设置了隔震支座（图7.14）。

全桥采用了五种不同的钢种，箱型焊接杆件，以平衡伸臂法安装，墩顶段安装和挂孔安装采用了2500吨至3000吨浮吊施工。186米长的悬挂孔，重量4200吨，从海平面举升到60米高度仅用了3.5小时。

日本港大桥是现代采用为数不多的大跨度悬臂桁架桥，其材料和架设方法和魁北克桥时代不可同日而语了，钢材强度更高，施工方法更加安全快速，充分体现了桥梁建设技术的进步。

7.2 连续钢桁架桥

7.2.1 钢桁架桥

图7.15 伊利诺伊中央铁路桥

图7.16 赛欧托维尔桥

随着快速道路系统以及收费公路的扩张，桁架桥类型进入了一个新阶段。这些桥梁构架之所以普及，是由于它们很经济，而且能够承受很重的负载，并且容易建造。

但是新的桁架的跨度与19世纪前的毫无共同之处。现代的构筑物在设计上大都十分美观、简洁。世界上最长的简支桁架桥建于1917年，是位于伊利诺伊州（Illinois）的密西西比河上一座219米（720英尺）的铁路桥（图7.15）。

同年建造的还有俄亥俄河上的赛欧托维尔（Sciotoville）桥（图7.16），236米（775英尺）的双跨双轨铁路结构，是美国长连续桁架桥的原型。连续形式的桥是多跨结构，桥墩不相连，只作为桥跨延伸至一个或多个跨度的二级支撑。这个庞大而对称的建筑直到1935年都还保持着它在同类桥梁中最长跨度的世界纪录。

图7.17　切斯特桥

在那时，杜伊斯堡的莱茵河上的一座公路桥以255.7米(839英尺)长的跨度成为当地人的骄傲，但这座桥于1945年被德国人炸掉。

有趣的是人们会注意到，尽管桁架结构是刚性的，风力还是会导致它的不稳定。1944年伊利诺伊州切斯特市（Chester）密西西比河上的一个连续桁架结构大桥在一场强烈的暴风中塌入河中。这座204.2米(670英尺)长的双跨桥才建造了仅仅两年。它被设计为抵抗每平方英尺30磅的风压，相当于每小时156.1千米（97英里）的风速，工程师们估计若要倾覆这座大桥需要风速达到259.1千米／时（161英里／时）。尽管树被连根拔起，屋顶被损坏，但风暴中真正的风力我们并不知道。同1879年泰桥的倒塌一样，这次失败也是由气体静压的不稳定导致的。风力的抬升可能直接增加桥的水平压力，这个问题在将来会得到桥梁设计者们更多关注，因此要为桥墩桥跨间的锚固留出足够的富余，防止桥的下滑、上升以及倾覆。建于1946年的新切斯特（Chester）大桥（图7.17），与这座桥属于相同类型，有着相同的长度，而且用的是旧式桥墩，但是桥跨被锚固到桥墩上，作为抵抗风抬升力的安全措施。

构架中每一部分的排列式样决定了构架的类型，就像我们已经注意到早期的唐恩格子(Town Lattice)构架，惠普尔构架，豪式构架以及至今仍然流行且应用的普拉特构造和K型构架。

韦切尔特构架——是在1937—1941年间引进并发展的一种新式连续桥。它因被用于连接由中间桥墩形成的开敞四边形的各组件而闻名。这种设计确保了构筑物的静止稳定，这样它就可以独立于支撑物的沉降而不易受地基的影响，同时连续刚性的经济效益又得以确保。应用韦切尔特桁架桥的一个例子是萨斯奎哈纳(Susquehanna)的哈佛格雷斯桥(Havre de Grace，图7.18)，建于1940年，长2322米（7618英尺），由36个桁架和梁跨构成，最长的梁跨为139米（456英尺）。

现代桁架桥也有非常美丽的例子。位于查普林（Champlain）上的皇冠点桥（Crown Point，图7.19）建于1929年，被授予美国钢铁建筑协会颁发的一个奖项。它的优点是位于一个具有历史意义的背景里，这个三跨连续桥的外部轮廓十分优雅。这座桥总长度为667.5米(2190英尺)，河槽主跨为132.3米(434英尺)，两个侧翼跨分别是88.4米(290英尺)。主桥墩根基建造在水下27米多(90多英尺)深的一个开放式围堰里，用了钢板桩——这是那个时代应用这种方法的最深纪录，而这些钢板桩也有30米(98英尺)长，船只的垂直净空是27.4米(90英尺)。这座精美大桥的设计工程师包括费伊（Fay），斯博法尔得(Spoffard)和桑代克（Thorndike）。

1966年美国完工的俄勒冈州阿斯托里亚桥（图7.20），是一座连续钢桁架桥，跨径达376米。直到1991年日本生月大桥建成之前，一直保持着最大跨度纪录。

1972年8月开工建设，1977年4月开放交通，耗资

图7.18　哈佛格雷斯桥

图7.19　皇冠点桥

图7.20　阿思托里亚桥

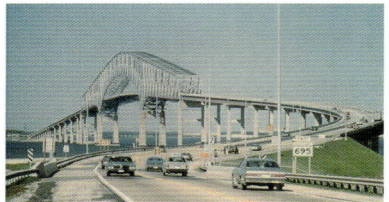

图7.21　弗朗西斯·斯科特·克伊桥

6030万美元的弗朗西斯·斯科特·克伊桥（Francis Scott Key Bridge，图7.21）是连续桁架的另一个例子，从总体结构上看，它是连续桁架，但又似拱非拱，集桁架、拱桥和悬吊结构为一体。该处最初计划建设一个两车道的单孔隧道，1970年收到投标人报价结果后发现，隧道造价昂贵，两车道的隧道费用可以修建四车道的桥梁，于是就决定修建桥梁。桥梁引桥的桥墩很高是为了适应航道和港口的要求，桥梁1.6千米长，主桥采用连续桁架结构，边跨220.1米（722英尺），主跨365.8米（1200英尺），通航净空56.4米（185英尺）。

图7.22 大门桥

日本在1960年代至1990年代修建了多座连续桁架桥，如1966年建成开通的大门桥（Tenmon，图7.22）是一座三跨连续钢桁架桥，主桥跨度100米+300米+100米。1991年建成通车的生月大桥（Ikitsuki Bridge，图7.23）主跨达到400米，为一座三跨连续桁架结构，总体布置为200米+400米+200米，现为同类桥梁世界最大跨度。

图7.23 生月大桥

中国第一座现代铁路桥梁是唐山至胥各庄的蓟运河桥，该桥处在中国首条10千米长的唐山至胥各庄铁路线茶淀与汉沽间的蓟运河上。这条长约10千米的运煤铁路，被后人称为"中国铁路建筑史的正式开端"。它的建成通车，比西方最早修建的铁路——英国斯托克顿至达林顿的铁路——晚了半个世纪。桥梁于1887年动工修建，1888年建成，桥梁长173.72米（570英尺），共四孔，从天津端算起分别为：1孔27.43米的桁梁，1孔62米下承式桁梁，1孔62米开启式桁梁，1孔14.72米的上承式钢板梁。主墩基础为木桩，桥墩为浆砌料石。桥梁由英国工程师金德（C. W. Kinder）主持设计，比利时公司进行施工。这也是中国第一座接近现代化的桥梁结构。此桥经过多次改造，直到今天仍在使用，它可以算为中国铁路历史最悠久的钢桥。

图7.24 已经废弃的旧滦河桥

图7.25 1966年建成的跨度192米的成昆铁路金沙江桥

唐胥铁路建成之后，清朝政府于1891年4月在山海关设立了北洋官铁路局，聘请金德为总工程师，负责向东修筑至山海关的铁路工程，其中，滦河桥（图7.24）是比较大的一座。全长670.6米（2200英尺），共17孔，自山海关端起为9孔30.5米（100英尺）上承式钢桁梁、5孔61米（200英尺）下承式钢桁梁、1孔30.5米上承式钢桁梁、2孔9.14米（30英尺）上承式钢板梁。桥梁于1892年5月开工，1894年2月竣工。设计荷载为库珀E-28级，由英国人A. G. Cox主持桥梁施工。当时在塘沽工段任职的詹天佑参加了桥梁建设。

这座桥梁的基础工程是中国首次采用气压沉箱法施工并将基础深置基岩，因而经受住了多次特大洪水的冲击，桥墩依旧安然无恙。由于该桥几经战争破坏，加上荷载标准偏低，现已废弃，在旁边另建了新桥。

成昆线金沙江大桥为单线铁路桥（图7.25），位于金沙江中游处，大桥全长403.84米。上部结构为4孔32米上承式钢板梁+1孔192米下承式钢桁梁+2孔32米上承式钢板梁。下部结构为明挖基础，该桥于1965年9月开工修建，于1966年4月建成，是当时中国国内最大的简支钢桁梁铁路桥。

7.2.2 茅以升和钱塘江大桥

在1949年新中国建立之前，中国的铁路桥梁基本被国外几个列强国家控制着，如：济南黄河大桥德国人建，郑州黄河大桥法国人和比利时人合建，蚌埠淮河大桥英国人建，哈尔滨松花江大桥俄国人建，云南河口人字桥法国人建，珠江大桥美国人建……直到浙江杭州钱塘江大桥的修建（图7.26），才改变了这一历史，开启了中国技术人员在大江大河上修建桥梁的序幕。

图7.26 远眺钱塘江大桥

钱塘江桥位于浙江省内的浙赣铁路线上，为中国工程师自己设计并监造的公路铁路两用简支钢桁梁桥。桥梁位于浙江省杭州市西湖之南，六和塔附近的钱塘江上，横贯钱塘南北，是连接沪杭甬、浙赣铁路的交通要道。

图7.27 钱塘江大桥

大桥全长1453米，分引桥和正桥两个部分。正桥16孔，桥墩15座。下层铁路桥长1322.1米，单线行车，由16孔跨度为65.8米（216英尺）的简支钢桁梁和2孔14.63米（48英尺）的上承式钢板梁组成，主桁用华伦式平行弦三角形桁架，桁架中心距6.1米，桁高10.7米，采用铬合金钢制造，铆钉连接，在岸边拼装，借助涨落潮整孔浮运架设。上层公路桥长1453米，正桥长1072米，公路桥行车道宽6.1米，两侧人行道各1.5米。公路荷载为H-15级，铁路荷载为库珀E-50级（图7.27）。

大桥于1934年11月11日举行开工典礼，杭州各界5000多人参加，与其说是祝贺不如说是助威。"利国利民奠此万年基础；江南江北联成七省交通"，会场前牌楼两侧的这副对联，道出了国人的心声。主席台前一个1：100的大桥模型向世人展示着大桥的将来。1935年2月正式兴工，1937年9月26日铁路通车，同年11月，公路通车。茅以升任钱塘江桥工程处处长，罗英任总工程师。正桥墩台与基础由丹麦公司兴建，正桥钢梁由英国商人承包，引桥钢梁由德国西门子公司制造。

钱塘江位于入海口，闻名于世的钱塘江大潮和随水流变迁的泥沙成为建桥的两大难题，所以杭州人把办不到的事比作"在钱塘江上造桥"。江中正桥15座桥墩的建造是该桥的关键。正桥1~6号桥墩基础筑至江底岩石层，因为1号桥墩位于浅水处，采用钢板桩围堰就地浇注建造沉箱。围堰为圆形，直径23米，用184块18米的钢板桩组成。1号桥墩于1935年4月开始建造沉箱，工程进展顺利。

2~6号基础的气压沉箱经浮运就位后直接下沉。由于7~15号桥墩岩面距最低水位有42.5~45.8米，按当时的技术水平，下沉的气压沉箱无法直接到达岩面，在每个沉箱下先打下30米长的木桩，每墩160根，下达石层。第一难便是打桩。修建桥墩，必须先将一根根木柱打进江底的石层里。不料，打第一根时，因为泥沙层太硬，打了两小时也打不进去。换了大锤，"咔嚓"一声，木桩断了，接二连三，桩桩如此。茅以升为此坐立不安。一个桥墩160根桩，15个桥墩何时才能打完？

图7.28 钱塘江大桥铁路桥面

一个偶然的机会，他见一位小孩在浇花，喷出的水流把地上冲出一个个小沙窝。此景让茅以升豁然开朗。他把技术人员和老工人找来一起商量，提出用"射水法"解决施工难题。就是说先用高压水直冲江底，待泥沙被冲出深洞后赶紧放木桩，再用气锤打，这样进度就快了。工人们

在此基础上又提出一些合理建议，因此，打桩由过去的一昼夜打一根，提高到打30根。

桥墩分上下两部分，上为墩柱，直接承托钢梁，墩下为基础，也就是沉箱。沉箱为长方形，如有底的空箱，长17.7米，宽11.3米，高6.1米，分上下两层，中间有隔板，气室高2.1米，厚0.58米，重550多吨。沉箱均在岸上浇筑，用特制吊车移至江边落水，浮运至桥址就位，然后用气压沉箱法，将墩底泥沙逐渐挖出，使沉箱徐徐下降，同时在沉箱上浇筑墩柱使其高出水面，旋降旋筑，至沉箱抵达石层为止。其有木桩承载的9个墩，则于墩座在岸上浇筑时，即将木桩于墩位击至石层，其桩顶送至江底冲刷线下，使整个木桩，深埋土中。然后将墩座浮运就位，下沉至桩顶，并筑造墩柱而全墩告成。

基础施工遇到了许多困难，14、15号两墩基础施工时，起先因为水位较浅采用了筑岛的施工方法，但正当两墩打好钢板桩并完成了填土筑岛之际，恰遇5、6月连发大水，河床被冲刷深达7.6米，工程就遇上山洪暴发。凶猛的洪水像脱缰的野马，把已经筑好的14、15号围堰全部冲毁，环环相扣的钢板桩围堰如面团团般被大水冲得七拧八歪，几个月的心血和汗水在一夜之间付诸东流。浮运沉箱是建桥的关键，沉箱不固定，桥墩就无法浇筑，以致两桥墩于6月内相继下陷倾倒而失败。后又改成木桩沉箱基础，因为清除钢板桩延长了工期，14号墩打桩工作延至1937年4月才结束。

钱塘江覆盖层淤泥细沙较厚，而且潮水山洪相互激荡，河床冲淤经常变化，浮运工作也遇到很多困难。由于浮运到位后锚碇不稳，多次因遇到水流湍急或潮水猛涨，造成锚碇移动、钢绳断裂而使沉箱被冲走的事故。第一次浮运沉箱时，恰遇江水和潮水向同一方向涌来，两股水形成合力，像千军万马一起冲向沉箱，六个铁锚全被拔起，沉箱轻飘飘地浮上水面，顺水而下。出师不利，马上将沉箱拖回去，刚刚准备就位下沉，又遇海水涨潮，钢绳被冲断，沉箱又被潮水顶到了上游的之江大学附近，这次又失败了，潮水太大一时无法拖回，当潮水退去，沉箱又深陷泥沙，只能等下次潮水涨潮，沉箱浮起来，才能拖拉就位。一次有个沉箱被冲到桥址上游8千米处，后经挖土、起吊等办法才将沉箱浮运复位。

由于工程遇到困难，各方面的压力也很大。在这困难的时刻，几家银行也深为自己的贷款担忧，找到茅以升，询问能否建成，并宣称如果没有把握就赶快停工。

沉箱不稳的问题解决不了，工程进度就会被推迟。铁道部和省政府催得又紧，茅以升心急如焚。已升任铁道部次长的曾养甫也着急上火地冲他发脾气："告诉你，大桥造不好咱俩都得跳钱塘江，你先跳，我跟着你！"

为寻找解决的办法，茅以升把工程技术人员和工人们找来，寻求对策。一位工人提出，把3吨重的铁锚改为10吨重的混凝土锚，趁海水涨潮时把沉箱放下水，待落潮时赶紧让它就位。如此一来，难题终于迎刃而解，600吨重的庞然大物个个都乖乖地立在了木桩上。

一次，为了保证施工质量，茅以升和罗英等工程技术人员在水下30米深的6号桥墩沉箱里检查打好的木桩。突然，电灯断电了，箱内一片漆黑，大家以为高压空气管也断电了，一种恐惧感油然而生。因为没有高压空气，水就会涌入沉箱，威胁几十人的生命。2分钟后水没进箱，众人才略感踏实。10分钟过去了，20分钟过去了……半个小时后，电灯终于亮了。一位工人顺着梯子爬下来大声地说："现在没事了，你们放心干吧！"茅以升不知刚才怎么回事，就跟他一起爬上了地面。上来后发现，四周空无一人，工地上没有了往日的喧嚣和机器的轰鸣。"出了什么事？"茅以升问。"刚才空袭警报响了，大伙儿都躲进山里去了。来了三架日本鬼子的飞机炸大桥，扔了不少炸弹，幸好没有命中。"

"你怎么没有躲？""我是管闸门的，沉箱里有那么多人在干活，我怎么能离开？"

图7.29　浮运法架设钢梁

茅以升为这位工人临危不惧，坚守岗位的事感动不已，一直记忆犹新。他在后来回忆说："没有这位工人冒着生命危险确保安全，我们早就葬身江底了。"

事后得知，8月14日这一天有三架日军飞机来工地轰炸，原来因日军飞机轰炸，工地关闭了所有的电灯。

当相邻两墩完成时，即可架设其中孔的钢梁。各孔钢梁形式一致，每梁长67米，宽6.1米，高10.7米，重260吨。先于岸上将钢梁全部配装铆合，用特制托车，运至江边，然后以木船两艘，将钢梁浮运至桥址，利用潮水涨落，安装于墩顶（图7.29）。为了使桥梁早日建成，茅以升率领全体技术人员和工人们夜以继日地奋战在工地上。9月19日、20日，大桥的最后两孔钢梁装到了桥座上，大桥合龙了！两孔钢梁的安装只隔一天。

图7.30　茅以升在工地

为了保证大桥质量，茅以升对大桥中的每一道工序，都极尽苛刻（图7.30）。大到钢梁的架设，小到每一颗螺钉都有严格的检查程序。一根钢梁大约有1.8万颗螺钉，每一颗螺钉安装后都有专门人员检查，在不合格的螺钉上记个记号，重新安装。茅以升自己也经常到建桥工地去，他的目的只有一个，就是让桥上这28万颗螺钉，颗颗都能承载千斤重担。他要向世人昭示：中国人建造的大桥不比外国人差。

也许是巧合，1937年，世界上有两座著名大桥几乎同时问世。一座是美国施特劳斯设计的当时世界上最大的悬索桥——金门大桥，另一座就是中国茅以升设计的钱塘江大桥。两桥最终成为东西方的时代符号。

1937年9月26日，杭州钱塘江大桥铁路桥首先通车：没有鲜花，没有锣鼓，更没有彩旗，只有一列运载着抗日物资及不计其数逃难的老百姓的列车缓缓地驶过大桥。

当年建造工程处处长茅以升的助手、总工程师罗英认为"钱塘江桥"四字从金、从土、从水、从木，唯独少火，于是就以"钱塘江桥五行缺火"为上联，征求下联。时过好久，却无人应对。茅以升闻知则说："钱塘江桥'火'是有的，且遭大难，何必劳神索对？"其实，此桥即诞生于漫天烽火中。1937年建桥工程进入最紧张阶段时，七七事变发生了，"八一三"日本侵略者将战火从卢沟桥延烧到上海，"八一四"敌机又飞临杭州炸弹。燎原硝烟迫使员工拼死努力，终于在9月26日开通第一列火车，极利运送抗战物资，支援了淞沪前线。

1937年7月7日，卢沟桥事变爆发。茅以升有一种连他自己也不愿意正视的预感，于是做出了惊醒世人的重大决定——他在大桥南2号桥墩上留下一个长方形的大洞。对于这个原设计中没有的重大改变，茅以升没有向任何人解释原因。1937年8月13日，淞沪抗战终于爆发，整个9月、10月，淞沪抗战异常激烈。战争的硝烟已经弥漫到杭州上空，钱塘江大桥的施工也进入了最紧张的阶段。9月26日，钱塘江大桥的下层单线铁路桥率先通车。茅以升期盼着上海能够阻挡住日军进攻的脚步，然而，持续了3个月的淞沪会战终以上海陷落结束，杭州也危在旦夕。筋疲力尽的茅以升已经明显地感到他已无力把握这座大桥的命运。11月16日茅以升接到南京政府命令：如果杭州不保，就炸毁钱塘江大桥。茅以升在南2号桥墩留下的长方型大洞，其实就是预防

图7.31　桥梁炸断阻挡了日军的侵略步伐

这一时刻的来临。当晚，茅以升以一个桥梁工程学家严谨、精准的态度，将钱塘江大桥所有的致命点一一标示出来。整个通宵，100多根引线，从各个引爆点全部接到南岸的一所房子里。怀着亲手掐死亲生婴儿一样的痛楚，茅以升一直陪伴着历经艰险建造起来的大桥，直到亲眼看到最后一根引线接好。这是茅以升一生中最难忘、最难受的一天，在事后对家人的回忆诉说中，那种痛苦，那种无奈，仍使他欲哭无泪。

11月17日，是茅以升多么渴望却又没敢指望的大桥全面通车的第一天，当第一辆汽车从大桥上驶过，两岸数十万群众使劲鼓掌，掌声经久不息。茅以升后来回忆说："所有这天过桥的十多万人，以及此后每天过桥的人，人人都要在炸药上面走过，火车也同样在炸药上风驰电掣而过。开桥的第一天，桥里就有了炸药，这在古今中外的桥梁史上，要算是空前的了！"

1937年12月23日下午1点，茅以升终于接到命令：炸桥。下午5点，日军的先头部队已隐约可见，人群被强行拦阻，所有的引线都点燃了。随着一声巨响，钱塘江大桥的两座桥墩被毁坏，五孔钢梁折断落入江中。总长1453米、历经925个日夜、耗资160万美元的钱塘江大桥，最终在通车的第89天瘫痪在日寇侵略的烽火中。日军士兵友永河夫在硝烟弥漫中，拍下了炸毁后的钱塘江大桥（图7.31）。几十年后，友永河夫来到北京，带着对战争的忏悔，将他拍摄的这张照片亲手交到了茅以升的手中。大桥炸毁的这一天晚上，透过苍茫暮色，茅以升先生凝视着由他一手炸毁的大桥残影，看着江北岸愈来愈亮的火光，茅以升满腔悲愤地在书桌前写下8个字："抗战必胜，此桥必复"。今天，大桥北面，竖起了茅以升的全身铜像，人们永远怀念这位中国杰出的桥梁专家、深沉的爱国主义者，人们也不会忘记钱塘江大桥的这一段惨痛的历史。

建桥纪念碑的碑文记录了这段悲壮的史实："时值抗日战争爆发，在敌机轰炸下昼夜赶工，铁路公路相继通车。支援淞沪抗战、抢运撤退物资车辆无数，候渡百姓，安全过江，数以数十万计。当施工后期，知战局不利，故在最难修复之桥墩上预留空孔，连同五孔钢梁埋放炸药，直至杭州不守，敌骑将临，始断然引爆，时一九三七年十二月二十三日。茅以升亲自下令炸毁了自己亲手设计、建造的钱塘江大桥，悲痛异常，当即作诗三首以明心志，其中曰："斗地风云突变色，炸桥挥泪断通途。五行缺火真来火，不复原桥不丈夫。"他将建桥资料装进行囊，踏上了西去大后方的漫漫长路。抗战胜利后，茅以升实践誓言，又主持修复了大桥。

图7.32 茅以升

茅以升（图7.32），1896年1月9日出生于江苏省丹徒县（今镇江市）。先世经商，祖父茅谦为举人，思想进步，倾向革命，曾创办《南洋官报》，是镇江市的名士。茅以升出生不久，全家迁居南京。6岁读私塾，7岁就读于1903年在南京创办的国内第一所新型小学——思益学堂，1905年入江南商业学堂，1911年考入唐山路矿学堂。1912年孙中山先生在唐山路矿学堂讲演时，指出开矿山、修铁路的重要性，坚定了茅以升走"科学救国"、"工程建国"的道路，他从此更加奋发读书，把建设祖国视为己任。每次考试，成绩都是全班第一，5年各科总成绩平均92.5分，为该学堂历史上所罕见。1916年茅以升通过了美国康奈尔大学研究生入学考试，其成绩之优秀，使该校教授们大为惊讶和赞叹。一年后的毕业典礼上校长当场宣布：今后凡是唐山工业专门学校（原唐山路矿学堂）的研究生一律免试注册，茅以升为母校在国外争得极大声誉。1917年，获硕士学位。经导师贾柯贝（H. S. Jacoby）介绍，在匹兹堡桥梁公司实习，同时又利用业余时间到卡利基理工学院夜校攻读工学博士学位。1919年成为该校首名工学博士。博士论文《桥梁桁架次应力》的创见被称为"茅式定律"，并荣获康奈尔大学优秀研究生"斐蒂士"金质研究奖章。1979年应邀访问卡利基—梅隆大学母校时，校长授予他"卓越校友"奖章，以表彰他对世界工程技术方面做出的贡献。

茅以升从选择桥梁专业时起，就把培养桥梁建设人才和在祖国江河上修建桥梁视为自己的终身目标。1933年，他辞去舒适的教授工作，接受浙江省的邀请，担任钱塘江桥工委员会主任委员、钱塘江桥工程处处长职务。茅以升用不到两年半的时间，于1937年11月，在极其复杂的水文地质条件下，克服重重困难，建成了钱塘江大桥，开启了中国近代化大桥设计和建造的局面，这是中国桥梁建设史上的一项重大成就，也是中国桥梁史上一个里程碑。因建桥功绩，1941年，中国工程师学会授予茅以升荣誉奖章。1942年，他赴贵阳任桥梁设计工程处处长，筹备中国桥梁公司。着眼未来，他将钱塘江桥工程处的同仁和有志深造的工程技术人员，吸收到桥梁公司，培养他们成为桥梁建设的技术骨干。

7.2.3 万里长江第一桥——武汉长江大桥

图7.33　鸟瞰武汉长江大桥

图7.34　武汉长江大桥桥头堡

长江自古称为天堑。武昌、汉口隔岸相望，过去只能依靠木船和轮渡来运送南来北往的物资和行人。长江两岸的民谣曾这样唱道：黄河水，治不好；长江桥，修不了。

在湖北省武汉市，横跨于武昌蛇山和汉阳龟山之间的武汉长江大桥，是中国在万里长江上修建的第一座铁路、公路两用桥（图7.33）。

大桥于1955年9月1日兴建，1957年10月13日全部建成通车。全桥总长1670米，其中正桥1156米，北岸引桥303米，南岸引桥211米。从基底至公路面高80米，下层为铁路桥，宽14.5米，两列火车可同时对开。上层为公路桥，宽20.25米，可并列行驶四辆汽车。桥身为三联连续桥梁，每联三孔，共八墩九孔。每孔跨度128米。正桥钢梁由平弦菱形连续梁组成，钢梁制作精确，由两岸平衡悬臂向江心拼接合龙。连续梁由一组绞式固定支座和三组辊轴式支座所支撑。在通航水位时，桥下净高20米，可满足上行大型轮船的通航要求。

大桥工程耗用混凝土和钢筋混凝土9.15万立方米；安装钢梁21240吨；打入钢筋混凝土管桩3000根，总长62.5千米。总结算投资1.38亿元，大桥主体工程投资7189万元。

两端桥头堡高度35米，极具有民族建筑风格，从底层大厅至顶亭共7层，有电动升降梯供行人上下（图7.34）。附属建筑和各种装饰均极协调精美，整个大桥异常雄伟瑰丽。武汉长江大桥的贯通，使人们数千年盼望长江"天堑变通途"的梦想成为现实，也使长期分割的武汉三镇连为一体，从此打通了被长江隔断的京广线，是中国人民第一次跨越长江天堑的伟大胜利。

修建武汉长江大桥是中国人民近百年来的渴望。清咸丰三年(公元1853年)，太平军曾在龟、蛇两山之间铺设长江浮桥。清末，邮传部开始拟定修建武汉长江大桥的计划。孙中山在《建国方略》中也提出"以桥或隧道联络武昌、汉口、汉阳为一市"的设想。

1913年，北京大学德籍教授乔治·穆勒（George Muller）在当时川汉铁路督办詹天佑的支持下，带领北京大学13名土木科毕业生来武汉测量长江大桥桥址。提出了自汉阳龟山至武昌蛇山的桥址线及三种桥式方案（图7.35）。三个方案均为公、铁两用桥梁。这是在武汉修建现代化桥梁的第一次设想。

1929年，国民政府铁道部请美籍顾问华德尔博士（J. A. L. Waddel）做武汉长江桥的计

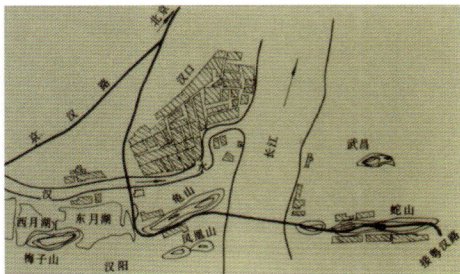

图7.35　1913年计划桥址线

划，华德尔和铁道部设计科的人员开始筹划并做桥基勘测，在江中钻了8孔，最后提出计划沿武昌蛇山至汉阳凤凰山线建桥，长1222.3米(4010英尺)，共15孔；中孔主跨91.4米(300英尺)，设升降梁，桥面一层由公路铁路共用。这是在武汉修建桥梁的第二次设想。

图7.36 主要设计人员合影（1957年）

1936年，茅以升主持的钱塘江桥工程处发起筹建武汉长江桥，拟招股集资，以过桥费的形式还本付息。1937年1月由梅旸春率领钻探队对长江大桥桥址做测量钻探，并请驻华莫利纳德森工程顾问团拟订又一建桥计划：桥址在武昌黄鹤楼到汉阳莲花湖北刘家码头，提出了3×140米+2×141米+280米+140米的桁拱组合方案及5×130米+129米+237米+129米的桁拱组合方案。6、7号墩间主跨237.74米，以拱形钢梁架设于6、7两墩之上；桥面一层，公路铁路并列；桥下在最高洪水位时净高30米，可通航最大江轮；在汉江上分设铁路桥与公路桥，工期4年。这次计划当时总预算达3000万美元，后因为抗日战争爆发而停顿。这是第三次建桥设想。

抗日战争胜利后，1946年湖北省重新提出修建武汉长江大桥，成立武汉大桥筹建委员会，茅以升任总工程师，下设技术委员会，主持工程计划，具体设计事宜由中国桥梁公司承办。提出的桥梁方案选线仍定位龟山蛇山线，采用五孔悬臂拱桥桥式，跨度及分孔为140米+3×280米+140米。后来因为国内战争和经费拮据而昙花一现，这是第四次建桥设想。自1913年开始进行的这些工作及设想，因为各种原因没有实现，但为后来的建桥者提供了有益的资料。

武汉解放后，1949年9月20日，桥梁专家梅旸春就提出了武汉大桥计划草案报告，内容为1946年所做方案的概略。

图7.37 1950年8月中财委批准桥址线

1950年，中央人民政府决定修建武汉长江大桥，政务院责成铁道部进行勘测和设计，1950年8月，铁道部设计局成立了武汉长江大桥设计组，由梅旸春任设计组长，进行初步设计准备工作。桥基的地质工作交中国地质工作计划委员会担任，1951年9月，地质专家高平等提出了选定线路的地质报告和比较线路的地质报告。

1953年3月完成初步设计，聘请苏联专家进行指导并委托苏联交通部对设计方案鉴定。1954年，铁道部任命汪菊潜为总工程师，梅旸春等人为副总工程师，桥梁设计及建设全面展开。1954年7月，应聘来中国协助建设的第一批苏联专家西林、基赫诺夫等7人来到武汉，随后卡尔宾斯基等18人又陆续到达。他们的到来，为大桥的方案确定及加速技术设计起了显著作用。其中西林为苏联专家组组长。

这儿要提及的是汪菊潜和梅旸春都是钱塘江桥修建和战后大桥修复时的骨干力量，也是茅以升先生为新中国储备人才的重要贡献。

汪菊潜，祖籍安徽省休宁县，1906年12月29日出生于上海市，他5岁入学，因家境清寒，在教会学校"自助部"半工半读。因成绩优异被保送入东南大学，半年后考入南洋大学（现上海交通大学），因立志学土木工程专业，于次年转到交通部唐山大学（后称唐山交通大学）土木系，1926年以本科第一名的成绩毕业，获土木工程学士学位。1927年1月被交通部派赴美国留学，一年后获康奈尔大学土木工程硕士学位，在美国桥梁公司实习。1930年6月回国到铁道部工作，年仅23岁，当时南京长江火车轮渡北岸栈桥工程进展缓慢，选派他前去主持。凭着过人的才智、坚强的意志和精湛的技术，出色地完成了任务，受到铁路工程界的重视与称赞。1934年他主动要求调到粤汉铁路参加修建株（洲）韶（关）段，任分段长。抗日战争爆发后，他受国共联合抗日的鼓舞，在敌机轰炸沪宁铁路时，多次冒生命危险抢修桥梁。1944年，在重庆受著名桥梁专家茅以升聘请，并任中国桥梁公司副总工程师。在茅以升领导下，参加拟定了"上海市越江工程研究"报告。抗战胜利后，负责修复被战火严重破坏的钱塘江大桥，他领导上海分公司的青年专家们创造出"套箱法"，成功地解决了修复深水桥墩的难题。解放前夕，他正在台湾承做肥料公司工程，由于长期以来对国民党政权的不满和绝望，他内心充满着对新中国的向往。当在报上看到人民解放军过长江的消息后，即乘飞机返回上海迎接黎明。这时，他同茅以升一道为保全中国桥梁公司和所属工厂以及钱塘江大桥工地的人员和财产做出了贡献。在他主持修复沪杭、浙赣铁路期间，不但出色完成了任务，还为抢修津浦、淮南、陇海各线的桥梁制造了所需构件，有力地支持了中国人民解放军进军南方和西北。

1954年他被任命为武汉长江大桥工程局总工程师。他有力地支持了苏联专家西林提出的深水基础装配式管柱结构和管柱钻孔法，并积极领导和组织中国工人和技术人员进行试验，取得了成功。

新中国成立后，当选为中国科学院学部委员。他作风正派，胸怀坦荡，不畏艰险，果断进取，精明干练，思路敏捷，决策正确，讲求实效，有突出的组织领导能力。他为人正直严肃，务实无华，平易近人，融汇了东方和西方在工作上的优良传统。

汪菊潜爱才育才，知人善任，深受美籍华裔桥梁专家林同炎教授的敬佩。林同炎认为："汪菊潜不但在工程方面有巨大贡献，最重要的是有准确的判断力，精明的眼光，兼有做人用人的办法。这样特殊的人才，不论在国内国外的工程司中都是非常少有的。"

抗战期间，汪菊潜连任滇缅铁路及叙昆铁路的工务课长，放手使用和指导林同炎、刘恢先、钱令希等青年专家们，最终出色地完成了桥梁、线路的设计任务，为祖国建设储备了人才。1952年汪听说林同炎加入了美国籍，不客气地给林同炎写了一封信，说他听到了最坏的消息，非常伤心，因为当时他认为盼望林同炎回国服务的希望不可能实现了。足见汪菊潜的爱国之心。

汪菊潜主持设计、施工并成功地抢修了包括钱塘江大桥和郑州黄河老桥在内的多座桥梁；参加并主持建造南京长江火车轮渡北岸栈桥工程；主持武汉长江大桥技术工作，并为南京长江大桥的建成把关开路。他在人民大会堂建造、怀仁堂大修加固和我国第一颗原子弹爆炸固定装置的结构安全方面，都做出了重大贡献。为许多人才的成长倾注了心血，为铁路建设和桥梁科学技术的发展做出了重要贡献。官至铁道部副部长，1975年2月去世。

西林是杰出的桥梁专家，工学博士、教授，俄罗斯运输科学院院士（图7.38）。1938年，他毕业于莫斯科铁道运输工程学院，此后便在交通部桥梁运输设计院开始了他的事业。卫国战争年代，西林直接参加了恢复和修建跨越第聂伯河、伏尔加河、刻赤海湾等一些重要的桥梁和渡口工程。1945—1947年，他在南斯拉夫领导了全面修复多瑙河桥的工作。

据大桥局档案室的记载显示，他三次来中国工作。第一次是在1948年，帮助解放军修复了第二松花江桥。第二次是1949年帮助我国恢复陇海

图7.38　1957年9月，苏联专家组组长西林（右二）、当时铁道部长吕正操桥边合影留念

铁路及沿路桥梁。1948年8月，中国大地硝烟弥漫，辽沈战役即将开始。东北解放军遇到的一个极大困难是铁路桥梁遭到严重破坏，部队和物资运输受阻。未满30岁的彭敏受命担任铁路纵队三支队的支队长，带队抢修哈尔滨至长春线上的第二松花江桥。这座桥全长近千米，被炸得桥墩崩落、桁梁倾倒。修桥遭遇很大困难，随苏联抢修队驰援的西林，给解放军帮了大忙。此桥经过84昼夜的抢修后顺利通车。陈云同志称赞"为东北人民修通了一条胜利之路"。1949年以后，西林赴西北，检查陇海线桥梁毁坏情况。据大桥局档案室留存的西林秘书的访问记录："不能骑马的地方就下来走，西林同志完全与中国同志一样，把裤腿卷起来，光着脚在泥水里走，泥水差不多过了膝盖了。一天要走二三十里，夜里，有时住在庙里，有时住在小店里。走了好多天才吃了一顿老乡做的饺子。开始以为够十几人吃的，结果3个人就吃完了。"1949—1950年，西林是中国铁道部顾问。据《长江日报》老报人宫强回忆，朝鲜战争爆发后，彭敏赴朝鲜参加铁路抢修

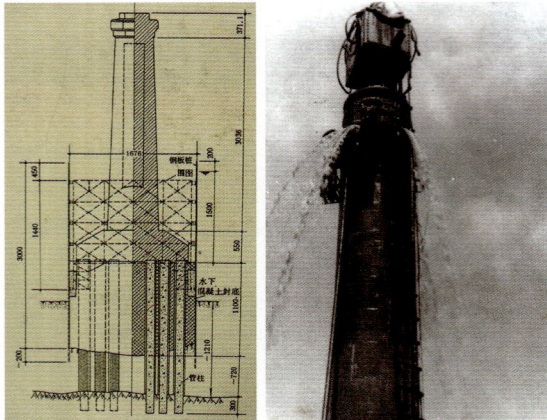

图7.39　武汉长江大桥基础

工作。期间一次回北京，西林很严肃认真地对彭敏说："你现在应当认真地考虑武汉长江大桥的事了"，"要开始想了，这样大的桥，要想很久很久的"。1952年底，铁道部确定让彭敏负责修建武汉长江大桥。1954年，西林被任命为长江大桥建设的苏联专家组组长。

在修建武汉长江大桥之前，深水建桥采用的是气压沉箱基础。1953年，大桥局9人携带着武汉长江大桥初步设计方案前往莫斯科请苏联政府帮助鉴定。苏联政府组成了由20多名桥梁专家参加的鉴定委员会，同意采用气压沉箱基础。

会上，唯有最年轻的委员西林没有表态。

西林早在1949年到武汉时，就曾踏勘长江，研究水文地质资料，深感长江水深、流急、风大，采用气压沉箱基础恐怕有困难，开始着手研究新的施工方法。历史给了他机遇——他被聘为大桥局苏联专家组组长。从此，他潜心研究新的基础施工法，向鉴定委员会呈送了署名的建议书，建议采用管柱钻孔法。

因为使用了这一当时世界最先进的施工方法，武汉长江大桥原计划4年零1个月完工，实际仅用2年零1个月，比原来的预计缩短了工期，又节省了投资。

气压沉箱法，工人得到深水作业，承受气压和水压的变化，构筑直达岩面的桥墩基础。在长江这样接近40米深的江底，每个工人一天只能工作2小时，而且非常难受，极易得一种可致命的血液病——"沉箱病"。

管柱钻孔则是将空心管柱打到河床岩面上，并在岩面上钻孔，在孔内灌注混凝土，使其牢牢插结在岩石内，然后再在上面修筑承台及墩身。这种方法不仅可以解决气压沉箱法存在的问题，而且使水下作业全部移到水上进行机械化施工，减轻劳动强度，保障工人健康，节约造价，提高工作效率。

西林的方法在苏联遭到不少老专家的反对，可是在中国，上至铁道部长滕代远、桥梁专家茅以升、大桥局局长彭敏、局总工程师汪菊潜，下至广大技术人员，都支持他的建议。两国的技术人员认真准备，紧密合作，取得了试验的成功。

1955年春，举世瞩目的武汉长江大桥建设工程，在经过一年多的准备工作，即将进入全面施工阶段。但是，此时在试验墩和1号墩上所进行的大型混凝土管柱下沉的试验，都遇到了困难。最先是用一个直径1米、长3米、重约15吨的落锤，吊至七八米高后，任其自由坠落，以冲击管柱下沉，结果是重复几十、上百次的冲击，管柱不仅下沉量甚少，其顶端却在重锤冲击下被打碎、损坏，不堪再击，遂宣告此方法失败。

图7.40　前苏联专家在大桥建设工地上

接着，用大桥工程局按照苏联图纸制造的ВП-1和ВП-3型振动打桩机继续试验。结果表明，震动力只有17吨的ВП-1型震动打桩机，即使配合高压射水，也效果不佳。而用震动力为42.5吨的ВП-3型震动打桩机，当管柱的重量超过震动打桩机的震动力时，管柱就再也沉不下去，达不到施工设计要求。当时设计施工的要求是必须将直径1.55米、长45米、重50吨的混凝土管柱，穿过江中20多米深的细砂覆盖层，下沉到江底的岩层上。于是，下沉大型混凝土管柱

图7.41 钢梁的架设

图7.42　公路桥通车典礼现场

的这道难关，成为当时全桥施工的一个拦路虎。就在这样的背景下，大桥工程局决定由桥梁机械经租站负责主持，在苏联专家帮助下，自己研究设计、制造震动力更大的震动打桩机。在普洛赫洛夫、阿达舍夫两位苏联专家的具体指导下，机械经租站设计室谭杰贤工程师，带领陆荣祥、柳景田、谷觉知等一批青年技术人员，夜以继日地设计、绘图，一张张经过审阅后的图纸，不断地送往制造车间。依靠当时仅有的几台普通加工机床和一大批能工巧匠的巧手与技术人员的努力，经过一个多月的辛勤劳动，一台震动力为90吨的ВΠ-4型震动打桩机终于从经租站简易的车间里诞生了。

大约是1955年5月的一天，刚刚制造出来的ВΠ-4型震动打桩机被送到正在施工的二号墩，稳稳当当地安装到一根已插立就位，准备下沉的混凝土管桩的上端，距施工平台八九米高。"合闸送电！"激动人心的一幕出现了。只听到管桩顶上的震动打桩机一阵轰鸣，随即二号墩施工平台就好像发生地震一般抖动起来，粗大的混凝土管柱在强大的震动力作用下，迅速朝江中沉下去，不到10分钟，原来高高安装在管柱顶上八九米高的震动打桩机，已经下降到了距离施工平台面约1米左右。这就表明，在刚才短短几分钟的强大震动力作用下，混凝土管柱已贯入覆盖层七八米深，接桩后继续下沉，到达了岩层顶部，大型混凝土管柱下沉的难关就这样被攻克了，深水基础管柱钻孔法施工的大门从此被敲开了，此时整个施工平台上的人们都高兴得跳了起来，苏联专家和中国工程技术人员、领导干部，纷纷热烈握手、拥抱，兴高采烈地祝贺这一重大试验获得了成功。消息很快传到大桥局机关，苏联专家组长西林同志立即驱车来到江边，登上二号墩施工平台，向在场的苏联专家和中国工人、干部、工程技术人员表示衷心的感谢和热烈的祝贺，并和大家一起合影，留下了建桥史上这难忘的历史性一刻。

正桥上部结构，主桁为平行弦杆的菱形桁架。桁高16米，桁距10米，每孔分为8个16米的大节间，由补充的竖杆将大节间分为两个8米的小节间。铁路净空高6.125米。铁路荷载为中——24级，公路荷载为汽——18级。钢梁采用铆合结构，工厂铆钉直径为23毫米，工地铆钉直径为26毫米。钢梁部件材料为3号桥梁钢，铆钉用2号铆螺钢。

建设施工中更是精益求精，不敢有丝毫马虎。1956年6月，大桥钢梁铆了两个月后，工人发现有的铆钉不能全部填满眼孔，有松动。大桥局立即进行现场试验，证实了工人的发现，于是下令：在铆钉施工办法没有解决前，停止铆钉铆合，钢梁停止拼接。直至10月，长江大桥钢梁铆合试验得出结论，铆钉完全填满眼孔，并高出国家指标5％，大桥工程才重新启动。

武汉长江大桥设计有足够安全的储备。设计中以极端环境为标准，假设两列双机牵引火车，以最快速度同向开到桥中央，同步紧急刹车；同一时刻，公路桥满载汽车，以最快速度行驶，也来个紧急刹车；还是这个时

图7.43　铁路桥通车现场

间，长江刮起最大风暴、武汉发生地震、江中300吨水平冲力撞到桥墩上，武汉长江大桥需有足够的承受能力。

　　1954年1月，在全国范围内向各建筑设计院及各大学建筑系，广泛征求美术方案。几个月后，25个设计方案从全国汇集。1955年2月，包括茅以升在内，中国著名的建筑、美术、园艺、城市规划、桥梁专家们组成评委会，选择了唐寰澄负责的大桥整体设计方案。他的引桥精致的拱形外貌，与菱格形结构遥相对立，除去正面的拱形外，没有其他的装饰部分。桥头朴素的亭屋，形成鲜明的民族形式。

　　武汉长江大桥于1955年9月开工建设，1957年10月建成通车。这使人们数千年盼望长江"天堑变通途"的梦想成为现实，也使长期分割的武汉三镇连为一体，从此打通了被长江隔断的京广线，是中国人民第一次跨越长江天堑的伟大胜利（图7.44）。

　　从1950年至1957年9月，毛泽东主席6次视察了建设中的武汉长江大桥工程。1956年6月1日到4日，毛泽东先后3次畅游长江，并游到桥墩间击水。之后，他写下气势磅礴的《水调歌头·游泳》，留下"一桥飞架南北，天堑变通途"的词句。毛主席的这首词最早发表在《诗刊》1957年1月号。表达了伟人对大桥建设的赞美和他的浪漫情怀，更让"长江第一桥"名噪天下。

图7.44　武汉长江大桥夜景

水调歌头·游泳
毛泽东

才饮长沙水，
又食武昌鱼。
万里长江横渡，
极目楚天舒。
不管风吹浪打，
胜似闲庭信步，
今日得宽余。
子在川上曰：
逝者如斯夫！

风樯动，
龟蛇静，
起宏图。
一桥飞架南北，
天堑变通途。
更立西江石壁，
截断巫山云雨，
高峡出平湖。
神女应无恙，
当惊世界殊。

7.2.4 南京长江大桥

图7.45 南京长江大桥

南京是中国的六大古都之一，有"金陵自古帝王州"之说。但南京为帝都与其他城市又有区别，因为在此建都的王朝，大都是偏安一隅、与北方对峙的王朝，如六朝时的东吴、东晋、宋、齐、梁、陈，五代时的南唐。而对峙凭借的就是天险长江。浩渺壮阔的长江被古人称为"天所以限南北"的天堑，它不啻是南京外围的一道最大的天然防御工事。在一个分裂的国度里，天险可以作为防御敌人的手段、可以成为保卫自己的屏障，但在一个统一的国家里，它就成了经济发展和人民生活的阻碍。1957年武汉长江大桥建成，京广铁路全线贯通，形成了中国当时经济发展的助推器，如何将另一条南北"大动脉"津浦铁路和沪宁铁路连通起来就成为紧迫的需要。

沪宁铁路1908年建成，津浦铁路1912年建成，由于长江阻隔，不能形成南北铁路干线。1930年12月1日开始建设了南京铁路轮渡工程，轮渡位于南京市长江两岸，南京岸在老江口东岸，浦口岸在北老江口西岸。两岸各建有相同的轮渡栈桥一座，栈桥长度为187米（614英尺），工程于1933年10月竣工，1933年10月22日通行客车，同年11月10日通行货车，轮渡一直运用到1973年5月。采用火车轮渡，客货运输都受到极大的限制，而且还有"夜间不渡，大雾不渡，涨潮不渡，台风不渡"的规定，所以，这条大动脉在桥梁未建成之前，只是一条梗塞的不流畅的动脉。

孙中山先生是一位十分关注国计民生的革命家，尤其对中国的交通建设有完整设想，甚至曾表示，不当总统而致力于铁道建设。他在《建国方略》中提出，在长江下面穿一隧道，以铁路连接南京与浦口，成为双联之市。只是，他没有提出建桥，是否因为考虑到建桥的困难呢？不得而知。

1927年，国民政府定都南京，提出修长江大桥，并花10万美金聘请美国桥梁专家华德尔博士前来进行勘测。在以后的20年间，国民党政府又曾两次提出修桥，然而因国力有限，政局不稳，加上长江南京段水深流急，地质情况复杂，始终没有付诸实际。

武汉长江大桥建设开始后，人民政府又果断地做出了在南京建长江桥的决定。在外界都不知晓的情况下，1956年5月就开始了勘测；在武汉长江大桥刚刚建成还未通车时，1957年8月，已经编就了设计意见书。武汉大桥还在建设中，大桥局就开始为建造南京大桥搜集资料，并根据国务院的意见，在武汉就修建南京大桥组织有关人员进行了酝酿。1956年起，大桥局着手进行南京大桥桥址的选择、地质勘探和测量工作。武汉大桥建成后，中央提出了建设南京大桥的任务，由大桥局组成一个筹备小组，调一部分人到南京做筹备工作。建设南京大桥中央很重视，江苏省、上海市的态度也非常积极。以往，南来北往的火车在南京用轮渡过江，速度慢、效率低。上海市发电用煤量大，而煤的储备有限，仅够用两周，工业发达的大上海，一旦缺少电怎么行？因此，中央决定要尽早、尽快建成南京大桥。

南京长江大桥是万里长江上的第二座大桥，也是第一座由中国人自己设计、自行建造的公铁两用米字钢桁架梁桥，位于南京市与浦口之间，连接京浦、沪宁铁路。1960年1月南京长江大桥正式兴建，1968年9月，大桥的铁路桥首先建成通车；同年12月29日，大桥公路正式建成通车，大桥建设历时8年。桥梁由铁道部大桥工程局负责设计施工，总工程师是梅旸春（1962年逝世于南京长江大桥第一线工地）。

大桥总工程师梅旸春早期担任杭州钱塘江桥工程师的工作。抗日战争期间，为后方公路铁路交通的大桥如柳江桥、昌淦桥等竭诚付出智力。中华人民共和国成立后参加并技术上负责万里长江第一桥的武汉长江大桥勘测设计和施工工作。后担任全部由中国设计、建造及采用国产材料

的南京长江大桥总工程师之职。鞠躬尽瘁，毕生为中国近代桥梁事业做出卓越的贡献。梅旸春是江西省南昌市人，生于1900年12月1日，卒于1962年5月12日。早年聪颖，在南昌中学毕业后考入清华大学土木系，后又入电机加读两年，1923年毕业，公派赴美深造，入美国普渡大学机械系学习，获硕士学位。但其志愿却在桥梁事业，1925年参加美国费城桥梁公司工作。因其工作勤奋且有成绩，网球运动亦甚出色而被误认为日本人。梅旸春深以为耻，决心以自己的业绩建立起中国的伟大形象。1928年回国，在南昌工业专门学校任教。后来毕生转战于全国江河之上，建设桥梁，是卓越的桥梁专家。

1934年，茅以升博士受托组织筹建钱塘江桥，聘梅旸春为工程师，担任钱塘江公铁两用桥的设计工作。此时国内钢铁生产落后，需向国外订制。为了减轻重量、节约资金，在国内首次采用铬铜合金钢。当设计图完成并向英国道门朗公司承订时，英国公司拘泥于本身经验，提出修改图纸。梅旸春以精辟的理论和实际经验，直接与之对话，据理力争，使对方折服，为中国工程师扬眉吐气。

1937年钱塘江桥通车，三个月后，日军入侵杭州，在完成了建桥和炸桥的任务之后，工程处向后方撤退。在此前两年，因武汉拟有建设长江大桥之举，由茅以升领导的钱塘江桥工程处为之策划。1936年完成初步规划，钱塘江桥通车前后，梅旸春赴汉口，任汉口市政府工务科长，主持武汉长江大桥的设计前期工作。1938年武汉沦陷，梅旸春撤退到后方，再辗转到昆明，担任原交通部桥梁设计处工程师。

抗日战争开始后不久，南京国民政府退守于西南，沿海港口已逐个被日军占领，唯滇越铁路尚可通行。云南省政府主席龙云于抗战初便建议建设滇缅公路。在抗日军民努力下，该路于1938年8月底通车。但其关键工程是昌淦桥。原跨澜沧江的功果桥设计通过能力过低，且防空需要备用桥梁，于是由桥梁设计处处长钱昌淦，领导赵燧章、王序森、刘曾达、李宗达等工程师设计新功果桥（为纪念乘军用飞机被日机击落而牺牲的钱昌淦先生，后命名为昌淦桥）。该桥为中国第一座近代有钢加劲桁的公路悬索桥，桥主跨135米，由梅旸春进行全面审核。在审查中，就钢结构制造和工地安装要求，建立了完整的订料、加工、运送、架设等工作制度。为中国此后复杂的大跨度钢桥建设做出了榜样并为培养这方面的人才打下了基础。新桥钢结构向国外订购，由滇缅公路运入安装、设计费时4个月（1939年2—5月）、施工费时17个月（1939年6月—1940年11月），仅21个月便通车。遗憾的是，建成后仅42天便被日机炸毁。

梅旸春于1940年转任湘桂铁路桂南工程局，为抢通湘桂铁路而努力，其关键工程为柳江大桥。湘桂铁路工程局副局长、原钱塘江桥总工程师罗英，因柳江桥向国外所订制钢梁无法运进，目睹湘桂铁路沿线堆积着浙赣等线撤退下来的旧钢轨和长短不一的旧钢板梁，动议利用这些材料修建新桥。这一具体任务落在梅旸春所领导的设计室身上。梅旸春以其扎实的基本功夫，动用巧思，摆脱常规思路，创造出新的结构布局和细节。设计是在一节空车厢里完成的。白天为躲避轰炸，将车厢拉到离城较远之处，晚上拉回。在艰苦的工作环境里，中国工程师们以卓越的创造才能，完成了设计。由于结构新颖轻巧，司机望而生畏，罗英与梅旸春随机车过桥，安然无恙。可惜不久（1944年）日军攻到桂林，桥奉命被炸断。与钱塘江桥、澜沧江桥同一命运。

1944年梅旸春进入茅以升组织的重庆缆车公司任总工程师兼工务处长，设计建造了重庆市第一座登山缆车——望龙门缆车。从今天看来，这是一个不太起眼的工程。但在那个时代，有这样的工程实属不易，主持这一工程必须具有多方面的知识，兼备土木、机械、电机等方面专长，梅旸春一举成功。

茅以升先生预见到抗日战争即将胜利，于是组织了中国桥梁公司，拟担负起战后重建中国的土建和桥梁工程任务。1946年，成立了该公司的武汉分公司，梅旸春担任武汉分公司经理。原想承担建设武汉长江大桥，但抗战后国民党热衷于内战，经济萧条、货币贬值、极少有工程可做。于是分公司承揽了一些工厂厂房安装、火车单机转盘等项目，比较大的如江西萍乡煤矿缆道工程。饥不择食，什么事都做，这就发挥了梅旸春技术多面的优势，从而使分公司得以在斗争中求生存，直至解放。

1949年武汉解放，人民政府给予他极大的信任，保荐梅旸春随军南下，在苏联专家指导下参加抢修粤汉铁路被破坏的桥梁，发挥了他处理桥梁特殊技术问题的机变的才能，功绩卓著。因此，当抢修完毕后，被任命为铁道部设计局副局长。

中华人民共和国成立之初，由李文骥倡议，茅以升领衔，梅旸春等签名，向中央上报了《筹建武汉纪念桥建议书》，建设武汉长江大桥作为"新民主主义革命成功的纪念建筑"。其契机正和中央的宏图相合。铁道部成立"桥梁委员会"着手建桥，命梅旸春兼任武汉长江大桥测量钻探队队长，组织和带领队伍在武汉三镇范围内进行大规模的测量、钻探和调查工作，并请地质专家谷德振对武汉地区的地质情况从宏规上予以推论。为了解决建桥前京汉、粤汉两线的联系，梅旸春又倡议和领导设计建设了临时火车轮渡工程。

1950年成立武汉长江大桥设计组，地点在北京，梅旸春奔走两地进行指导。他根据当年和茅以升所拟定的武汉长江大桥方案，亲自绘制140米＋3×280米＋140米五孔拱桁伸臂梁方案，桥下净空33米，以供参考。当时由于牵涉到多方面的因素，又受制于政治形势和财力、物力、技术条件，最后采取的是由苏联供应的低碳钢料和苏联专家进行技术指导的方案，即现在所建的九孔128米平弦双层钢桁架桥，桥下净空28米。

1953年成立武汉大桥工程局，彭敏为局长兼总工程师，后以汪菊潜为总工程师，梅旸春为副总工程师。他由京返汉，参加代表团赴苏联访问。归国后，配合苏联专家与从全国调集而来的当年桥梁界的精英，共同努力。中苏两国技术人员从规划、设计、试验到施工布局协同战斗，结成了很好的友谊。在武汉长江大桥上下部结构，尤其是下部结构中有所创新。

1955年由梅旸春主办向全国著名建筑设计单位和院校征求武汉长江大桥桥头建筑及引桥方案，共征得25个方案，经顾问委员会评审，政务院周恩来总理批定，采用第25号方案。

在武汉长江大桥及其附属工程施工过程中，梅旸春以历来注重第一手实践的主导思想和工作方法，经常出入施工现场，解决施工中的困难，虽屡遇险情，仍乐之不疲，工程进行神速。在武汉长江大桥已具有一定规模的1956年，梅旸春因工作需要，奉调回北京担任铁道部基建总局副总工程师。1957年武汉长江大桥建成后，在京的梅旸春奉铁道部命令着手研究南京、芜湖、宜都长江三大桥工程的技术问题。

1958年，武汉大桥工程局改名为大桥工程局，彭敏为局长，梅旸春为总工程师。第一座用国产材料，中国人自己设计，自己施工，发奋图强，自力更生的南京长江特大桥开始兴建。

任命之初，梅旸春便着手考虑如何提高在武汉长江大桥所取得的技术水平，在更为开阔和水深、地基条件更复杂的南京建桥，并采用较合适的桥梁上下部结构。他查阅了北京、清华、北大等图书馆资料，再根据已取得的测量钻探记录，吸收其得力助手有益的意见，有了初步的全貌设想。

梅旸春带着已经向科学院学部委员们征询过意见的方案设想重回武汉。他首先在大桥局内发动技术力量，再以多种方式，邀请局外的技术顾问，举行从桥梁上部到下部、从结构到艺术一系列会议，从武汉开到南京，最后确定了建桥原则和正式的桥梁方案、设计和建设队伍，在南京摆开了新的战场。

图7.46 南京长江大桥桥头堡

当年在北京初拟的设想方案是七孔，中间五孔是半穿式刚性桁梁，柔性的钢拱，桥跨为125米＋5×250米＋125米。基础则有沉井、管柱和管柱加沉井、锁口管柱沉井等。最后确定的是九墩十孔，九孔160米，一孔128米，墩上是以曲弦加劲的菱格形钢桁梁，桥下可通过"万吨巨轮"，净空高为通航水位上24米。这样的决定，仍受制于某些主客观的条件。上部结构并不如梅旸春先生所设想的。这样多的深水墩，倒是西方国家技术人员视为畏途，尽量设法加大桥跨来减

少和避免的。

南京长江大桥桥址处江面宽约1500米，水深平均约30米，河床覆盖层一般为35~48米，最厚处达90米。桥墩除靠浦口岸1号墩外都做到覆盖层下的石层之上。各个桥墩处的地质水文条件都不一样，需要用不同的方法来解决。一个桥墩的设计施工经验可作为下一个桥墩的借鉴，以改进和发展设计。因此，水中桥墩是一个一个地予以建成的，采用了除了锁口管柱沉井外的多种构造形式，并首次在南京桥应用了预加应力钢筋混凝土技术于大直径管柱和引桥的梁部。一切都通过精心试验才作出决定。

南京长江大桥工程指挥部就设在长江与秦淮河支流金水河入江的交叉口上，从办公室的江堤上便可看到工地。江边有指挥部的专用码头，上船3分钟内可以到达水上施工的墩位。这样逼近战场的指挥，情况了如指掌，自然可操胜算。

梅旸春平易待人，善于发现和使用人才，善待属下而不居功。有坚实的技术基础而又有民主的工作作风。能谋善断，当现场出现紧急情况的时候，如南京桥3号墩沉井加管柱基础屡出险象，都能当机立断，化险为夷。

建设以很快的速度进行着，工程上并没有不太顺手的事，可是国家遇到了困难。由各种因素造成的三年困难时期，中央制定了"调整、巩固、充实、提高"八字方针，工程奉令延缓。此时南京长江大桥工地士气方盛，设备齐全，材料充足，梅旸春虽血压高达220毫米水银柱，却心急如焚，奔赴北京铁道部申诉，希望不要放慢建桥步伐。然而客观形势摆在面前，局部必须服从整体，桥梁建设最终放慢下来。这一次延缓，使他未能亲手完成这一伟大的建设，这是他所意料不到的。

经过执行中央的调整方针，三年困难很快就被克服了，工作又有了生机。年逾花甲，已与家人分居，在工地战斗了四年的梅旸春，重新焕发起活力。可惜年事已高，加上患高血压，紧张的工地生活对他的疾病是不利的。虽几次发病，策杖而行。仍主持会议，到现场视察和安排工作，直到他病倒在他办公室隔壁的单人卧室之中。

当1962年早春梅花开放的时节，他居然又能坐起来了。趁病情有起色，他准备回北京休养。临行前，他提出再往南京长江大桥工地南京岸码头看看工地。谁知，因情绪激动，晚间脑病复发，而与世长辞。

南京长江大桥桥梁为公铁两用桥，下层为铁路双线，上层的公路为四车道（图7.47）。公路桥长4589米，车行道宽15米，两侧各有2米多宽的人行道；下层的铁路桥长6772米，桁宽14米，铺有双轨，两列火车可同时对开。其中江面上的正桥为公路铁路双层钢连续桁梁桥，长1577米，其余为引桥。

图7.47 公铁两用桥面

正桥钢梁共10孔。由1孔128米简支钢桁梁、3联（3孔为一联）9孔跨度各160米连续钢桁梁组成，主桁采用带下加劲弦杆的平行弦菱形桁架，主桁中心距为14米，节间长度为8米，跨中桁架高度为16米，支点桁高为30米。桁架宽度设计时考虑了3种桁架宽度，分别为10米、12米、14米，考虑到施工过程的晃动及成桥之后的刚度，选择了14米桁架宽度。这个参数的选取也受到武汉长江大桥通车时的晃动现象影响。1957年10月15日，武汉长江大桥正式通车，10月20日，是通车后的第一个星期天，所以市民倾城出动，上桥参观，密密麻麻的人布满了整个公路桥面。这时，人们突然感到钢梁有明显的晃动。通过观测数据表明，钢梁发生了竖直、横向及扭转振动，下弦跨中振幅约1厘米。在火车过桥时，晃动衰减，约15分钟后，又恢复到原来的振幅。为了避免这种现象再次发生，南京桥的桁宽选为14米。由于说不清振动的原因，在确定南京长江大桥的设计方案时，为了安全起见，将主梁的宽度定为14米，比武汉桥的梁宽增加了4米。但这样一来，多用了4000吨钢材。

　　南京桥的历史背景特殊，还有一个关于"争气钢"的故事。因为南京的江面宽，河床下沙土覆盖层厚，岩石面低，打基础的工程比较困难，所以要求桥梁跨度大一点，桥墩少几个。这就不能用碳钢了，必须改成合金钢。当时中国技术落后，生产不了。苏联那边给了三分之一的钢材就撂了挑子。这是我们第一次自己建自己的桥，不能就这么完了。这个题目就给了鞍山钢厂。英美用的是镍钢、铬钢，我们就结合本地资源，提出用锰钢。最终在很短的时间里，把这个难题攻下来了，没有延误大桥工程。当时建桥的人们都说，这是"争气钢"，要建"争气桥"，先拿"争气钢"打底。主桁基本杆件、铁路横梁与起重横梁、加劲支点处的连接系等，大部分采用鞍山钢铁公司生产的16锰低合金桥梁钢，小部分为进口的HJI2低合金钢，国产16锰低合金桥梁钢是在这座桥梁上首次采用的，以后逐渐在中国铁路桥梁上广泛应用。

　　正桥钢梁由山海关桥梁工厂制造，工厂克服了许多困难，诸如钢材的修边、钻孔油漆、试装工艺等。由于制造拱度质量好，为钢梁的悬臂安装提供了良好的条件，架梁时主桁挠度与计算理论值基本吻合。钢梁架设分别由南北两岸向江中心进行，浦口岸架设四孔共重12400吨；南京岸架设六孔共重19200吨。南京岸第一孔采用半悬臂安装，中间临时墩距桥台96米，平衡梁长128米；浦口岸第一孔也采用半悬臂安装，中间临时墩采用55厘米管桩基础，距桥台64米，平衡

图7.48　南京长江大桥钢梁架设

梁长96米。平衡梁均借用江中桥跨部件组拼，在主梁到达中间临时墩后拆除。其余各孔采用全悬臂安装，悬臂达到144米，然后支撑在墩旁托架上。当悬臂达到144米时，钢梁前端挠度达到1.70米，由于在安装前规定了拼装顺序，以保证钢梁的整体性，在实际架设时，几乎感觉不到钢梁的晃动。钢梁在4号墩顶合龙，钢梁架设历时21个月（图7.48）。

　　桥梁最重要的当然是其基础工程。人们看到那矗立在江河之上的巨大的桥墩和上部结构，情不自禁地发出赞叹之声，却不知道那深扎在水下岩石上的更加巨大而艰难的基础工程。对南京长江大桥来说，基础工程就更加艰难，也更加重要。因为南京处的长江，水文地质条件复杂，江面宽、江水深、覆盖层厚、每天还要受海水潮汐的影响。为此，国家两次召开有一二百名专家参加的技术协作会议，就采取的基础形式、梁式、跨长、施工方案等进行研讨。根据不同的水文地质情况，9个桥墩基础分别采用重型混凝土沉井、钢沉井加管柱、浮式钢筋混凝土沉井、钢板桩围堰管柱等基础。

　　采用的4种形式分别为：（1）位于浅水面覆盖层深厚墩址处，采用重型混凝土沉井，穿越深度达54.87米；（2）在基岩好而覆盖层较厚墩位处，选用钢板桩围堰管柱基础，并首次采用大直径 ϕ3.6米先张法预应力混凝土管柱；（3）在基岩较好，覆盖层较厚，但水位甚深的墩位处，采用浮式钢沉井加管柱的复合基础；（4）在水深、覆盖层厚，但基岩强度较低的墩位处，采用浮式钢筋混凝土沉井，上部为钢筋混凝土结构，下部为钢与钢筋混凝土组合结构利用钢气筒充、泄气来浮托纠编，清基潜水作业深达65米。

　　1964年9月18日晚8点35分，很多人都准确地记得这个时间，因为从这一刻起，桥梁建设者度过了一个月揪心的日子。那一刻，连接着南岸一侧导向船的边锚的直径45毫米的钢缆突然崩断了！霎时，令人惊恐的现象出现了，5号墩沉井开始摆动起来。这一沉井是在悬浮状态下施工的，面积有一个篮球场大，建造的高度已超过了20米，水下的深度已有15米，重量达7000多吨。它在水上就像一座钢铁的大厦。而此刻，它却晃动起来，而且越晃越厉害，完全没有停止的势头。

　　9月28日，4号墩沉井入水为19.3米，也发生了同样的情况，摆幅在40~50米之间，最大达到58.6米，周期为4分钟。

　　危险何在？如果沉井一旦挣脱钢缆的束缚，随波逐流，7000吨的庞然大物冲向下游，其能量如同摧枯拉朽一般，无论是码头还是船只，只要是被撞上了，必然是毁灭性的灾难。而如果沉

井撞上附近作为水上变电站基础的管柱，就会被撞毁而沉没，5号墩墩位也将被这巨大的障碍物毁掉，整座桥墩不得不放弃，已经建好的几个桥墩和正在施工的引桥工程也将全部报废。

锚绳正在一根一根地断裂，沉井晃动得更加厉害了，上下游还有锚绳约束，可是南北再也不受残存的边锚的牵制，大摇大摆，左冲右突，坐在飞机上看，摆幅竟达二三十米。

情况万分紧急！长江航运局紧急调派的两艘2000匹马力的拖轮连夜生火起航，前往现场稳定沉井。工地需要大量的大规格的钢丝绳挂在客车后面运来。所需的锚链，上海浦东造船厂连夜赶制，由上海铁路局局长亲自安排专车运送。有的配件，还动用了空运手段。

人们翘首以待的拖轮破雾而来，立即投入了抢险，两轮夹住沉井，左摆左顶，右摆右顶，然而人们失望了，沉井不仅未停摆，还带动着拖轮一起摆动。运来的钢绳作为边锚补上去，一共补了6根，然而，钢绳崩断，边锚相继断裂。

此时，指挥部下达了密令：实在保不住了，就砍断主缆，让这个钢铁的庞然大物漂到下游去，不能让它占住桥位！近一个月的努力、耗费这么多人力物力，前功尽弃吗？真的到了山穷水尽的地步了吗？所有的建设者都被广泛发动起来，献计献策。在经过一系列失败之后，决定实行"平衡重"止摆方法。对于这种摆动的能量不能以强制的手段去阻止它，而让它消耗掉。当时提出这个设计构想的，是施工科设计组一名姓林的组长，图纸拿出后工人们日夜加班赶制，终于在10月12日，"止摆船"正式投入使用，人们紧张得屏着呼吸，注视着这一装置的效果：摆幅减小了。到18日，当时正值江水趋落，摆动了一个月、摆动了一万三千多次、崩断过12根锚缆的沉井逐渐恢复了稳定，惊人的一幕终于过去了。

图7.49 南京长江大桥桥头雕塑

大桥的南北各有一对桥头堡，高为70米，桥头堡上各有三面红旗，象征着50年代的人民公社、大跃进和总路线。桥头堡前还各有一座高10余米的工农兵等五人雕塑，为当时中国社会的五大组成部分，即工、农、兵、学、商，具有典型的"文革"文艺风格。在桥头堡堡身周围刻有"全世界人民大团结万岁"等浮雕。三面红旗的桥头堡在建成后，风靡全国，被多次模仿，而且在60—80年代成为南京的城市标志之一，一直到今天南京长江大桥桥头堡仍然是著名旅游景点。公路正桥两边的栏杆上嵌着200幅铸铁浮雕，人行道旁还有150对白玉兰花形的路灯。"一桥飞架南北，天堑变通途"。南京长江大桥的建成，不仅沟通了我国南北交通，而且成为古城金陵的四十八景之一(图7.49)。

1967年8月钢梁架设胜利合龙了。至此，大桥主体工程基本完成。1968年9月，铁路通车，同年12月，公路通车。

世界各国主要大跨钢桁架桥

编号	桥 名	主跨(米)	建成年	地 点
1	魁北克桥	549	1918	加拿大
2	福斯桥	521	1889	英国苏格兰
3	港大桥	510	1974	日本大阪
4	Gommodore J.J.	501	1974	美国宾夕法尼亚州
5	Orleun Greater New	480	1958	美国路易斯安那州
6	豪拉桥	457	1943	印度加尔各答
7	密西西比桥	446	—	美国路易斯安那州
8	东湾桥	427	1936	美国奥克兰

第八章 悬索桥

迄今为止，悬索桥是世界上跨越能力最大的桥梁形式，随着桥梁设计理论、施工方法及施工机械的进步，悬索桥的跨度纪录不断刷新。19世纪30年代，美国悬索桥突飞猛进，首次将长大桥梁的跨度突破了1000米，1931年建成的乔治·华盛顿大桥主跨达到1067米，比此前的跨度纪录大了一倍。以后的几十年中，美国悬索桥进入了建设的黄金时代，1937年建成了跨度1280米的金门大桥，1957年建成了跨度1158米的麦金奈克桥，1964年建成了跨度1298米的维拉扎诺桥。

1940年美国塔科马大桥风毁事故后，一场翼形断面的革命在欧洲悄然开始，英国相继建成了塞文桥和亨伯尔桥，采用了和美国不同的截面形式。1981年7月17日竣工的英国亨伯尔桥主跨达到了1410米，而且和美国的悬索桥相比，用钢量减少很多。标志着从19世纪末的福斯铁路桥建成以来的一个多世纪后，英国又一次回到了世界长大桥梁建设的领先地位。有趣的是，20世纪两个最大的桥梁工程——丹麦的跨度1624米的大贝尔特东桥和日本的跨度1991米的明石海峡桥，均在1998年建成通车，毫无疑问，这是20世纪也是迄今为止人类架设的最大跨度的桥梁。

中国的现代悬索桥起步较晚，但表现出了明显的后发优势。1995年建成的汕头海湾大桥，是中国第一座现代意义上的悬索桥，主梁虽仅452米，主梁采用混凝土桥面，在混凝土主梁悬索桥中居同类桥型的跨度之冠，1997年建成的广东虎门大桥（888米）、1996年12月建成通车西陵长江大桥（900米）和1999年9月江阴长江大桥（1385米）建成通车，为中国悬索桥的发展起了示范的作用，2005年又建成了跨径1490米的润扬长江公路大桥，连接舟山本岛与宁波之间的舟山连岛工程特大型跨海桥梁西堠门大桥，主跨1650米，是目前世界上主跨跨径第二位，也是世界上第一座分体式钢箱梁悬索桥。这一系列桥梁的建成，标志着中国在短短的十年时间，走过了其他国家几十年甚至上百年的历程，跨进了世界悬索桥先进国家的行列。

8.1 大飞跃——美国悬索桥的辉煌与经验

图8.1 威廉斯堡桥

图8.2 熊山桥

约翰·罗布林是悬索桥建设中最伟大的开拓者。他的缆索支撑法与悬索桥建造方法为这一类型桥的飞跃做足了准备。这是一个大跨度悬索桥的时代。在20世纪的前25年，受布鲁克林桥巨大成功的激励，越来越多的悬索桥被世界各地的工程师所采用，在接下来的10年中，悬索桥完全实现了跨度的飞跃，一次又一次给人们以引人注目的展示。

布鲁克林桥保持了20年世界最长悬索桥的纪录。1903年，东河上第二座桥——威廉斯堡桥建成了（图8.1），它的跨度为487.7米（1600英尺），比布鲁克林桥的跨度长1.4米（4.5英尺）。随后，在1924年，熊山桥（Bear Mountain Bridge）竣工了（图8.2），跨度为497.4米（1632英尺），创造了一个新纪录。这个纪录在1926年被费城特拉华河(Delaware River)桥打破了（图8.3），其跨度为533.4米

图8.3 特拉华河桥

图8.4 大使桥

（1750英尺）。1929年在底特律建成的大使桥（Ambassador Bridge，图8.4），跨度为563.9米（1850英尺）。但这个纪录很快就被另外一个纪录掩盖了。1931年，位于纽约的乔治·华盛顿大桥落成，跨度为1066.8米（3500英尺）。1937年，圣弗朗西斯科的金门桥建成，跨度为1280.2米（4200英尺）！就这样在长跨度纪录快速被打破的同时，悬索桥很快就完全替代悬臂桁架桥成为长跨度桥梁建设的必选类型。直到那时，人们还是倾向于将这一类型的桥建成长跨度的桥。从跨度方面讲，悬索桥趋向于发展成为桥中的"女王"。然而，人们一定注意到这顶王冠要求考虑其他许多方面的美。

8.1.1 大跨度悬索桥的起步

威廉斯堡桥（图8.5）由莱福特·L. 巴克（Leffert L. Buck，图8.6）设计，是第一座采用钢塔（铁架）结构建造的大型悬索桥。它有四条索，每条直径为47.3厘米（18.625英寸），由没有镀锌的钢索做成（图8.7）。加劲桁梁有12.2米（40英尺）高，是跨度的1/40，其高度比率是以前用过最大的。不雅的塔结构设计和过高的梁高使得这个建筑显得棱角分明，粗陋不堪。它标志着事物的另一个极端，此后形成了一个越来越细长，越来越高雅的悬索桥设计的趋向。

图8.5 威廉斯堡桥近景

1903年建成的威廉斯堡桥中跨为487.7米，虽然它是在进入20世纪才竣工的，但它的设计是在19世纪完成的一座旧式悬索桥，是采用旧式设计理论即弹性理论设计的最后一座大跨悬索桥，这座桥梁的创新之处是第一次采用了钢结构的桥塔，之前的悬索桥均采用石塔。

图8.6 莱福特·巴克

1902年11月10日，在威廉斯堡桥快要建成之际，曼哈顿侧塔顶部101.5米（333英尺）高索鞍附近的一个小工棚里忽然着火了，据说起因是一位刚刚下班的工人丢弃了燃烧着的火柴，以致引起了这场火灾。火势很猛烈，从下午4：30一直烧到晚上11：00，火从由总长15240米（50000英尺）的木材建成的工作平台一直蔓延到塔顶。热量破坏了四个主索中的两个，助理工程师巴斯科姆（W. R. Bascome）和工头乔·哈格蒂（Joe Haggerty）提醒大家注意，但他们自己却冒着生命危险在人行桥上的布鲁克林塔和着火的曼哈顿塔之间奔跑。临时的人行桥及其支撑索很快就被烧光了，纷乱的残骸掉落在河里，导致警方不得不关闭航道。造桥的工人当晚停工了，但是，当消防员来到时，40个在塔基附近的工人自愿指引帮助消防员。一个消防员被一块烧红的钢栓击中背部，受了致命的重伤。维持火的燃烧物是成桶的油漆，抗腐蚀的油，平台顶部存储的索合成物及上千英尺的木材。塔的顶部是一个巨型火炬，纷纷往下落着火星，燃烧着的油和木屑，几个小时里，

图8.7 威廉斯堡桥的主缆及索鞍

白色的热铁穿过结构框架砸向下面的消防员。对于堤岸上的每一个人来说，这都是一个令人敬畏的壮观景象，但对于那些英勇工作以保住这座桥的人来说，这又是一个致命的威胁。河面上的探照灯照在塔上，寻找每一个可能困在残骸里的工人。栓、梁带着大炮般雷鸣的响声纷纷坠落，消防员花了一个半小时才通过网状钢结构来到顶端的平台，但发现他们的水管并不能承受到达他们高度的水压。他们后来把手动灭火器拖到塔上与火苗作战。负责桥梁建设的助理工程师金斯利·马丁（Kingsley L. Martin）领导这些消防员进行英勇作战，他们成功地挽救了3号、4号索，但其他两条索因为高温缘故被破坏了。大火后的第二天，霍尔顿·罗宾逊（Holton D. Robinson），威廉·霍尔顿（William Hildenbrand）和查理·罗布林(Charles G. Roebling)迅速制订了计划进行维修和重建。他们预定了新的钢索。这些钢索拼接索鞍里的索，替代那些被烧坏的钢索。因此，这些主索又恢复了原设计的实际应用中所有的力。

图8.8　曼哈顿大桥

曼哈顿大桥是在威廉斯堡桥建成后六年建造的，它的设计更为美观，最值得一提的是它改进了索塔的外观（图8.8）。灵活的索塔设计使得索塔能够弯曲并随着长度、索鞍的变化移动，同时还使细长的设计成为可能。曼哈顿大桥是纽约桥梁部门工程师的杰作，这个部门是由一家名为卡雷尔和黑廷斯（Carrere and Hastings）的建筑公司支持的。

在那个时代，曼哈顿大桥同时还代表着悬索桥建筑工艺的提升。例如，人们设计出一个建筑索塔的新方法：这座桥的每个索塔都由四个钢柱组成，这些钢柱由一块钢板底座支撑，而这个底座位于砖石桥墩上。索塔的柱子是用精致的起重机平台建造的，每个起重机负责两个桥墩，从而实现索塔建设中垂直移动的需要。每个平台从位于岸边的索塔的表面开始投入工程，下面有两个支架支柱。起重机力矩是由柱子竖直边上的一对轮子牵制的，当起重机坚硬的力臂爬上平台，62吨重的部分索塔就被从桥墩上吊起放到适当的位置。当完整的一部分被放到索塔上后，起重机在滑车的协助下就把它自己的平台吊到下一个层面。

索塔建成后，下一步就是临时人行桥的建造。临时人行桥（又称猫道）连接两岸。钢索按四条一组分成四组，连在索塔之间，每次连通一组。驳船带着四卷钢绳从一个索塔出发，然后，在河面上所有的交通都暂停的几分钟内，每条绳的自由端都被拖到第二座索塔的塔顶和锚具上。绳的中间部分就从河面上升起来，直至达到需要的位置。当这些全都放置好后，四个组就形成了支撑人行桥的临时索。在每个组上都会建造一个人行桥或工作台，就像挂在轨道上一样挂在索上的流动"笼子"被用来放置木横梁，在横梁上再建造木平台。

现在一切就绪，只等着拉上四根直径53.3厘米（21英寸）的索了。1908年8月开始拉索，同年12月完成，这在当时打破了拉索速度的纪录！在每个人行桥的平台上是9个小型的索塔，被称作拖索塔，这些索塔支撑着绞缆车和滑轮，从而将用来放置钢绞线的拖绳运走。流动绞缆车承担了真正拉索的工作，它在没有末端绳的带动下从跨的一端到另一端运动，越过人行桥，在索塔上的滑轮上打圈，这样就能够挂在人行道上1.8~2.4米（6~8英尺）的地方（图8.9）。

索用钢丝成卷地被运到工地，每卷都有几英里（1英里约等于1.6千米）长的钢丝。大约连续257.5千米（160英里）长的钢线能够做成索的一个股，而这样的股要有37个。当四束悬索的钢丝最终拉完，其长度为38624.3千米（24000英里），这个

图8.9　工人进行紧缆作业

图8.10　当年的缠丝机在主缆外层缠丝

长度足以环绕地球（图8.10）。

为了给其他索线一个引导或样式，一条线先穿过桥跨，越过临时支撑物，略高于最后完成的那条索，精确调整到所需的曲度。这条线就被称作引导线。

现在就真正开始拉索了。钢丝卷的一端被固定在一个马蹄铁上——一个U形钢块，与锚碇上的眼杆相连。然后钢丝被一点一点地拆卷，在流动绞缆车上打圈。现在它穿过桥跨，从一个锚碇运到另一个锚碇。当它到达另一边的时候，已经把两条索线拉过来了。然后绞缆车上的圈就被解开了，又被固定在另一个锚碇的马蹄铁上。现在绞缆车准备再来一个来回，这次把第三和第四条线拉过来。但同时，在旅行绳子的另一端，另一个绞缆车也带着自己的线圈向相反的方向运行。因此，每一次都是双向运行，有四条线被同时放置好。环境好的话一个来回需要15分钟，六条线被拉好，那么1小时就会有上百条线被拉好。

用这种方式拉好线后，这些线就要被调整到适当的索鞍上。站在平台不同位置的人将新线根据引导线进行调整，当曲线正好的时候，他们互相给信号。当一股所有的线都拉好后，就把它们的末端连在一起，线就被一段一段地绑在一起，形成一个股。还在临时支撑物上的股位于最终位置的上方，然后它就被降低，直到位于索鞍上的永久位置，然后用液压千斤顶拉成调整好的最精确的位置。

当所有的股都完成后，悬索上所有的钢丝都被液压集结器结成圆形，液压集结器就在索上从一头到另一头移动。曼哈顿大桥悬索空前的规模使它需要将这个阶段的工作分成两部分：先将7个股集结，然后再将完整的37个股集结（在后来的桥梁中，这种多重操作被平束集结法取代了）。

图8.11 曼哈顿大桥加劲梁的吊装

图8.12 霍普山大桥

图8.13 霍普山大桥桥面系

接下来，沉重的钢带被夹在索的周围，吊杆就挂在索上。最终，索被包裹起来保护钢线不被天气破坏。镀锌的软钢线很快就被一个简单而精致的机器缠起，这个机器自行运作，由一个电动马达带动，它是由霍尔顿·罗宾逊设计的。它将线缠在两个绕线管或绕线圈上，在索的周围运动，将线置于恒压下。这样就完成了大型悬索的建造工作。

1909年建成的曼哈顿桥跨度450米，比威廉斯堡桥略微小一些，但这座桥却是由带来悬索桥飞跃发展的新的设计理论——挠度理论设计的第一座悬索桥。曼哈顿大桥体现了设计更合理、更经济的新的挠度理论的优越性。从威廉斯堡桥和曼哈顿桥可以看出，曼哈顿桥的主梁和桥塔都十分纤细。

曼哈顿大桥是第一座证实了现代悬索桥建设技术的悬索桥。它岿然不动地站在那里，承担着越来越繁重的交通。不管是从建筑还是从结构上来说，它都当之无愧的是20世纪伟大的工程。其后，美国悬索桥的发展非常迅速，半个世纪之间，建设了大量引人瞩目的悬索桥，不断刷新长大桥梁的跨度纪录。发展了桥梁的设计理论，研制了相关的施工机械和设备，形成了影响一个时代的独特的美式悬索桥技艺。

悬索桥也被应用于中等跨度的桥，替代之前悬臂桁架梁桥和钢拱桥经常会用的地方。这个新发展对悬索桥来说是建筑学和美学上的胜利。

两座中级跨长的桥为悬索桥的艺术设计设定了一个新标准，它们就是蒙特霍普（Mount Hope）桥和沃尔多-汉考克（Waldo-Hancock）桥。这两座桥都是由罗宾逊和斯坦因曼设计并建造的。这两座桥都获得了由美国钢铁建筑协会颁发的年度艺术桥梁奖。

1929年10月24日，人们在纳拉甘西特湾（Narragansett Bay）——在普罗维登斯（Providence）和罗得岛州组波特（Newport）之间——举行历史性的盛会和其他节日庆典来庆祝蒙特霍普桥的落成（图8.12）。这是新英格兰最大的桥，它的落成将把这座岛分出罗得岛州。由于金融家的热情支持，这座桥的设计和建造花费了大量的人力物力来使它成为"美丽的桥"。它的365.8米（1200英尺）的跨度和走向取代了一个历史性的渡口——美国最古老的渡口，已经运营了250年。它象征着旧的终会被新的替代，现代的进步和发明创造了新的设施造福群众。渡口一天从来都没搭载多于300辆汽车，而这座桥，在开通后一个星期，仅一天就通过了10000辆车，从此承担着从前渡口6倍的运输量。在桥开通的三天前，在电灯50周年庆的晚上，一个转换上演了——上千盏灯描绘这座桥优美的索的轮廓和路面，灯潮使塔上哥特式窗格显露无疑，焕发出光亮的色彩。这一耀眼的景观从四面八方，不管是在路上还是海上，几英里（1英里约等于1.6千米）外都能看到，它是一个标志性的转变：一个方面的发明可以促进另外一方面。

在此50年之前建造布鲁克林桥时，人们用了13年才完成，而霍普山的悬索钢跨只用了13天便建起来了。50年的历程提升并加速了桥梁的建设！

1938年9月21日的台风过后，当罗得岛上到处是一片被破坏的景象时，蒙特霍普桥的设计者们高兴地收到来自这座桥的拥有者和州工程师的报告：这座桥经受住了风暴的考验，没有受到任何破坏。

图8.14　沃尔多-汉考克桥

沃尔多—汉考克桥（图8.14）跨过位于缅因州巴克斯波特（Bucksport）附近的佩诺布斯科特河（Penobscot）的主河道，于1931年11月16日建成并开通。这是一座悬索桥，主跨长为243.8米（800英尺），是缅因州第一座长跨度桥。同时在它的设计与建造中表现了许多新的特征。主塔是一种新的艺术类型，强调水平与垂直的线条，由挺直的佛伦第尔（Vierendeel）束组成。索则由弯曲的成股的钢索组成。采用了新的锚具和不可调悬索连接，连续梁位于灵活的柱子上，组成了高架桥。建造中新颖有趣的特点还包括建造前索股的标记、石基复合模型的采用、陡坡不规则裸岩上主桥墩根基的建设、缅因州冬季地基建造和一些选材及在特殊而艰难地方条件下建设的方法。

这座桥还以经济的设计和建造为特点。在为建这座桥的拨款中，有很大一部分剩余，随后，又一个稍小的桥被授权给罗宾逊和斯坦因曼设计并建造，在两座桥都建成后，还有一部分最初的拨款剩余。

从艺术的角度看，一座悬索桥的特点主要由塔的设计决定。而在沃尔多-汉考克桥中，却是由严密的自然石块放置、严格的诺克斯堡（Fort Knox）邻线设置和邻镇殖民建筑背景要求设计得简洁化决定。通过空间、摆放和比例，人们尝试用直线来保证其艺术效果，而结果证明十分有效，以致后来的桥梁都模仿这座新塔的形式。

悬索桥的原则很简单，悬索桥有三个重要部分：塔、锚碇和索。路面和加劲建设在当地来说很重要，但它们都能被全部或部分破坏而不致使整座桥瓦解。在其他所有桥的建设中，一束钢索的差错与弯折都能导致整座桥的坍塌。因此，悬索桥在交通繁重的地区是最安全的建造类型，也就是说，结构上的不足并不能危害结构整体的安全性。

悬索桥的索塔可以由木或石或钢建造而成，而钢则代表着最现代的发展趋势。索塔的高度根据悬索的垂度而定，最经济起见，垂度应该在跨度的1/8和1/12之间。

锚碇有固定悬索末端的功能，重量是最基本的要求，因此锚碇通常是由砖石建筑或混凝土建成，只有在十分优越的位置才有可能把悬索直接锚在自然的岩石上。

　　悬索是悬索桥最重要的组成部分，因为他们承载着路面，体现整体结构的特征。大跨度悬索的建造比看起来要简单些，比建造其他类型桥梁要安全些。

　　建造悬索的第一步是建立两岸之间的联系。史前，人们把第一条线绑在箭上从一岸射到另一岸。由此人们可以回想起在建造尼亚加拉桥的时候，人们用风筝把第一条线带过瀑布，在有些地方，人们还用小舟把一条轻绳子拉过对岸。还有一些记载是工程师亲自游过混乱的水流将第一条钢索带到隔岸。在建造布鲁克林桥时，一条1.9厘米（0.75英寸）粗的钢索被一条拖船拖过东河。在威廉斯堡桥的建造中，三条直径为5.7厘米（2.25英寸）的钢索也是用这种方法被同时拖过对岸的。

　　第二步就是为每条悬索建造一个人行桥或工作台，这样就可以观察并调整钢索的长度，同时还可以促进有关悬索的所有工作。至于其他的准备工作，还有一点需要注意，那就是"旅行绳索"（traveling rope），这是一条没有末端的钢索，悬在河上，被机器拉前拉后将悬索钢索从一岸拉到另一岸。另外，通过计算和器械观测，河上还悬着一条引导钢索，从而对悬索钢索进行调整以达到合适的垂度。

　　实际上悬索的建造（包括每条钢索的连接）有以下程序：大卷大卷的钢索被放到桥头锚链的左右两边，钢索的活动端被固定在一块被叫作马蹄铁的U形物上，而由此形成的环则被挂在一个轻轮上，这个轻轮则固定在上文提到的旅行绳索上。这样绳索和它上面的轮子就被送到桥的另一头，同时也将两条钢索从一岸牵到另一岸。其中一条末端固定在马蹄铁上的钢索叫作不动索（standing wire），而在卷上的一端则被称作流动索（running wire），它运动的速度是旅行绳索的两倍。到达另一端后，钢索环被从轮上取下，放在对岸的马蹄铁上，然后就调整两条钢索，使它们精确地与引导索平行，而调整的幅度则由临时人行桥上所安置的人给出的信号控制。然后钢索就被固定在马蹄铁上，而旅行轮上则放上一个新的环，开始又一轮的拉索。当250~450条钢索被拉过对岸并精确固定好之后，相间被绑成一股或一束，现在普遍采用"平束集结法"（flat-band seizings），这是由霍尔顿·罗宾逊发明的，能够使结点保留在悬索上，并能使钢索股在连续的层面上获得必要的配给。根据所需悬索的规模，这种集结可由7股、19股、37股、61股或91股组成，这些数目必须能使钢索以正六角形的形式分组。

　　通过使用强大的液压压铆机又称紧缆机（由罗宾逊发明），钢索股的分组被压缩成圆柱形悬索。悬索就位后，吊杆也就被竖了起来，然后地面工程与其硬化钢束也都在建设之中。最后，悬索被连续的钢索覆盖，起保护作用，用的是罗宾逊包装机又称缠丝机。这样，悬索就建成了。只有悬索在建造中需要专门的知识技能，桥梁的其他大部分建造则是桥梁领域的常规建设方法，为的是与其他结构相一致，但悬索桥建设一般不用脚手架。

8.1.2　美国悬索桥建设的黄金年代——乔治·华盛顿木桥和金门大桥

　　20世纪是悬索桥的黄金年代，美国的桥梁发展世界领先，替代了英国大跨度悬臂桁架桥而成了大跨度桥梁的领跑者。这个时期的北美桥梁有两方面特别引人瞩目。一方面，工业设计逐渐成为一门公认的学科，桥梁设计是促成这种观念形成的重要原因。到1930年，早先存在于工程师中那种近乎天真的实用主义方法逐渐被要求精致所取代，对精致的要求不仅表现在结构的功能部分，同时还要求更加精确的理论计算和更加漂亮的外观。这时期奥斯马·安曼已经采用挠度理论进行桥梁的设计和计算，这种理论表明相对薄的大梁足以满足结构的承载要求，因而纤细的外形带来的优雅又开始在桥梁设计中复苏了。另一方面，桥梁的建筑对经济的敏感性日益显现。1929年的经济危机，直接影响了华盛顿大桥的建设思路，设计的桥塔是在钢骨架上覆盖石材装饰面，形成纪念碑式的石砌桥塔形象，就像布鲁克林桥那样，但由于经济危机，装饰面省去了，带来的结果是人们对不加装饰的桥塔钢骨架表现出了极大热情，裸露的钢骨架成了新的美学标

图8.15　乔治·华盛顿桥

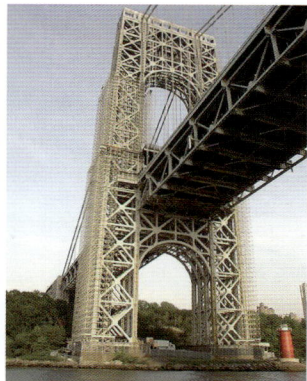

图8.16　乔治·华盛顿桥主塔

准。美国悬索桥的建设进入了一个黄金时期，其代表作就是安曼设计的世界上首座跨度突破1000米大关的乔治·华盛顿桥（图8.15）和约瑟夫·B. 施特劳斯（Joseph B. Strauss）设计的著名的金门大桥。

纽约市哈得逊河上的乔治·华盛顿大桥很快成为年轻一代美国人心目中文明的象征。就像当年布鲁克林大桥抓住了他们父辈想象力一样，这座大桥抓住了年轻一代的想象力。它的美体现在此类悬索桥中结构的简洁：只用了两个又高又坚硬的索塔（图8.16）、四根直径为0.9米（3英尺）的巨型悬索，而细长的桥面结构则通过简单的钢线悬挂在上面。

在当时，乔治·华盛顿大桥是世界上跨度最长的桥，上一个最长纪录是位于底特律的大使桥创下的，它的跨度为563.9米（1850英尺），但乔治·华盛顿大桥的跨度是1066.8米（3500英尺），几乎一下子就成为上一个最长跨度纪录的两倍。尽管后来被金门大桥的跨度超越，乔治·华盛顿大桥依然是世界上最重的悬索桥，也承担着最繁重的交通压力。

这座桥是在安曼领导下的纽约港管理局设计并建造的，卡斯·吉尔伯特（Cass Gilbert）作为它的顾问建筑师，莫伊瑟夫作为助手配合设计。在这个阶段，莫伊瑟夫已经清楚地了解弹性理论与挠度理论的区别，为了确定华盛顿大桥的加劲梁刚度，进行了长期的理论研究和力学模型试验，结果表明，使用半柔性的桁架加劲梁或使用完全省去桁架的不加劲的桥面都可以保证大桥的刚度。

乔治·华盛顿大桥的设计为双层桥面，桁架高度为8.84米，显然要比跨度小一半的威廉斯堡桥的12.2米桁高小很多，因此被称为半柔性桁架。上层双向8车道，下层双向6车道，总共有14车道。除了车行道之外，另外在桥的两侧还有两道人行道（图8.17）。

莫伊瑟夫和安曼认为连半柔性桁架也不必要，根据当时的交通量桥面仅需要上层桥面就可以满足了，加上当时正处在经济大萧条时期，桥梁建设一期仅仅修建了没有加劲梁的上层桥面。

在哈得逊河上建造一个单跨桥并不是一个新的想法，它随着这代工程师出生而产生。之前这个想法就被美国许多卓越的工程师提起过。约翰·罗布林预言了它的可能性，乔治·S.

图8.17　乔治·华盛顿大桥上层桥面

莫里森（Gorge S. Morison）对此做了研究，并于1896年在《美国土木工程师协会会刊》（Transactions of the American Society of Civil Engineers）上发表了一篇文章，古斯塔夫·林登塔尔花了40年的时间想来圆这个梦。

但是早期在哈得逊河上建桥并不单单是一个梦或景象，它一度真的启动了。1868年，宪章拨款给专门为这座桥组织起的哈得逊河桥梁公司——现在这个公司已经被遗忘了。但是，在内战后重建家园的艰难时光，并没有钱这样一个不是至关重要的桥梁建筑。现在已经很难想象哈得逊河上没有一座桥，纽约州和新泽西州的居民可以耐心地等待那么长时间。在这项工程最终授权前，所有人都明白修建的必要性。在1923年新泽西州州长就职演说中提议修建这座桥。他就是后来纽约港管理局的局长乔治·S. 西尔泽（Gorge S. Silzer）。同年，西尔泽州长与纽约州州长艾尔弗雷德·E. 史密斯（Alfred E. Smith）一同向管理局提议建造一座桥。

两年后，纽约州和新泽西州的州立法机构通过了授权并给以经济资助。它们赋予纽约港管

理局进行桥梁建设的权力，并通过税务债券为这个建筑集资。通过征收25~30年的通行费进行分期偿还。

1927年9月21日，在一个公共仪式上这座桥终于正式动工了。仪式上，来自纽约的前参议员詹姆斯·W. 沃兹沃思（James W. Wadsworth）宣布："我们今天举行世界最长桥的开幕仪式。随着时代的进步，这座桥作为世界最长桥的时间不会太长，但它永远成了代表两州人民公德心和现代文明的惊人威力的重要时刻。"还是在这个仪式上，新泽西州州长哈里·莫尔（A. Harry More）说出了这些年建这座桥的动力："我敢说在几百万人里，每一个在晴天或雨天挤在渡口等待漫长又缓慢的渡船时都会小声地向上帝祷告让这一天快些到来，这样就不用如此疲累地等待了。"

尽管在乔治·华盛顿大桥的建造过程中有时会遇到罕见的，甚至是史无前例的问题，因为几乎没有适合建造大型悬索桥的自然条件。但是河两岸的地面都很高，岩石分布离表层较近，此外，帕利萨德思（Palisades）崎岖悬崖的绝对高度使得这里成为一个绝妙的选址。

河的西岸坚硬的玄武岩也是悬索桥天然的锚碇。岩石被爆破后，两个漏斗形的隧道被挖出了，一直挖到距离帕利萨德思顶部48.8米（160英尺）的地方。天然的岩石峭壁为锚起悬索提供了足够的重量。

河的东岸，也就是纽约这边要筑起一个水泥锚碇，挖好坑后，一个61.0米×88.4米（200英尺×290英尺），高39.6米（130英尺）的巨型水泥块被建在基坑里。先在工地把混凝土搅拌好，然后即刻放到一个很长的带子上运往山顶的一个高76.2米（250英尺）的临时索塔上。在那里，混凝土通过一个长长的、陡峭的、可移动的钢槽被倒进去。通过这种方法就省去了大量艰辛的体力劳动。如果建造金字塔也是用这样的体力劳动，那么将需要成千上万的奴隶用上很多年的时间，同时也会耗尽一个国家的财力。

东边索塔的桥墩可以建在陆地上，但是西边的就必须建在水下，这边的环境要求建造当时最大的围堰。两个24.7米×29.9米（81英尺×98英尺）的桥墩支撑着新泽西这边的索塔。这两个桥墩在河床上一直挖到水下24.4米（80英尺）深。在河底，两个浮着的巨型挖泥机挖了两个13.7米（45英尺）深、带斜边的坑。这两个坑都镶有水密墙，这道水密墙由两排平行的链锁钢板组成，中间相隔大约3.1米（10英尺）。两道墙之间的泥土也被挖出了，继而被填上水泥和沙子。水被排出后，一排排水平排列的巨木（30.5米（100英尺）以上的长度）被沉到坑里，嵌在两面墙之间以抵住外部千百万磅的压力。

对于这种大型的围堰，即使是有经验的工程师也会惴惴不安，害怕围堰会崩溃或是大量的水涨到岩石的裂缝处，担心水泵抽水的速度没有从裂缝进水的速度快。一天，围堰确实崩溃了，同时几条生命也被夺去了。

随后就是索塔建造。每个索塔所需的20000吨已被铆钉钉好的钢材被起重机尽快吊到索塔上，共有12个连续的层面，每层15.2米（50英尺）高。16个巨型钢柱被建在水面193.6米（635英尺）高的地方——这个高度都有华盛顿纪念碑高了——每个有一层那么长。为了指引位置并完成这些钢材的连接工作，有些钢柱悬挂在水面上182.9米（600英尺）的地方，这需要钢铁般的意志和强有力的体能。工人们处理了一百万个白热的铆钉，从水上几百英尺的高处丢下来，再用水桶接住，用气动锤子把这些钉子快速钉进去。原计划是把钢部件作为配筋骨架然后用混凝土和花岗岩包住，但当钢骨架一层层升高时，钢部件这种意料之外的、自然的、实用的美使人着迷，因此社会各界都呼吁省掉原来计划覆盖在索塔之上的砖石建筑。

当四个180吨重的索鞍被放到索塔顶上时，就该拉索了。四根悬索，每个直径都是0.9米，几乎有1.6千米（1英里）长，每一端都能承受一千辆火车头的拉力。

将172199.8千米（107000英里）的钢线准确拉完是一个史无前例的壮举，这些线可以绕地球缠四圈。为了能够获得比以前更快的速度和更大的经济效益，就要设计建造新的机械。拉索的工作是由约翰·罗布林儿子的公司完成的，这些人通过建造两座6.7米（22英尺）宽、几乎1.6千米（1英里）长的悬索桥开始他们的工作，每座桥都在一对悬索下面，作为工人的脚手架并运送器械。这种人行桥是通过许多实验模型设计出的一种新型桥，用来减少大跨度悬索桥建设中强风带来的人行桥的剧烈振动。这种新型的悬索桥大大减少了建设中的危险和事故，因为它能够抵制强风带来的振动而使工程在严寒和风暴天气得以继续，很少误工。

拉索工作在209个工作日内由300~400个工人完成。用于悬索的不加热拉长的钢线成大卷地被送来。在7分钟里6个环在铰线机的拉动下从一个锚碇到另一个锚碇，然后被固定住。在一个小时的时间里，有160.9千米（100英里）的钢线就拉好了。217个环组成一个股，61个股或者说是26474条线组成一条索。如此多的索光是体积就足以产生一些新问题。这么快而且安全地将众多的索拉完解决了大跨度悬索桥建设中的一些细节问题，同时也证明了他们建筑的实用性。

图8.18　乔治·华盛顿桥下层桥面的架设

拉完索之后就要挂吊杆和进行桥面建设了。在设计中提出了，如果有需要，就增加一个下桥面。当初这座桥梁一期工程完成时是一座没有加劲梁的悬索桥，因为恒载有加劲作用，长大跨度桥梁的恒载很大，本身带来了刚度，就不需要加劲桁架了。因此，它是世界上唯一一个大型没有加劲梁的悬索桥。

这座桥一期工程完工于1931年10月24日，25日开通，比预期提前了一年。直到1962年为了解决日益增加的交通量，才在不中断交通的情况下，架设了当初设计的下层桥面（图8.18），30年没有加劲桁架也一直安全地使用着。

从没有一座大桥像这座桥一样，为了使机动车能够更好地通过这座桥，人们对其交通方法做了认真细致的研究与设计。桥的每一端都是一个全新的高速路系统，去除了道路平面交叉和左转弯，使用了特别的灯光设备。传统观念里桥梁主体入口使用简单斜坡连接路面的方法不能满足现代交通的需要（图8.20），因此，通向大道的部分需要详细研究，同时还需要对街道进行重新布置。在乔治·华盛顿大桥的建造过程中，这些入口处的建造成本占了工程总成本的37%。

在乔治·华盛顿大桥完工前，关于在圣弗朗西斯科建造跨长为1280.1米（4200英尺）的金门大桥(图8.21)的合同条款就已经通过了。美国数百万居民越来越明显地感觉到圣弗朗西斯科湾的重要性。尽管加州在刚过去的一代人心目中是一个先驱者，在这个大陆的历史上，它现在也处于领先地位。在世纪之交的时候，圣弗朗西斯科还是一片荒凉破碎的景象。现在引领着太平洋沿岸地区文化，是一个城市化的国际大都市。这两座桥对整个地区的交流整合起了十分重要的作用。

1918年，理查德·J.韦尔奇（Richard J. Welch）向城市委员会提交了一个决议，授权和指导一个决定金门上建桥选址的一项测量。这项测量将在圣弗朗西斯科展开。同年，城市建筑师欧肖内西（M. M. O'Shaughnessy）给约瑟夫·施特劳斯

图8.19　乔治·华盛顿桥主梁的架设

图8.20　上、下层桥面全面通车后的乔治·华盛顿大桥

（图8.22）写信，问他关于在金门上建桥的可行性有什么想法，还问他是不是有兴趣。每个人都说这不可能，但施特劳斯先生认为这是可能的。表面上看困难很多：可能需要一个1219.2米（4000英尺）的桥跨，这个长度是史无前例的；这一地区以多雾强风的气候著称；建桥地点受海上风暴和太平洋巨浪的威胁，还有速度为7节（knot）的潮汐影响；选址地点还位于两个军事驻地之间——位于南边的普西迪（Presidio）和位于北面的贝克堡（Fort Baker）；大海湾的入口从来都没建过桥，因此海军部可能会反对；建桥所需的垂直方向净空比以前任何一座航道上的桥都要大；只是桥梁的体量和建筑问题都会带来巨大的挑战；这项工程的集资也将十分困难；强大的渡口利益集团也将会挑战建桥提议。但是，面对所有的困难，施特劳斯先生给城市建筑师写信，承诺会接下这个任务，但有两个条件：城市委员会决定最低成本；授权一项关于当地地形学的研究。

图8.21 金门大桥

图8.22 约瑟夫·施特劳斯
（1870—1938）

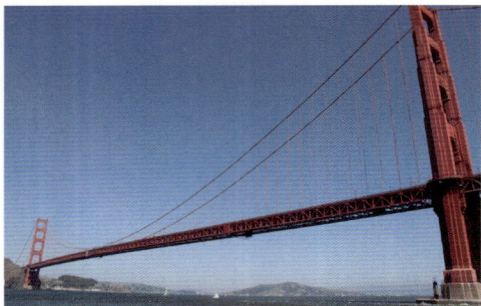

施特劳斯先生第一个条件的回复是2500万美元；第二个条件的答案是开展一项由美国海岸和大地测量学（United States Coast and Geodetic Survey）调查组织的测量。1920年5月，这项结果被移交到圣弗朗西斯科城市委员会，然后委员会又将这两个条件呈送给三个工程师，让他们拿出建桥提议。三人中的一个没有任何反应；第二个估价造这座桥要花费6000万到7000万美元；第三个是施特劳斯先生，他呈交了一份建造一座悬桁的计划，花费为2700万美元。

听说施特劳斯在辛辛那提大学还是个大二学生的时候，他出去踢足球。球队的其他成员毫无疑问十分诧异施特劳斯会有踢足球的念头，他们在施特劳斯出丑（或是被捉弄排挤）的情况下玩得很开心，直到个子小但很勇敢的大二学生施特劳斯被送进了医院。在医院疗养时，他发誓尽管他个子小，但一定要成就大事业。也正是如此，不能踢足球的施特劳斯建成了世界上跨度最长的桥。

1870年1月9日，他出生在辛辛那提市，并于1892年在辛辛那提大学获得了土木工程的学位。后来在1930年，他的母校又授予他理学博士学位。离开学校后，施特劳斯在新泽西钢铁公司当图案工，后来又在辛辛那提市大学教了一年的书。他一度是拉尔夫·莫杰斯基（Ralph Modjeski）的主要助理工程师，但在1902年，他离开了拉尔夫·莫杰斯基基开始了自己的事业。1904年成立了施特劳斯工程公司，在芝加哥和圣弗朗西斯科都有办事处。施特劳斯专门设计可移动桥，创造了耳轴活动结构桥和施特劳斯电梯桥。在他一生中建造了大概500多座活动结构桥。在金门大桥开工后不久，施特劳斯的身体也垮了，他被一场新闻运动纠缠不休，媒体质疑他对设计的所有权，最终在大桥竣工4个月后，他被免除了职务。退休以后，他把自己的经历写成了打油诗，1938年5月16日，他去世了，享年68岁。

施特劳斯先生建造金门大桥（图8.23）的提议被送到城市工程师欧肖内西和州长秘书爱德华·雷尼（Edward Rainey）那里，收到了热情的接待，因为这个才是一个看起来可行的方案。为引起沿岸郡县公众的注意，同时为了获得必要的立法，一群来自圣弗朗西斯科和北

图8.23 金门大桥近景

湾郡（North Bay Counties）具有公德心的市民于1923年1月聚集在一起，成立了金门大桥建桥组织（Bridging the Golden Gate Association）。1923年5月25日，加州州立法机构通过了一项法案，建造金门大桥和公路区（Highway District）。这个公路区是这座桥的管理机构。1929年1月，这个组织就解散了。

图8.24　施特劳斯于金门大桥施工现场

每逢星期三，这个区的主管人员就聚在一起，一个月三次。1929年8月15日，他们任命施特劳斯为总工程师（图8.24）。1929年10月7日，成立了一个"工程咨询委员会"，委员包括安曼、列昂·莫伊瑟夫和查理·德莱思（Charles Derleth, Jr.，图8.25），总工程师任命来自加利福尼亚大学的安德鲁·C. 劳森（Andrew C. Lawson）为地质学家，任命悉尼·W. 泰勒（Sydney W. Taylor）为交通工程师，欧文·F. 莫罗（Irving F. Morrow）为顾问建筑师。但这项工程是许多专家共同努力的结果：整个工程组，包括设计师、大样设计员、测量员、检查员等，总数接近一百人。

1929年8月在圣弗朗西斯科他们举行了工程师委员会第一次会议。在这次会议上确定了设计的规格和具体进程，同时还确定了桥梁的类型。在1923—1929年间，总工程师施特劳斯渐渐舍弃了原来悬臂桁架桥的建设方案而转向单纯悬索桥类型。在他的提倡下，委员会选定了悬索桥。最终的听证会在美国陆军部开展，通过了发行债券的决议，这样前期准备工作就完成了。

但同时，由众多商人、专家和纳税者组成的反对派也开展了广泛的运动。他们坚信建桥工程是个幻想、不切实际而且不经济。当地的13个工程师向公众传发了带有他们环形签名的呼吁书来反对发行债券。一个著名的银行家公然抨击这座桥为"经济犯罪"。为了反击反对派的谣传，建桥指挥部成立了一个信息办公室，它的工作做得十分出色，因此1930年11月4日投票通过了债券发行。

1933年1月5日开始动工建设，正式的动工仪式是在2月26日举行的。那是一个大型公开盛会，美国舰队也参加了，人们从很远的地方赶来见证这个伟大的事件。圣弗朗西斯科市长还宣布当天为法定假日。

在所有的建设问题中，最罕见的是圣弗朗西斯科方面的桥墩建设。在马林（Marin）桥墩的建设和确立并没有遇到太大的困难。这个地区的三面被钢板围堰围起，然后把水抽干。然而圣弗朗西斯科方面的桥墩建设则与这种状况不同。那里的桥墩几乎是建在公海（开放的海），并没有围堰等的保护。另一个危险来自海上船只来来回回地航行。

首先，一个6.7米（22英尺）宽，335.3米（1100英尺）长的接入栈桥从圣弗朗西斯科海边一直架到桥墩的位置。接入栈桥还没建好，一条船就在一个雾天撞上了它，船本身受到了重创，对栈桥也造成很大的危害。尽管很快就重修了，但不久后一段243.8米（800英尺）长的部分被风暴卷走了。后来总工程师就命令将栈桥升高1.5米（5英尺），在与岩床接口的部分用加锚的钢索加固。经过这些之后，在此后四年的建筑中，栈桥再也没有出过事故，不但协助建造桥墩，还建造了上层的钢结构。

施特劳斯先生为桥墩的铸造设计了一个特征是把挡泥板作为围堰使用，在它里面进行挖掘和桥墩建造工作，同时它还作为一个永久挡板，保护完成后的桥墩不受船只的撞击。在挡板里使用气动水箱。根据计划，这个水箱将会被浮到指定位置，然后被引着通过挡板预留的开口（在水箱被放置好之后开口会被封闭）。这个水箱确实成功地浮到了指定的位置，但那天夜幕降临后，在巨浪的影响下，水箱在挡板里上下跳动，就像是盆里的苹果，水箱体积十分庞大，因此它几乎将挡板击坏。总工程师施特劳斯在半夜召开了一个会后决定去掉水箱。尽管这是一个十分危险的任务，但是并没有发生什么事故。

经历过这件事后，水箱就被彻底地扔掉了。挡板的圆环合龙了，浇筑上了水泥底，因此挡

板就被当作围堰使用了。在完成这些工作的过程中没再发生什么重大事故。但是这并不能推论说危险就不存在。1934年12月，在一个浓雾的天气里，桥墩上的一个工人大声喊叫着跑向栈桥。没有丝毫预警，一艘海轮的船头就从浓雾中隐隐约约地出现了——距桥墩只有几码的距离，幸运的是海轮被及时引导开了。

建筑方法的改变给了反对者一个散布谣言的机会，他们说桥墩基础不牢。为平息这种煽动，指挥者要求进行一次调查，结果显示桥墩基础很坚实，因而也扫除了谣言。尽管桥墩很坚固，但是一个当地的地质学家又发动了一场这样的攻击，因此人们不得不再次进行调查。第二次调查的结果依然让人满意，因此这些让人不安的谣言也都平息了。

在建造圣弗朗西斯科这边的桥墩时使用了一种高硅混凝土。它具有较高的抵制海水运动的性质，这是第一次使用这种特殊水泥的大型而重要的工程。

图8.25 施特劳斯、安曼、莫伊瑟夫等人进行金门大桥的考察

这项工程的另一个特征就是为保证工人安全而做的预警措施。医生和护士驻守在码头，定期对每一个工人进行检查。有时还会对工人的饮食进行规定来祛除头晕。如果一个人在头天晚上喝了酒，那么他就必须得喝泡菜汁！很多人由于水面和钢材上太阳的反光而得了暂时性失明，为了预防这种情况，人们戴上了具有光学特性的太阳镜。最明显的安全措施是从一头到另一头悬于桥面下的安全网。这是个新特征，属于额外开支，因此一些人反对这项措施。但总工程师施特劳斯说如果它能够救一条命，那么就是值得的，因此总工程师的请求获胜，而这项措施确实救了19条命。

开始时，金门大桥工程似乎很有魅力。每个建桥工人都知道这座桥需要用生命来换取。事实上，在这个领域中平均一条命价值100万美元。从开工到1937年2月17日只有一个人死亡，但是在这一天桥上发生了一场大灾难。一个由承包商安装的脚手架失去了控制，距离安全网有640.1米（2100英尺）高，上面有12个人。在这场事故中有10人死亡。安全网被换了地方安装，工作依然进行，没有更多的伤亡。

图8.26 金门大桥桥头的施特劳斯铜像

图8.27 金门大桥夜景

金门大桥的桥跨是世界上最长的，有1280.2米（4200英尺），全桥的长度为2737.4米（8981英尺）。索塔高达227.4米（746英尺），是世界上最高的桥梁索塔。两条悬索的直径都有92.4厘米（36.375英寸），由27572条钢线合成61股组成一条索。

1937年5月27日，人们举行了一个星期的庆典来庆祝桥的开通。"金门大桥假日"（Golden Gate Bridge Fiesta）在这天开创了"行人日"（Pedestrian Day），有20万个行人共同庆祝这个节日。第二天，正式的庆典开始了。总工程师施特劳斯将这座桥献给前任指挥弗朗西斯·V.凯斯林（Francis V. Keesling），凯斯林做了主要讲话。然后就是数天的多姿多彩的庆祝活动，包括在克理斯广场公园（Crissy Field）举行的一个盛会。庆典上一个突出的特征就是夜间强光照射下的大

桥，因此这个朱红色的建筑得名"金拱"（Span of Gold，图8.27）。

8.1.3　塔科马大桥垮塌悲剧

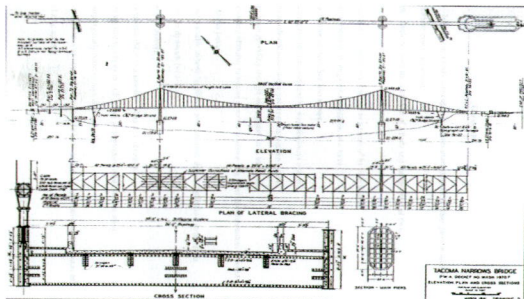

图8.28　塔科马大桥设计图

1940年7月1日，普吉特河上的塔科马大桥开通，当时它是世界上第三长悬索桥，花费640万美元建成，主跨为853.4米（2800英尺）（图8.28）。1940年11月7日，正式开通后四个月零六天，大风刮得桥不断振动，一直达到毁灭性的振幅使得主跨从悬索上断裂，坠到普吉特河里。

灾难的起因很快就被专家查出了，是两种因素的结合，这在塔科马桥跨中尤为明显。其一是桥跨的极度柔性，其二是截面的一个特性，可以简洁地说成是"气动动态的不稳定性"。这两者除非正确地结合，否则带来的都是灾难。

塔科马桥是至今柔性最强的现代悬索桥（图8.29）。权威专家之前都建议悬索桥的最小宽度是跨长的1/30，而塔科马桥悬索中心距离只有11.9米（39英尺），也就是说是跨长的1/72。它看起来像一个细长的丝带，从河的一岸连到另一岸。这种侧面的柔性并不是这座桥失败的一个原因。尽管计算出这座桥在强风力下具有理论上最大6.4米的位移（21英尺），而它跨中的最大位移从未超过1.2米（4英尺），即使是在大风摧毁它的时候也没有。

图8.29　塔科马大桥海报

然而，事实证明最重要的是桥跨的竖直细长度。在上一代，专家们建议加劲梁悬索桥梁高最小为跨长的1/40。这个最小梁高的建议后来减少到这样一个范围：对于跨长为609.6~914.4米（2000~3000英尺）的悬索桥，其范围为1/90~1/50。而塔科马桥的加劲梁在853.4米（2800英尺）的跨长下只有2.44米高，或者说只有跨长的1/350！这种竖直方向极度的柔性是失败的一个原因。高度灵活的索塔，过长悬着的边跨，加上设计的柔性与自然灾害致命的巧合，使得建筑对于危险度高的灾害感受性恶化，从而没能及时建立协调动作。

第二个因素是最近出现的一个现象，被称作"空气动力失稳"。塔科马桥采用的是实体腹板梁，当实体桥面被镶上这样的实体腹板梁框架，结果是截面对气动影响十分敏感，即使是很小的风也会造成影响，尤其是当桥跨十分轻柔的时候。一旦桥上发生一点小波动，几乎是平向风的合力都能导致一个很高的纵向振幅。如果没有足够的约束或校正措施，那么这种波动就可能会发展成扭转结构的力；如果振幅持续增大，这种扭转振动就会达到危险并产生破坏的程度。整个过程可以通过数学分析和风洞试验来演示。

从桥的细长度和截面的特性来看，塔科马桥的设计刚刚公布的时候工程师们就已经遇到了麻烦。在工程完成前，刚建好外形来校正道路的时候，桥跨的剧烈运动就使得在钢架上工作的工人感到眩晕。

从桥梁开通开始（图8.30），桥跨独特的运动就引起了人们的注意。很快它就被当地的人昵称为"舞动的格蒂"。听起来也许很奇怪，据说由于这座桥的特殊之处，交通竟然增加到原来的三倍。人们从几百英里（1英里约等于1.6千米）之外赶来，来感受行驶在一个舞动的过山车上的刺激。四个月以来，这座桥生意十分兴隆，而权威人士似乎也对桥梁结构的安全性越来越自信。甚至有报导说桥梁的官方代言人正在计划一个星期之后取消过桥的保险政策，通过实行另外一项

保险来降低保费。

在4个月的运行中，由风力带来的纵向波动从没有超出1.5米（5英尺）。在风速最小为6.4千米/时（4英里/时）时，对高振幅运动进行了观测。

1940年11月7日上午7点起，这座桥持续了3个小时的波动，当时风速为56.3~67.6千米/时（35~42英里/时），普吉特河荡起了朵朵白浪。桥跨的一段段组成部分周期性地上下垂荡，幅度高达0.9米（3英尺），频率为每分钟36周期。桥跨的持续波动已经拉响了警报，公路管理部门已经停止了此桥的交通。上午10点钟，最后一辆卡车通过了桥跨，什么东西好像被拉断了，突然，桥波动的特征变了，节律性的上下波动变成了两个波形扭转运动，两边的相位都变了。主跨被震成了两段，而节点则在跨的中间部分。当两个对角的四分之一部分向上去的时候，另外两个对角的四分之一部分就下来，频率为每分14周期。在持续不断的周期里，运动的幅度不断增大，直到从0.9米（3英尺）一直增加到8.5米（28英尺）！桥面的一端一段时间比另一端高出了8.5米（28英尺），而在下一段时间又比另一端低了8.5米（28英尺）。桥面一会这样倾斜45度，一会又那样倾斜45度。一半桥跨上的路灯柱与另外一半上的成了90度角。幸运的是，业余的摄影者把这个景象用动态摄影机记录了下来，他们向我们提供了这个独特

图8.30 塔科马大桥通车

图8.31 风振时桥面的扭动

的、史无前例的录像（图8.31），它记录了这座桥的垂死挣扎。这座扭曲的桥跨的动态画面让人十分难忘，画面所展示的畸变，不管是从特征还是程度来说，都是让人难以置信的。桥跨大幅度扭曲，人们很难想象梁并不是橡胶做的，而是由具有199947950千帕（29000000磅/英寸）弹性模量的钢结构制成的。在半个多小时的时间里，钢架和水泥板承受了这恐怖的惩罚。有些东西是注定要失去控制的。10：30的时候，第一个断裂开始了：一个位于桥跨中部的桥面板断掉了，落入63.4米（208英尺）下的水面。这种扭曲的动作依然继续着，岸边围观的人被赶到离桥跨很远的安全距离内。上午11：00，桥跨真正开始了断裂。主跨西部的四分之一有182.9米（600英尺）的部分从吊杆上脱落，梁像拉链一样从底板上跌落，下落的一部分底板在落到水面前完全翻了过来，溅起了很高的水花。182.9米（600英尺）的部分脱落后，桥梁结构的工程师认为桥的运动会带来沉降，但剩下的部分再加上侧跨依然在垂荡、扭曲。最后，在11：10的时候，主跨几乎所有的剩余部分都已经松掉，并向下坠落。335.3米（1100英尺）长的侧跨由于失去了主跨的配重平衡，突然偏斜了18.3米（60英尺），撞向了护墙（approach parapet），然后又弹回来，最后又从9.1米（30英尺）高的地方落下。这是这座大桥垂死挣扎的最后一次抽搐（图8.32）。

图8.32 风毁了的塔科马大桥

这个钢架扭曲、纠缠、撕裂的连杆端依然挂在索塔上，这是主跨上唯一存留下的东西了（图8.33）。这是一个悲剧性的、令人心碎的场景，这座美丽壮观的建筑只剩下一堆残缺的、令人无奈的残骸。人们在建造它的同时被赋予的信念与希望，现在全都被打破

图8.33 悲剧的塔科马桥

了。自然的力量又一次获胜了，但这种胜利只是暂时的。每一次遇到这样的挫折，人们就会用更完善的知识、更大的智谋和更坚定的决心继续奋斗，继续计划，继续建造，从而再次获得全新的胜利，更好地克服自然力量的障碍和破坏。

在桥跨断裂的时候只有一辆车还在桥上，那是一个新闻记者的车。当桥跨开始剧烈的扭转时，记者弃车离去了，留下一条宠物狗在车里。记者手脚并用地爬着，直到死死地抓住路缘石，他缓慢而痛苦地在晃动的桥跨上爬行，身上都被滑破了，不停地流着血，直到他最后到达安全地方。他的狗和车随着桥跨一起坠下，这是这场灾难中唯一的伤亡。

大约一年前，在意识到桥跨不寻常的比例后，专家们曾拨出20000美元进行动态模型测试，这是由西雅图华盛顿大学的法库哈森（F. B. Farquharson）教授主持的。模型不是用风而是由电磁驱动，通过电路控制来产生不同的调和振动。通过一段、两段一直到九段的主跨上下运动，法库哈森教授成功地用实验室的模型获取了桥梁波动的已知情形。而一种能够致使桥梁失败的情形——就是扭转运动，在实验中却没有被预料到。在出事的那天早上，法库哈森教授是桥上的最后一人。即使是在那时，当桥跨上下倾斜8.5米（28英尺）以上、扭曲成90度以上的角，教授还在进行科学观测并对人们未曾料到、新发展的运动模式进行记录。丝毫没有料到即将来临的桥的毁灭。当运动变得十分剧烈时，他科学地沿着路中间的黄线安全到达侧跨。当看到身后的桥跨开始瓦解并坠入普吉特河里，他是感到最惊奇的人。

其中一个建筑总工程师看到桥跨崩塌的悲哀场景过度紧张，在钢架坠落后竟然想从桥上跳下，被他的朋友阻止了。

大灾难之后，桥头的收费站被封了，标牌上写着"关闭"。在桥入口附近的大广告牌上还有当地一家银行的广告语："像塔科马桥一样安全"。桥崩塌后，这张广告牌也被撤下来了。

桥的一项保险政策由一个当地代理商所写，但他私吞了80万美元保费，而且忘记了向公司上报这项政策。当后来他被判刑入狱，他指出如果这座桥晚一个星期再出事的话就没有人会发现他私吞了公款，因为到那时桥梁的主管部门就会取消所有的保险政策。保险公司最后赔款400万美元补偿损失，华盛顿州当局着手计划在更安全的标准下重建这座桥。

在桥出事前，有很多更经济的方法可以使桥变得更安全，在桥出事的那天早上也有很多应急措施可以把桥保住。

在灾难过后的调查中，被保险公司扣留的一位工程专家，78岁的罗宾逊平静地走过44.5厘米（17.5英寸）的悬索——位于每个索塔上1798.3米（5900英尺）长，137.2米（450英尺）高的悬索中，来检测钢线的状况并对桥跨中的钢线进行取样。他历经困难与危险的努力只发现主跨的主缆都被破坏了。在随后的会议中，他被问到如果千岛群岛上那样的斜拉索用在塔科马桥上将花费多少。他回答说："将比实验室模型研究中的花费要少得多。"

图8.34　颤振中的塔科马桥

塔科马大桥对设计施加在它上面的所有的力来说都是安全的，这些力包括恒载、活载、温度、风力静态效应等。然而跟其他桥一样，它在设计中并没有考虑动态风力的作用。这也就是说，吹在一些截面结构柔性的建筑上稳定的风力产生了波动的合力，自动与桥梁运动协调同步，因此产生了渐进扩增的运动以致达到了具有危险及破坏性的振幅（图8.34）。

在塔科马桥出事的那天早上，风速为56.3~67.6千米/时（35~42英里/时）的大风产生了只有34.5千帕（5磅/平方英尺）的压力，而桥设计的压力为344.7千帕（50磅/平方英尺）。对于一个压力为344.7千帕（50磅/平方英尺）的静态风力来说桥是十分安全的。但是它被34.5千帕（5磅/平方英尺）累积的动态风压给摧毁了。

这种桥梁的气动效应并不是没有发生过，但经验教训被专家们给忽略了。

1849年，查理·伊力特（Charles Ellett）完成了他的伟大作品：位于俄亥俄河上一座打破纪录、跨长为335.3米（1010英尺）的悬索桥。六年后，也就是1854年5月17日，这座桥被大风

破坏了。技术出版物仅仅将这个灾难作为又一座被风暴破坏的桥来记载，专家们也失去了学习经验教训的机会。而我们却了解到灾难发生的始末：一个记者通过转述一位目击者的话第二天在惠灵（Wheeling）的《通讯报》（*Intelligencer*）上发表文章，四天后又在《纽约时报》上被转载，通过以下报纸原文的节选我们可以看到这件事与塔科马桥有着惊人的相似性：

"怀着难以言喻的悲哀，我们宣布高贵的惠灵悬索桥，这个享誉世界的建筑，被一场可怕的风暴从它坚实的壁垒上被吹了下来，现在成了一堆废墟。昨天早上成千上万的人还认为这座惊人的建筑是一条跨越俄亥俄河的神奇的路，将它看作市民企业最值得骄傲的纪念碑。现在一切都没有了，只剩下拆除后的索塔隐现在一堆废墟里。

昨天3点钟左右，我们像往常一样走向悬索桥并踏上桥，感受凉爽的微风和桥的晃动……我们才下桥2分钟，就看到许多人跑向岸边，我们也跟着他们跑，刚好看到整座桥带着排山倒海的力量倒下来。

接下来的一段时间，我们屏住呼吸满怀焦虑地看着它，它像风暴里的一只小船一样颠簸着，一会升到索塔的高度又落下来，扭曲着，然后又几乎从底部一直向上冲。最后，桥被风狠狠地扭曲了，而这似乎就决定了它的命运：几乎一半的桥面被翻了过来，然后这块巨大的建筑就从十分高的地方呼啸着跌落到下面的河里。

为了找到这座悬索桥意外失事的力学方面的解释，我们还要等待事态的进一步发展。我们目击了这可怕的一幕，桥面和吊杆下巨大的桥体就像一个篮子在索塔之间晃荡，像钟摆一样做着前前后后的运动。每一次的振动都使它们的运动加剧。维持整个建筑的悬索不能支撑住这么多方向的力，被水平方向扭曲得从锚栓上拉脱了……

我们相信我们的企业和市民的精神将会像其他的社区一样尽快将损失修复，值得欣喜的是在这场灾难中并没有人员伤亡。"

写下上述戏剧性事件的记者不知不觉地总结了这场灾难的症结是他所观察到的气动现象，体现在这句话里："每一次的振动都使它们的运动加剧"。他声明说灾难力学方面的解释还要等到事态进一步发展才能得到，其实他所写的东西比他知道的还要多些。那时桥梁建造者们并没有对"空气动力"这一概念进行过多的思考，而专家们为"事态的进一步发展"等待了90年才理解并掌握这个问题。

甚至在惠灵桥灾难前就已经有了一个空气动力破坏一座悬索桥桥跨的相似记录。1836年11月30日，位于英格兰布莱顿的一座链式桥跨被风暴破坏了。这是在摄影技术发明的三年前，但是一个科学的见证人给我们留下了草图记录，十分忠实地记录了当时的波形运动和桥跨的最后坍塌。这人就是皇家建筑师之一的里德中尉（Lieutenant Colonel Reid），他因对风暴的研究而著名，后来被任命为百慕大群岛的行政长官。在他的关于布莱顿灾难的两幅出版的画中，第一幅草图显示了桥跨波动的正弦曲线，这个桥跨是由两部分组成，中间用结点连接。第二幅画显示了桥跨的一半断裂并掉进了海里（图3.5）。这些画与相机里塔科马桥的波动曲线及坍塌十分相像。这两座桥灾难的相似点通过以下从里德中尉表述中的节选中得到了进一步的确认：

图8.35 列昂·S.莫伊瑟夫
（1872—1943）

"布莱顿链桥同一个桥跨（离岸第三个）现在已经是第二次在风暴中塌掉了。第一次是在一个夜晚……这一次是在中午后半个小时，1836年11月30日，因此有许多人看到了这场灾难。两张所附草图中的上面一张展示了在桥坍塌以前所达到的最大波动。下面的一张是坍塌后的情形，但是悬挂桥梁的大铁链依然很完整……第二和第四桥跨……在风暴中波动也很大，但并没有第三桥跨的波动大。大风中人们走在桥上也能感觉到这种波动，但在1836年11月29日，风几乎像热带的飓风一样强烈……在一段时间里，似乎所有的桥跨波动都是一样的。上午的11：00左右，大风变成了风暴，在正午的时候刮得很厉害。在这段时间里，很多人出于好奇走上了第一个桥跨，而且还有几个人在更远的另外一端。但正午过后很快，第三桥跨的水平方向的摆动加剧

了，人们怀疑它还能不能挺过这场风暴。一会儿后，这种摆动在人们看来又变成了上下波动……这种沿着桥梁的波动就是我们在第一幅图中看到的，但同时穿越桥梁的大锁链还进行着左右摆动，尽管看起来这两种运动相互撞击破坏着对方……最后，东边的扶手断开了，掉进了海里，波动迅速加剧，当这边的扶手也几乎掉光的时候，波动变得十分剧烈，就像图中所示一样。"

在1841年的*Transaction of the Royal Scottish Society of Arts, Vol. I*中，协会的副主席约翰·斯科特·拉塞尔（John Scott Russell）发表了《悬索桥及其他建筑中振动问题的研究及其危害预防》一文。在这篇发表在一百多年前的论文里，作者讨论了"破坏悬索桥及其他悬索建筑振动的主要特性"，同时他还展示了布莱顿桥跨事件是如何例证他先前的调查与预测。他还总结出了简单并富有逻辑性的原则，这些原则就是怎样用支柱来打破建筑和谐运动的自然模式。

因此，早在1841年这些基本的原则就已经被研究、测试并记录了下来。一个世纪以后，桥梁工程师又花了天价来接受这种教训。这次教训的重要性在于它将使以后的桥梁工程师们清楚并着重记下它，从而这类桥梁事件不会再发生。

对塔科马桥不幸灾难的记述如果没有对列昂·S. 莫伊瑟夫（这座大桥最杰出的设计建筑师，图8.35）、及对他在悬索桥设计的科学与艺术方面贡献的赞扬的话，那么这种记述就不算完整。桥跨的失事并不该归咎于他，整个行业都承担着责任。理由很简单，整个行业都忽视了结合并应用空气动力及动态振动方面的知识，它们在建筑设计方面发展更新十分快。

塔科马大桥代表了桥梁设计一个趋势的顶端。一个世纪以前，桥梁工程师就已经开始认识到了悬索桥必须加劲才能减少桥梁在负重下的倾斜，同时还能预防由风带来的破坏。加劲桁架桁高被放得越来越大，而在1903年建成的威廉斯堡桥的桁架由于其过度的高度比例而达到了一个顶点。此后，趋势反了过来。悬索桥设计"挠度理论"的引入暴露了以前的桥跨比例失调、桁高过大、一些部分并不必要，并且为了灵活的设计花费了额外的费用。而对外观艺术性的强调、追求优雅与细长又使额外费用增加。加劲桁架则被安放得越来越薄，索塔被设计得越来越细长、越来越灵活。然后，1929年来到了，莱茵河上桥跨为314.9米（1033英尺）的古龙－穆罕（Cologne–Muhlheim）桥成为加劲梁代替桁架被广泛应用的有效例证，这都是追求最大化简洁线条艺术性的结果。因此，分析的发展、经济的需求、美学的考虑，所有这些结合在一起加速了悬索桥细长比例的趋势。

在1935年前后，关于悬索桥最小加劲需求规则制定的思想和研究兴起了。人们设计发明了一些公式和曲线来计算刚度比率，但要建立一个让人满意的加劲标准似乎是不可能的。怎样才能区分刚度系数的适当与不当呢？在这种状况下我们能够安全到什么时候？以前，问题的答案不得而知，但现在我们知道了答案。1938~1939年间建成的四座桥，它们的刚度系数都小于一个值。这四座桥跨在空气动力的作用下也出现了一些小毛病，也用斜拉索支撑着来控制它们的波动。然后在1940年就建成了塔科马大桥，这个桥跨的刚度系数甚至还要低一些，从而出现了它的极端柔性的特点。因此，现在我们就知道该如何确定加劲的程度了。在得到正确的方法之前我们肯定会遇到一些困难，但如果我们加劲率比塔科马大桥更低的话，那么就肯定会发生灾难事件。

在塔科马大桥坍塌的前两年，斯坦因曼就已经开始通过集中的数学及实验室调查研究悬索桥的空气动力特征。在开始建造麦金奈克桥前，他花费了十七年做这项研究，发现通过判断空气动力的稳定与不稳定，可以提前找出桥的横断面。更详细一点说，振动可以分为垂直振动、扭曲振动或两者兼有。如果横断面是不稳定的，那么一场持续的风将会带来横断面动态的力，只要桥有极小的垂直或扭曲运动，这种力便是同步的，并与主跨的振动同相，造成振动振幅的对数增加。通过共振，一个极微小的运动在几分钟内就加剧到一千倍，达到足以摧毁这座桥的振幅。若横断面是稳定的，由此带来的动态的力与桥垂直或扭曲运动同步，但是其相是相反的。当桥面向上运动时，由此带来的动态的力向相反的方向运动，反之亦然。通过这种方式，任何振动（如由交通带来的振动）都会在刚开始形成时便被抑制住。因此，桥便通过风力来使自己保持稳定，风力越强，桥越是稳定。当然，这种情况只适用于静态风压得到妥当处理。这些发现尽管听起来自相矛盾，但是已经得到了证实。识别分析稳定横断面的标准已经出台。而且不管风压如何，桥的横断面在空气动力方面可以设

计得十分稳定。因此，通过巧妙地塑造横断面就有可能避免大风带来的问题，而不是一味地浪费许多材料来抵御这种力。正如人们所期待的那样，斯坦因曼的设计标准后来得到发展和改良，在当时这些发现却成了麦金奈克桥设计的基础，而这座桥所有设计的实际目的都是为了达到风力稳定性。这座桥是斯坦因曼的杰作，他将自己完全投入到每一个设计细节，甚至投入到它的建造过程里去。在华盛顿大学进行的风洞测试（wind canal test）证明了有着封闭桥面的桥可以抵御1100千米／时以上的大风，这个速度超越了所有测试的规模和已知的风暴。然而，一个开放桥面（正如所建的那样）对于任何风速来讲都有其气动稳定性。桥梁建筑方面这次数学上的胜利表明：通过科学的设计去除气动不稳定性的成因远比将桥建得又笨又重来抵御动态风压要好得多。

塔科马大桥由于风的振动所产生的事故太有名了，致使人们对该桥难以忘却，其实塔科马大桥另一项创举被忽视了。那就是水深为68米的活底沉箱基础，这是那个年代最深的基础，开创了划时代的施工方法。1952年再建的新塔科马桥增加了新的行车道，并采用了桁架式加劲梁，塔也进行了重建，但保留了基础。

现在新的塔科马大桥（图8.36）在空气动力方面十分安全，它还是当时世界上第三长的悬索桥。但是1957年麦金奈克海峡（Mackinac Straits）大桥建成后，它就是世界上第四长桥了。新桥使用原来的桥墩，主跨还是原来的853.4米（2800英尺）。这座新桥比原来的重了50%，新的空心加劲桁架有10.1米（33英尺）高，而原来的桥用的却是实心的板梁，高度为2.4米（8英尺）。新桥的建设恰遇第二次世界大战，材料短缺，用了10年时间，才在老桥处将新桥修好，1950年10月14日大桥建成通车。原来的桥由于晃动，获得个"舞动的格蒂"的外号，而新的桥梁由于非常坚固，又得到了一个"刚毅的格蒂"的昵称。新桥采用了和老桥相同的跨度，在当时仍是世界上第三长度的

图8.36 重建的塔科马桥

悬索桥。由于当地人口的增长和交通量的增加，又修建了平行的一座新桥，桥型和1950年建设的桥式一样，桥梁在2007年7月15日建成通车，因此塔科马桥现在是世界上最大的姊妹悬索桥（图8.37）。

图8.37 新塔科马大桥

8.1.4 塔科马大桥垮塌后的美国悬索桥

第二次世界大战前夕建设的一大批大跨度悬索桥仅是少数几个人设计的，他们分别是安曼、斯坦因曼、莫伊瑟夫和施特劳斯。前三位设计了大量的悬索桥，而且均有自己的设计公司，而施特劳斯一生设计了500多座活动桥梁，但仅仅设计了金门大桥一座悬索桥。

塔科马大桥是莫伊瑟夫设计的，他在年轻的时候是纽约市的桥梁技师，因为经常去布鲁克林桥调查桥梁的使用情况，以此为契机创立了悬索桥设计的挠度理论，并且和安曼一起设计了华盛顿桥，莫伊瑟夫给出了美国悬索桥设计的基础支柱理论，带来了美国悬索桥飞速发展的历史，在那个时代，莫伊瑟夫是当之无愧的桥梁工程界的权威之一。这样一个伟大人物负责的设计，凝聚了近代桥梁技术精粹的塔科马桥垮塌了，真是一个非常恐怖的事件，使美国的工程技术人员深受打击。

塔科马大桥垮塌后，由卡尔曼、安曼、伍德拉夫组成的三人调查小组签署的正式调查报告指出，事故是不可预测的，因而设计者无罪。但斯坦因曼持相反的观点，他甚至说："塔科马桥垮塌悲剧是人祸造成的，如果采用了我的建议，桥梁不会垮塌。"其实，三人既是从前就在一起工作的同事，又是事业上的竞争对手。安曼出生于1879年，斯坦因曼出生于1886年，两人虽相差7岁，但曾同时在林登塔尔的咨询事务所工作过，他们两个是设计事务所中最优秀的工程师。一山不容二虎，安曼和斯坦因曼之间的怨恨在林登塔尔的赫尔盖特桥设计方案时开始了。尽管两人有很多差异，但两人均认莫伊瑟夫的挠度理论非常重要，斯坦因曼在哥伦比亚大学求学时，翻

译了梅兰论桥的一本书，这本书于1913年发表，书名为《拱桥与悬索桥理论》；1914年至1917年，他为林登塔尔工作，林登塔尔的东河桥停止后，斯坦因曼到了纽约市立大学新成立的土木工程学院任副教授。1920年，霍尔顿·罗宾逊，一位很有经验的悬索桥设计师开始与斯坦因曼合作，直到罗宾逊1945年去世。

安曼和莫伊瑟夫不仅一起设计了乔治·华盛顿大桥，而且两人合作架设了好几座长大悬索桥，因此，安曼无论如何总想给莫伊瑟夫一个无罪的结论，这一点在正式的事故调查报告书中和对事故的结论中都表现无疑。争论是相当激烈的，斯坦因曼提出的增加中央索扣的方法是否对800米的塔科马桥的制振有效还值得研究。按当时的技术水平，谁也无法预料事故会发生，因此，最终采纳了安曼的意见，得出了莫伊瑟夫无罪的结论。

就像当年英国的泰桥被风吹垮塌后，设计者包奇爵士不得不放弃即将建设的福斯桥设计一样，莫伊瑟夫当时正在进行美国另一座大桥的设计，而且桥梁规模不亚于金门大桥。这座正在设计中的大桥就是麦金奈克桥，莫伊瑟夫采用了和塔科马桥一样的薄而不结实的加劲梁。人世间的事情就是这样捉摸不定，由于当时正处在第二次世界大战期间，资金和物资比较紧张，在麦金奈克桥进入施工之前，塔科马大桥垮塌了，莫伊瑟夫的设计没有付诸实施。真不知这是不幸还是万幸？

第二次世界大战以后，架桥的呼声又一次高涨，以前莫伊瑟夫的设计当然成了问题设计，必须进行全面审查。请哪些人担任审查委员呢？这个工作交给了密歇根大学工学院的院长克劳福德教授。当时美国悬索桥的首席权威是安曼，他架设了华盛顿大桥，也是塔科马大桥事故调查的中心人物，但是，斯坦因曼是理论派的代表人物，由于和罗宾逊一起合作修建了数座大型悬索桥，正声名鹊起，而且他对悬索桥的振动和抗风有更加明确的主张。克劳福德将两位都选为审查委员，同时还增选了金门大桥的技术负责人伍德拉夫，组成了三人审查小组。

两位大人物之间争论相当厉害，审查工作变成了安曼和斯坦因曼交锋的平台，最后安曼退让了，斯坦因曼承担了这座巨大的桥梁工程的设计。从此以后，安曼的声望被斯坦因曼拉平了。这两位以纽约为基地的设计大师一生竞争相当厉害，直至1960年斯坦因曼去世。他们两位的竞争具有独特的特点，两位都专心于表现个人的设计理想，两人都对桥梁设计的挠度理论深信不疑，两个人都做出了杰出的工程，都重视结构的轻巧和安全，他们都写文章，毫不含糊地称他们的作品为创新的艺术工程。他们的作品也表明，桥梁设计没有所谓的最合适条件，只有很多合理的选择，这些选择为设计者提供了表现其思想的自由。

麦金奈克海峡大桥（图8.38），连接着密歇根州的两个部分。这座桥由大卫·斯坦因曼设计，是当时世界上跨度第二长悬索桥（仅次于金门桥），如果把桥的侧跨也算上的话，那么它将会是世界上最长的。它的主跨将会是1158米（3800英尺），锚碇与锚碇之间的距离比金门大桥的1966米长577米，加上引桥跨的长度，这座桥的总长达到8.0千米（5英里）。大桥1954年7月开始建设，完成的时间是1957年11月，1958年6月正式通车（图8.40）。

图8.38　麦金奈克海峡大桥

麦金奈克桥加劲梁采用的桁架桁高11.58米，桁宽20.73米，16.45米宽的桥面板由加劲桁架上高度76.2厘米的纵肋支撑，并在全桥使用了通风良好的钢格栅。全桥4个车行道，其中内侧的两个车道、中间分隔带及两侧人行道均做成开敞式桥面，仅处在外侧的两个车道用10.8厘米厚的轻质混凝土填充，其上为沥青铺装，桥面的充实率仅为44%。

在主跨中部，中央索扣和加劲梁牢固相连，这是斯坦因曼的设计构思。由于考虑了空气动力学特点和采取了相对应的措施，斯坦因曼以上部结构节约了550万美元、下部结构节约了500万美元而自豪。

图8.39　冬季的麦金奈克海峡大桥

图8.40 麦金奈克海峡大桥通车典礼

图8.41 麦金奈克海峡大桥
主桁架架设

图8.42 麦金奈克海峡大桥
基础沉井施工

两个索塔的大块式地基在水下62米和64米（205~210英尺）的岩石上施工。3.4亿年前的地质变化产生了这样的岩石构成。在过去的100万年间，它被一个8千米（5英里）高的固体冰川反复地预载，这个重量至少是桥墩根基最大重量的10倍还多。为了建设大块式地基和锚碇，使用了890000吨的混凝土和钢材。设计工程师宣称说这些根基比金字塔还要持久，因为据说没有哪个桥的桥墩可以经得起冰的压力，但这座桥的桥墩和锚碇被设计成可以抵制20倍可能发生的冰的压力。

此外，在这座桥的设计中还包括了在最高风压下保持安全的因素。事实上，它被设计成具有应对异常空气动力的稳定性。在其它大型悬索桥的设计中，如果临界风速达到48.3~122.3千米／时（30~76英里／时），就会产生振动，但是对于麦金奈克海峡大桥来说，临界风速是192.6~294.4千米/时（120~183英里／时），而且是在桥面板开口被冰雪堵实这种极端不正常的情况下，而如果在正常情况下，这种临界风速将是无限的。这种百分百气动稳定性的设计是悬索桥建设中新目标的一种素养。

在两座168.2米（552英寸）高的主索塔上悬挂着0.77米（24.5英寸）的悬索，每个悬索由37条钢股组成，而每股又有340条钢丝，总计有12580条平行的钢丝，每条直径为大约6.1毫米（1/5英寸），或者可以说有一支铅笔粗细。68880多千米（42800多英里）的钢丝形成了这两条悬索，这么长的钢丝可以在赤道附近绕地球一圈还多2/3圈，过桥的交通压力只占悬索拉力的1／6，它们可以承载包括20吨重卡车最重交通压力的十倍还多。这是由于桥梁地处寒冷地区，桥上经常结冰，所以桥梁上部结构取到了50吨／米的容许荷载，预备量是合理预测量的十倍。

安曼最后也是最伟大的一个杰作是建于1959年到1964年间的纽约维拉扎诺桥（Verrazano Narrows Bridge，图8.43），与麦金奈克桥不同，这是一座在相对温和的环境建造的更为伟大的桥梁。朴素的桥塔外形和均匀的轮廓掩饰了巨大的力量，给人一种宁静、安详、稳定的感觉，充分体现了安曼的设计风格。

维拉扎诺海峡大桥是一条位于美国纽约市的桥梁，以双层结构的悬索桥横跨维拉扎诺海峡来连接纽约市的史泰登岛与布鲁克林。此桥是以意大利探险家乔凡尼·达·维拉扎诺来命名的，维拉扎诺是有记录以来第一个进入纽约港以及哈得逊河的

图8.43 维拉扎诺海峡大桥雄姿

欧洲探险家。维拉扎诺海峡大桥的命名过程经过了许多的争议。美国意大利历史学会（Italian Historical Society of America）在1951时为还在计划阶段的该桥首次提出命名提议，但是后来被公园处长莫斯拒绝后，该学会举行了许多公众活动以重新建立已被众人所遗忘的乔凡尼·维拉扎诺的名声，推广将此桥以维拉扎诺之名命名。

在1954时，该学会的会长约翰·N. 拉可塔（John N. LaCorte）成功地说服当时的纽约州长哈里曼（W. Averell Harriman）在维拉扎诺发现纽约港的周年纪念日4月17日时宣布为"维

图8.44　一架"协和"喷气机经过维拉扎诺海峡大桥

拉扎诺日"。之后拉可塔亦随之说服了众多东岸各州的州长进行相同的宣布。在经过了多次的成功游说之后，拉可塔再次向三区桥梁暨隧道管理局提出命名建议，但还是再度被莫斯以名称过长以及维拉扎诺的知名度问题而拒绝。在经过多次的失败之后，美国意大利历史学会后来成功地说服纽约州议会通过法案决定以维拉扎诺的名字来命名此桥以兹纪念。此法案在1960年由尼尔森·洛克菲勒（Nelson Rockefeller）州长签署通过实行。虽然命名争议到此告了一个段落，但是在维拉扎诺海峡大桥完工前最后一年时发生的约翰·肯尼迪谋杀案导致有许多人要求以肯尼迪来命名此桥。对此拉可塔得到亦是司法部长亦是约翰·肯尼迪胞弟的罗伯特·肯尼迪的保证——不会将维拉扎诺大桥以约翰·肯尼迪命名。最后在纽约肯尼迪国际机场以约翰·肯尼迪命名的结果之下落幕。

虽然拉可塔成功地将此桥的官方名称命名为维拉扎诺海峡大桥，但是绝大多数的地方报纸媒体皆有意无意地忽略任何对维拉扎诺的提及，而使用"海峡大桥"或是"布鲁克林—史泰登岛大桥"等名称来称呼。对此，美国意大利历史学会持续地大力宣扬维拉扎诺桥的正式官方名称，才使得维拉扎诺海峡大桥这个名称深植人心。

维拉扎诺大桥主跨为1298米（4232英尺），在1964年完工之初为全世界最长的悬索桥，直到1981年英国亨伯尔桥（Humber Bridge）建成才让出这个殊荣。但是至今仍然是美国境内最大跨度的悬索桥。桥面由上下两层组成，和乔治·华盛顿桥相似，全桥上下各有6个车道，桁架全宽35.15米，桁架高7.32米，没有采用麦金奈克桥的开敞式格栅桥面和中央索扣。明确表明安曼的观点，那就是悬索桥的刚度来自于重量的观点。其高耸的塔架可以在纽约大都会区大多数地方看到(图8.45)。

建造工程于1959年8月13日动工，并于1964年11月21日完工且上层通车，总造价共花费超过3.2亿美元，下层后来在1969年6月28日也通车。完工后的维拉扎诺海峡大桥因为主跨比金门大桥长而成为当时全世界最长的悬索桥（图8.46），直到1981年位于英格兰赫尔的亨伯尔桥完工。两座塔架各自含有100万个螺帽以及300万个螺钉。桥上的四条悬索的直径各为0.91米（36英寸），每条悬索内部是由26108条钢丝所组成，而所有钢丝的全长总和为230000千米（143000英里）。由于桥的跨度（1298米）以及塔架的高度（210米），在设计的时候必须要将地球的球体曲线加入设计考量之中。由于热涨冷缩的缘故，桥面的倾斜度在夏天的时候比冬天时少12度。

图8.45　维拉扎诺海峡大桥远眺

图8.46　维拉扎诺海峡大桥夜景

8.2　欧洲悬索桥的崛起与革新

自从法国留学归来的年轻工程师查理·伊力特1849年在俄亥俄河上建设的跨度305米的惠灵大桥算起，100多年来，美国一直保持着悬索桥跨度的纪录，20世纪60年代以前，世界上仅有美国建造了超过1000米跨度的悬索桥，其技术顶点就是前述的斯坦因曼设计的麦金奈克桥和安曼设计的维拉扎诺桥。进入20世纪60年代以后，美国独占悬索桥领先地位的时代终于结束了。

图8.47　福斯公路桥（左）和铁路桥（右）

图8.48　福斯公路大桥

图8.49　福斯公路桥的
加劲梁

欧洲现代长大悬索桥的建设是从英国开始的，20世纪60年代，两个长跨度桥梁的建设在英国开始了，一个位于洛锡安区福斯湾，另一个位于塞文。福斯公路桥位于著名的福斯铁路悬臂桁架桥旁边（图8.47），主跨1006米，1958年开始施工，1964年9月建成。该桥是首座美国以外的地方架设跨度超过1000米的悬索桥，设计是由莫特·海—安德森（Mott Hay and Anderson）、弗里曼—福克斯合作联盟（Freeman Fox and Partners）两个公司合作完成的。桥梁建设中，首先吸收了美国悬索桥的建设经验和技术，同时也表现出了英国人追求合理经济的理念，采用钢桥面板代替过去常用的混凝土桥面板，而且把人行道放到了主缆的外侧。

桥塔设计也非常合理，接头全部用焊接，外观非常美观漂亮，塔柱整个造型纤细轻巧，据文献记载，塔柱在施工中出现了风振现象（图8.48）。

这座桥的主梁采用了加劲桁架，但和美国的主桁形式略有变化，福斯公路桥是非常经济的设计，与维拉扎诺桥相比，它的跨度短了约1/4，而加劲梁的重量为1/2.8（图8.49），主缆重为1/4.7，塔的用钢量为1/8。福斯公路桥也认真地进行了风洞试验，确保了桥梁的抗风稳定性。

1964年9月4日，美国之外的首座跨度超过1000米的大桥建成通车了，伊丽莎白女王出席了通车典礼，这座桥又一次体现了英国人的意志和自豪，为英国建造更大的桥梁掀开了新的一页。

葡萄牙的塔古斯河桥（Tagus River Bridge，图8.50）是欧洲第二座跨度超过1000米的悬索桥，与英国人采取的建设方式稍有不同，他们采用国际桥梁方案竞赛的方式进行，最终选择了业绩最好的美国公司，设计的领军人物是斯坦因曼。桥梁跨度为1012.88米，双层桥面，于1962年开工建设，1966年通车，整座桥就像从美国进口的一样，桁架的比例、开敞式格栅桥面和麦金奈克桥一模一样。

塔古斯河桥建设的难点在于南侧主塔基础，塔位处水深达到了79.2米，当时桥梁基础的水深一般为60米左右，如麦金奈克桥

图8.50　塔古斯河大桥

的基础水深为64米，圣弗朗西斯科奥克兰海湾桥基础水深为67米，塔科马桥的基础水深为68米，南侧桥梁基础的施工采用了美国技术，即采用多钟形的沉箱基础。先将直径4.7米、高42米的28根钢制井筒排列成4行7列组成平面尺寸为40.7米×23.8米的矩形，拖曳到基础地点，利用压缩空气，一边调整倾斜度，一边开挖下沉。

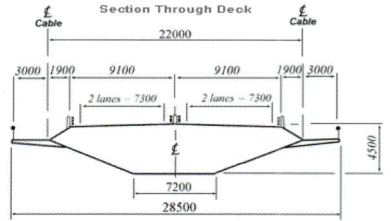

图8.51 塞文桥翼型主梁

欧洲对塔科马大桥垮塌事件的反应与美国不同，一些工程师不是靠增加桥梁重量或加强桥梁刚度的方法来排除所有空气动力的作用，而是努力理解问题，控制桥梁本身表现出来的效应，他们在理论上的洞察力产生了一些解决办法。德国工程师莱昂哈特教授在1959年里斯本塔古斯河桥的竞赛方案中提出了翼形断面的设想，当无扰动气流在其周围经过时，这种桥面可以在气流中保持稳定。这是一种崭新的设计方案，梁呈扁平的翼形，采用单根主缆、A形塔柱和倾斜吊杆，所有这些都可有效抑制扭转振动的发生。遗憾的是这个设想太超前了，没有被葡萄牙政府接受，如前所述，最终以斯坦因曼为首的美国人设计的桁架方案赢得了设计，但翼形断面加劲梁的新概念为后来悬索桥的建设带来了一场革新。

图8.52 塞文桥

图8.53 塞文桥主梁翼型箱梁架设

第二次世界大战以后，英国开始规划全国公路交通系统，其中包括塞文桥（Seven Bridge，图8.52），由于资金问题直到1961年才开工建设。这座桥和福斯公路桥一样，也是莫特·海—安德森、弗里曼—福克斯合作联盟两个公司合作设计完成。在此期间，挪威人阿恩·塞尔伯格（Arne Selberg）也发表了他的研究成果，其研究结果表明，较长的桥梁更像飞机的机翼或风帆。若不加控制，这些桥就会剧烈摆动，但是如果在气流影响过程中做适当处理，桥梁就会变得坚固而稳定。设计工程师吉尔伯特·罗伯特（Gilbert Robert）采纳了此前莱昂哈特的构想，并通过一系列的风洞试验加以发展，一个抗扭刚度大、十分轻巧的箱型大梁逐步建立和实现，在时代信心的鼓舞下，研究工作取得了非凡的进展，最终出现了前所未有的革新的翼形断面箱梁。

加劲梁由桁架向箱梁断面的转变，使悬索桥建设更加经济了。箱梁的顶面直接作为车行道，箱梁由于是密闭的，内部不需要修补，箱梁可以抵抗各个方向的力，加劲梁重量减小了。另外，由于箱梁的横向的风阻力比桁架减小了1/3，因此塔柱和基础也比较节省（图8.53）。于是，悬索桥的变革发生了，带来的是结构的轻盈及良好的经济性。塞文桥为三跨悬索桥，孔跨布置为304.8米+988米+304.8米，箱梁宽度为22.86米，在箱梁两侧梁高的中心处设置了外悬的人行道，人行道宽度为3.66米。箱梁梁高仅有3米，桥塔高度为121.92米，截面不再是过去小室网格构造，采用了四块加劲板和隔板组成的矩形截面，非常简单轻巧。

从塞文桥开始，翼形断面在桥梁结构中普遍采用，对现代悬索桥和斜拉桥产生了深远影响，说塞文桥翼形断面是大跨度桥梁的一次革新非常恰当，美国逐渐失去了一直占据的世界悬索桥领先地位的宝座。

图8.54 博斯普鲁斯海峡大桥

图8.55 博斯普鲁斯海峡大桥夜景

图8.56 亨伯尔桥

图8.57 亨伯尔桥主梁架设

塞文桥1966年通车后，为弗里曼—福克斯合作联盟公司的工程师们再次提供了两次应用扁平翼形箱梁的机会，第一次是应用于1974年架设的连接欧亚大陆的土耳其博斯普鲁斯一桥——博斯普鲁斯海峡大桥（Bosporus bridge，图8.54），考虑到该桥跨度达1074米，轻盈的主梁断面和斜向布置的拉索，结构体系和截面形式与塞文桥相似，和周围的环境非常协调，如果采用高10~12米的桁架式加劲梁，将会破坏这里媚人的风景（图8.55）。桥面高出水面64米，塔柱高165米。

第二次机会是将扁平翼形箱梁截面应用于英格兰北部的亨伯尔桥（图8.56）。该桥建设在亨伯尔河上，由于桥下没有远洋轮船通过，桥面造的较低。该桥当时是世界上单跨跨度最大的悬索桥，主跨达到1410米，远远超过美国的维拉扎诺桥，由于桥梁跨度太大，所以要考虑大地曲率，桥塔不得不略作倾斜。桥梁的建造过程是首先建造混凝土的桥塔，这在超过1000米的悬索桥中使用混凝土桥塔还是第一次。采用滑模施工非常顺利，两班倒每班12小时连续施工，开始时北塔每小时上升76.4厘米，19周后，工艺逐渐熟练，南塔施工速度得到提升，每小时达到100.9厘米，高165米的南塔只用了10周就完成了；然后就是编织主缆及架设翼形箱梁，分段的桥面板通过涨潮时运抵河段，再进行提升架设（图8.57）。亨伯尔大桥主梁宽度28米，两侧设置了各2.5米的悬臂行人道，全宽33.40米，而梁高仅有3米，桥梁双向四车道。

亨伯尔桥的建造纯粹是作为一种政绩工程，实际上，此处交通并不是很需要这座桥梁，该桥至今仍陷入巨大的债务危机之中。无论如何，亨伯尔桥曾经是、现在依然是工程技术创造奇迹的最有力的象征，同时也是一道美丽的风景。桥梁于1972年开工建设，1981年7月17日举行了通车典礼，伊丽莎白女王出席了通车典礼。历经一个世纪以后，英国又重新回到了大跨桥梁的领先地位（图8.58）。

图8.58 云海里的亨伯尔桥

1998年建成通车的丹麦大贝尔特（东桥）（Great Belt Bridge，图8.59）将欧洲大跨度桥梁推向了新的顶点，这座主跨达到1624米（5328英尺）的超大跨度桥梁也采用了翼形箱梁断面，桥梁全宽31米，双向六车道，主梁高4米，塔柱高254米，采用了混凝土塔柱，明显可以看出受到英国式流派悬索桥的浓厚影响。大贝尔特桥位于哥本哈根正西120千米处，是横穿丹麦大贝尔特海峡，将西兰岛和菲英岛连接在一起的交通动脉。大桥于1987年6月

图8.59 大贝尔特桥

开始动工兴建， 1998年8月大桥启用，整个工程全部竣工（图8.60）。该工程总投资55亿美元，由西桥、海底隧道和东桥三部分组成，全长17.5千米。西桥为汽车、火车并行的两用桥，西起菲英岛，东接大贝尔特海峡中间的小岛，全长6612米。公路线经东桥、铁路线经海底隧道同西兰岛相连。海底隧道为铁路专用隧道，全长7410米，由两条相互平行、间隔距离为16米、直径7.7米的主隧道组成。两条主隧道之间每隔250米有一紧急疏散通道相连。东桥为公路桥，全长6800米，为悬索式双塔结构，两桥塔间跨度为1624米，桥面最高处距海平面65米，对大贝尔特海峡的航运无任何影响，整个工程非常浩大。

大贝尔特桥东桥的设计手法取得了明显的纪念性和优雅的感觉，这是桁架式加劲梁无法达到的。桥面是一个外形由空气动力学决定的呈现在锚碇之间的连续带状物钢箱梁。桥塔立柱被设计成整体式而不是装配式，桥塔采用了钢筋混凝土结构，桥塔由顶部开始向下倾斜，给人一种桥塔完全插入海底的感觉。锚碇结构中间被挖空，简化成坚固的三脚架，给人稳固的感觉（图8.61）。

图8.60　大贝尔特桥竣工典礼

图8.61　晚霞中的大贝尔特桥是一首凝固的和谐音律

8.3　日本悬索桥的跨越

图8.62　若户桥

图8.63　关门海峡桥

日本的现代悬索桥建设，起步比欧美晚，但发展很快。1962年建成的主跨367米的若户桥（图8.62），打破了跨度300米的纪录。1973年又建成主跨712米的关门桥，一举突破了700米跨度大关，为日后大规模的悬索桥建设积累了建桥经验。

在日本的大跨度悬索桥中，许多都是公、铁两用悬索桥，采用了美国模式的桁架式主梁，因为桁架加劲梁易于布置成双层桥面，使公、铁分层通过。改进之处在于采用连续桁架梁，即在桥墩处不设伸缩缝，并采用正交异性板代替预应力混凝土板。在公铁两用桥的实践中，还采用缓冲梁来解决铁路对桥面伸缩量和转角的要求。如东京的彩虹大桥即是一例。

日本对用钢箱梁加劲的英国模式也做过尝试性的实践，如1987年建成的札幌白鸟桥（主跨720米，图8.65）和1988年建成的大岛桥（主跨560米）。日本悬索桥还有一个共同特点，即主缆的制造和架设基本上用预制绳股法代替空中编缆法。

1998年4月10日竣工通车的明石海峡大桥，毫无疑问是人类迄今为止架设的最大跨度的桥梁，使日本站到了长大跨度悬

索桥建设的金字塔顶的位置，是日本桥梁建设的一大壮举，日本用了不到半个世纪的时间，从无到有，为20世纪的桥梁建设画上了圆满的句号。

图8.64 东京彩虹大桥

图8.65 札幌白鸟大桥

8.3.1 日本的海峡联络线——划时代的宏伟工程

图8.66 日本海峡的分布

日本的国土主要由四个岛屿组成，从北到南依次为北海道岛、本州岛、四国岛和九州岛。不同地区人员的往来只能靠船只和飞机，交通不便，费用较高，经常受到天气情况的影响。为了消除这些不便，改善地区之间发展的不平衡，采用固定的联络方式势在必然。有些海峡之间联络线的建设已经完成，新的海峡联络线处在规划之中（图8.66）。

本州至九州之间的最窄的海峡为关门海峡，建于1942年的连接本州和九州的关门海峡铁路隧道是日本第一条海峡联络线工程。1937年曾建议采用悬索桥将公路连通，但由于日本军方的反对而改成了隧道。公路隧道的建设开始于1941年，由于第二次世界大战战败，工程直到1958年才完工，是一座双线的公路海底隧道。这项工程在日本西部战后的复苏和发展中起到了重要作用。不断的交通需求和日益增长的经济，1973年在关门海峡建设了双向六车道的关门海峡大桥，关门大桥可以认为是本四联络线桥梁工程项目的试点。1975年大阪至九州的新干线关门隧道也建成通车，本州和九州之间的交通联系集中于此。

从日本本州到北海道之间建设海底隧道的设想在第二次世界大战之前就已经开始了，战后的1946年立即开始了津轻海峡青函隧道地质条件的勘测。1954年海峡之间的一次渡船的沉船事故导致1430人葬身大海，加快了隧道建设项目的进展。1964年5月日本铁路建设公司开始接手隧道勘测，在北海道侧开挖斜井，1967年3月，斜井到底，从北海道侧向本州侧开挖先行隧道；1966年本州侧开始开挖斜井，1970年向北海道侧开挖先行隧道，直到1983年1月，历经20年，先行隧

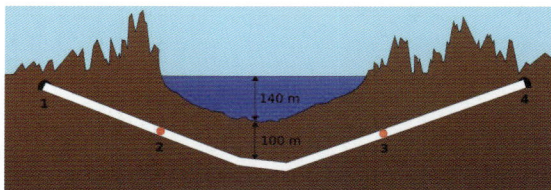

1-本州终点；2、3-海底车站；4-北海道终点

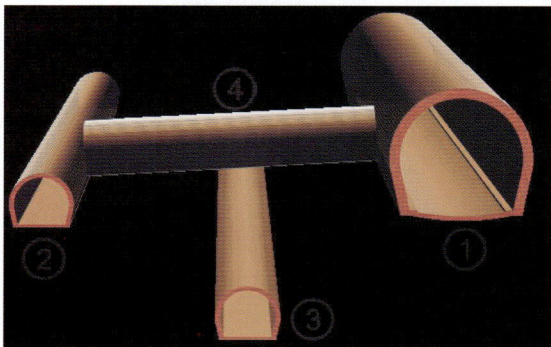

①-主隧道；②-服务隧道；③-先导隧道；④-连接隧道

图8.67 青函隧道断面图

道贯通。实际上，青函隧道主隧道真正开工是1971年，尽管建设遇到了很多困难，1980年服务隧道打通，1985年主隧道打通，历经14年，青函隧道于1988年建成通车。这条隧道有53.85千米，其中海下23.3千米，南岸陆下13.55千米，北岸陆下17千米，是一组复杂的主隧道、服务隧道和连接隧道的浩大工程，隧道最深海水处为140米，隧道顶覆盖层100米，主隧道为双线新干线铁路（图8.67）。

图8.68　日本本四联络线工程

青函隧道竣工通车后，为了北海道地区的发展，希望有更加自由的交通系统，计划在津轻海峡架设公路桥梁，因为此处最深水深达到280米，桥梁所处自然条件非常严峻，计划中的桥梁跨度达到4000米至5000米。

本州和四国联络线建设是日本连岛工程的最重要一笔，日本的四大岛中，本州和九州及北海道之间均已连通，跨濑户内海也想连接起来（图8.68）。与关门海峡和津轻海峡的联络线一样，本州和四国之间建立固定通道的愿望由来已久。特别是1955年5月航行在本州和四国之间的两艘渡船相撞，导致168名人员遇难，无疑使人们对建设固定通道的期盼日益迫切。日本国铁开始了海峡地质地貌的调查工作，地方政府也开展了早期的研究。建设之初也出现了桥隧之争，一部分人认为不应破坏濑户内海的风景，应该修建隧道，另一部分人认为应该向美国学习，美国战前桥梁跨度已经超过1000米，在此修建好的大跨度桥梁不仅不会有损自然风景，而且可以增加风景，并更有利于人们欣赏风景，最后选择了跨岛架桥的方案。在风景优美的尾道—坂出线，特别设置了人行观光道，人们骑着脚踏车，跨越濑户内海是一件多么健康和惬意的旅行。

图8.69　尾道—今治线　1999年5月开通

1970年成立的本州四国桥梁公团（HSBA），作为一个独立法人接手此前所有的调查和研究。当时规划在本州、四国之间建设三条联络线，同时开工建设，但由于1973年的世界石油危机，建设不得不延期，工程计划做了大幅度的修改，将三条线拆分为一条线和其他两条线上的四座桥首先开始建设。

本四联络线最早开工建设的是尾道—今治线（图8.69），该线通过10座大跨度桥梁连接9个相当大的岛屿，尾道—今治线长度为60千米，桥梁共计11座（其中尾道大桥由两座桥组成），桥梁全长10000米，此线动工最早，完工最迟，建设工期为30年。位于日本本四线上的大三岛桥（图8.70），1976年1月26日动工，1979年5月13日竣工，是本四联络线上建设的第一座桥梁，连接大三岛和伯方岛，也是本州四国联络桥之三条路线中唯一的一座拱桥。它是一座四车道高速公路桥。桥长328米，上部结构为长297米单跨中承式双铰钢拱，此桥建成时，其

图8.70　本四联络线上的第一座桥梁大三岛桥

跨度在同类型桥梁中居日本第一位。尾道—今治线通过地区，自然风景、名胜古迹和文化遗产众多，桥梁建设中必须考虑环境保护和桥梁的使用性。与其他两条线不同的是，该线上的桥梁设置了行人道和自行车道，使人们通过这些桥梁充分接近和享受美丽的自然及丰富的人文景观。

儿岛—坂出线（图8.71）是本四连络线的中线，连接本州的冈山至四国的坂出，公路线路长为37千米，双向四车道，行车速度为100千米／时，铁路线长32千米，4线铁路，其中2线普通铁路，2条子弹头列车的新干线，目前仅仅普通铁路投入了运营，新干线铁路还没有安装。该线是

开通运营最早的一条线路，全线自1978年11月动工，1988年投入运营，施工周期共计10年，桥梁全长7016米，这是一条公路铁路共线的大型桥梁组团，上层为双向4车道高速公路，下层为4线铁路，铁路建设根据需要现今仅铺设了2线，这条线路有6座大跨度桥梁，3座大型悬索桥、3座大型斜拉桥和1座桁架桥，这些公铁两用桥梁的建设在当今世界实属罕见，对当前的中国桥梁建设有着特别的借鉴意义。

图8.71　儿岛—坂出线　1988年4月开通

神户—鸣门线是三条线路中桥梁最少的一条（图8.72），只有首尾两座大桥，即明石海峡桥和大鸣门桥，桥梁全长5539米，其中明石海峡大桥是目前世界上建成的最大跨度桥梁，主跨达到1991米，是20世纪最伟大的桥梁工程。该线是本四联络线的东线，线路全长89千米，全线设4车道公路（部分路段为6车道），行车速度为100千米／时，四国侧南段的45千米于1985年通车，线路为公路铁路共线，神户侧北段的剩余部分包括明石海峡大桥1998年竣工交付运营。该线的建设对包括大阪、神户、淡路岛及鸣门区域经济的扩张贡献很大。早期政府

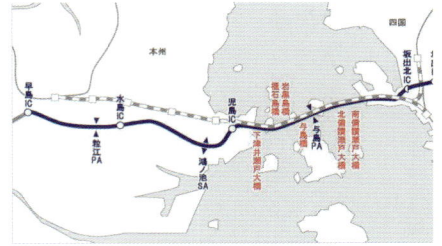

图8.72　神户—鸣门线　1998年4月开通

的规划是打算建设公路和双线的新干线，考虑到日本铁路方面的社会经济形式等因素，铁路新干线的计划取消了，明石海峡大桥早先设计为公路、铁路共线桥梁，最后改成了单纯的公路桥梁。

图8.73　考虑地形影响的风洞试验
（多多罗大桥，比例为1/200）

本四连络线的建设经过了长期周密的准备工作，特别是1970年本四联络线桥梁公团成立以后，研究工作和勘测工作全面展开。1970年至1971年，建立了气象观测站，全面调查地质情况。基于这些数据，初步拟定了桥型、跨度及架设方法。1972年，根据初步设计和社会经济的研究初步估计出工程造价。同时，在1970年之前所做的研究成果的基础上开展了设计标准的研究。主要研究的内容为：大跨度悬索桥的抗风（图8.74）、抗震及列车走行性研究，大规模水下基础形式的研究（图8.75），海上工作平台的研发、海底地基的开挖、航海安全性及社会经济研究，制定了本四联络桥设计及施工规范。基础工作进行得相当详尽，为日后桥梁建设和经济安全打下了坚实基础。

图8.74　大比例尺的悬索桥风洞模型试验
（明石海峡桥，比例1/100）

图8.75　基础水力模型试验（上为无防护，下为有防护）

8.3.2　本四联络线项目中的悬索桥

日本悬索桥的主要成就体现在本州至四国的联络线桥梁的宏伟工程建设之中。本州和四国

间架桥的联络线由三条线路组成，共有22座大桥，其中11座是悬索桥。1000米级以上的悬索桥共有4座，即令世人瞩目的主跨达1991米的明石海峡大桥，主跨1100米的南备赞濑户大桥，跨度1030米的来岛第三大桥，跨度1020米的来岛第二大桥。900米级的悬索桥有两座，即跨度990米的北备赞濑户大桥和跨度940米的下津井濑户大桥。此外，还有跨度876米的大鸣门桥和跨度770米的因岛大桥等大跨度悬索桥。

（1）明石海峡大桥（Akashi Kaikyo Bridge）

明石海峡大桥位于神户—鸣门线上，是连接神户和淡路岛的一座大型桥梁，桥梁结构为三跨两铰加劲桁梁式悬索桥，主桥全长3911米，主跨1991米，打破了英国亨伯尔桥自1981年保持的主跨1410米的世界纪录（图8.76）。

图8.76　明石海峡大桥

明石海峡大桥建设经历漫长的岁月，1957年由神户市单独推进明石海峡大桥架桥计划的实施，由该市的预算中拨款开始了水深测量和地质调查。1958年提出了建设主跨1300米的悬索桥方案，并进行了风洞试验、抗震试验、气象调查及航行安全防撞研究。1960年以后，日本摆脱了二战的影响进入经济发展的高速增长期，人们信心百倍，1962年成立了本州四国联络桥技术委员会，开展具体的专项研究。1963年在神户建造了高80米的气象观测塔着手气象观测，并在明石海峡水深50米、潮流速度3.5米/秒的情况下成功开展了地质勘探。1965年制作了1/100的模型，开始了抗风和抗震试验，这时初步设计工作也开始了。当时从事架桥工作的行政管理人员确立了一个原则，即不接受欧美国家的技术指导，无论如何也要用日本的技术和人才实现架桥的目标。1966年本州四国联络桥技术委员会提出了中间报告，认为架设1500米级的悬索桥在技术上是可行的，在海水深达50米、潮流流速快的海中建设基础可以找到相应的技术办法。

图8.77　明石海峡桥全景

图8.78　沉井围堰拖拉就位

1970年成立了本州四国桥梁公团，进行了为现场施工准备的自然条件调查、技术调查、经济调查，进行了施工方法的研发及工程试验研究，进行了设计、制作基准和实施设计的规程及标准。

1986年4月举行开工典礼后，经过多次勘测和调查，于1988年5月开始施工，工期建设长达10年，但从桥梁的构思到建成用了整整30年时间。

大桥原设计为公铁两用桥，1985年决定改为公路桥，桥面宽35米，设六车道；桥塔高297米，基础沉箱的直径约80米，高约70米；通航净空65米；两根大缆各由290根高强钢索构成，直径为1.222米；总投资约40亿美元。

图8.79　锚碇上部施工

因为是破纪录的大桥，大桥设计成可以承受150年一遇的里氏（Richter）8.5级强烈地震和78米/秒的强风，大桥上部结构用了193000吨钢材，下部结构拱肋14000000方混凝土。1988年5月正式动工兴建以来，大桥经受住了许多考验，其中包括1995年1月17日的阪神大地震。1995年1月17日，日本阪神发生里氏7.2级大地震（震中距桥址才4千米），大桥附近的神户市内5000人丧生，10万幢房屋

图8.80　塔柱施工

夷为平地，但该桥经受住了大自然的无情考验，只是南岸的岸墩和锚碇装置发生了轻微位移，使桥的长度增加了0.8米。大桥原设计为全长3910米，主跨1990米，但经过大地震后，大桥奇迹般地被延长了1米。

1998年4月5日大桥历经10年终于建成通车，创造了本世纪世界建桥史的新纪录，也为20世纪桥梁的建设画上了一个圆满的句号，人们追求更大跨度桥梁建设的进程又向前迈进了。

明石海峡大桥的建设，不仅坚定了人们建设长大跨度桥梁的信心，还在结构设计及材料研发方面开展了很多创新性工作，虽然桥梁的加劲梁采用的是美式桁架式，这一点多次遭到西方桥梁专家的批评，但其基础修建的方法、塔柱施工过程的控制（图8.80）、缆索和主梁的架设（图8.81~图8.84）、运营管理等方面，都采用了很多现代的科技手段，和60年代的美式悬索桥不可同日而语。

图8.81 直升飞机安装牵引索

图8.82 主缆安装

图8.83 加劲桁架梁段

桥梁建设采用了很多新技术和新材料。桥位处神户侧至淡路岛之间的海峡接近4千米，最大水深达110米，为了满足施工期间及桥梁建成后航运交通安全，最小通航宽度要求不小于1500米，因此，桥梁设计方案考虑了2000米左右的多个方案，研究结果表明，1500米至2050米之间跨度建设成本最低，根据桥位处的地形及地质情况，最终选择了1900米的主跨，两个边跨为960米，

图8.84 主梁合龙

图8.85 明石海峡大桥夜景

桥梁全长3910米（因为神户大地震基础位置移动，最终长度为3911米）。两个主桥墩基础采用了下沉沉井基础法施工，因为在此前的儿岛—坂出线上的大桥已经成功采用了这种方法，然而地基的开挖方法、水下混凝土的灌注等都根据后来的发展进行了改进。因为明石海峡桥基处潮流流速较大，为了保证基础的倾覆稳定，采用了防冲刷技术。神户侧锚碇在岸边施工（图8.79），基础为圆形沉井（图8.78），埋深为75.5米，直径为85米；两个桥塔基础分别在水下57米和60米，基础直径为80米和78米，这样大型的基础，其围堰在岸边造好拖拉就位，其精度控制及运输过程中的安全格外重要，桥墩地基开挖直径分别为110米和108米，当时设计要求基础就位后最大偏差应小于50厘米，最终施工时的实际误差仅为10厘米，可见施工质量和检测设备的精良。桥梁塔柱高度为297米，桥梁施工完成后，由于主缆索对塔柱的约束作用，刚度增加，而在施工时是一个柔细的裸塔柱，为了保证塔柱上施工机械的安全和塔柱本身的安全，其风致振动和振幅的控制是设计及施工必须考虑的重要问题，在施工的不同阶段，分别在不同高度安装了调制阻尼器，桥塔高度达到297米，最后实测的偏差与高度之比达到1/7300，仅有39毫米。主缆的材料也进行了改进，研发了强度1800兆帕的高强钢丝，主缆架设的牵引索股是采用直升飞机牵引的，这也是建桥史上的一个壮举。为了有效防腐蚀，主缆中间也设置了除湿设备，由相对湿度的大小自动控制除湿机的干风供应量。

（2）大鸣门桥（Naruto Kaikyou Main Bridge）

大鸣门桥（图8.86）是一座公铁两用悬索桥，位于日本的本州四国联络线神户—鸣门线上，全长1629米，其中悬索桥部分的跨度为330米＋876米＋330米，桥塔为钢结构，塔高125.93米，加劲梁为钢桁结构，通航净空为41米。由太平洋与濑户内海的涨落而产生的旋涡潮流瞬息万变，眺望此景引人入胜。大鸣门桥的桥桁内设有的瞭望散步路"涡之道"，横跨旋涡上空，惊险刺激（图8.87）。主桥部分全长450米内，距海面45米，桥面板嵌入玻璃，可俯瞰大桥正下方之旋涡，该桥1985年6月完工，首先开通上层桥面的公路，下层桥面设计为双线铁路，1976年9月12日动工，1985年6月8日竣工。

图8.86　大鸣门桥

图8.87　桥下旋涡

（3）下津井濑户大桥（Shimotsui-Seto Bridge）

下津井濑户大桥（图8.88）是儿岛—坂出线上濑户大桥工程的组成部分之一，跨越下津井海峡，连接柜石岛和本州岛上的鹫羽山。该桥为一座单跨公铁两用悬索桥，全长1447米，其中主跨940米；桥面采用钢桁梁结构，桥面宽30米，上层为四车道公路，下层为四线铁路；通航净空31米。与本州四国联络桥工程中其他悬索桥的不同之处在于：该桥主缆在本州岛侧采用了隧道式锚碇方案，钢塔及主缆安装架设中采用了空中架线法(AS)施工。采用空中架线法及隧道式锚碇的主要目的在于，避免位于隧道附近的锚碇尺寸过大不利于道路的整体线形。主缆直径为930毫米，由24288根直径为5.37毫米的钢丝组成。大桥于1981年7月12日动工，1988年4月10日竣工。

图8.88　下津井濑户大桥

图8.89　从桥塔俯视下津井濑户大桥

（4）北备赞濑户大桥（Kita Bisan-Seto Bridge）和南备赞濑户大桥（Minami Bisan-Seto Bridges）

南、北备赞濑户大桥（图8.90）位于日本本四联络线儿岛—坂出线上，是前后相连的两座公、铁两用悬索桥。南备赞濑户大桥主跨为1100米，是当时世界上最大跨度的公铁两用桥，北备赞濑户大桥主跨为990米。两桥相隔49米，中间用一个兼作桥台的共用锚碇墩来连接。南、北两桥桥塔均为有交叉斜撑的桁架式钢桥塔，桥宽35米，上层桥面为公路桥，下层为铁路桥。濑户水域水下地质构造复杂、水面宽阔，加之台风经常肆虐等不利因素，给大桥的设计和建设带来了诸多难题。然而也许正是这些不利因素，逼出了人类与大自然拼争的聪明和才智。在大桥的建设过程中，日本的工程技术人员用了诸如"海底穿孔爆破法"、"大口径掘削法"和"灌浆混凝土"等技术，克服了许多难以想象的困难，终于建成了这座技术先进、造型美观的现代化钢铁大桥（图8.92）。

这座跨海大桥作为铁路公路两用桥，不仅其总长度是世界第一，其最长的一处吊桥（两座桥塔间距离）长达1100米，也是世界第一。最高的一座桥塔高194米，相当于一座50多层大厦的高度。

内海地区，没有严寒酷暑，四周群山环绕，碧透清澈的海水，倒映着低矮起伏的山峦，海内遍布着的大小岛屿，与周围的群山交相辉映。大桥的建成，不仅方便了两岸交

图8.90 南、北备赞濑户大桥

图8.91 南、北备赞濑户大桥夜景

图8.92 北备赞濑户大桥和南备赞濑户大桥

通，也为濑户水域增添了一处人造景观，使日本西部这一颇负盛名的游览胜地锦上添花。

当然，人们坐车飞速通过大桥，并不能了解大桥的全貌，为此，在四国的香山县建立了濑户大桥纪念馆（也称本四联络桥纪念馆），通过展出的照片、图表、模型和实物，可以帮助人们识这座"世界第一桥"的真面目。在这纪念馆开辟的中国展厅里，还展出了香山县人士与中国友好交往的图片和实物，如日本政治家大平正芳就出生在香山县，展厅里陈列着他访华时，毛泽东主席送给他的砚台和怀素《自叙帖》真迹的影印本等。北备赞濑户大桥于1979年1月16日开工，1988年4月10日竣工，南备赞濑户大桥于1979年1月27日开工，1988年4月10日竣工。实现了两岸人民多年的夙愿。这座大桥工期长达9年6个月，是世界桥梁史上的空前杰作。

（5）因岛大桥（Innoshima Bridge）和伯方—大岛大桥（Hakata—Oshima Bridge）

因岛大桥（图8.93）是日本本四联络线尾道—今治线上的一座三跨双铰加劲桁梁式公路悬索桥，其跨度布置为250米＋770米＋250米。主缆采用工厂预制平行钢丝股缆，直径为62.6厘米。塔高123.75米，为有交叉斜撑的桁架式钢塔。加劲桁梁高9米，两主桁中心距26米，上层桥面设汽车道4道，下层设4米宽的自行车道和人行道。大桥于1977年1月31日动工，1983年12月4日竣工。

图8.93 因岛大桥

伯方—大岛大桥由位于身近岛两侧的两座桥组成（图8.94）。伯方大桥为桁桥，桥长325米，大岛大桥则为悬索桥，桥长840米。其跨度布置为140米＋560米＋140米，桥宽30米，通航净空26米。该桥桥面布置为汽车4车道，并将自行车道和人行道移到桥面两侧的伸臂结构上。整个桥跨中两个140米的边跨只有主缆而无吊索，边跨的钢箱梁是各由三个辅墩支承，1988年建成。大岛大桥为日本悬索桥史上首次采用箱形梁，设计形状时考虑到桥梁外形对航行船只雷达波反射之影响，故为倒箱型，为一划时代设计。也是日本第一座加劲钢箱梁悬索桥，箱梁高2.2米，截面为单箱双室。在传统的英

图8.94 伯方—大岛大桥

国式悬索桥中吊索通常销接在桥面板上，而本桥中由于横梁伸出箱梁外，因此将吊索锚固在了横梁上。索塔为钢塔，采用单室塔柱截面，且靠近塔顶附近的塔柱宽度变窄，从而为主索鞍的安装施工提供了方便。大桥于1981年6月25日动工，1988年1月17日竣工。

（6）来岛海峡大桥（Kurushima—Kaikyo Bridge）

来岛海峡大桥1999年5月1日开通，长达4.1千米，从大岛穿过武志岛、马岛连接今治的三连

图8.95　鸟瞰来岛海峡大桥

图8.96　来岛海峡大桥夜景

吊桥（图8.95）。位于爱媛县今治市，大岛—今治线上，为三跨连续钢箱梁悬索桥。来岛海峡大桥，是世界首座三连式悬索桥，其中来岛一桥跨度最小，全长960米，主跨600米；来岛二桥居中，全长1515米，主跨为1020米；来岛三桥跨度最大，全长1570米，主跨为1030米，两缆间距28米，塔高183.9米。来岛三桥最外边跨的线形为曲线，主缆越过边跨通到端锚。该桥加劲梁为流线型钢箱梁，横截面尺寸为32米×4.3米，通航净空65米。在众多的日本悬索桥中，来岛大桥采用了流线型箱型断面。大桥于1990年9月10日动工，历时10年，耗资3000多亿日元，于1998年4月建成，1999年5月1日竣工通车。其间经历了1995年1月17日的阪神大地震的考验。

桥面有四车道，设计时速100千米，可承受里氏规模8.5强震和百年一遇的80米/秒强烈台风袭击。连接本州广岛县尾道市和四国爱媛县今治市的岛波海道，是由各式各样的桥梁组成，有"桥之美术馆"的美称。所有的桥梁均设有自行车道及人行道，可以边悠闲地行走于上，边享受濑户内海的明媚风光。从糸山公园的来岛海峡瞭望馆可近观大桥的雄姿。馆内的工程展览室利用照片和录像介绍此大桥的从开始建设到完工的全部工作状况。此外，瞭望台一侧还有自行车租赁店，可以骑着自行车过桥饱享濑户内海的景色。

图8.97　来岛海峡大桥主梁的架设

8.4　中国悬索桥——横空出世

中国建造现代化悬索桥的起步很晚，1995年12月建成的跨度为452米的广东汕头海湾大桥拉开了中国建造现代大跨度悬索桥的序幕，为中国建造长大跨度桥梁积累初步经验。在此之后，1996年建成了长江三峡西陵大桥，主跨为900米；1997年广东虎门大桥建成通车，该桥是跨度达888米的钢箱梁悬索桥；1998年香港建成了世界上最大跨度的公铁共线悬索桥青马大桥，跨度达到1377米；1999年9月主跨为1385米的江阴长江大桥（悬索桥）建成通车，标志着中国大陆桥梁突破了千米大关；同年12月，厦门海沧大桥（图8.98）建成通车，这是一座采用三跨连续的流线型钢箱为加劲梁的大跨度悬索桥；2000年位于湖北省宜昌长江大桥（图8.99）和位于重庆市的鹅公岩大桥（图8.100）相继建成通车，两座

图8.98　厦门海沧大桥

图8.99　湖北宜昌长江公路大桥

图8.100　重庆鹅公岩长江大桥

桥梁的跨度分别为960米和600米；2005年建成了润扬大桥，主跨达1490米；2007年12月成功合龙并于2009年通车的浙江舟山连岛工程的西堠门大桥，主跨跨度达到1650米，仅次于明石海峡桥，跻身世界最大跨度悬索桥的第二位。这些成就的取得表明，中国已经掌握了长大跨度桥梁的建造技术，凸显了强大的后发优势，用了仅仅10多年的时间，赶上了欧美国家100多年的发展历程。

8.4.1 汕头海湾大桥——中国现代化悬索桥的开端

图8.101 汕头海湾大桥

汕头海湾大桥（图8.101）位于位于汕头港东部出入口妈屿岛海域处，为跨海公路桥。桥面跨越礐石海，全长2500米。分北引桥、正桥、南引桥及两岸引线路堤，其中正桥长961.8米，北引桥1129.1米，南引桥409.1米。主跨为三跨双铰预应力混凝土加劲箱梁悬索桥，桥跨布置为154米+452米+154米，主桥桥面宽24.2米，双向六车道。桥下通航净跨度452米，通航净高46米，可以通过5万吨级船舶。

主缆的矢跨比为1:10，上下游主缆中心距为25.20米。每根主缆采用预制平行股缆组成，每股由91根ϕ5钢丝组成六角形截面，每根主缆共有110股。主缆挤圆后的外径为55~56毫米，两根主缆各长1030米。吊索间距为6米，采用一对ϕ45毫米的钢丝绳组成，吊索共484根，与主缆连接方式为骑挂式。

加劲梁为单箱三室的扁平鱼腹式流线型预应力混凝土箱梁（图8.102）。中心梁高2.2米，全宽26.5米，腹板厚度为0.18米，顶板厚度为0.14米，在吊索处设置主横梁，其间设置一道次横梁。在纵向上缘顶板内配置体内预应力钢筋，下缘底板上配置体外预应力钢筋，横向沿底板配置无粘结预应力束。加劲梁为双向预应力薄壁结构，分节段预制，节段长5.7米，每段重170吨，吊装上桥后，以现浇混凝土连接成为整体。

图8.102 抗风性能良好的鱼腹式流线型箱梁

塔架为钢筋混凝土三层门式刚架结构，塔柱高95.1米。塔顶索鞍中心距离为25.2米。在加劲梁安装过程中，由一群滚轴支承，成桥后固定于塔顶。基础为上下游分离的6根2.2米的嵌岩群桩套井式构造。

大桥按8度地震烈度设防，可抗12级以上台风，在桥梁的纵向布置了多道依次隔振效能的弹性约束，在桥横向主塔处设置了减震剪力销保护主塔。1999年9月21日台湾发生了大地震，曾影响波及该桥——在纵向出现了近10厘米的短暂飘动，大桥设计的抗震减震设施起了重要作用。

1991年12月12日海湾大桥举行开工典礼。1992年3月28日正式开工建设。经建设者3年9个月的艰苦奋斗，于1995年12月28日胜利通车，累计投资4.85亿元人民币。当时的国家主席江泽民参加该桥的开工和通车典礼仪式并亲自为大桥题名。

海湾大桥的建成，彻底改变了汕头市以往靠轮渡交通南北城区的历史。它连接深汕高速公路以及汕潮汾高速公路，成为中国沿海高速公路主干线的重要纽带，使深圳、珠海、厦门与汕头四个经济特区的联系更加方便快捷。海湾大桥与礐石大桥东西相向，双虹凌空，尽显粤东门户今日神韵，在汕头现代化国际港口城市建设中起着重要作用。

汕头海湾大桥由中铁大桥设计院设计，中铁大桥工程局施工建设。大桥设计者是工程勘测设计大师杨进，湖南衡阳人，中学时代在当地一所知名的学堂度过，1949进入广州岭南大学学习土木工程。1951年，读大三的杨进在治理淮河的工地上听到要在武汉建设长江大桥的消息时，心中顿时有了一个目标，决心学习桥梁，那时各大学之间正在进行院系调整，杨进如愿进入

华南工学院学习桥梁，从此和桥梁结下了不解之缘。20世纪90年代初期，广东省汕头经济特区决定建造海湾大桥，有多个单位竞标，那一年，杨进带中铁大桥设计院设计团队首次参加市场竞争——广东汕头海湾大桥的设计和施工总承包的全国招标。三轮辩论后，大桥设计院在4家竞争者中胜出。中标的方案本来是个新颖的斜拉桥方案，快到评标结束时，建设单位业主忽然提出："能否将中标的斜拉桥设计改为悬索桥？"当时国内尚无悬索桥建设经验。杨进回答："作为桥梁设计者，只要提供需求的平台，任何技术困难我们都应去克服。"

当地是强台风、强地震多发地区，这两个条件对大跨度桥梁来说是个挑战，根据动力学的概念，加劲梁采用混凝土梁可以加大主梁重量，对抗风有利，那时混凝土桥多采用箱型截面，而悬索桥主梁采用什么样的截面形式，成了桥梁设计的一个难题。一天杨进在工地上工作时，恰好有一架飞机从头顶飞过，看到飞机巨大的流线型机翼，唤起了他的灵感，为何不选择流线型箱梁呢，就这样解决了主梁的截面抗风问题。汕头海湾大桥的建成，开创了中国现代化悬索桥建设的先河，积累了宝贵经验，带动了主缆、索鞍及相关施工技术和机械设备的发展，大桥建设没有邀请过国外专家，是地地道道的中国制造。大桥建设进行了多项技术创新，如主梁采用现场预制的单箱三室预应力混凝土薄壁加劲梁，悬索桥主缆架设的牵引工艺，架设主缆的猫道工程取消惯用的抗风系的举措，主梁架设过程中鞍座复位的新技术等。

汕头海湾大桥为日后中国悬索桥建设积累了宝贵经验，但从结构经济性、耐久性和美观的观点，桥梁建设还是有一些遗憾，如塔柱的中横梁严重破坏了大桥的景观效果（图8.103），悬索桥在车辆荷载作用下，变形较大，混凝土主梁比较容易开裂等。

图8.103　大桥塔柱中间横梁破坏了景观

8.4.2　西陵长江大桥

西陵长江大桥（图8.104）是长江三峡水利工程的配套工程，连接大坝两岸施工场地，三峡建设期间，要运送大量材料，要求该桥可以通行780千牛重的车队，这是大桥的一个设计特点。桥梁位于三峡大坝中轴线下游 4.5千米处，是长江上的第一座单跨双铰式全焊钢箱加劲梁悬索桥。这座大桥单跨跨度达900米，是中国大陆第一座接近1000米级的悬索桥，

图8.104　西陵长江大桥

也是首次一跨过江的桥梁，其跨度比汕头海湾大桥大了一倍。该桥于1993年12月开工，1996年8月竣工通车，工程造价35138万元。由中铁大桥局设计施工，设计总工程师是汕头海湾大桥的设计师杨进。

大桥全长1118.66米，双向四车道，桥面净宽18米，两侧各设宽1.5米的人行道，悬索桥北背索跨度255米，南背索跨度225米，引桥北岸3孔，南岸4孔各为30米跨度的预应力混凝土简支T梁。主

图8.105　大桥猫道架设

跨主缆的垂跨比为1：10.465，两主缆中心距20米。加劲钢箱梁高3米，全宽21米，为全焊正交异性板箱型结构，是一种典型的英式主梁断面。主塔高120米，为钢筋混凝土门式刚架结构。基础采用直径2.2米的钻孔灌注桩。其主缆采用工厂预制平行丝股然后现场安装的方法施工，两根主缆总重4805吨，每根主缆共有110根预制平行丝股，每根预制平行

图8.106 重力式锚碇

丝股含有91根 ϕ 5.1镀锌高强平行钢丝，主索直径570毫米，每一根钢缆由10010根英国进口的直径5毫米的平行钢丝组成，采用PPWS法架设。吊索间距为12.7米，采用骑挂式跨在索夹上与主缆连接，吊索采用 ϕ 45钢丝绳制作，共有280根，重151吨。两侧锚碇均为重力式锚。

西陵长江大桥主要服务于三峡工程施工交通运输，设计之初比较了两个桥位，其主河床地形地质基本相同，均建设在一个相对稳定、完整的刚性地基上，地质条件好，为弱震构造。中桥位距三峡大坝4.5千米，能较好地适应三峡水利枢纽下游航运建筑物布置的可能变化，三峡工程区施工物资器材过桥运输顺流向，运输距离较短，对桥下引航道的布置、航行视线、港区船队运行等影响小。下桥位在中桥位下游约1.3千米，主桥布置、工程投资与中桥位接近，无明显优势，对下引航道口布置的调整变化适应性小。因此最终经专家论证选定了中桥位。设计研究了三种可建桥方案：（1）悬索桥方案，全桥总长1400米，主跨900米，跨越近期和远期通航航道；（2）斜拉桥方案，全桥总长1463米，主跨540米，左侧永久通航边跨260米，主桥墩不占用航道；（3）连续刚构桥方案，全桥总长1403米，主跨为三孔270米，其中北孔跨下游引航道，另两孔跨主河床，有四个主桥墩，其中主河槽中桥墩最大水下深度为68米，通过从桥梁结构、对下引航道适应性、施工难度、对施工通航的干扰程度、造价、工期可靠性、对三峡工程施工影响、运行维护保养、景观协调等方面，对上述三种桥式进行充分论证，认为连续刚构桥，虽然造价低，但桥梁结构已接近该种桥型的跨度极限，全部采用现浇混凝土施工，难于抢工和保证工程质量。同时对通航干扰大，工期最长，施工中不定因素多，对工期和造价影响大，此种桥式不可取；斜拉桥与悬索桥，在结构上都是可靠的，两者需要的总投资相差不大，斜拉桥左主塔布置在引航道隔流堤上，受其变化影响，塔基水下施工难度亦较大，工期相对较长。经综合比较，设计采用了900米跨钢箱梁悬索桥方案。

建成后的大桥犹如一道江上长虹镶嵌于风光秀丽的西陵峡谷之中，成为沟通大江南北的交通要道。坝区施工阶段时期，桥梁采用封闭式管理，不允许行人通过，并且桥梁的两端都有武警驻守，现在大坝建成开始蓄水，桥梁已经对外开放，方便两岸人民的交通。这座大桥主梁的颜色采用了橘红色，至于为什么要将桥身的颜色定为橘红色呢？原因是多方面的，据说其一是橘红色鲜艳醒目，有利于导航，其二是桥梁所处位置的宜昌市是全国有名的柑橘之乡，桥梁成为三峡坝区和鄂西干线公路过江的永久性大桥和观光景点。

8.4.3 虎门大桥

虎门位于中国广东省珠江三角洲中部，距广州约42千米。150多年前民族英雄林则徐率军在此进行"虎门销烟"，使虎门弹丸之地名震中外。1839年6月3日（即清宣宗道光十九年岁次己亥四月廿二），中国清朝政府委任钦差大臣林则徐在广东虎门海滩当众销毁英国商人的鸦片，至6月25日结束，共历时23天。这里也曾经是鸦片战争的古战场。虎门大桥（图8.107）跨越珠江出海口的虎门水道和蒲州水道，东连东莞市虎门镇，西通广州市南沙区。虎门大桥是珠江三角洲高速公路网的重要组成部分，是连接京珠高速公路和广深高速公路的重要交通枢纽，是沟通珠江出海口两岸的粤东和粤西、深圳与珠海两个经济特区、香港与澳门两个特别行政

图8.107 虎门大桥雄姿

图8.108　大桥与古炮台

图8.109　虎门大桥夜色

区的大型跨江悬索桥。

虎门大桥的桥址两岸为低山丘陵地带。东岸是虎门的威远山，沿山分布有威远炮台、靖远炮台、镇远炮台等古炮台，是第一次鸦片战争的古战场之一。西岸是南沙的南北台。江中心为上横档岛和下横档岛，两岛均分布有古炮台（图8.108）。整个江面宽约3.5千米，从东岸的威远山到江中心上横档岛的水道称为虎门水道，最大水深21米，从江中心上横档岛到西岸的水道称为蒲州水道，最大水深19米。虎门大桥及其连接线工程全长15.76千米，其中虎门大桥主桥长4.588千米，引道总长11.172千米。虎门大桥按高速公路的标准设计建造，桥面为双向六车道，设中央分隔带、路缘带和紧急停车带，净宽30米。设计昼夜通车量为10万车次，车速为120千米／时。虎门大桥的主桥由主航道桥和辅航道桥组成。主航道桥为加劲钢箱梁悬索桥，主航道桥从东岸虎门的威远山一直到江中心的上横档岛，跨越整个虎门水道，跨度为888米，通航净高60米、宽300米，可通航10万吨级的巨轮。悬索桥部分均采用钢箱焊接，共用钢材2万多吨。桥的主缆长16.4千米，每根主缆由13970根直径为5.2毫米的镀锌高强钢丝组成，如果将两根主缆的钢丝拉成一条钢绳，足可绕地球一圈。辅航道桥为预应力混凝土连续刚构桥，1997年落成时为世界跨度最大的连续刚构桥，辅航道桥从江中心的上横档岛一直到西岸南沙的南北台，跨越整个蒲州水道，跨径布置为150米+270米+150米，通航净高40米、宽160米。1992年10月28日，虎门大桥工程正式动工。历经四年多的建设，于1997年2月中旬主跨合龙，并于5月1日建成试通车，总投资额为30多亿元人民币。1997年6月9日，虎门大桥举行了正式通车的剪彩仪式，虎门大桥的桥名是由时任中国国家主席的江泽民题写。

建设之初广东省筹划在珠江三角洲建虎门大桥时，因为国内缺少经验，当时有关部门有意邀请英国专家参与虎门大桥前期工作。而虎门，正是当年林则徐销毁英国鸦片的地方。同济大学的老校长李国豪教授上书给时任广东省省长的叶选平，建议由中国设计师担起设计大任，要求国内自力更生建桥，省领导同意了他的意见，决定自己建。大桥由中国交通部公路规划设计院设计，广东省公路工程总公司施工。大桥的设计师是后来设计润扬大桥的设计师郑明珠。

那么为什么要用这么多钱，选在这个位置，建这样一座特大型的桥梁呢？这是因为珠江三角洲经济高速发展，相对落后的交通基础设施严重制约着经济的发展。1991年开通的虎门轮渡，当年车流就达每天7000辆，远远超过预计的3000辆，后来更是激增，达到1.8万辆，候渡时间长达6~7小时！修建虎门大桥是珠江两岸人民长期以来的心愿，1981年6月开始进行工程可行性研究，1984年4月国家计委批准立项，1992年初，乘着邓小平南巡的春风，决定上马虎门大桥工程，以适应广东省高速发展经济的需要。

图8.110　高耸的塔柱与周边环境协调

1997年虎门大桥建成通车以后，拉近了番禺南部乡镇与香港、深圳、东莞之间的距离，对南部地区形成了比较大的拉动作用。统计数据显示，在虎门大桥建成通车前的1997年，番禺（含现在的南沙区）共有工业企业4542户，当年完成工业总产值405亿元；截至2006年，该区工业企业户数已经增加到8000多户，相比1997年增加了78%；完成工业总产值1047亿元，增加158%。1997年时企业主要集中在北部镇街；到目前为止，北部工业约占全区的2/3，南部乡镇

约占1/3，较好地实现了区域均衡发展。

虎门大桥建成通车，也带来一笔可观的经济收益。虎门大桥自建成通车以来，车流量连年快速增长，营运收入快速攀升。2004—2006年，虎门大桥日均交通流量分别达到3.92万车次、4.28万车次、5.06万车次，同比增长12.64％、9.18％、18.22％；实现通行费收入分别为6.13亿元、6.66亿元、8.25亿元。

通车两年后，大桥的路面铺装出了问题，路面凹凸不平，因为车辆一半以上是大型货车。此外，虎门大桥超限超载车辆违规通行现象十分严重，在有关部门2009年抽查的354辆货车中，超载率达56％。超载对虎门大桥路面造成严重破坏，尤其是重车道和主车道上出现车辙、裂痕等病害。为了保证大桥的正常使用和安全，交通管理部门在桥头设立了治超点，禁止车货总重在55吨以上的车辆上桥。

8.4.4　江阴大桥——跨越千米

当人们还在为西陵长江大桥、虎门大桥接近1000米的跨径惊叹不已的时候，青马大桥、江阴长江大桥（图8.111）又分别以1377米和1385米的跨径创造了中国桥梁的新纪录。

图8.111　江阴长江

图8.112　江阴大桥夜景

江阴长江大桥位于江苏省江阴市与靖江市之间，跨越长江下游的开阔江面，连接京沪高速公路，是中国内地第一座跨径超过千米的钢箱梁悬索桥。全桥总长3071米，主跨1385米，桥塔高196米，为门式钢筋混凝土结构，桥下通航净空高50米，可通过5万吨级散装货船；缆索的垂跨比为1/10.5，采用平行钢丝束法(PWS法）架设，主缆长2200米，直径为86厘米，主缆由169股束组成，每股束又由127根5.35毫米的镀锌钢丝组成，钢丝总长达95000千米；主跨桥主梁采用带风嘴的扁钢箱梁结构，箱高3米，总宽37.7米，为双向六车道，设中央分隔带和紧急停车带，在主桥跨江部分的两侧各设1.5米宽的人行道。南塔　位于南岸边岩石地基上，北塔位于北岸外侧的浅水区，采用筑岛施工的桩基础。南侧锚碇为重力式嵌岩锚碇结构，北侧锚碇为沉井基础。北侧边孔由多跨预应力连续刚构组成。南北引桥为预应力混凝土梁桥，分别长132米和1365米。大桥设计行车速度为100千米／时。该桥于1994年11月22日开工，工程历时5年，于1999年9月28日建成通车，总投资36.25亿元。

暮色降临，桥上千百盏华灯齐放，如彩练横跨，晶莹剔透，塔顶射灯直播云层，雪光斑斓，如数月共辉。从江面仰望大桥，如铁索行空，飞架天际，桥塔昂首云天，横空出世（图8.112）。

江阴长江公路大桥跨径达1385米，并不是一种刻意安排，而是一种科学决策。江阴长江大桥现在的跨江位置选在了长江下游江阴段最窄处，桥位江面只有1.4千米，经过江苏境内12个桥位的勘察比较之后，在这里建桥是最经济的，由于江阴西山江面非常窄，水势湍急，对于行船、行洪来说江中间最好不要设置墩台。当时还曾考虑过建隧道的方案，长江江阴段河床地质断面形状不是很稳定，建隧道造价太高，今后的维护费用也高，所以还是决定采取建桥方案。在斜拉桥和悬索桥之间也进行了反复论证，原来的斜拉桥方案是600米跨径，这种桥型有一座主塔必定要建在江中，过渡孔还有四到五个桥墩，影响河势在所难免。在已经初步决定建悬索桥时还有三种跨径，1000米、1200米和1385米，由于前两种跨径还是不能解决水中墩台问题，最终选择了1385米一跨过江的的跨径布置。

江阴大桥建设之初，中国悬索桥建设刚刚起步，已经建好的大型悬索桥只有前述的汕头海

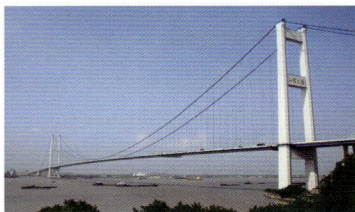

湾大桥、西陵长江大桥和虎门大桥，但跨度都在1000米之内，对于跨度超过1000米的悬索桥还没有尝试过，缺乏经验。大桥建设前夕，沪宁高速公路正在施工，国家资金比较紧张，江阴大桥建设资金筹措也很困难，当时正在承担香港青马大桥工程的一家公司希望承担大桥上部结构的建造，并且许诺帮助引进资金和技术。最后大桥建设管理方进行了国际招标，在英国、日本、意大利三个国家的四家公司中进行选择，最终选择了英国克里夫兰桥梁工程有限公司(Cleveland Bridge and Engineering Co.Ltd)进行上部结构包括梁和索的施工，莫特麦当劳（Mott Mac-Donald）设计公司进行设计咨询。大桥由中交公路规划设计院设计、江苏省交通规划设计院联合设计。中港集团第二航务工程局承担下部基础的施工建设。大桥建设引进了英国政府贷款8930万美元，利率3.658%，贷款25年。

虽然中国的首座跨度1000米以上大桥不是中国人自己独立设计建造的，但为中国的建桥人提供了一个学习借鉴国外悬索桥建设经验和技术的机会，欧美、日本已经在上世纪建造了多座1000米级的大跨度悬索桥。大桥建设指挥部交给中方项目组的一个重要任务就是学习，请国外咨询专家授课，从钢箱梁、缆索系统和计算分析三方面进行培训，同时，还派人到英国、日本和香港参观学习，为中国桥梁界培养和锻炼出大批人才。

图8.113　江阴长江公路大桥桥面

大桥主体工程由南锚、南塔、北锚、北塔、主缆系统和钢桥面系统六部分组成。每个部分的建设在中国大桥建设上都有里程碑意义，为日后中国大跨度桥梁建设积累了宝贵经验。

锚碇是悬索桥的主要结构，是悬索桥拉索生命线的着力点，也是大桥建设的难点。大桥南岸锚碇位于西山东侧的坡地上，基岩裸露，为石英砂岩，虽然岩质坚硬，但节理发育，岩石破碎。经过反复比选，采用重力式嵌岩锚碇结构；北锚碇岩石之上的覆盖层有80~120米，上层土质松软。结合国内施工经验、技术设备状况，选定了沉井作为重力式锚碇。沉井由钢筋混凝土矩形，平面尺寸为69米×51米，下沉深度达58米，相当于10个篮球场那么大的20层高楼埋在地底下，比目前世界上最大的美国维拉扎诺桥的锚碇沉井还要大。此锚碇要承担大桥主缆6.4万吨的拉力。如果锚碇向前位移1厘米，高达196米的塔墩就要偏移6厘米，重达1.8万吨的桥面就要下降12厘米。下沉要穿过4层不同土质，稍有不慎很有可能造成歪斜、扭转等严重问题，其下沉过程长达20个月，在1997年5月22日11时15分，沉井终于成功下沉到设计标高。南北塔高196米，塔基采用钻孔灌柱桩方案，其中北塔基由96根直径为2米的桩群组成。

主缆是江阴大桥的主要承重构件，它要"吊"起总重达18000吨的钢桥面和5000吨沥青路面，还有行车活载。江阴大桥共两根主缆，每根主缆由169股索束股组成，每束索股由127根直径为5.35毫米高强度镀锌钢丝平行编制而成，每股重50吨，组成的单根主缆重8450吨，两根主缆的自重达16900吨，所用镀锌高强钢丝长度达10万千米，可以沿地球赤道绕上两圈半。

大桥上部梁体采用扁平钢箱梁，箱高3米，箱总宽36.9米，钢材重18000吨。主梁截面为抗风稳定性良好的箱型截面梁，并把箱梁的断面做成中间厚、两端薄的"风嘴型"，这种近似于流线型的箱梁减小空气阻力，同时在箱梁的两旁设置了导流板，能确保大桥在12级以上台风中仍然岿然不动。江阴有记载以来的最高地面风速为每秒18米，折算到空中桥面的风速也就每秒28米，同济大学风洞实验室按1／135的比例做了一个江阴桥模型，并模拟了当地的地形条件，在风洞实验室江阴桥所承受的极限风速达到了每秒49米。

在大桥监控中心，设备全天候24小时监控着大桥及其附近江面的每一个角落，及时发布相应指令和信息，以保障大桥的

图8.114　夜幕降临时分的江阴大桥

安全畅通。

1999年9月28日，江阴长江公路大桥建成通车。11时许，风和日丽，江阔天宽。时任国家主席的江泽民等来到大桥南塔下参加隆重的江阴长江大桥的通车典礼。2002年10月，江阴长江公路大桥荣获国际桥梁大会在匹兹堡年度学术会议上颁发的首届尤金·菲戈金奖。这是中国首次荣获国际桥梁大奖。

1999年建成通车的江阴长江公路大桥，在短短几年时间开始全面显现出其巨大的经济价值。经济发达的苏南地区的产业、技术、投资加速向长江北岸转移，大江南北经济洪流在千米桥面日夜奔流不息。据统计，江阴大桥平均日通车量从最初的1.2万辆上升到目前的2.3万量，累计通车近2000万辆，其中70％是货运车辆。江阴大桥汇集了江苏省三分之二的物流。成为南北经济资源的"整合器"，使江南经济跨桥北进。江阴大桥南北两岸的江阴、张家港、靖江三市均为全国经济强县，南岸江阴市，拥有35千米长江深水岸线，目前已经建有40多个万吨级轮船泊位，是长江下游重要的物资集散地。张家港市作为长江下游重要的国际贸易商港之一，37千米长江岸线的21个万吨级泊位，年吞吐能力超过1500万吨，其中集装箱货运量12万标箱，在全国名列前茅。北岸靖江，人称"小江南"，52千米长江岸线，是片尚未开发的处女地。江阴长江大桥的兴建，使它拥有了与江阴、张家港相近的区位优势。

8.4.5　润扬大桥

长江江潮起落，冲刷着北岸的扬州，滋润着南岸的镇江。数千年来，两岸人只能隔江相望。建桥跨过江河天堑是两岸人民孜孜追求的目标。

润扬长江大桥（图8.115）北起扬州，南接镇江，连接京沪、宁沪、宁杭三条高速公路，并使这三条高速公路和312国道、同三国道主干线、上海至成都国道主干线互连互通，成为长三角地区又一重要的路网枢纽。润扬大桥西距南京二桥约60千米，东距江阴大桥约110千米。润扬大桥全长35.66千米，主线采用双向六车道高速公路标准，设计时速100千米。

图8.115　润扬长江大桥

由北接线、北汊桥、世业洲互通高架桥、南汊桥、南接线及延伸段等部分组成，主桥(包括北汊桥、世业洲互通高架桥和南汊桥)长7.21千米，北引桥及北接线高架桥长1.74千米，北接线长10.27千米，南接线及延伸段长16.44千米。其中南汊主桥采用单孔双铰钢箱梁悬索桥，主跨径1490米，桥下最大通航净宽700米、最大通航净高50米，可通行5万吨级货轮。北汊桥采用三跨双塔双索面钢箱梁斜拉桥，桥下最大通航净宽210米、最大通航净高18米。大桥设计使用寿命为100年。整个工程需浇筑混凝土106万方，挖方47万方，填方320万方，耗用钢材15万吨、水泥55万吨、砂石料282万方。工程总投资约57.8亿元。大桥于2000年10月20日开工建设，2005年10月1日前建成通车，工期5年，和欧美及日本桥梁建设相比较而言，设计周期短，建设速度快。

图8.116　润扬长江大桥简洁高耸的桥塔

南汊桥主桥是钢箱梁悬索桥，跨径布置为470米＋1490米＋470米；索塔高215.58米，两根主缆直径为0.868米；钢箱结构为扁平流线型，梁高3米，宽38.3米，共有93个梁段，钢箱梁总重24000吨，北汊桥是双塔双索面钢箱梁斜拉桥，跨径布置为175.4米+406米+175.4米，倒Y型索塔高146.9米（图8.116），钢绞线斜拉索。

　　润扬大桥南汊桥的两个锚碇，均采用了特大型深基坑基础，工程技术难度极高。润扬大桥南汊桥的北锚碇要承受6.8万吨的主缆拉力，北锚碇基础平面尺寸为69米×50米，深达50米，挖土方近17万方，堆起来就是一座相当规模的山。如果按一节火车皮100立方米的容积、25米长计算，挖出的土方需要1700节火车皮才能运走，所有火车皮连成的长度达42.5千米。自2001年11月陆续开始基坑开挖以来，两锚碇共开挖土方近26万立方米，浇筑混凝土约19万立方米，填筑砂石约5.5万立方米。当时的国际桥梁协会主席、日本桥梁专家伊藤学对此十分惊叹："像如此规模的地下基础施工，在日本仅仅基坑开挖就至少需5年，而你们才用了不到6个月时间！"

　　两根主缆每根长2600米，分别由184股、每股127丝、每丝直径5.3毫米的镀锌钢丝组成。在跨中主缆与加劲梁刚性固结，采用了早期斯坦因曼提出的中央索扣的概念，提高结构体系的刚度，刚性中央扣在国内悬索桥上还是首次采用。悬索桥主缆缠丝采用的是国内首次使用的"S"型钢丝，这项技术是日本在本四联络线上研发出来的，仅有日本可以生产和施工。施工单位做了周密充足的准备，仅用了50天就完成了全桥4759米缠丝施工，创造了国内缠丝施工新纪录，所用缠丝总长度近3200千米。缆索系统内安装了干风除湿系统进行钢缆防腐。

图8.117　润扬长江大桥——跨越天堑

　　润扬大桥钢箱梁桥面铺装，是大桥关键线路上的关键技术工程，主要内容包括世业洲引桥试验段的铺设、主桥钢桥面行车道环氧沥青混凝土铺装施工、中央分隔带浇注式沥青混凝土铺设、检修道的彩色橡胶板铺设。因为此前建设的虎门海湾桥、西陵长江大桥等多座钢箱梁正交异性板桥面上的沥青铺装不是很成功，桥面铺装运营一段时间以后出现了隆起及车辙现象，桥面铺装的维修工作量很大，而且要中断交通，一时成了中国桥梁界的一大困惑。润扬大桥钢桥面在全国第一个全部采用环氧沥青铺装，铺装总长度为2248米，铺装总面积达70800平方米，所用环氧沥青近万吨。钢桥面铺装，不能有一滴水珠，甚至对空气的湿度也有苛刻的要求，并且铺路的沥青只有在高温下才能保持液化时间，所以炎炎三伏天气，便成为桥面铺装施工的唯一选择。桥面铺装在2004年7月8日至9月23日之间进行，恰逢炎热的夏天，灼热的阳光直射赤裸的桥面，温度很快飙升到了60多摄氏度。整个桥面变成了一面明晃晃的巨大的镜子。令人窒息的环境中，工人们一厘米一厘米地前进着，汗如雨下，可是，他们的每一滴汗珠，都绝对不能落到桥面上。当工人们一点点铺完这2248米桥面后，回转身子，看见大桥依旧如一面光滑的镜子，只是，这面镜子如今变得深沉而细腻，它散发出乌金一样的光泽。北汊斜拉桥行车道铺装仅用了9个有效工作日；南汊悬索桥行车道铺装仅用了12个有效工作日，实现了铺装质量优、安全无事故的目标。

　　润扬长江公路大桥主设计单位是江苏交通规划设计院，中交公路规划设计院承担了设计复核，香港伟信顾问公司负责景观；大桥的施工单位为中国路桥集团第二工程局和中港集团第二航务工程局。润扬大桥是第一座由中国人独立建造的超过1000米的大桥。

图8.118　润扬长江大桥夜景

　　在软土地质条件和1400多米的江面上建造大桥，是人类面临的巨大挑战，由谁来担任设计总工程师呢？郑明珠，我国第一座高速公路大跨径悬索桥虎门大桥的总设计师。当大桥总指挥的吴胜东扣开了郑明珠的家门，郑明珠最初婉拒了邀请："我快60岁了，爬不动桥塔了。你找别人吧，别误了你的事。"吴胜东和年轻的交通厅厅长杨卫三顾茅庐，诚恳的说："中国第一座大跨径高速公路悬索桥是你一寸一寸摸索出来的，你技术过硬、做事认真，我认定你了。"就这样，郑明珠担任了该桥的设计总工程师，她选择一跨过江的悬索桥方案。设计初期比较有争议的是北锚碇的设计方案。初步设计方案正要上报交通部审批时，一位美国工程院院士、国际著名桥梁专家写信给中国有关部门，说"在软土上放锚碇的设计

就像小孩玩耍"，建议大桥南汊修斜拉桥，花钱少，有现成经验。郑明珠据理力争。她对吴胜东说："美国人20世纪40年代以后就没有修过悬索桥，认为在软土覆盖层很厚的地质情况下，中国人修不了悬索桥，看不起我们。"大桥指挥部派郑明珠到上级部门进行技术说明。郑明珠说："一跨过江虽然投资比斜拉桥大，但从可持续发展的长远来看，是必须的选择。在我的设计下，长江主航道丝毫不受影响，5万吨级轮船可自由通行。如果建斜拉桥，就要把桥墩建在河道中间，既影响航运，还会造成长江河势变形，又必须在大桥上增加防止船舶撞击大桥的防撞设备，增加投资。而且，长江上每天有3000多艘船航行，如果在水中施工，难度大不说，必然会造成长江航运的中断。"1999年初，国家有关部门派出专家组，对郑明珠的设计方案进行了详细的论证。

大桥的名字最初叫镇江—扬州大桥，但是这个名字太过普通，而且不响亮上口。大桥的建设者们想给大桥改名，但是叫什么好呢？镇扬大桥？扬镇大桥？都不令人满意。大家冥思苦想，翻阅了很多历史资料，蓦然发现镇江古称润州（现在镇江仍有润州区），润扬大桥这个名字便这样诞生了。在江苏省众所周知，江南比江北富裕，有了这座桥，作为苏北门户的扬州跟经济发达的苏南之间便畅通无阻，润扬大桥是千真万确能滋润扬州的大桥，这个名字的含义让人充满了希望(图8.119)。

图8.119 润扬长江大桥雄姿

8.4.6 西堠门大桥

在中国海岸线浙江省东北部的万顷碧波之上，散落着大小1390个岛屿，这就是中国最大的群岛——美丽的舟山群岛。其中舟山主岛面积约468.7平方千米，距大陆最近点宁波约9.1千米。该岛除四周局部狭窄的冲积平原外，主要地貌为山地丘陵，海拔为100～400米，最高点黄杨尖，海拔503.6米。又以岛形如大舟浮海，故名舟山。舟山岛是浙江省内第一大岛，中国第四大岛，仅排行于台湾、海南、崇明岛之后，全岛人口近42万。清康熙二十六年（1687）五月，康熙皇帝认为既然山名为舟则动而不静，海疆不宁，下诏改舟山为"定海山"。翌

图8.120 西堠门大桥效果图

年建县治，即赐名定海县，而改宁波府定海县为镇海县。沿称至今。舟山岛渔业资源丰富，自然风景优美，文化古迹名胜众多。将舟山从孤悬海中的岛屿变成同大陆相连的半岛，是世世代代以舟楫相渡作为交通的舟山人的梦想（图8.121）。

图8.121 舟山连岛工程

舟山大陆连岛工程，起于舟山本岛329国道，途经里钓、富翅、册子、金塘4座岛屿，跨越岑港、响礁门、桃天门、西堠门、金塘5个水道，最后与宁波镇海相连，连岛路桥工程全长约50千米，总投资逾百亿元。工程由五座跨海大桥组成，分别是岑港大桥、响礁门大桥、桃天门大桥、西堠门大桥、金塘大桥。

西堠门大桥是舟山连岛工程中技术要求最高的特大型跨海桥梁，桥梁选址在册子岛和金塘之间水道最窄处，水面宽约2200米，选多大跨度跨越这个水域呢？

"船老大好当，西堠门难过。"这是流传在舟山的一句民谣。西堠门水道水深流急、海底地质情况复杂，很难在海中建造桥墩，主桥必须一跨过海。而一跨过海就意味着，西堠门大桥的

跨径将达到2200米！这将超越日本明石海峡大桥的1991米跨径，投资成本、建设难度肯定会大幅提高。 而在靠近册子岛附近有一个小岛叫老虎礁，面积仅0.02平方千米，大桥的一个主塔若建在小岛上，同时为了避开金塘岛侧的桥塔不设在深水中，主跨长度1650米是最小跨径了，就这样经过多方案的比选，主桥采用了两跨连续钢箱梁悬索桥，跨径布置为册子岛边跨578米+主跨1650米，是目前世界上最大跨度的钢箱梁悬索桥，跨度在悬索桥中居世界第二、国内第一。设计通航等级3万吨、使用年限100年，通航净空高度不小于49.5米，净宽不小于630米。按四车道高速公路标准建设，设计行车速度为80千米／时，总投资23.6亿元。设计单位是中交公路规划设计院，施工单位是四川路桥集团公司。

西堠门大桥主桥桥跨布置为578米+1650米+485米。中跨主缆理论垂度为165米，矢跨比1：10。北边跨为有索区，理论垂度21.32米，矢跨比1：27.212；南边跨为无索区，理论垂度4.439米，矢跨比1：109.654。两根主缆中心距为31.4米。采用预制平行钢丝索股（PPWS），每根主缆中，从北锚碇到南锚碇的通长索股有169股，每根索股由127根直径5.25毫米的高强度镀锌钢丝组成。吊索采用钢丝绳吊索，吊索与索夹为骑挂式连接，与钢箱梁为销铰式连接。一般吊索钢丝绳公称直径0.06米，水平间距18米（图8.124）。

图8.122　西堠门大桥塔柱施工

北边跨锚碇采用重力式扩大基础锚，南边跨锚碇采用重力式嵌岩锚。索塔均为多层框架门式钢筋混凝土塔，塔高210米，塔柱为变壁厚矩形单箱单室结构，设三道横梁。索塔基础采用2.8米的大直径桩，承台为分离式（图8.122）。

作为大桥生命线的两根主缆，每根长约2880米，重约10614吨。单根索股重约62.2吨。钢丝极限抗拉强度达1770兆帕，仅次于明石海峡大桥的主缆钢丝强度1800兆帕。

目前，国内外大跨径悬索桥的主缆大多采用1670兆帕平行钢丝，但设计者经过一番深思熟虑后提出：提高钢丝强度级别可以减轻主缆自重，从而相应地减少主缆索股数，减小塔、锚的规模，缩短施工周期，由此可降低工程造价，并且跨径越大，经济效益越明显。于是，设计者开始对1770兆帕平行钢丝的适用性展开了研究。这是国内千米以上大跨径悬索桥中首次采用国产1770兆帕高强镀锌平行钢丝。

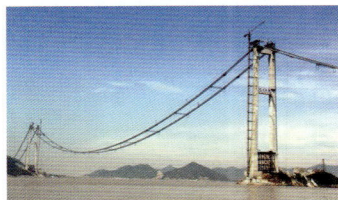
图8.123　主缆架设

西堠门大桥主缆采用预制平行钢丝索股（PPWS）法进行架设（图8.123），索股牵引距离长，所需牵引力大，施工中采用了以4台25吨变频卷扬机为动力的双线往复式牵引系统，可以对牵引时的绳速、位置、张力进行全程跟踪显示和自动控制，适应牵引过程中张力与牵引速度的不断变化；并且在国内大跨度悬索桥施工中首次大规模使用水平放索工艺。主缆安装的主要施工平台——猫道规模居国内第一，猫道经专门设计并进行了风洞试验验证，确保索股架设的安全与质量。

图8.124　钢箱梁吊装

舟山经常受到强台风的侵袭，在这里建造的跨海大桥，必须要有极大的抗风能力。建设单位委托气象部门对多年的风参数进行了研究，在现场建造了70米高的风观测塔，并委托国外多家权威机构进行了一系列严谨的科学研究、风洞试验。大桥加劲梁最终确定采用的双箱断面方案，是在世界悬索桥中首次实施的分体式双箱断面钢箱梁。加劲梁的型式为扁平流线型分离式双箱断面，两个封闭钢箱横桥向距离为6米，用横向连接箱梁和横向连接工字梁加以连接。梁高3.5米，中跨全宽36米。钢箱梁分为126个梁段，从海面吊装到约50米的空中位置。每个标准梁段长

图8.125 引桥预制

图8.126 主桥面沥青摊铺

图8.127 2008年初雪景中的西堠门大桥

18米，宽36米，高3.51米。最大梁段吊装重量约为360吨。钢箱梁总重30000多吨。

2007年9、10月间，"韦帕"和"罗莎"两次超强台风侵袭舟山，西堠门大桥桥上实测最大风力达到13级，正处于架梁期的大桥成功地经受了考验。

2008年9月9日，经过连续10个半小时的紧张施工，西堠门大桥2220多米长的钢桥面第4幅下层环氧沥青混凝土铺摊完成（图8.126），桥梁的建设初步告捷。大桥的建成意味中国长大桥梁的架设达到了一个新的阶段。

世界最大悬索桥一览表

编号	桥 名	主跨(米)	建成年	地 点
1	明石海峡大桥	1991	1998	日 本
2	西堠门大桥	1650	2008	中 国
3	大贝尔特桥	1624	1997	丹 麦
4	润扬长江大桥	1490	2005	中 国
5	亨伯尔桥	1410	1981	英 国
6	江阴长江大桥	1385	1999	中 国
7	青马大桥	1377	1997	中国香港
8	维拉扎诺桥	1298	1964	美国纽约
9	金门大桥	1280	1937	美国旧金山
10	阳逻长江大桥	1280	2007	中国湖北
11	海依靠斯特桥	1210	1998	瑞 典
12	麦金奈克大桥	1158	1958	美国密执安
13	南备赞濑户大桥	1100	1987	日本本四联络线
14	博斯普鲁斯桥	1073	1973	土耳其伊斯坦布尔
15	乔治·华盛顿桥	1067	1931	美国纽约

第九章　大跨度斜拉桥

　　现代斜拉桥是20世纪50年代由德国工程师创造的一种新的桥型，斜拉桥是由梁、索及塔柱组成的一种组合桥梁，由钢丝束拉索支撑桥面结构，兼有梁桥和索桥的特征。由于拉索的自锚特性，它不需要悬索桥的巨大锚碇，而拉索对梁的弹性支撑作用，又使斜拉桥的跨越能力比梁桥大；拉索可以有不同的布置方式，塔柱可以有不同的结构类型，组成了斜拉桥家族的丰富多姿，不断激励着人们的创造热情。

　　从1956年在瑞典建成通车的世界第一座斜拉桥算起，历经50多年的发展，斜拉桥在世界各国得到了广泛应用。历经了稀索体系向密索体系的演变、纯粹的钢梁或混凝土梁向结合梁或混合梁的转变、跨度从瑞典斯特罗姆松德桥（Stromsund Bridge，图9.1）的182米达到了俄罗斯罗斯基（Rossky）岛大桥的1104米的跨越，斜拉桥已成为跨越能力仅次于悬索桥的主要桥型。由于具有良好的力学性能和经济指标，斜拉桥在当今大跨度桥梁中扮演着重要角色。

9.1　现代斜拉桥的演进

图9.1　瑞典的斯特罗姆松德桥

　　自从美国用钢丝束作为主缆建造悬索桥开始，悬索桥的跨度日益增大，充分显示了钢丝束主缆的优越性。德国没有很多大河，但德国工程师却也找到了采用高强钢丝造桥的用武之地。与美国工程师不同，德国工程师们偏向于将桥面加劲梁直接斜拉在分散的直索上，就像布鲁克林桥中的斜向拉索那样。这些索或在索塔顶部汇合，或分别锚在塔柱的不同高度上。于是一种新的桥梁结构形式诞生了，这就是现代斜拉桥。

　　然而直到1955年，德国工程师才设计出一座纯粹的斜拉桥。这座桥也是建造在德国之外，它就是瑞典的斯特罗姆松德桥。瑞典的诸多河流、海湾、岛屿及整个斯堪的纳维亚半岛的地形为德国富有创新精神的桥梁设计师实现他们所设想的工程提供了场地。而瑞典桥梁当局开放的态度及对桥梁建设中深思熟虑的观念的认同使得这一切成为可能。该桥全长332米，跨径布置为75米+182米+75米，桥面宽14.3米，梁高3.25米，1956年建成通车，是世界上第一座大跨度斜拉桥，由德国的斜拉桥先驱弗朗茨·基辛格（Franz Dischinger）建造。

　　弗朗茨·基辛格（1887年10月8日—1953年1月9日，图9.2）是德国土木和结构工程师的先驱，负责研发了斜拉桥这种新的桥型，同时他也是预应力混凝土应用的先驱，1934年获得体外预应力技术的专利，1939年发表了著名的收缩徐变老化理论研究成果，并被定名为基辛格公式。他高中毕业以后，进入了德国卡尔鲁赫的技术大学学习并于1913年获得建筑工程学位，之后加入了德国迪克霍夫公司(Dyckerhoff and Widmann A. G.)工作，1928年他又回到德国的德累斯顿技术大学攻读并获得博士学位。

　　1938年，为了设计一座铁路悬索桥，他仔细研究了历史上

图9.2　弗朗茨·基辛格

几座布置有倾斜索的悬索桥，如约翰·罗布林设计建造的布鲁克林大桥，但他设计的悬索桥后来没有建造，从斜向布置的拉索作用受到启发，他开始有了自己的理念，斜向布置的拉索不应该是仅仅起加强作用，可以通过调整拉索中的索力用来主动控制主梁内的弯矩，这种理念也得益于他长期进行预应力混凝土的研究工作。1955年他在进行瑞典斯特罗姆松德桥设计时，创造性地提出了一座跨度182米的由斜拉索支撑的钢梁桥方案，设计于1955年完成，尽管之前也有类似的结构形式，但拉索的工作仅是对结构体系的一种加劲，而这座桥上充分利用了钢梁和拉索的共同工作，结构分析的新技术第一次用来计算桥梁的整个安装过程，得到了拉索的安装索力，从而保证了结构在成桥以后的拉索的工作效率，同时使主梁的恒载弯矩分配合理。因此，人们一般都认为1956年建成的斯特罗姆松德桥为世界上第一座现代斜拉桥，弗朗茨·基辛格是现代斜拉桥的鼻祖。

斯特罗姆松德桥的三跨布置是典型的悬索桥常用形式，作为平面体系，该桥可以认为是8次超静定结构，若将荷载按对称和反对称分解，赘余力可以减去4个，是那个年代使用计算尺和机械计算器进行数字计算所能接受的范围。之后的一段时间，桥梁变化创新体现在主梁结构上，采用正交异性桥面的钢板梁或钢箱梁。

1953年，也就是斯特罗姆松德桥的建造协议在斯德哥尔摩（Stockholm）签署一年之后，德国杜塞尔多夫（Dusseldorf）开始了在莱茵河上建造三座斜拉桥的计划，这是最早的大跨度桥梁群，三座桥采用相同的设计理念，即斜拉索竖琴型布置，斜拉索相互平行，就像竖琴上的琴弦，拉索在索塔上的高度不同。三座竖琴型斜拉桥实现了建筑师弗里德里希·坦恩斯（F. Tamms）的理想。

杜塞尔多夫斜拉桥桥梁群具有相似的拉索布置方式、和谐美观的外形，其中一座是对称的，两座是不对称的，分别有4、2和1个塔柱。桥梁群的建设周期跨越了20多年。

图9.3 特奥多尔·豪斯桥

北桥也叫特奥多尔·豪斯（Theodor Heuss）桥（图9.3），四车道公路桥梁，是德国境内第一座斜拉桥，钢箱梁由两侧各三根平行的拉索支撑，跨径布置为108米+260米+108米，拉索在梁上的锚固点间距为36米，梁高为3.12米，桥面总宽26.6米，人行道设置在塔柱和拉索外侧，行人道宽3.95米。主跨和有辅助墩的边跨均采用浮式吊机将梁段吊起就位，平衡悬臂施工。有两对垂直的钢塔柱，钢塔柱截面为箱型，高度41米，塔柱独立，没有在塔柱之间设置横梁，塔柱显得格外纤细。该桥于1957年建成通车。

特奥多尔·豪斯桥展示了斜拉桥的巨大潜力，斜拉桥开始了随后几十年首先在德国接着在全世界令人惊叹的发展。

杜塞尔多夫莱茵河上的第二座斜拉桥是克尼（Knie）桥（图9.4），因为城市建设规划的要求，桥梁采用了不对称的布置方式。为独塔双索面斜拉桥，跨度布置为47.15米+4×48.75米+320米，采用锚固于一对塔柱上各四根平行的拉索支撑主梁上，在岸边跨每对拉索在梁上节点处设置了两根2.5米的墩柱，也就是辅助墩，这样可以在主跨受到车辆荷载时结构体系有更大的刚度。拉索锚固间距64米，拉索直径72毫米。塔柱高114米，塔柱内侧为垂直面，外侧倾斜，横向尺寸由地面5.2米处变化到

图9.4 克尼桥

3.4米，纵向尺寸由4.2米变化到3米，塔柱耸立于略微高出地面的基础之上。桥面双向六车道，桥面宽28.9米，由两个高3.4米相距21.5米的板梁组成。整个桥梁外形显得十分简洁。桥梁边跨由桥台开始架设，主跨采用悬臂架设，在永久拉索锚点处设置了临时辅助拉索，为了保证架设期间320米长度悬臂结构的空气动力稳定性，在两片板梁之间设置了横向辅助横梁。该桥于1969年建成通车。

　　桥梁群中最难设计的一座是欧博卡瑟（Oberkassel）桥（图9.5）。这座桥建造目的是替换同位置处的一座老式桁架桥，为了桥梁建设时期的交通需求，要求先在旧桥旁将新桥建成，保证旧桥拆除及新桥桥墩修建期间，交通由建在临时桥位处的新桥承担，等永久桥位处的桥墩建成后，将桥梁沿河流方向平移47米。

图9.5　欧博卡瑟桥

　　这是一座四线汽车道和双线有轨电车道的桥梁，用来替换在该桥位处已有的一座宽度不够的桁架桥。建桥的前提是不能中断既有交通，需要特殊的结构体系和复杂的施工方法。采用了不对称的独塔独柱形式，桥跨布置为5×51.55米+257.75米+70米，拉索为单索面，沿桥梁中心线布置。桥面宽35米，梁高3.15米，单箱三室斜腹板截面，桥面为正交异性板结构，桥塔高度为100米，箱型断面，沿纵向和横向略微倾斜。

　　桥梁在距永久桥位上游47.5米处建造，边跨在临时辅助墩上架设，主跨采用悬臂施工法架设。在将桁架桥拆除及桥墩修建之后，桥梁结构向下游移动47.5米，然后将临时墩和中间墩拆除。在移动过程中，桥梁仅有两端桥台、塔柱及杜塞尔多夫岸侧墩柱支撑，为了达到这个目的，通过拉索内力的调整，使杜塞尔多夫侧辅助墩的支撑点处的反力为零。整个移动的重量为12700吨，其中10300吨作用在桥塔处。移动采用了杜邦特富龙的滑动支座，在桥梁移动之前做了摩擦系数试验。桥梁横向移动仅在塔柱和杜塞尔多夫岸的桥墩上设置牵引索，采用穿心式液压千斤顶进行牵引，在对应的墩柱上设置了制动块。整个桥梁的移动仅用了13个小时。

　　1973年12月20日新桥在临时桥位处建成通车，1976年4月7日至8日，新桥移至永久桥位，1976年4月16日开放行人和临时车辆通行，1976年4月30日全面开放交通。

　　三座大桥均由欧文·贝伊尔（Erwin Beyer）、路易斯·维特格尔斯特（Louis Wintergerst）和弗里德里希·坦恩斯设计，弗里茨·雷昂哈特（Fritz Leonhart）担任咨询工程师。杜塞尔多夫市以其和谐的斜拉桥桥梁建筑群引以为豪。

　　而拉索在塔柱上方汇合的桥是科隆（Cologne）的塞弗林（Severins）桥（图9.6），它也是世界上第一座A形塔柱的斜拉桥。这项设计是从该城1955年的设计大赛上选出来的，索塔分布毫无对称性可言。由哥尔特·洛默尔（G·Lohmer)工程师设计，建于1959年，是最早的A形独塔斜拉桥，主跨302米。在大桥斜拉索最后一根钢索之外，还有121米的主跨没有钢索悬吊而支承在岸上的墩柱上；因此，主梁采用很高的箱梁，桥面与梁底采用不同的曲率，使梁高自桥台处的3.20米变化到跨中的4.60米。拉索被锚在了桥面箱梁的两侧，汇集在一个A形索塔的顶部。这座不对称桥尽管很不寻常，建筑难度也很大，但是它却被选中了，因为若采用两座索塔的话将会损害上游著名科隆大教堂（Cologne Cathedral）的景观，科隆城为了给子孙后代保留住这座城市的特色，认为额外的花费还是值得的。直索和A形

图9.6　塞弗林桥鸟瞰

图9.7　塞弗林桥夜景

索塔（索塔连接巨大的桥墩，几乎延伸到水面）使得桥下有很大的开阔空间，因此桥面看起来十分轻盈。刚塔颇为刚劲有力，造型简洁优美，和科隆大教堂遥相辉映（图9.7）。

　　只要是关系到桥梁的基础建设，有一点必须考虑到，那就是地基一定要将极大的荷载转移

图9.8 塞弗林桥

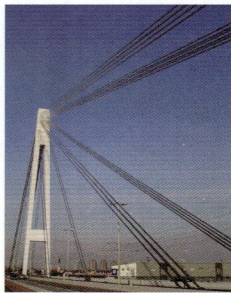

图9.9 曼海姆桥

到底下的土地上。地基一般很深，使得这一问题变得十分困难。河流也表现出一些假象。当该桥塔柱地基的沉箱被下放到河底，在压力作用下沉箱开始下沉。河流上游方向切边的部分被冲刷走了，巨大的钢筋混凝土沉箱倾斜了。许多沙石灌进来，一部分就落在了沉箱上，将一些负责脚手架建造的工人永远埋在了莱茵河里。

最初，这座不对称的桥经受了严厉的指责，尤其是有些人认为这座本可以设计得更为简洁。然而，后来考虑到技术或美学因素而必须采用不对称结构的情况证明了这座桥的合理性。20世纪末，国际桥梁和工程协会组织了"20世纪世界最美的桥梁"评选，从全世界100多个国家的上千座桥梁中遴选出15座，授予"20世纪世界最美的桥梁"桂冠。塞弗林大桥位列其中（图9.8）。

这座桥梁的建造及由其引起的讨论对后来的桥梁建设产生了一定的影响。

曼海姆（Mannheim）桥（图9.9）为跨越莱茵河的第二座斜拉桥，是一座4线公路、2线有轨电车公用桥梁，由于有轨电车要布置在桥梁中间，所以采用了较窄的A形塔，拉索可以放在有轨电车轨道外侧。由于地方条件的限制，做成了独塔斜拉桥结构体系。这座桥梁值得一提的是采用了混合梁形式，其中主跨287米采用钢箱梁，而边跨60.16米和65米采用了混凝土主梁，钢梁截面和混凝土梁截面在塔柱处形成刚接。

早期的斜拉桥主梁基本都是钢结构，拉索间距在30~60米之间，结构的分析计算控制在用早期的计算尺或机械计算机能够分析的容许范围内，主梁的施工仍然采用平衡悬臂法，所以主梁梁高也较大。随着施工实践经验的积累和计算技术的提高，特别是计算机出现以后，斜拉桥的构型和施工方法的变革时代来临了。

图9.10 澳大利亚墨尔本西门大桥

图9.11 西门大桥局部

而非常有趣的是，德国在20世纪60年代末将斜拉桥体系转为密索体系后，世界上其他地方仍然继续建设稀索体系的桥梁。比较典型的是1968年开工的澳大利亚墨尔本市的西门（West Gate）桥（图9.10），桥梁从11号墩至15号墩之间，孔跨布置为112米+144米+336米+144米+112米，主跨上每个塔柱有4根拉索，分别锚固在边跨和中跨（图9.11）。该桥当时是主跨最大的稀索体系斜拉桥。不幸的是这座桥梁的钢箱梁采用了分块制作（图9.12），吊装到位后现场拴接。

图9.12 西门大桥分块安装

图9.13 1970年10月15日垮塌现场

在桥梁开工2年后的1970年10月15日上午11点50分，10号墩和11号墩之间的112米钢梁轰然倒塌，跌落到50米高的地面和水下。35名建设工人当场遇难（图9.13）。2000吨的庞然大物跌入河中，气体、泥土和金属的爆炸声引起的振动在几百米以外的房屋里都能感觉到。事故调查结果认为两方面的原因导致事故的发生：弗里曼—福克斯合作联盟公司(Freeman Fox and Partners)不当的设计和全球建筑服务公司(World Services and Construction)不当的建筑方法。

图9.14　基辅大桥

图9.16　美国路翎大桥

在桥梁垮塌那天，10号墩至11号墩之间的西端要连接为整体截面的两块梁之间有11.4厘米的高差，两块块件无法连接。于是提出在高的一侧采用10块8吨重的混凝土块压重，使两侧标高一致。这些压重块导致了梁段的屈曲，这是结构垮塌的预兆。当要求避免屈曲的命令下达时沿着纵向两个半边梁的连接已经完成一部分了，当将连接的螺栓移去之后，桥梁的变形猛然弹回，整个结构顷刻垮塌了。大桥1978年建成通车，已经是开工十年之后的事了。

　　1976年建成的乌克兰基辅（Kiev）跨越第聂伯河的基辅大桥（图9.14）是一座主跨达到300米的独塔稀索体系斜拉桥，背索在边跨的集中锚固给人一种稳定的感觉（图9.15）。

　　1982年建成的美国路易斯安那州跨越密西西比河路翎(Luling)大桥（图9.16），也是一座稀索体系斜拉桥，跨径布置为79米+151米+376米+151米+79米，塔柱为门形塔柱，该桥算是最大跨度的稀索体系斜拉桥了。

图9.15　基辅大桥夜景

9.2　稀索体系向密索体系的过渡

图9.17　波恩北高速公路桥

图9.18　里斯—卡尔卡桥

在建造悬索桥的时候，加劲桁架是建造在预先制造好的部分上的（这部分悬挂在主悬索上）。从桥跨的中间开始同时向两端建造，因此在建到索塔部分时，悬索的垂度已经根据桥面的重量调整好了。然而，斜拉索桥面的悬臂建设是从索塔开始向河中心方向建造。当一切就绪时，支撑索就像移动支架一样在各段建筑中发挥作用。因此减小拉索间距，对于桥面建设也是十分有利的。密索体系斜拉桥就这样产生了。

　　以波恩北(Bonn-Nord)高速公路桥（图9.17）为例，该桥跨度布置为120.10米+280.米+120.10米，桥梁宽36米，梁高4米，相邻索距仅有3米，第一根拉索与主梁锚点距塔柱35米。钢索锚固在塔柱的上部，使塔的下半部分形成一个三角形的无索区，塔柱耸立在高速公路的分隔带上，由于空间狭小，塔柱仅在纵桥向倾斜放坡。通过减小各个拉索的间距，施工中的重量都由附近的拉索承担，因此在建筑过程中箱梁内的弯曲应力十分小。该桥于1967年建成通车，是世界上第一座密索体系的斜拉桥，这座桥是由海尔马特·霍姆伯格(Hellmut Homberg)设计。

　　把支撑索布置在两个平面上的构造具有很大的美学意义，海尔马特·霍姆伯格设计的另一座双索面的密索体系桥梁是跨越莱茵河的里斯—卡尔卡（Rees—kalkar）桥（图9.18），采用了竖琴型拉索布置，桥梁跨度为104米+255米+104米，对称布置，桥面宽20.3米，梁高3.47米，塔柱高46.15米，主梁和主塔均为钢

图9.19　汉堡科尔布兰特桥

结构。该桥也是1967年建成通车。就这样，德国率先掌握了斜拉桥的建筑技术，并成功将稀索体系发展为密索体系，为后来斜拉桥的跨越式发展奠定了基础。同一时期，结构有限元的大型分析软件如ASKA、NASTRAN等先后发表，工程技术人员很容易计算高次超静定结构的内力和位移，这也为密索体系斜拉桥的发展提供了理论基础。

图9.20 汉堡科尔布兰特桥夜景

1974年建造的汉堡科尔布兰特(Kohlbrand)桥（图9.19）是双索面结构，不过325米长的主跨两边各有一座索塔，桥跨布置采用了对称布置，跨径组合为70米+98米+325米+98米+70米。这座桥是汉堡海湾的一道风景（图9.20），桥面直升到水面以上60米高的地方，塔架为A字形，并向内弯曲，包住桥面，高架引桥及主桥墩皆为混凝土所建，桥塔和中跨为钢结构。

图9.21 法国南部的圣纳泽尔桥

1975年在法国南部圣纳泽尔(St.Nazrire)附近的卢瓦尔河(Loire)斜拉桥（图9.21）率先突破了400米的跨度纪录。该桥桥面高60米，跨径组合为158米+404米+158米，它充分利用了密索体系扇形索面的优点，桥塔设置在实体的桥墩之上。桥墩为钢筋混凝土结构，斜拉桥塔柱和主梁为钢结构，引桥是预应力混凝土结构。由于桥梁行车道的宽度仅有12米，全宽15米，梁高3.2米，桥梁全长720米，塔柱高68米。作为航空警示标志，桥梁塔柱涂成了红白色相间的条块，就像彩色斑马装。

图9.22 新维德大桥

1978年在莱茵河上建成的新维德（Neuwied）大桥（图9.22）是一座顺桥向呈A形塔柱的斜拉桥，因为要跨过莱茵河的两条河面较宽的支流，利用支流之间的小岛修建了这样一个塔柱，塔柱分别立于横向有足够宽度的桥墩上，这样桥墩可以承受箱梁的扭矩。采用单索面的拉索布置，简洁通透，在蓝色的天空衬托之下，若隐若现。整座桥梁孔跨布置为235.2米+38.4米+212米，桥面宽35.5米，梁高2.42~2.80米，采用正交异性钢箱梁；桥塔为钢结构，高91.77米，桥面以上88米；全桥共有44根拉索。

图9.23 弗莱赫大桥

在左侧墩柱上设置人行扶梯，便于牧羊人到河心岛上放牧，这样一种简单的功能要求，不仅体现修桥的人文目的，还带来了建筑艺术上的效果。桥梁建设规划者的细致入微在其他桥梁上并不多见。

1979年建成的德国杜塞尔多夫附近的弗莱赫（Flehe）大桥（图9.23）采用了倒Y形塔和中央单索面，塔柱采用钢筋混凝土结构，主梁为钢箱梁。桥跨布置为12×60米+59.25米+368米，桥跨宽41.7米，塔高160米。这座桥梁表明，独塔跨度达到了368米。

图9.24 丹麦法鲁大桥

丹麦法鲁大桥（Farø，图9.24）1985年6月4日建成通车，它连接法尔斯特到西兰岛之间的道路，在法鲁岛相接，法鲁岛仅有0.93平方千米大，2008年统计，岛上仅有居民5人。该桥是一座单索面斜拉桥，桥塔为宝石形，塔高95.14米，桥跨布置为80米+120米+290米+120米+80米。桥面（图9.25）宽22.4米，梁高3.5米，由丹麦科威咨询工程师和规划师协会

图9.25 法鲁大桥桥面

图9.26 瑞典乌德瓦拉(Uddevala)桥 2000年建成，主跨414米

（COWI Consulting Engineers and Planners AS）设计。

9.3　混凝土梁、结合梁截面的演变和结构体系多样化

图9.27　马拉开波桥

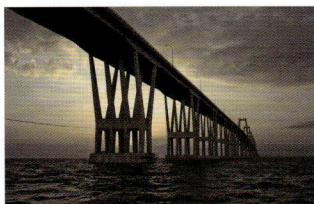

图9.28　马拉开波桥引桥桥墩

早期的斜拉桥多以钢桥为主，也有多座大桥桥塔采用了钢筋混凝土结构。斜拉桥密索体系的出现，使钢筋混凝土的用途打破了钢材垄断斜拉桥的情形，从地基到索塔再到桥面建设，处处都有它的身影。今天，在中型和大型桥梁建筑中，钢筋混凝土已经占据了很大的比例。

实现这一原则的一个重大的工程是委内瑞拉的马拉开波(Maracaibo)湖上一座主跨长235米、总长8.7千米的桥，它是世界上最长的桥之一（图9.27）。

马拉开波桥位于南美洲国家委内瑞拉的第二大海港城市马拉开波市。大桥连接马拉开波湖东西两岸，将马拉开波湖周边地区的公路网连为一体，是世界上第一座公路预应力混凝土斜拉桥，第二座现代斜拉桥。该桥为六塔双索面稀索体系双箱单室预应力混凝土箱梁斜拉桥，24组拉索从塔顶拉向桥面，桥塔纵向为A形，横向为门字形，下塔柱另有X形墩向上支撑桥面（图9.28）。马拉开波桥主桥共有5孔，跨径235米，宽17.4米，塔高86.6米，梁高5.4米，最高处距水面45米，全桥长8.7千米，由意大利结构专家工程师莫兰第（Rieca do Morandi）于1957年设计，1958年动工，1962年建成通车。

莫兰第原本设计了一座主跨长400米的公铁两用桥，一对拉索分别悬挂桥塔两侧的主跨上。由于同德国和委内瑞拉组成的建筑集团合作，这项工程进行了一些改动。由于成本原因，铁路桥被取消了，航道减少了宽度。撑杆被建成悬索捆成的束，连接到17.4米宽的桥面两侧。高5米的预应力混凝土箱梁由纵向距塔80米的一对拉索支撑。同时箱梁还支撑在距塔柱两侧各22米的V形支柱上，在每孔强大的伸臂梁之间，放置46米的悬孔。建桥的工程师们却面临着使用新的引桥并在合同规定的40个月的期限内完成这项工作的问题。

这项工程主要以5座斜拉索主跨为中心开展。桥面在水面50米之上，从而去往马拉开波湖油井的油轮可以自由出入。斜拉索的索塔高92.5米，由直径1.35米、长56米的桥墩支撑，桥墩一直延伸到湖底。46米长的嵌入式梁连接悬臂两端。

这项建在开放海域上的工程依赖于岸边预制好的组件——在交通工具允许的范围内，这些组件又大又重。湖岸边的中心设备向9千米外的整个建筑工地提供服务。从驳船到浮着的起重机（举起的重量从60吨到250吨不等），浮在水面上的交通工具有130个装置。桥墩上的建筑平台负责85米桥跨和悬臂上的主桥墩建设，这些建筑平台建在现浇的混凝土辅助梁顶端。在拉索固定完并拉好之前，模板和混凝土的压力由临时支撑物支撑。

这座桥建成通车刚刚两年，1964年4月6日晚，一条油轮撞上了引桥跨的一个桥墩，破坏了第二个桥墩，使得邻近的嵌入式梁脱离了它的支撑点并落入水中（图9.29）。在人们意识到事故的进一步发展、给出警告之前，许多车辆就一头栽入了水中。造成7人死亡。这一幕和2007年6月25日清晨的中国广东九江大桥撞桥事故惊人相似。

图9.29　1964年4月6日晚撞船事故后的马拉开波桥

这场事故后6个月，损毁的部分整修完毕，这座桥又一次通车。幸运的是，原来的建筑集团愿意并通过他们的经验在最短的时间内完成了相应的工作。

在使用了20年后，这座桥的拉索被换了下来。我们可以断言，改进后的防腐蚀措施可以保证新的拉索更长的使用寿命。

1971—1972年，第一座混凝土主梁的密索体系斜拉桥开始建造了。迪克霍夫和维德曼公司（Dyckerhoff & Widmann）在法兰克福莱茵河设计建造了一座宽30.95米、主跨长148米的不对称斜拉索桥（图9.30）。这座桥连接着河两岸的赫斯特化学工业园区，有两个竖直的悬索平面和一双塔间距8.5米的索塔。通往工厂的铁路从两个悬索平面之间穿过。机动车辆则从两边各9米宽的车道上通过。每条平行的斜拉索都由25φ16毫米的钢丝组成，并被装入直径为20厘米的套筒。拉索张拉后，为了防止被腐蚀，这些套筒都被灌了浆。仅仅是拉索一项就用了3700吨的高质量钢材。主跨是通过节段悬臂建设完成。这是第一次采用密索体系建造预应力混凝土斜拉桥，也是第一座公路铁路两用的斜拉桥。

图9.30 赫斯特大桥

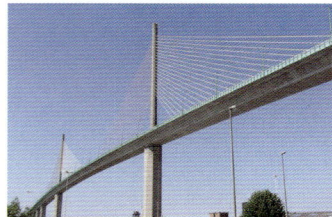

图9.31 伯劳东纳桥

1974年，在伯劳东纳（Brotonne）桥（一座从鲁昂（Rouen）穿过赛纳河（Seine）下游的公路桥，图9.31）的建造中采用了一个绝妙的方法，桥梁建筑也取得了突破性进展，标志着一个新时代的来临。这一方法就是用一个中心斜拉索平面来支撑320米的主跨。斜拉索的这种布置方法是从波恩莱茵河段的波恩北高速公路斜拉索钢桥上得到的启示。

伯劳东纳桥是由法国工程师金·穆勒（Jean Muller）设计的，他是法国著名工程师预应力之父弗莱西奈（Freyssinet）的学生，擅长推敲结构细部的处理方法，改进混凝土桥的建造技术。弗莱西奈率先开创了大型桥梁构件的预制施工法，穆勒进一步发展，创造了匹配预制法，也就是通过抵着相邻段浇注混凝土块件的方法，因为下一段梁段是以前面梁段为模板进行预制的，所以两段之间的接缝就能完美精确，这正是拼装方法用树脂胶合所需要的精度。

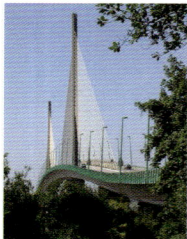

图9.32 伯劳东纳桥高耸的主塔

伯劳东纳桥的特点是使预应力混凝土斜拉桥首次突破300米大关，跨度组合为58.5米+143米+320米+143米+58.5米，桥下垂直净空高度达到52米，钢筋混凝土塔柱，塔柱高72.2米（图9.32）；主梁是一个3.8米等高的预应力混凝土箱梁（桥宽19.2米），采用预制拼装法架设，通过在箱体内部斜撑和连接斜拉索的点之间安装拉索，箱梁底宽8米，具有抗扭转的功能；上部结构主梁是用悬臂施工法，每3米一个节段进行混凝土梁段拼装。斜拉索安装与箱梁建设同步，从而悬臂可以一直使用斜拉索来支撑；承担纵向压力的每条索都是由12根直径为15毫米的钢束组成。由于承担的负载不同，斜拉索包含着39~60根不等、直径为15毫米的钢束；这些斜拉索被装入到外径为165毫米、厚度为4.5毫米的钢管中，然后进行灌浆；120米高的索塔是由钢筋混凝土建成的。特别值得一提的是安装了必要的风力减震器。如果没有它，桥纵向方向仅为50千米／时的风速都能使桥水平方向不规则的偏离达1.5米。每根拉索根部的减震器实现了减震的目的。

这座桥梁精心的设计和建造技术，取得了令人信服的统一的外观，桥梁造型简洁、明快、协调和刚柔相济，可以说是美轮美奂。这座大桥被评为20世纪最美桥梁的第3名。

伯劳东纳桥的建设在斜拉桥建设史上是一个重要的里程碑，对后来的混凝土密索体系的桥梁影响深远。1986年建成的美国佛罗里达州的日照天路（Sunshine Skyway）桥（图9.33）简直就是这座桥的拷贝版，只是主跨跨度大了45米。

图9.33 日照天路大桥

图9.34　夕阳下的日照天路桥

图9.35　泰国哈迈大桥

图9.36　巴拿马世纪大桥

图9.37　波兰团结大桥

日照天路大桥跨径布置为42.7米＋3×73.2米＋164.6米＋365.8米＋164.6米＋3×73.2米＋42.7米。主梁采用悬臂拼装法施工，梁段预制长度3.6米，梁宽29米，梁高4.3米，节段吊装重量为160~200吨；塔柱高73.50米，横桥向等宽3.3米，顺桥向宽度从塔顶至塔底为4.3~7米。每根拉索由38~80根钢绞线组成。

这座大桥又一次体现了设计者金·穆勒的技术创新和设计理念，他坚决以简化形式作为自己的设计思想，把不可浪费宝贵的资源的思想作为一条格言，创造出了优秀、美观、经济的设计。这座大桥是北美最受喜爱的大桥之一，大桥呈一条长长的凸曲线从航道升起，强调了空间的飞跃（图9.34）。

1987年建成的泰国主跨450米哈迈（Ramaix）大桥（图9.35）、2004年建成的巴拿马主跨320米的世纪（Centennial）大桥（图9.36）和2005年建成的波兰主跨375米的团结（Solidarity）大桥（图9.37），其结构体系和桥梁构型都深受伯劳东纳桥和日照天路大桥设计理念的影响。

由于河两岸条件的限制，纳瓦拉(Navarra)高速路上的埃布罗(Rio Ebro)桥（图9.38）的设计与众不同，为人们提供了另一种体系组成方式。倾斜的混凝土索塔被两个不对称的背索面锚固，背索面布置在桥面的两边地基基础上（图9.39）。然后才进行28.9米宽的桥面悬臂建设，主跨由单索面斜拉索面来支撑，这里的拉索也是用成捆的钢束组成的。这座奇异的桥梁是费尔南德斯（Leonardo Fernández Troyano）设计。主塔和主梁均为钢筋混凝土结构，桥梁主跨137.12米，塔高59.8米，而梁高为2.14米。

这位有创意的设计师设计的另一座类似的桥梁是1995年建成的桥，主跨虽然只有125米，但略微倾斜的塔柱和布置巧妙的背索索面给人留下深刻印象（图9.40）。

西班牙另一座惹人眼球的斜拉桥是由圣地亚哥·卡拉特拉瓦（Santiago Calatrava）设计的阿拉米罗（Alamillo）大桥（图9.41）。这一座无背索斜拉桥1992年建成通车，桥面为钢混凝土组合结构，塔柱为混凝土结构。桥梁全长230米，主跨200

图9.38　埃布罗桥

图9.39　埃布罗桥背索布置

图9.40　莱雷兹河桥

图9.41　阿拉米罗大桥

图9.42　荷兰鹿特丹市的伊拉斯姆大桥

图9.44　湖南省长沙市洪山大桥

图9.43　哈尔滨太阳岛桥

米，塔柱高142米，向后倾斜58度，拉索布置在车行道中间，共设置了26根拉索。

1992年，西班牙举办的世博会被选在一个几乎被遗忘的岛上举行，于是从陆地到岛的连接就成了问题。当时兴建了4座桥，而最醒目、最让人印象深刻的就是卡拉特拉瓦设计的这座阿拉米罗桥。整个桥的结构非常独特，它没有一个桥墩，全长200米的桥身全由一个142米高、倾斜约58度的斜拉梁所承载。圣地亚哥·卡拉特拉瓦，1951年出生在西班牙的瓦伦西亚。他以桥梁结构设计与艺术建筑设计闻名于世，他设计了威尼斯、都柏林、曼彻斯特以及巴塞罗那的桥梁。由于卡拉特拉瓦拥有建筑师和工程师、雕塑家等多重身份，他在结构和建筑美学之间的互动方面有着非常娴熟的技巧。他认为美态能够由力学的工程设计表达出来，而大自然之中，林木虫鸟的形态美观，同时亦有着惊人的力学效率。所以，他常常以大自然作为他设计时启发灵感的源泉。他的作品不仅带给我们美的享受，也为我们开创了一种解决建筑问题的新思路。

以上介绍的三座具有创意的西班牙桥梁对后来的多座桥梁产生了重要影响。如1996年建成的荷兰鹿特丹市的伊拉斯姆(Erasmus)大桥（图9.42）、2000年建成的哈尔滨太阳岛桥（图9.43）及2004年建成的湖南长沙市的洪山大桥（图9.44）等，前者采用的是斜塔有简单背索，后两座在造型上基本是阿拉米罗桥的翻版。

美国跨越哥伦比亚河的帕斯克－肯尼维克桥（Pasco－Kenne－wic，图9.45）宽24米，有两个辐射形布置的斜拉索索面，即拉索都集中固定在索塔的顶部。这座桥跨度为34.8米+123.9米+299米+123.9米+3×45.1米+37米，连续长度达758.3米，而梁高仅为2.13米，还是主梁的横梁受力决定的。

主梁截面首次采用了由两个三角形的边箱及之间的桥面板组成的截面形式，桥面板下每隔2.5米设置一道横梁，桥梁采用预制拼装法施工。预制好的梁段包括了整个上部结构的横断面，重达270吨。每条索都是由平行的成捆的钢束组成。拉索的锚固采用环氧钢球抗疲劳型的新型锚具。首先拉索被放入聚乙烯管中，然后用水泥灌浆来防止腐蚀。从两个连接斜拉索平面的索塔开始，用悬臂展开两边对称的建造工作。这座桥梁于1978年9月建成通车，当时为国际最大的混凝土梁斜拉桥，设计开创的流线型主梁截面形式对后来的桥梁产生了深远影响。如中国的济南黄河桥、天津永和桥及武汉长江二桥都采用了帕斯克－肯尼维克桥的截面形式（图9.46）。辐射形拉索布置的另一特点是所有拉索相交于塔顶，给拉索布置和塔顶构造细节设计带来一定困难，尽管这种布置对斜拉桥主梁受力及拉索的经济性有一定优势，但后来仿效者不多。

在斜拉索桥中，混凝土自身的重量可能是一种优势。尽管上部结构庞大的自重产生相当大的拉索拉力，然而自重和汽车荷载的

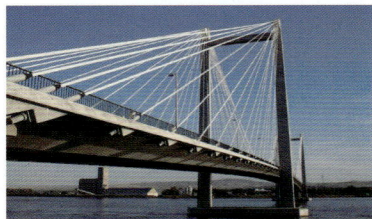

图9.45　帕斯克－肯尼维克桥

图9.46　帕斯克－肯尼维克桥具有三角边箱的断面

图9.47　卢那桥

比率使得混凝土桥在汽车荷载作用内力的变化比钢桥的变化要小。对于跨度长达300米的桥，即使是由铁路运输所带来的内力变化也不过是150兆帕。

　　进入20世纪80年代之后，混凝土斜拉索桥建设数量与日俱增，并且实现了主跨400米的跨越。1983年建成的西班牙卢那桥（Barrios de Luna，图9.47）成了世界上跨度最大的预应力混凝土桥，同时也打破了法国纳泽尔桥创造的404米的钢斜拉桥世界纪录，使混凝土斜拉桥的跨度纪录走在了钢桥的前面。这座桥位于西班牙莱昂市（Leon）近郊，由于特殊的地形限制，桥的两侧均是山包，又不想在水中修建基础，边跨侧的两个桥台为重力式平衡结构物，许多边跨的拉索锚固在桥台上，形成了所谓的部分自锚、部分地锚式斜拉桥结构体系。桥台内设置了锚固拉索的工作通道，就像悬索桥的锚碇那样，以便拉索的张拉、锚固和更换。两个桥台平衡结构共用了约20000方混凝土。主梁在边跨梁端与桥台固结，在中跨的跨中设置了剪力铰，用以克服温度内力和变形，在桥塔处主梁竖向不设支撑，仅设置水平支撑，可以抵抗650吨的横向风力作用。

　　在中国，1982年建成通车的山东省济南市黄河公路大桥，是中国第一座主跨突破200米的斜拉桥。中国1975年建成了第一座斜拉桥，跨度仅有75.84米，即四川省云阳县的云阳汤河溪桥，

图9.48　济南黄河公路大桥

它是中国一座试验性的斜拉桥，之后建设了几座斜拉桥但跨度始终没有突破200米，建桥还处在较低的水平。

　　1978年12月，济南黄河公路大桥破土动工（图9.48）。桥梁位于济南市北郊，是一座现代意义上的密索体系斜拉桥，主桥总长488米，大桥为5孔连续的预应力混凝土双塔斜拉桥，跨径组合为40米+94米+220米+94米+40米；主梁为带三角形边箱的半闭口截面，梁高为2.75米，主梁采用挂篮悬臂浇注施工；桥塔为A形门式塔柱，在顺桥向采用了A形，在横桥向为门形，在A字的顶部有

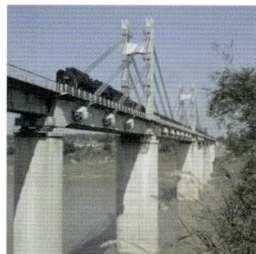
图9.49　红水河斜拉桥

一道横梁相连，塔高68.4米。每个桥塔塔柱两侧各有11根拉索，用铅套管压水泥浆进行防护。大桥于1982年建成通车，桥梁由山东省交通设计院设计，山东省交通工程公司施工，设计负责人是李首善和万姗姗。

　　还值得一提的是广西来宾红水河斜拉桥，这是一座跨长为48米+96米+48米的单线铁路桥（图9.49）。桥梁位于湘桂铁路Ⅱ线红水河，是中国修建的第一座预应力混凝土铁路斜拉桥，采用双塔竖琴型、塔梁固结、塔墩分离的结构形式。主梁截面为单箱双室，梁高3.2米，箱宽4.8米，单箱单室。索塔高29米，由两个塔柱组成，底部通过强大的箱形横梁与主梁组成整体。斜缆平行对称布置于索塔两侧。每组均由6根10股钢绞线束构成，两端用槽销式组合锚分别锚固于塔柱和主梁牛腿。其目的是保证锚具抗疲劳强度，并可在必要时进行索力调整和缆索的更换。斜拉桥主梁边跨在膺架上浇筑，中跨悬臂浇筑。在设计施工过程中，针对铁路桥梁荷载重、疲劳和振动影响显著以及其他结构特点，进行了全桥整体模型、风洞节段模型、节点构造、斜缆锚固疲劳与防护、盆式橡胶支座、高强混凝土（600号）泵送工艺等试验。该桥于1981年竣工通车。铁道科学研究院负责设计，柳州铁路局施工。这座桥梁是中国铁路混凝土斜拉桥的首次尝试，由于造价比连续梁昂贵，加上人们对铁路荷载作用下拉索疲劳的忧虑，后来没有得到很大推广。

　　位于阿根廷波萨达斯（Posadas）和乌拉圭恩卡那西翁（Encarnacion）之间跨越两国边界界河的巴拉那（Parana）桥（图9.50）是一座跨度较大的公铁两用混凝土斜拉桥，桥面上设置一条单线铁路和两车道公路，铁路和公路同处在一个平面上，铁路中心线

图9.50　巴拉那桥

与桥梁中心线设置了一定的偏心。主桥长560米，跨径布置为115米+330米+115米，在桥塔处主梁不设竖向支撑，全部竖向荷载均由拉索支撑，但在两个桥塔上的塔梁相交处设置了横向支撑，在其中一个桥塔上设置了纵向支撑，承受桥梁的横向风力、纵向制动力和地震力等。设计标准是这样的，公路按美国国家公路与运输协会标准（AASHTO），铁路按德国标准（DIN）。

图9.51 阿根廷扎哈特海湾板桥

主梁采用倒梯形断面，桥面宽18.9米，其中汽车双车道8.5米，火车道宽4.2米，公路与铁路之间设置了隔离带，梁高2.94米；桥梁的基础是两个直径为12米的沉井，在塔底处由5米厚的承台将两个沉井相连；桥塔为横向呈A形的塔柱，塔柱全高85米，桥面以上65米；拉索采用强度为1500兆帕的直径7毫米的钢丝编制而成，强度安全系数在1.75~1.99之间，通过桥面的铁路和公路合理的偏心布置，使两侧拉索具有相同的尺

图9.52 罗萨里奥—维多利亚桥

寸。同为公铁两用斜拉桥，1978年建成的阿根廷扎哈特海湾板桥（Zárate-Brazo Largo，图9.51），跨度为110米+330米+110米，却采用了两侧拉索尺寸不同的设计，更为有趣的是2003年阿根廷建造的另一座斜拉桥罗萨里奥—维多利亚（Rosario-Victoria）桥（图9.52）也是330米的主跨，好像阿根廷人对330米主跨情有独钟。其实不然，由此反映了这样一个南美国家在桥梁建设中尽量采用标准化和利用先有机械减少造价的建设思路。

桥梁所处地区为龙卷风多发地区，1926年9月20日发生过一次龙卷风，致使300人死亡，桥梁设计时充分考虑了这种自然现象对结构的影响，设计可以抵抗250米/秒速度的龙卷风。

在美国有两座很有特色的斜拉索桥，它们是东亨丁顿（East Huntington）桥（图9.53）和达姆（Dame Point）桥。

图9.53 东亨丁顿桥

位于美国西弗吉尼亚州和俄亥俄州之间的东亨丁顿桥，正桥长599.24米，孔径布置为48.16米+91.44米+274.32米+185.32米，其中两个大跨是独塔混凝土斜拉桥，两个小跨为预应力混凝土连续梁。该桥是独塔斜拉桥的最大跨度。本桥的最早设计主梁为钢结构，两个桥墩也已经按钢梁的计算要求修建完毕，上部结构发标时改为了混凝土结构，桥塔不能够承受施工时混凝土主梁引起的不平衡弯矩，因此在施工时采取了用前索和背索来稳定桥塔。梁段在桥位附近的预制厂预制，用驳船运到现场。桥面横梁采用宽工字钢用来减轻桥梁重量。

这座桥的设计者是设计帕斯克—肯尼维克桥的原班人马，也是由美国阿维德·格兰特公司（Arvid Grant and Associates）设计，德国莱昂哈特—安得拉合作公司（Leonhardt Andrä and Partner）提供技术咨询。受到帕斯克—肯尼维克桥主梁截面的启发，主梁截面又在帕斯克—肯尼维克桥的基础上进一步改进，采用了以矩形截面梁为边主梁的新的结构形式，两片边主梁为预应力混凝土梁，梁高仅有1.52米，边梁之间由钢横梁和桥面板连接，钢横梁与混凝土桥面板以结合梁的形式共同受力。桥梁主梁方案由钢梁改变为混凝土，整个工程造价节约了29%，按1981年公布的结果，钢桥方案造价3330万美元，而混凝土桥方案仅为2350万美元。

图9.54 东亨丁顿桥

这座1985年建成的桥梁，是一座著名的、具有里程碑性质的斜拉桥，主要特点如下：其一，它是直至目前为止世界上跨度最大的独塔斜拉桥；其二，首创了低高度的边主梁截面形式及钢横梁与混凝土结合截面的结构形式，对后来混凝土斜拉桥建设产生了重大影响，混凝土主梁的

截面形式由箱型、半封闭箱型向边主梁的变革和结合梁在斜拉桥的应用都是由此桥脱胎而来；其三，该桥第一次采用C55高标号混凝土建造大桥。

1995年开工建设的浙江省宁波招宝山大桥（图9.55），也是一座独塔斜拉桥，体系采用了和东亨丁顿桥相似的斜拉桥加连续梁协作体系，然而这座大桥的建设并不顺利，1998年9月24日晚，在大桥即将合龙之际，主梁发生断裂事故，16号块接缝面出现破坏性崩裂，虽然没有造成人员伤亡，但整个工程延期，经济损失巨大。事后对事故原因进行了调查，事故主要原因是由于设计时采用的主梁底板太薄所致。断裂事故后制定了永久性处治方案、局部主梁拆除、保留部分的结构进行加固。大桥已于2001年4月底建成，2001年6月8日正式通车。

图9.55 宁波招宝山大桥

图9.56 达姆桥

达姆桥（图9.56）跨越佛罗里达州的圣约翰河（St. Johns），主桥为三孔双塔混凝土斜拉桥，其孔径布置为198.17米+396.34米+198.17米。

该桥结构体系为塔梁固结，主梁在中跨跨中设置了双向剪力铰和伸缩缝。整座桥塔柱刚度很大，而梁体刚度较小，塔柱在桥面处纵向尺寸为9.75米，而梁高仅有1.55~1.88米，这种体系的出现代表了斜拉桥设计建造的新倾向，那就是主梁高度已经不再是控制斜拉桥设计的主要因素，密索体系的塔柱、拉索和梁组成了一个大的三角形桁架，主梁内的弯矩很小，控制梁高的因素是受压的主梁在外载作用下保证足够的稳定性。

达姆大桥桥面宽34米，主梁采用了东亨丁顿桥相类似的两根边主梁形式的截面，横梁采用了预制T梁；拉索采用了双索面竖琴型密索体系，每根拉索采用了独立的钢筋索，在主孔跨顺桥向分列，在边跨横桥向分列。两根拉索的间距为0.76米。这样的拉索在斜拉桥建造中是比较独特的，拉索张拉单根进行，化整为零，在钢筋的外面由壁厚为9.5毫米的钢管防护，拉索张拉完成后，在钢管内压力灌浆。虽然设备简化了，但拉索量多繁杂，利弊还有待进一步探讨。在各根拉索之间部分地用系索相连，有效地控制了有些拉索在小雨及风共同作用下产生的大幅度振动。桥塔基础采用了巨大的护墩桩进行防护，避免船只撞击。这座桥梁于1988年建成通车。这座大桥的建设公司是美国的DRC工程公司，总裁是美籍华人邓文中博士。

邓文中1938年2月21日出生于广东肇庆，1959年获香港珠海学院学士，1965年获德国达姆斯塔德工业大学（Technishe Hochschule Darmstardt）工学博士和国家工程师，现任美国林同炎国际公司（T. Y. Lin International）及美国达士工程顾问有限公司（DRC Consulyants, Inc.）董事长兼总工程师，美国哥伦比亚大学兼任教授，1995年入选美国国家工程院院士，1995年获美国总统奖、美国土木工程师学会罗布林奖（美国土木工程界最高奖项），2000年经潘家铮和十余位院士推荐全票入选中国工程院院士。

1999年国际建筑工程界最具权威的《工程新闻记录》（*Engineering News Recording*）杂志选出近125年（1874—1999）中对建筑工程界最有贡献的125位人物中，4位华裔入选，他们是贝聿铭、林同炎、邓文中、林作砥。

邓文中在世界五大洲设计的桥已超过100座，全世界十分之一、北美洲五分之一的斜拉桥是他设计的，著名的《路桥杂志》（*Road and Bridges*）称邓文中的桥为"日不落桥"（The sun never sets on a Man-Chung Tang Bridge），其中多项工程创造过世界桥梁之最。近年来邓文中参与了中国内地多座桥梁的设计和咨询。2008年建成的重庆菜园坝长江大桥和石板坡长江大桥就出自他的手笔。

邓文中任总裁的DRC公司建造的另一座美国很有特色的桥是1995年建成通车的哈德门（Fred hartman）桥（图9.58），这座桥也叫贝敦（Baytown）桥。该桥由美国南部体系认证

图9.57 达姆大桥夜景

图9.58 哈德门桥

有限公司(URS Southern)和莱昂哈特—安得拉合作公司联合设计。桥梁位于美国德克萨斯州休斯顿港的主航道上，是一座并列的孪生斜拉桥。桥梁孔跨布置为39.79米+146.95米+381.1米+146.95米+39.79米，桥梁的最大特点是两座孪生桥并列修建，基础和桥面结构都是分离的，但两个菱形塔柱是连体的，形成了一个双菱形主塔。

孪生菱形塔柱是钢筋混凝土结构，塔架总高度为133米，桥面以上77.84米，两个塔柱的连接设在桥面下部V形与上部倒V形相交的转折点处。下部V形与上部倒V形的高度分别为48.68米和81.2米，在两个菱形塔柱相交处由一根系梁贯通整个双菱形构架，既能平衡上下塔柱的水平分力，又加强了双菱形塔柱的连接。横系梁尺寸为1.22米×4.27米，单箱单室截面，壁厚30厘米。塔柱的尺寸为在顺桥向从塔底的7.32米逐渐过渡到塔顶的4.57米，横桥向为2.13米。塔柱也是单箱单室截面，标准段的壁厚也是30厘米。

斜拉桥桥面总宽47米，分为上下游两个独立的桥面系，桥面净宽22米。主梁采用了结合梁体系，每个独立的桥面由纵向的2根工字形焊接钢板梁以及与纵梁垂直的均匀分布的钢横梁组成的钢格构体系，在格构上的混凝土板既作为桥面板，也作为结合梁的上翼板参加共同工作。该桥钢纵梁梁高2米，混凝土板厚20.3厘米。

两座并列的桥梁都是采用扇形立体双索面体系，每座桥4个索面，每个扇形索面由24根拉索组成，中跨12根拉索均匀布置，边跨12根拉索9根均匀布置，另3根集中在边跨锚墩顶部附近布置，以提高结构体系的刚度。

该桥采用双菱形桥塔，在结构体系上别出心裁，景观独特（图9.59）；在结构受力上也有力学上的优越特点，可以减小主塔底部的弯矩，使基础尺寸减小；整座桥梁体系的A形桥塔和扇形布置的拉索组成了一个巨大的扭箱，这样的结构体系相互约束，增加了结构体系阻尼，获得了较好的整体空气动力性能。

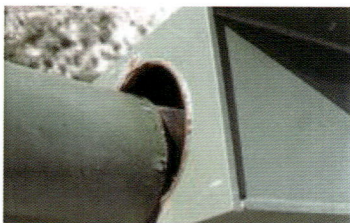

图9.59 夕阳下的哈德门桥

但桥梁建成运营后发现，拉索出现了较大幅度的振动。特别是在暴雨期间相对风速较低的情况下，大幅的振动时常出现。这就是所谓的拉索风雨振现象，在世界上其他斜拉桥上也出现过类似现象。大约有100个连接拉索与上部结构的连接焊接钢套筒由于过大的振幅和由振动引起的低周疲劳而发生破坏（图9.60）。拉索大幅度的振动、连接套管的破坏及对拉索腐蚀和耐久性的关注，引起了人们对风雨振的评估研究和控制。该桥于1994年完工。

图9.60 哈德门桥连接套筒的破坏情况

图9.61 温哥华安纳西斯桥

组合梁桥的另外一座大型桥梁是加拿大温哥华的安纳西斯（Annacis）桥（图9.61），桥梁位于温哥华市郊。桥梁投标时有两个方案进行竞争，一个是DRC公司提出的混凝土斜拉桥方案，另一个是CBA公司提出的结合梁桥方案。前者报价5600万加元，后者4570万加元。最终低价中标，采用了结合梁桥方案。桥梁的孔跨布置为50米+182.75

图9.62 安纳西斯桥主梁悬拼法

图9.63 甘特桥

图9.64 圣尼伯格桥

图9.65 途径圣尼伯格桥的马拉松比赛

米+465米+182.75米+50米，主跨465米是当时世界上跨度最大的斜拉桥。斜拉桥上部结构是混凝土桥塔，结合梁主梁采用漂浮体系。桥下通航净空为宽330米，高56.4米。桥墩撞击荷载按60000吨级船舶在航行速度为5米/秒时的撞击力。

桥面总宽32米，由两片纵向钢主梁、密布的钢横梁及人行道钢悬臂梁组成的钢结构架与其上的混凝土桥面板结合组成。钢主梁采用工字形截面，由上下翼缘板及腹板焊接而成，梁高2.1米，两片主梁的中心距28米，横梁间距4.8米，桥面板厚度为21.5厘米。桥塔为钢筋混凝土结构，桥塔总高度为154.3米，桥面以上高度为94.3米，拉索锚固区段为28米。拉索为双索面扇形布置，索间距9米。桥梁于1984年开工，1987年竣工通车。这座桥建成通车后，桥面板出现了较多的裂缝，为后来斜拉桥提供了经验。中国的南浦大桥建设就是在该桥的经验基础上进行设计的。

尽管多个斜拉索平面使得建筑设计更具灵活性，但混凝土包裹的斜拉索的使用也并不是死板的。这种类型的桥所取得的进展可以用瑞士辛普朗(Simplon)高速路上的甘特桥（图9.63）加以证明。混凝土包裹的斜拉索与桥面及索塔坚实的顶部之间的连续性很好。这座桥雄伟地耸立在群山之中，最高桥墩为148米，主跨为174米。有关该桥的情况在第六章中已经有了详细介绍，本节不再详述。

多塔斜拉桥的建设进一步丰富了斜拉桥家族的多样性。1998年建成通车的瑞士圣尼伯格（Sunniberg）桥（图9.64）达到了欧洲桥梁建造中一个独立分支的顶峰。这座桥独特的设计也是出自克里斯汀·梅恩（Christian Menn）之手，设计表现了大量独特的瑞士特征和设计师的性格。桥梁处在半径503米的平曲线上，桥梁全长526米，最大跨度为140米，桥梁孔跨布置为59米+128米+140米+134米+65米，桥面在山谷或水面以上50~60米，桥面宽度为12.378米，最高的塔柱为77米（图9.66）。

2005年1月建成通车的米卢高架桥（Millau Viaduct，图9.68）是另一座让世人称奇的多塔斜拉桥，桥梁全长2460米，孔跨布置为204米+6×342米+204米，由7个塔柱两侧形成的扇形索面组成，桥梁处在半径为20000米的平面曲线上。七个桥墩的高度分别为94.5米、244.96米、221.05米、144.21米、136.42米、111.94米、77.56米，塔柱在桥面以上的高度为88.92米，最高的塔柱在地面以上的高度达到343米，比埃菲尔铁塔还要高23米，堪称世界上最高的桥梁。

桥梁宽度为32.05米，梁高为4.2米，主梁和塔柱固结，为了减轻桥梁重量，采用特制钢材为桥面，施工方案采用预造法，顶推法施工（图9.69）。就是先将桥面在亚尔萨斯工厂衔接成每块32米宽的钢材，共2000块，然后运到桥两端的山谷衔接起来，缓慢地悬吊到桥面预定段上方安装，顶推到位。整座桥梁耗资3.9亿欧元（5.2亿美元）。

这座大桥是法国连接巴黎到郎格多克海岸，甚至扩展与西班牙巴塞罗纳快速公路相连的A75公路计划的一部分，而米洛镇在这段中居"瓶颈"位置。桥下两端为拉尔札克高原和莱伟祖高原，有另一条快速公路蜿蜒其间，

图9.66 圣尼伯格桥优雅的桥塔和主梁

图9.67 冬季的圣尼伯格桥

全长20英里，米洛大桥通车后，这段路行车时间从3小时缩短为10分钟。修建该桥是为了开创一条穿越法国中部的新南北路线，缓解来自前往地中海和西班牙的卡车司机和旅游者的压力。之前，人流主要通过已饱和的罗纳河谷通道往东。大桥是由英国和法国共同设计完成的，英国著名建筑大师福斯特(Lord Norman Robert Foster)爵士负责设计，建造过埃菲尔铁塔的埃法日集团(Groupe Eiffage)出资承造。该公司承担3亿9400万欧元桥梁兴建费用，取得桥梁75年的管理权，这段期间的过路费收入都归其所有。米卢高架桥是人类的杰作

图9.68 米卢高架桥

和自然融为一体的建筑物，塔柱看上去非常接近自然形态，就像是从地里长出来的一样，它绵延几英里，俯瞰四周乡野，被誉为美学和科学的经典结合。据说有超过6万人参观了该桥的建筑工地。

图9.70 米卢高架桥穿越低洼地区

图9.69 顶推施工的米卢高架桥

图9.71 云海中的米卢高架桥

大桥建造之初曾引起不小的争议，担心破坏塔恩河谷周围景致，但是福斯特以钢结构为主建材配合其设计功力，让这座大桥完工后看来结构轻巧，细致却不失坚固。他曾说，设计理念就是"要让大桥看上去精巧到令人难以置信的程度"。福斯特是著名的英国建筑设计大师，香港著名的汇丰银行大楼及香港新机场都是他的作品，2000年时设计了著名的伦敦泰晤士河上的千禧桥。

1977年，林同炎设计构思的美国加利福尼亚州跨越亚美利坚河奥本坝库区的拉克–爱–查开（Ruck a Chucky）桥方案（图9.75），将桥设计为1300英尺长，由三维空间几何配置的钢索从山谷两边斜张形成与大自然融和又变化万千的独特造型，达到了一种带有无限遐想性质的极限，使一座桥悬在两边的石壁上而中间不用任何支撑物展现出来。此桥曾在1979年赢得建筑设计进步奖(Progressive Architecture)的设计首奖。虽然最后未能付诸实践，但该桥一直被公认为是力学与美学结合的典范作品，而被称为"最著名的未建成的桥梁"。

林同炎（图9.72），一位杰出的美籍华人工程师，拥有美国"预应力混凝土先生"的美誉。他创立了独具特色的"预应力混凝土"理论，开创了世界工程建筑新的里程碑。1967年当选美国国家工程科学院院士，也是美国工程院第一位亚裔院士；1996年当选中国科学院外籍院士；1972年当选中国台湾"中央研究院"院士，是国际建筑界公认的同时代最伟大的结构工程师之一。

图9.72 林同炎

林同炎原名林同棪，西方常称之为T. Y. Lin。1912年11月14日出生于中国福建省福州市，1岁时随父母举家迁往北京，在北京汇文中学

图9.73 参与工程建设的林同炎

念书，他的父亲当时是中华民国最高法院的法官。天资聪慧的他14岁以数学第一名及其他科第二名的入学考试成绩进入交通大学的唐山工学院就读（今西南交通大学），在唐山工学院学习期间，他每试必冠，是时任校长茅以升的得意门生。19岁获得土木工程学士学位。随即赴美国加州大学伯克利分校深造，1933年取得硕士学位。学成归国后，在桥梁前辈茅以升的提携下担任成渝铁路的桥梁总工程师。1946年，由于国内战争爆发，时局不稳，成渝铁路工程下马。他应伯克利大学之聘前往美国加州大学伯克利分校进行教学和研究工作。1946—1976年任美国加州大学伯克利分校教授、结构工程系主任、试验室主任及全校教育改进委员主委。1976年他从加州大学伯克利分校退休时获得该校的最高奖状——"伯克利奖"和"终身荣誉教授"称号。其后，加州大学伯克利分校特地建立"林同炎纪念堂"作为永久性纪念。2003年11月15日辞世。

　　林同炎教授被誉为"预应力先生"，因为他是此工程理论及实施的倡办者。他是美国预应力学会的创始人之一。他在预应力理论上的主要贡献在于首次系统而完整地提出了荷载平衡法，用以求解预应力超静定结构，成为预应力混凝土设计的基础理论。他的专著《预应力混凝土结构》一书，1956年出版后，被公认为预应力学术界的权威著作，被美国土木工程学会评选为大学最好教科书之一，被译成日、俄、西班牙等多种文字出版。

　　林同炎教授除了教学之外，于1954年成立了土木工程事务所——林同炎国际公司。他及他的公司设计修建了一系列壮观、独特的伟大建筑，如：世界上最大的双曲线抛物面壳顶结构的波多黎各体育馆；新加坡40层工商联合大厦，首创使用后张法现浇预应力混凝土楼板；圣弗朗西斯科地下展览厅，地震时期成为许多市民的避难所；尼加拉瓜首都马拉瓜18层的美州银行大厦，在1972年中美洲大地震中安然无恙，鹤立鸡群（马拉瓜市区万座以上高楼尽悉震毁）；哥斯达黎加跨越深谷的倒挂式悬索桥；台北关渡桥等。他的两项杰出的桥梁建设闻名于世：一项是建设从美国的阿拉斯加到俄罗斯的西伯利亚的白令海峡大桥，另一项是连接欧洲和非洲两大洲的直布罗陀海峡大桥。

　　1969年，美国土木工程师学会(ASCE)将该学会的"预应力混凝土奖"改名为"林同炎奖"，这是美国科技史上第一次以华人名字命名的科学奖项。1974年，他获得每4年一届的国际预应力协会(FIP)"弗雷西奈奖"，开创了美国工程师、亚裔工程师获得此奖项的先河。1986年他荣获了美国国家科学奖(National Medal of Science)。该奖项由美国总统里根(Reagan)在白宫内颁发。当时以美国为首的北约和以苏联为首的华约集团正处在冷战中期，里根总统是"星球大战"的极力倡导者。林同炎对建立世界和平有他自己独到的见解，他曾对美联社的记者说："花无数的钱制造威力无比的炸弹和其他武器，不到十年它们就落后了，你不得不抛弃甚至销毁它们。我们建造大桥吧，因为她是永恒的！"林同炎借美国国家科学奖领奖的机会，将一份十六页的横跨白令海峡的大桥设计方案提交给了总统罗纳德·里根。林同炎先生称之为"国际和平之桥"，这座大桥方案将美国的阿拉斯加和苏联的西伯利亚地区相连接。他对总统里根说："这座桥将会告诉世界人民，人类的能力和技术可以被更好地投入到建设而不是毁灭我们的家园和财富上去。"里根为此称赞林同炎先生说："他是工程师、教师和作家。他的科学分析、技术创新和富于想象力的设计，不仅跨过了科学与艺术的壕沟，还打破了技术与社会的隔阂。"林同炎热爱世界和平，也深深地热爱祖国，他于1980年就提出了上海黄浦江大桥方案，而且是海外建议开发浦东的第一人。

图9.74　拉克-爱-查开桥方案效果图

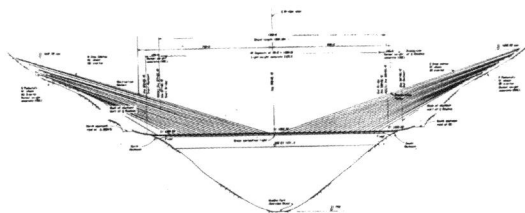

图9.75　拉克-爱-查开桥方案

9.4 斜拉桥建设的成熟期

进入20世纪90年代，斜拉桥建设数量迅猛增加，跨度的超越日新月异。结构形式、主梁截面和建造技术也日益成熟。密索体系、混凝土边主梁截面及钢混凝土组合主梁截面形式成为斜拉桥的主流。世界各地出现了新的一轮斜拉桥修建热潮，成了同时期建设最多、最受欢迎的桥型之一，斜拉桥技术进入成熟期。

图9.76 海格兰德大桥

1991年，有两座规模很大的斜拉桥在挪威建成通车。一座是连接大陆与亚斯顿岛(Alsten)之间跨越莱尔夫乔丹（Leirfjorden）海峡的海格兰德(Helgeland)大桥（图9.76）；另一座是位于斯卡恩圣特海峡(Skarnsundet)上的预应力混凝土斜拉桥。

挪威政府为了建设国家的交通网络，促进经济繁荣发展，从远洋运输业提取资金，对基础建设和北海石油业进行投资，海格兰德大桥就是这些工程中的一项。亚斯顿岛位于北极圈南面20千米的地方，为了将这个偏僻的小岛与大陆相连，作为北海石油开发的一部分，一座双车道的高速公路桥以比较经济的造价建设成功，这就是1989年开工，1991年建成的海格兰德大桥。

当地的气候条件非常恶劣，来自北海的强风经常肆虐这个小岛，强气流与风暴组合。因此这个地区风和海浪是制约桥梁结构的主要因素。在海格兰德大桥建设中，对风荷载的估算方法得到了很大的改进，与此同时，大型吊装设备也取得了长足进步，使得桥梁建设成为可能。大桥全长1065米，主跨425米，桥下通航净空高45米，桥梁由12跨组成。这座混凝土斜拉桥要能够承受280千米／时的强风，对动力时程的调查表明，风荷载控制了桥梁构件的设计。研究结果证明桥梁采用混凝土主梁要比结合梁优越，因为一个巨大的混凝土结构能够更好的响应地震荷

图9.77 挪威海格兰德桥

图9.78 挪威斯卡恩圣特桥

载和强风荷载，翻倒的倾向性也小。这座桥梁的主梁宽度为12.2米，梁高1.2米，长细比达到了非常纤细的1：350，以减小风力的影响。主梁采用悬臂平衡施工法现场浇注混凝土，阶段长度为12.2米，与拉索间距相等，移动模架挂篮的前端由永久拉索支撑；塔柱采用滑模施工；拉索由带PE套管的平行钢丝束组成，PE管内填充石蜡。窄而纤细的主梁配以亭亭玉立的高塔，桥梁造型非常美观，独具一格。

桥梁的建造耗费了两年的时间，花费了3100万美金（图9.77）。桥梁设计是由阿斯—雅克布森（Aas—Jakobsen）和莱昂哈特–安得拉合作公司两个公司合作完成，科威咨询工程师和规划师协会公司承担了设计咨询，设计负责人是霍尔格·斯文森（Holger S. Svensson）。

1991年在挪威建成的另外一座斜拉桥是斯卡恩圣特桥（图9.78），桥梁全长1010米，斜拉桥部分为三跨双塔扇形索面，其跨度为190米+530米+190米。该桥第一次使斜拉桥跨度跨越了500米大关达到了530米，不仅创造了新的世界纪录，而且还是混凝土主梁。迄今为止，它仍是世界上跨度最大的混凝土斜拉

桥。

　　这座桥梁跨度虽然很大，桥面却很窄，是一座双车道的桥梁，抗风是该桥考虑的重要因素。桥梁全宽13米，车道布置为双车道7米及单侧人行道2.5米。初步设计阶段选择了三种截面形式，一种是结合梁截面，第二种是边主梁混凝土截面，第三种是独具一格的三角形混凝土箱型截面。理论计算和研究结果说明第三种截面呈现出了优越的抗风性能，最终选择了三角形薄壁箱型截面主梁。宽跨比达到了1／40.8，这个比值在大跨度桥梁中非常罕见。箱梁梁高为2.15米，顶板壁厚23厘米，斜板的壁厚仅仅15厘米。塔柱为A形塔，钢筋混凝土结构，塔高152米，在塔柱顶端32米为直塔柱。桥梁的施工单位和前述的海格兰德桥为同一家公司，大桥设计为科威公司。

　　1991年竣工通车的上海南浦大桥，位于浦西陆家浜路至浦东新区南码头之间的江面上。孔跨布置为40.5米+76.5米+94.5米+423米+94.5米+76.5米+40.5米，主桥全长846米，中孔主跨423米，一跨过江，选用了类似前述的安纳西斯桥的双塔双索面漂浮体系；桥塔至锚跨边跨长度为171米，主跨及边跨各设22对拉索，在横桥向拉索间距为25米，顺桥向标准段索距为9米，边跨尾段密索区索间距为4.5米；桥宽30.35米，双向6车道，两侧各设2米人行道；两片钢主梁间距为24.55米，为焊接工字梁，钢梁材料采用的是比利时ODS公司生产的STE355、STE466钢板，桥面板为混凝土桥面板，厚度为26厘米；主塔高154米，为钢筋混凝土结构，浦东浦西塔座均布置了由98根长度约为52米、直径为91.4厘米的钢管桩打入地下层，其承受能力为6万吨；塔柱中间，由两根高8米、宽7米的上下横梁牢牢地连接着呈H形的桥塔；桥下净空高46米，可安全通行5.5万吨位的巨轮。

　　1991年6月20日，中国最大的斜拉索桥上海南浦大桥全线贯通（图9.79），这是中国桥梁的一个重要里程碑，是中国第一座跨度超越400米的斜拉索大桥。这座投资8.2亿元的大跨径斜拉索桥，其跨度在当时仅次于加拿大的安纳西斯桥。

图9.79　南浦大桥

　　南浦大桥是上海市政设计研究院设计、上海基础工程公司承建的双塔双索面、迭合梁斜拉桥。主塔横梁上"南浦大桥"四个红色大字为邓小平题写，每字大16平方米。南浦大桥于1988年12月15日动工，1991年12月1日建成通车。南浦大桥宛如一条昂首盘旋的巨龙横卧在黄浦江上，它使上海人圆了"一桥飞架黄浦江"的梦想。大桥造型刚劲挺拔、简洁轻盈，凌空飞架于黄浦江之上，景色壮丽。浦西和浦东各有两架观光电梯，登桥面可饱览黄浦风光、浦东新貌以及外滩和西区无数高楼。入夜大桥采用中杆照明，主桥用泛光照明，在钢索的根部有投光灯，将光射到桥塔上，光彩夺目（图9.80）。

图9.80　南浦大桥夜景

　　南浦大桥的顺利通车，为后来建造杨浦大桥打下了良好的基础。两年之后，1993年9月15日，中国上海杨浦大桥建成通车，将斜拉桥的跨径扩大到602米，使斜拉桥成为又一种大跨度桥梁的基本形式。

　　杨浦大桥与南浦大桥相距11千米。该桥是市区内跨越黄浦江、连接浦西老市区与浦东开发区的重要桥梁，是上海市内环线的重要组成部分。

　　主桥全长1178米，跨经组合为：过渡孔45米+边孔（99米+144米)+主孔602米+边孔（144米+99米）+过渡孔45米。主孔采用一跨过江方案，跨径602米，两侧边孔243米，中间设置辅助墩。主桥桥面总宽30.35米。大桥主塔左右侧也建有2米宽的观光人行道，游客可以从地面搭乘观光电梯到达主桥面，凭桥观赏

图9.81　杨浦大桥的主塔与拉索

浦江两岸风光。

主桥为双塔空间双索面钢-混凝土结合梁斜拉桥结构，塔墩固结，上部结构为纵向悬浮体系，横向设置限位和抗震装置（图9.81）。钢筋混凝土柱塔高为208米，塔形呈倒Y形，邓小平特为杨浦大桥题写的桥名镶嵌在主塔宝石的顶端，大桥主塔设计要求垂直精度为三千分之一，而实际精度为一万五千分之一，即高达208米的主塔垂直偏差仅1.39厘米。主塔基础采用钢管桩，每个塔柱下有170~190根直径90厘米的钢管桩支撑，钢管桩以细粉沙层为持力层，桩长和南浦大桥一样约为52米；辅助墩、锚墩、边墩均为柱式墩，钢筋混凝土预制桩基础。两个钢主梁采用箱形断面，主梁间距25米，钢横梁间距4.5米，工字形断面，车道板采用预制钢筋混凝土板。

桥塔两侧各有32对共256根钢拉索将桥面凌空悬起，最粗的索由301根直径7毫米的高强钢丝编成，重约33吨，最长的斜拉索为325米，索距为9米，边孔尾部为4.5米，这和南浦大桥一样，

图9.82　杨浦大桥的主梁施工

图9.83　夕阳下的杨浦大桥

全桥斜拉索总长度达20多千米，总重量约2900吨。全桥钢结构总重量约12600吨，梁与梁之间由30多万套高强螺栓连接。桥的建筑精度和质量极为高超，其主桥钢结构由高强螺栓连接，螺栓孔达100.8万只，无一误差。杨浦大桥的设计日通过能力为4.5万辆机动车，离浦江水面为48米，桥下可畅通万吨级以上船舶。

杨浦大桥犹如一架耸立于白云与江水间的竖琴，静聆清风拂动琴弦，长而纤细的桥面犹如一道横跨浦江的彩虹，挺拔高耸的塔柱似一把利剑直刺苍穹。排列整齐、刚劲有力的斜拉索如流星雨下，更像展翅高飞的雄鹰（图9.83）。

该桥的设计单位是上海市市政工程设计院，施工单位为上海市基础工程公司。桥梁设计总工程师是林元培。该桥1993年建成通车后一度是世界上最大跨度的斜拉桥，直到法国诺曼底桥建成通车。

2003年建成的福州市跨越闽江的青州大桥（图9.84），主桥采用了双塔双索面结合梁斜拉桥，主跨605米，比杨浦大桥大了3米。该桥由中铁大桥局勘测设计院设计，香港建设和上海基础工程公司联合施工。

1995年两座长江大桥的建成通车，使中国混凝土斜拉桥跨入了400米跨度的行列。一座是位于湖北省武汉市的武汉长江二桥，一座是位于安徽省铜陵市的铜陵长江大桥。

武汉长江二桥（图9.85）位于武汉长江大桥下游6.8千米处，与举世闻名的黄鹤楼和雄伟的

图9.84　福建青州闽江大桥

图9.85　武汉长江二桥

龟山电视塔遥相挺立。桥跨布置为由北向南7×60米预应力混凝土连续梁、83米+130米+125米预应力混凝土连续刚构、180米+400米+180米预应力混凝土斜拉桥、125米+130米+83米预应力混凝土连续刚构。该桥全长4688米，正桥长1877米，设六车道及人行道。主跨为400米双塔混凝土斜拉桥，为我国长江上的第一座。通航净空为24米，比现在武汉长江大桥和南京长江大桥的设计高出6米。由中铁大桥工程局勘设院设计，由大桥工程局施工。

在结构布局上，采用了主跨180米＋400米＋180米的预应力混凝土斜拉桥、不等跨单腿连续刚构和连续梁三种桥型。斜拉桥主梁全长770米，宽29.4米，设六车道。主跨采用400米双塔、双索面、自锚式悬浮体系的预应力混凝土斜拉桥，全桥缆索共392根，为自行设

计，自行制造，质量全部达到优良。该桥正桥17个桥墩基础。主塔基础施工使用大直径双壁钢围堰，在软硬不均的胶结砾石地基中成功地采用了直径2.5米深水钻孔桩（嵌入岩层深达27米）的施工技术。

设计理论方面主梁按部分预应力混凝土结构设计，开发了无应力索长控制软件系统，开展了抖振研究和抗振实践，这些均在国内开创了先河；研制了抗高温平行钢丝冷铸锚斜拉索系统；主梁安装采用500吨级牵索挂篮，一次浇8米，并采用适时跟踪监控系统实现斜拉桥安装、线型、索力高精度。大桥建成后，两塔间距最大误差为1毫米，中跨合龙时精度在不经任何调整的情况下中线差2毫米、高差3毫米。

武汉长江二桥的建成，结束了"三镇交通一线牵"的历史，它与武汉长江大桥相呼应，组成了28千米的武汉内环线，环抱三镇45平方千米的繁华区域，连接铁路、港口、民航、机场，穿越武汉的四条国道及十条省干线，这条气势磅礴的城市跨江内环线，形成了武汉市内交通平面立体并举、江河两岸三镇贯通格局，对于促进长江经济带的经济繁荣，加快武汉、湖北乃至周围省、市的经济发展，具有极为重要的现实意义和深远意义。

图9.86　武汉长江二桥夜景

图9.87　铜陵长江大桥

铜陵长江大桥（图9.87）位于安徽省铜陵市羊山矶下游600米处，是安徽境内第一座长江大桥，也是中国首次采用边主梁为主梁结构的大跨度预应力混凝土斜拉桥。

大桥建设动议于1984年，1991年12月15日动工，1995年12月26日正式通车。总投资4.5亿人民币。该桥由交通部公路规划设计院承担设计，中国公路建设总公司和湖南省公路桥梁建设公司承担施工。大桥兴建时，社会及市民捐资踊跃，累计650万元，展现了中国的优良建桥传统，架桥修路，积德积福。

铜陵长江公路大桥是一座预应力混凝土双塔扇面斜拉桥。其主桥长1152米，其中主桥总长1152米，为80米+90米+190米+432米+190米+90米+80米的七孔连续布置，由主跨432米的双塔双索面预应力混凝土斜拉桥和连续T形刚构的边跨所组成；该桥桥塔采用H形门式结构，箱形断面（图9.88），塔高153.65米；斜拉索为扇形布置，每个索面有26对索，索距8米；主梁为预应力混凝土梁板式结构，桥面宽23米，其中四车道15米，人行道5米；通航净高度24米，桥下按一级通航标准设计。

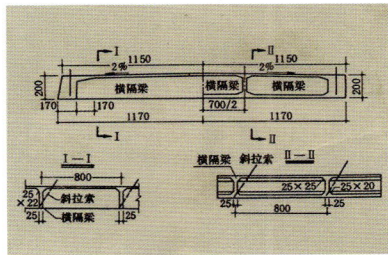
图9.88　铜陵大桥横断面

两岸引桥分别与合铜、铜屯二级汽车专用道相接。

一桥飞架，全盘皆活，铜陵大桥的建成对于贯通淮北、江淮和皖南之间的交通联系，缓解大江南北交通运输紧张状况起了不可估量的作用，加速了铜陵市的经济发展，从而奠定了铜陵市作为安徽腹地一个中心城市的基础。此外，其桥南公园建成了"凤凰涅槃"、"锚钻"、"功德碑亭"等许多小品景点，吸引了大批游客前往观光游览。

2002年建成通车的湖北省黄冈市至鄂州市之间的鄂黄长江大桥和湖北省荆州市的荆州长江大桥是中国两座大规模的混凝土斜拉桥，跨度分别为480米和500米。荆州长江大桥是迄今为止中国建设的最大跨度的混凝土斜拉桥。

鄂州和黄州都是有着二千多年历史的古城。根据《中国历史地图集》刊载，春秋战国时期，长江中游两岸，西边有"鄂"，东边有"邾"，两座城池遥遥相望，一条大江横断中间。中华人民共和国成立后，虽然改进了渡江之难，由开设机动船，到配置轮渡、汽渡，但仍然运输阻滞。鄂东黄冈，北枕大别山脉，南连"吴头楚尾"的沿江平原，是京九大动脉、沪蓉高速

公路、106国道的交通要冲，也是著名的红色老区、"将军之乡"、佛教圣地和人文厚土。在鄂(州)黄(州)之间架设长江大桥，沟通老区与外界联系是许多老一辈革命家和大别山人民的宿愿，其动议起于上世纪70年代初，直到1999年10月15日大桥才正式动工建设。

2002年9月26日，连接鄂州、黄州两座中等城市的鄂黄长江公路大桥正式通车，标志着鄂州、黄州两座古城被长江相隔历史的结束。它将使这条中国公路南北大动脉畅通无阻，终结黄冈市区过江靠汽渡的历史，从黄冈到武汉的行程缩短为不到一个小时。

为了将大桥建成黄州城市新的景区，黄州境内桥头征留绿化用地300亩，如今不仅花草繁茂，而且树木成林。在此，还修建了湖北全省第一座"桥梁展示馆"，内展世界名桥和湖北黄冈的古今名桥。展厅大门外，排列着鄂东籍的古今四大名人毕昇、李时珍、李四光、闻一多塑像，使大桥的文化氛围更加亮丽多姿。

鄂黄大桥（图9.89）全长3245米，其中主桥长1290米，为五跨连续双塔双索面预应力混凝土斜拉桥，主塔高172.3米。桥面宽24.5米（不含布索区宽度），设计为双向四车道。大桥施工难度很大，主要体现在以下几个方面：一是跨径大，主跨跨径480米；二是索塔基桩直径大，直径3.0米；三是地质结构复杂，南岸断层、裂隙、溶洞发育，岩面高差大，达4~5米，北岸覆盖层厚，30~46米不等；四是水文条件较差，水流速度大，南岸深泓区洪水期流速达3米／秒以上，最大施工水深33米。概算总投资9.108亿元，建设工期四年。

图9.89 鄂黄长江大桥

荆州长江公路大桥（图9.90）位于湖北省荆州市，是207国道跨长江的一座特大型桥梁。桥位处江面宽约3000米，江中有一沙洲，称为三八洲。三八洲将桥位分为南北两汊，其中北汊宽约700米，南汊宽约450米，三八洲长约1100米。桥址区地表出露地层为第四纪松软堆积砂卵石层，下伏基岩为泥岩、粉细砂岩，基岩顶部埋深116~128米。

大桥由北岸引桥、荆州大堤桥、北岸滩桥、北汊通航孔桥、三八洲桥、南汊通航孔桥、南岸滩桥、荆南干堤桥和南岸引桥等9个部分组成，是少见的桥梁组群，大桥构成复杂，桥梁结构包揽大跨度桥梁的多种形式。大桥全长4397.6米，桥面宽24.5米，双向四车道。其中北汊通航孔桥为主跨500米预应力混凝土斜拉桥，其跨度居同类桥梁世界第二，仅次于挪威跨度530米的斯卡恩圣特桥。

在没有大桥的岁月，荆州长江汽车渡口，每天摆渡的车辆5000多辆，整日摆着长蛇阵，207国道上的旅客时常因异常天气望江兴叹，滞留荆州。荆州长江大桥的建成通车，宣告207国道全线贯通，沟通了湘鄂两省，使中原地区形成一条南北公路交通大动脉。

北汊通航孔桥主梁采用预应力混凝土肋板式结构。双主肋高2.4米，标准梁段肋高1.7米，梁顶宽26.5米（底面宽27.0米），桥面板厚32厘米。为消除边墩支座负反力，两梁端各70米范围内采用加大主肋宽度的方法，增加自重。

图9.90 荆州长江公路大桥

北汊通航孔桥采用H形索塔。北塔高为139.15米，南塔高为150.25米。两塔每根塔柱下边均设有5米高的塔座。塔上横梁截面高度为4米，下横梁截面高度为6米，均设置了预应力筋。

斜拉索采用PES7热挤聚乙烯拉索，PESM 7冷铸镦头锚锚固体系。拉索最小间距为4米，标准间距为8米，塔下第一对斜索与直索间距为11.5米，拉索最小倾角为23.554°。全桥采用PES72139到PES72283等8种规格的斜拉索。

主梁设计成飘浮体系，仅在两端交界墩上设4个拉压球型支座，支座设计竖向压力为5000kN，竖向拉力为2500kN，位移量为±400毫米，转角1°。

图9.91 荆州长江大桥夜景

　　主桥基础全部设计为钻孔灌注桩基础。北汉通航孔桥两塔下均为22根直径2.5米桩基，承台直径33.0米，承台厚6.0米；三八洲桥中墩每幅采用5根直径2.0米的桩基，承台厚度为5.0米；南汉斜拉桥高塔下采用22根直径2.0米的桩基，承台直径为27.20米，承台厚度为6.0米，低塔下采用15根直径2.0米的桩基，承台厚度为6.0米，矩形承台。

　　荆州长江公路大桥地质构造复杂，主跨500米PC斜拉桥跨径大，位居同类桥梁国内第一，世界第二；南汉姊妹塔PC斜拉桥两塔高差达35米，这种不对称斜拉桥在国内尚不多见；三八洲连续梁桥长1100米，是目前国内连续长度最长的连续梁桥。

　　大桥耗费投资13.73亿元，历时四年半建成，由湖北省交通设计院设计，湖南省公路桥梁建设公司施工。

　　2001年建成的湖北省宜昌市夷陵长江大桥（图9.92），总投资6.1亿元，于1998年11月28日动工。全长3246米，主桥长936米，桥面宽23米，是长江上唯一的一座三塔倒Y形单索面混凝土加劲梁斜拉桥，其跨度在同类桥梁中为世界之最。大桥于2001年底建成通车。

图9.92　夷陵长江大桥

　　夷陵长江大桥位于湖北省宜昌市，是联系宜昌市南、北两岸跨越长江的城市桥梁。桥位距葛洲坝水利枢纽大坝下游约7.6千米，桥址区江面宽约800米，最大水深约23米。

　　建设结合桥址区航道具体情况，采用了单索面三塔斜拉桥方案，其2×348米的主跨为国内第一，在同类型桥梁中亦属世界首位。跨度布置为38米+38.5米+43.5米+2×348米+43.5米+38.5米+38米八跨连续，主桥长936米。主桥桥面宽23.0米，设四条机动车道，车道外侧各设2.0米宽人行道，桥面中间索区宽3.5米。

　　中塔基础采用16根直径2米的钻孔柱桩，每桩长42.0米，承台尺寸16米×16米，边塔基础采用11根直径2.0米的钻孔柱桩，桩长北边塔为44.0米，南边塔为34.0米，承台平面尺寸14米×16米，三座混凝土主塔造型一致，只是在细部尺寸上不同。塔身上段采用的倒置的Y形构造，三塔高度不等，边塔高度相同，边塔及中塔纵向尺寸分别为5.5米和7米。

　　斜拉索置于桥面中央，断面上每个编号的斜拉索均由2根组成，间距1.2米，梁上索距主跨8米，边跨5.5米，塔上索距约1.6米。每个边塔都布置了18对斜拉索，中塔上布置了32对斜拉索，全桥共236根斜拉索。斜拉索采用平行钢绞线拉索体系，全封闭新构造，无粘结锚具。单根钢绞线直径为15.24毫米，镀锌钢绞线外包PE护层，内注油性蜡。钢绞线强度f_{pk}为1770兆帕，容许应力$[\sigma]$为$0.45f_{pk}$。斜拉索共重1225吨。

　　主梁采用单箱三室截面，三向预应力混凝土结构，梁高3.0米，顶板宽23.0米，底板宽5.0米，两侧悬臂板悬臂长度3.5米。主梁边跨与边塔处0号块共长131米，均采用膺架现浇施工。中塔处0号块现浇长度22米。两主跨主梁采用预制悬拼施工，主梁预制悬拼梁段间隔40米左右设一道0.5米宽湿接缝，其余均为干接缝。除合龙段外，主跨共设7个宽湿接缝。梁体预制块标准长度分别为4.0米。标准节段重160吨。

　　主桥钢材用量约5673吨，斜拉索钢绞线共重1225吨，混凝土约43898立方米。大桥由中铁大桥勘察设计院设计，中铁大桥工程局和上海基础工程公司联合施工。

　　2001年建成的另一座三塔斜拉桥是湖南省岳阳洞庭湖大桥（图9.93），是一座双向四车道的双索面预应力混凝土斜拉桥。桥面宽20米，主梁采用边主梁结构截面，拉索采用空间斜索面布置，跨径为130米＋310米＋310米＋130米。索塔为双室宝石型断面，中塔高为125.684米，两边塔高为99.311米。三塔基础为3米和3.2米大直径钻孔灌注桩。该桥由湖南交通规划设计院设计，湖南公路桥梁建设公司施工。

　　随着中国经济的高速发展和综合国力的提高，人们对

图9.93　岳阳洞庭湖大桥

交通条件改善的要求日益提高，钢结构桥梁因为重量轻，跨越能力大，适宜工厂制作及施工周期短，在近年大跨度桥梁中得到广泛应用。特别是近年建造的几座大跨和超大跨度斜拉桥大多采用钢箱梁主梁，或主跨采用钢箱梁、边跨采用混凝土梁的混合梁形式。

　　1999年建成通车的汕头礐石大桥（图9.94），为一座混合梁斜拉桥，主跨跨度为518米；2000年建成通车的武汉白沙洲大桥（图9.95），也是一座混合梁斜拉桥，主跨为618米，为钢箱梁；2001年建成通车的南京长江二桥（图9.96），主跨为628米；2002年建成的湖北省武汉市军山大桥为双塔双索面钢箱梁斜拉桥，主跨为460米；2005年建成通车的南京长江三桥主跨为648米；2008年合龙的舟山连岛工程金塘大桥主跨620米；同是2008年合龙的上海崇明岛长江大桥，主通航孔的结构形式为主跨730米双人字形塔柱（图9.97），分离式钢箱斜拉桥；2010年建成的湖北荆州至湖南岳阳的荆岳大桥，跨度为816米的钢箱梁斜拉桥。这个时期中国成了斜拉桥建设最活跃的国家。

图9.94　汕头礐石桥

　　南京长江二桥位于现南京长江大桥下游11千米处，全长21.337千米，由南、北汊大桥和南岸、八卦洲及北岸引线组成。其中，南汊大桥为钢箱梁斜拉桥，桥长2938米，主跨为628米，当建成时，该跨径仅次于日本多多罗大桥和法国的诺曼底大桥，北汊大桥为钢筋混凝土预应力连续箱梁桥，桥长2172米，主跨为3×165米。全线还设有4座互通立交、4座特大桥、6座大桥。桥梁设计为双向六车道高速公路，设计速度为100千米／时；桥面宽32米（不含斜拉索锚固区）。全线设有监控、通信、收费、照明、动静态称重等系统，并设有南汊主桥景观照明，南、北汊桥公园和八卦洲服务区。　工程于1997年10月6日正式开工，2001年3月26日建成通车，很大程度上缓解了已有30多年历史的南京长江大桥的交通压力。

图9.95　武汉白沙洲长江大桥

图9.96　南京长江二桥

图9.97　南京长江二桥主塔与拉索

图9.98　南京长江二桥夜景

　　大桥的建设技术特点是：一是深水基础工程，要在1000多米宽的江面上安上两个墩子，每个墩子都由21根直径3米的水下灌注桩组成，南面墩子的灌注桩每根长83米，北面墩子的灌注桩每根长102米。每根桩进入江底岩石后钻进58米。这是目前我国长江上最大的深水基础工程。二是两座195.41米的索塔。塔的垂直度和上塔柱预应力施工质量是关键，设计允许垂直度误差为1/3000。为了保证索塔精度，指挥部采用和引进新工艺、新技术、新材料，结果，南塔垂直度误差为1／9000，北塔垂直度误差为1/13500，索塔高度误差仅为1厘米。三是桥面吊装。整个钢箱梁长1328米，重2.3万吨，由93块钢箱梁组成。钢箱焊接质量直接关系桥的寿命。全桥108567米焊缝探伤合格率100％，合龙段相对误差仅为1毫米。四是桥面铺装。这是个世界级难题，经过比选，决定引进美国环氧沥青及其施工工艺设备。环氧沥青铺装时不能有任何杂质，工人们在施工中"全副武装"，鞋子有专用鞋套，脖子上围上毛巾，不抽烟，不喝水，不吃饭，饿了咬口火腿肠，不让一滴汗珠滴下来，不将一点泥沙带到桥面上。

　　南京长江三桥（图9.99）是长江南京段继南京长江大桥、二桥之后建设的又一座跨江通道，2005年10月建成通车。主桥采用主跨648米的双塔钢箱梁斜拉桥，桥塔

图9.99　南京长江三桥

图9.100　南京长江三桥桥面系

采用钢结构，为国内第一座钢塔斜拉桥，也是世界上第一座弧线形钢塔斜拉桥。位于南京长江大桥上游约19千米处的南京长江三桥，全长约15.6千米，其中跨江大桥长4744米，主桥跨径为648米。

南京长江三桥的深水基础是迄今为止长江上水深最深、施工难度最大的水下基础工程。建设者经研究攻关，成功地在水深达50米，水速每秒达3米的湍急水流中，建成长84米、宽29米、总高22米的哑铃形钢套箱加钻孔灌注桩基础，确保了工程顺利推进。首次在国际上采用高215米、"人"字弧线形全钢结构索塔，是三桥建设中最大的亮点和难点。此前中国没有一座钢塔桥，世界上的钢塔桥80%集中在日本。钢塔桥可以缩短建设工期，减轻桥梁自重，提高结构抗震性能，增加结构安全度。建设者首创钢塔节段焊接变形控制等技术，高质量地完成了钢塔的制作、吊装任务，为我国大型桥梁工程钢塔结构的设计、制造、架设积累了宝贵的经验。

9.5　公铁两用双层桥面斜拉桥

如前几节所述，斜拉桥在公路桥梁中得到了广泛应用，现在世界上已建成斜拉桥近400座，大多采用梁式断面。而这些桥梁中铁路桥梁屈指可数，跨度较大者仅有南美阿根廷的三座主跨330米的桥梁，公路和铁路处在同一个平面上。主梁为桁架式的双层桥面是公铁两用桥梁的首选形式，结构受力合理，桥面车行道互不干扰。现今已经建成和正在建设的大型公铁两用双层桥面斜拉桥有10座，其中中国占了7座，它们是日本本四联络线上的岩黑岛桥与柜石岛桥、丹麦和瑞典之间的厄勒海峡桥、中国的芜湖长江大桥、武汉天兴洲长江大桥、京广高铁郑州黄河大桥、铜陵长江大桥、黄冈长江大桥、郁江公铁两用斜拉桥。另外，正在建设中的沪通长江公铁两用大桥将以主跨1092米的创造新的纪录。

图9.101　岩黑岛桥与柜石岛桥

1988年建成通车的位于日本本四联络线上的岩黑岛桥与柜石岛桥（图9.101）是一对孪生公铁两用斜拉桥，两座桥除了地基基础有差别外，其余部分几乎一模一样，均采用三跨连续桁梁密索体系。桥梁的孔跨布置为185米+420米+185米，主梁采用刚度很大的钢桁梁，主桁间距为27.5米，桁高为13.9米。这两座桥的公路与铁路分别设置在桁梁上下两层桥面上，公路双向四车道，下层原设计的四线铁路目前暂只铺设了两线。大桥塔柱为钢结构框架式桥塔，为了减小基础尺寸，塔柱桥面以下部分适当向内倾斜，塔柱上拉索间距为3米，11对拉索布置在上塔柱30米范围内。

2001年位于丹麦与瑞典之间的厄勒海峡大桥建成通车，使瑞典和丹麦人民百年的梦想变成了现实。哥本哈根市与瑞典的马尔默隔厄勒海峡相望，是20世纪最繁忙的水道之一。据统计，1956年，有1100万旅客从厄勒海峡经过，1967年时达到2400万人。

丹麦至瑞典的厄勒海峡联络线全长16千米，包括4千米的海底隧道、4千米的人工岛和8千米的桥梁，连接哥本哈根和瑞典第三大城市马尔默。西侧的海底隧道长4050米，宽38.8米，高8.6米，位于海底10米以下，由五条管道组成。它们分别是两条火车道、两条双车道公路和一条疏

散通道。它是目前世界上最宽敞的海底隧道。中间的人工岛长4050米，将两侧工程连在一起。东侧的跨海大桥长7845米，上为四车道高速公路，下为两线铁路（图9.102）。

厄勒海峡大桥（图9.103）的咨询设计工作由丹麦和瑞典的科威、VBB两家公司共同承担。其建造与大贝尔特桥类似，在海峡中建造一座1.3平方千米的人工岛，为避免干扰飞向哥本哈根国际机场的飞机航线和为国际航运留出通行水道，靠近哥本哈根的西端为铁路与公路合用的海底隧道，东端为公铁两用斜拉桥，桥梁上层为四车道公路，下层为双线铁路。该桥于1995年11月正式动工修建，2000年6月11日试行通车，2000年7月1日正式通车。正式通车前，丹麦和瑞典两国举行了隆重的庆祝仪式。该桥被称为"瑞典通向欧洲的大桥"。大桥的开通，将使北欧地区成为欧洲著名的教育、科研和商业中心之一。

图9.102 桥隧相连的总体布置

图9.103 厄勒海峡大桥优美的外形

厄勒海峡大桥主桥是一座竖琴形双索面双塔连续钢桁梁斜拉桥，孔跨布置为141米+160米+490米+160米+141米，全长1092米。

索塔立柱在桥面以上150米的部分没有设置中间横梁，两根立柱仅有桥面下的一根横梁联系，结构纤细轻巧，主塔截面做成了美观的五边形截面，塔柱截面尺寸顺桥向为12.6~6.2米，横桥向为9.4~4.7米，由于采用了五边形，从各个方向望去不会感觉笨重（图9.104）。在塔柱上拉索锚固区内设置了钢箱构件，两侧拉索产生的水平力由钢箱承受。主跨跨度达到490米的主梁为连续结合钢桁梁，桥面全宽30.5米，桁架高度为11米，横向桁间距为16.3米。为了达到最好的造型效果，主桁的斜腹杆采用了30度和60度的布置形式，使斜腹杆的倾角可以和拉索的倾角保持一致（图9.105）。这些设计理念都是将结构美观放在了非常突出的位置。

图9.104 高203.5米的五边形的塔柱

图9.105 斜腹杆布置与拉索的倾角一致

图9.106 厄勒海峡桥钢桁架的整体架设

桥面结构采用S420级的钢材，钢板厚度在9~50毫米。拉索在主梁上的锚固点设置在与斜腹杆倾角相同的外伸支架上，拉索间距及主桁节点间距为20米。本桥的拉索共80对，每个琴面10对，由2×70根钢绞线组成，每根拉索施工时都是逐根钢绞线张拉，直到与一根作为基准钢绞线的拉力达到相同的程度。

2000年建成通车的中国芜湖长江大桥（图9.107），是一座公铁两用低塔斜拉特大桥，它的建成通车，拉开了中国建设大跨度公铁两用斜拉桥的序幕，使中国斜拉桥建设跃上了一个新的台阶。该桥融入了当代桥梁建设的最新技术，采用了新结构、新材料和新工艺，是中国铁路桥梁建设史上一个新的里程碑。大桥主跨312米，采用连续钢桁梁建成低塔公铁两用斜拉桥，是当时中国铁路桥梁中的最大跨度；正桥钢桁梁采用了国产新材料14锰铌，促进了高性能钢材国产化的步伐；在中国首次采用桁梁结合梁结构作为桥梁的主梁；基础施工首次采用吊箱围堰高桩承台泥浆护壁钻孔桩新工艺；连续钢桁梁架首次采用预应力索锚固索法代替实物和水箱重压法。是中国已经建成的规模和跨度最大、科技含量最高的公路铁路两用斜拉桥。

芜湖长江大桥孔跨布置为180米+312米+180米。大桥为双层，铁路在下层，公路在上层。铁路桥为Ⅰ级干线铁路，双线，全长10511米，其中正桥长2193米；上层桥面宽21米，设双向四车道及两侧各宽1.5米的人行道。桥梁设计荷载下层铁路为中活载，每延米为80千牛，双线相当于有16个汽车车道，可见火车荷载之重及设计难度之大。大桥气势宏伟，建设规模巨大，其工程量相当于武汉长江大桥和南京长江大桥的总和，大桥混凝土总量约为55万立方米，结构用钢材约11万吨。大桥于1997年3月22日正式开工，2000年9月底竣工。大桥由中铁大桥设计院设计，中铁大桥工程局施工。大桥总设计师是方秦汉院士（图9.109）。

图9.107　芜湖长江大桥

图9.108　夕阳下的芜湖长江大桥

方秦汉1925年4月20日出生于浙江省黄岩县，那里是一个山清水秀、人杰地灵的地方。方秦汉兄弟3人，他最小。父亲原打算让方秦汉去学店员，但已念书的大哥不同意，坚持要让小弟去读书。大哥的坚持，改变了方秦汉的一生。从小学到中学，方秦汉勤学苦读，他对数理特别感兴趣，成绩拔尖，对工程和科技有着浓厚的兴趣。1946年7月，考入清华大学，攻读土木工程结构专业。1950年8月，方秦汉以优异的成绩毕业，获学士学位。当时新中国刚刚建立，百废待兴，给风华正茂的他提供了施展才华的舞台。从清华大学土木工程系毕业后到铁道部大桥局工作，参加了中国万里长江上第一大桥——武汉长江大桥的钢梁设计工作，为后来的桥梁事业奠定了深厚基础。方秦汉在他最为擅长的大型桥梁钢梁设计领域，留下了一个又一个大气磅礴的宏篇巨作。他不仅仅是一位桥梁专家，还是一位对冶金和焊接技术很有造诣的学者，在他设计的桥梁中，总能找到新材料、新结构和新工艺国产化的影子，推动了中国桥梁建造技术和钢材研发方面的重大进步，在桥梁界享有"钢霸"盛誉和雅号。

20世纪60年代，年轻的方秦汉主持蜚声中国的南京长江大桥钢梁设计工作，担任钢梁设计组组长，解决了南京长江大桥设计中的一系列重大难题，尤其是在钢材的研制方面，敢于负责，迎接挑战，成功用自己的"争气钢"造出了举世瞩目的大桥。南京长江大桥的钢梁跨度是160米，比武汉长江大桥128米的跨度大多了，随着跨度的增加，从材料、制造、架设等技术难度都增加了，首先是大桥的钢材，原本是准备从苏联进口的，由于特殊的历史原因，苏联停止了对大桥钢材的供应及相关技术援助，而西方欧美国家对中国进行技术封锁和禁运，大桥建设用钢只能靠自己研发。当时国务院总理周恩来命令铁道部和冶金部共同研发，联合攻关，方秦汉参加了研发队伍，经过反复试验，中国产的16Mn桥钢研制成功了，各种性能指标不比国外产品差，因此这种钢材取名为"争气钢"。在大跨度拱桥一章中介绍的九江长江大桥是方秦汉的又一个力作，他担任九江长江大桥总体设计师，主持了15锰钒氮桥钢的应用研究，解决九江等大桥钢梁高强钢用材问题；完成了15锰钒氮厚板高强度螺栓联结疲劳强度的研究及其焊接技术的实验研究，创造了九江桥厚板栓焊钢梁新结构；成功地解决了大跨度钢梁架设和合龙问题，实现了九江桥全伸臂架设180米跨度和216米跨度的中间合龙并达到了合龙误差仅2毫米的世界先进水平，九江长江大桥获国家科技进步一等奖。

1997年初，芜湖长江大桥开始修建，这是长江上铁路桥梁建设新的跨越，桥梁建设受到诸多条件的制约，71岁的方秦汉再次被任命为芜湖长江大桥的设计总负责人，担当起这座大型桥梁设计的重担（图9.110）。他不辞辛苦，奔波于桥梁建设工地、研制新钢种的钢铁公司和钢梁制造厂家。在九江大桥

图9.109　方秦汉院士

图9.110　方秦汉院士

中应用的15锰钒氮桥钢虽然强度高，但焊接性能对焊接的技术要求很高，能否采用更加优良的钢种呢？国外进口是最为简单的办法，当时就有人主张进口日本的SM50C钢。在钢桥技术方面有独到造诣的方秦汉坚持自己研发，这不仅仅是价格上的简单问题，这是一个国家一个民族自主创新和打破国外技术垄断的核心问题。方秦汉主持研发的14MnNb最终成功了，制造芜湖长江大桥钢梁所采用的14MnNbq钢，是武汉钢铁集团和中铁大桥工程局共同研究开发的新型桥梁用钢，成功解决了中国桥梁建设中的高强度厚板的技术难题，芜湖长江大桥采用国产钢一项就为大桥建设节约了1.1亿的资金。

本书作者有幸在技术上多次求教于这位令人尊敬的桥梁前辈，我所认识的方秦汉院士对工作认真执着，要求极高，是一位令人敬畏的权威；他淡泊名利，甘为人梯，乐于培养年轻人，又是一位令人信赖和尊敬的长者；他生活乐观，工作之余和年轻人一起嬉笑娱乐，还是一位平易近人的朋友。他一步一个脚印，历任科总工程师、主任工程师、高级工程师、教授级高级工程师、中铁大桥勘测设计院副总工程师，1997年，方秦汉以其杰出的贡献和业绩，受之无愧地当选为中国工程院院士；同年，获詹天佑大奖。

2008年是中国桥梁事业令人兴奋的一年，不仅有杭州湾跨海大桥、世界最大跨度的斜拉桥苏通大桥相继建成通车，世界上跨度最大、荷载最重的武汉天兴洲长江大桥（图9.111）也建设合龙了。

图9.111 武汉天兴洲大桥效果图

天兴洲大桥是当年世界跨度最大的公铁两用双层桥面斜拉桥，主跨504米，比世界第二的丹麦厄勒海峡大桥长14米，首次采用了双塔三索面三主桁斜拉桥结构形式。天兴洲大桥4条铁路线加6车道公路，可同时承载2万吨的荷载。天兴洲大桥是武汉市三环线的组成部分，也是京广高速铁路的重要组成部分，该线路按每小时350千米速度设计，位于市区内的天兴洲大桥速度略降，采用每小时250千米。

2004年9月28日，天兴洲大桥开工。此前大桥的可行性研究、方案设计，已经进行了12年。最初，大桥仅根据当时需要设计两线铁路，还不包括高铁。随着经济发展，铁路网线规划调整，2002年，铁路变更为三线。拟定京广、沪蓉高速客运铁路专线都经由天兴洲大桥过江，一年之后，根据铁路跨越式发展的总体要求，大桥最终确定为四线铁路，其中包括两线高速铁路和两线普通铁路。

图9.112 天兴洲大桥主桁的架设

武汉天兴洲长江大桥是世界上第一座按四线铁路修建的双塔三索面三主桁公铁两用斜拉桥，其正桥全长4657米，全桥共91个桥墩。天兴洲大桥主塔大体积承台长65.3米，宽39.8米，高6米，灌注混凝土总量15600立方米，体积创世界桥塔承台之最；主塔承重横梁长58米，宽14米，高8米，横梁混凝土量5376立方

图9.113 天兴洲大桥主梁节段

米，是国内最大桥塔苏通长江大桥横梁体积的2.4倍，解决了世界5000立方米以上大体积混凝土施工内强不足导致内隙外裂的质量难题。高度为190米的大桥3号主塔，放眼望去，整座大桥主桥如长虹卧波，气势非凡。

天兴洲大桥共有镀锌平行钢丝斜拉索192根，两主塔各96根，主塔两侧按3×16根布置，最大索长272米，索最大直径19.1厘米，单根索最重42吨，最大索力约1250吨。

天兴洲桥主桁为板桁结合钢桁梁（图9.112），采用焊接整体节点结构形式，全桥钢梁共78个节间，其中中跨36个节间，边跨各21个节间。据悉，整节段钢梁共52个，整体拼装后节段桁宽30米，桁高15.2米，节段长14米，重量约为700吨，属国内首次整体节段工厂拼装、现

图9.114　紧密施工中的天兴洲大桥

场吊装。合龙段的9根钢杆件组成3个N字形，分别与两头对接（图9.113）。每个杆件对接处都有许多孔，全部对准后，先打一部分铆钉暂时固定，再全部换拧高强度螺栓永久固定。14米的合龙段，共有7000多个对接孔。对接孔直径30毫米，铆钉直径32.8毫米，这意味着误差必须控制在0.2毫米之内，按一根头发丝直径0.08毫米计算，不及3根头发丝粗。经过精心计算、合理选择施工时间和环境温度，这些"孔洞"全部成功对接，实现了零误差（图9.114）。

因为合龙精确度要求极高，天兴洲大桥最后14米缺口合龙，耗时10天。2008年9月11日上午10时40分，一位工人师傅抡起大铁锤，将一根粗壮的钢插销一点点锤进钢梁，宣示天兴洲大桥主跨合龙成功（图9.115）！

全桥混凝土总量约85万方，是国家大剧院（31万方）混凝土方量的近3倍；大桥钢梁总重量4.6万吨，比国家体育场鸟巢外部钢结构用量（4.2万吨）还多近4000吨，全桥共用高强螺栓近130万套。该桥由中铁大桥设计院设计，大桥工程局施工。

图9.115　合龙后的天兴洲大桥

京广高速铁路在郑州跨越黄河时，和武汉天兴洲长江大桥一样，也是采用公铁两用双层桥面斜拉桥（图9.116）。

郑州黄河公铁两用桥是京广高速铁路和郑州一新乡城际公路跨越黄河的共用桥梁，距下游郑州黄河公路二桥约6 km。公铁合建段长9.177 km，上层桥面通行双向6车道1级公路，设计时速100 km/h；下层桥面通行双线铁路，设计时速350 km/h。针对桥址处的建桥条件和桥梁的使用特点，该桥在方案构思和结构设计方面进行了诸多创新。

图9.116　郑州黄河公铁两用桥

首先是桥式创新。黄河主槽冲淤、改道及变迁频繁，根据统计及试验资料，桥址处主桥长度需覆盖1.7 km长的范围。郑州黄河公铁两用桥主桥全长1684.35

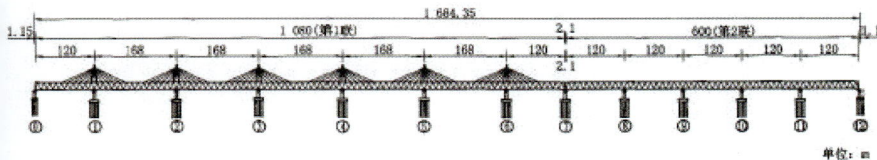
图9.117　郑州黄河公铁两用桥主桥桥式布置

m，分2联布置（图9.117）。第1联为（120+5×168+120）m的六塔连续钢桁结合梁斜拉桥，第2联为5×120 m的连续钢桁结合梁桥，其中第1联基本覆盖了现状河道。桥式布置既满足了防洪要求，又突出重点，主次分明。为克服长联结构的温度力效应对基础的影响，支承体系采用塔、梁固结，塔、墩分离。主梁采用钢桁结合梁，铁路桥面采用正交异性钢桥面，公路桥面采用预制混凝土板，第1联采用斜拉索加劲，主梁具有竖向刚度大、梁端转角小、整体性好、利于高速行车、公路桥面铺装易于维护的特点。为了不增加桥面宽度，便于与主梁连接，桥塔采用钢结构，设置于中央分隔带，斜拉索为单索面扇形布置。

其次是结构创新。我国已建成的公铁两用桥如武汉长江大桥、南京长江大桥都为两线铁路与四线公路的组合，也存在公路桥面比铁路桥面宽的问题。当时的设计，主桁均采用竖直布置，主桁外采用钢挑臂支撑公路桥面。郑州黄河公铁两用桥上层通行六线公路，桥面宽32.5 m，下层通行双线客运专线，线间距5 m，公路、铁路桥面宽相约约15.5 m。方案研究时进行了多方案比较：（1）沿袭传统的设计采用直桁外加挑臂的构造形式，如图9.118所示，挑臂长达7.75 m，该方案设计难度大、构造复杂、经济性及景观效果均较差。（2）采用直桁，减小挑臂，桁宽增加到24 m，该方案造成铁路桥面浪费，钢料增加约3.5 t/m，经济性差。经过详细的技术经济比较，最

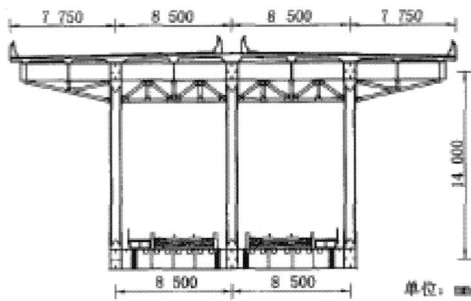

图9.118 直桁结构横断面布置

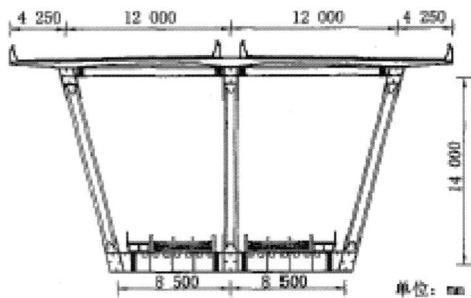

图9.119 斜桁结构横断面布置

终决定采用三片主桁、边桁斜置方案（图9.119），中桁减小了公路桥面的计算跨度并可与钢桥塔直接拼接，公路桥面悬臂长4.25m，无需设置托架。上弦桁宽2×12 m；下弦桁宽2×8.5 m；边桁倾斜14.036°，相应地边桁杆件均采用平行四边形截面。

最后是施工方法的创新。钢桁梁桥常见施工方法为梁上吊机悬臂架设，郑州黄河公铁两用桥主跨168 m，经计算，跨中须设置临时墩，水中临时墩的施工以及成桥后拨除难度较大，对黄河的行洪也不利。经分析研究，最后决定采用顶推法施工。在7号、8号墩之间设置钢桁梁散拼施工平台支架，在1～6号墩旁设顶推托架及滑道梁。首先用龙门吊机在支架上散拼安装108 m长前导梁，再将导梁向0号墩方向顶推，然后在拼装平台上散拼钢桁梁杆件形成钢梁节间，再整体顶推钢梁节间，1个循环完成7或8个钢梁节间的拼装顶推施工。钢梁顶推完成后，拆除墩旁托架分配梁，在支座位置每片桁利用4台500 t千斤顶（1个墩共计12台）将钢桁梁顶起，拆除支撑垫石位置处滑道梁，安装正式支座，将钢梁转换至正式支座。

随后架设预制混凝土公路桥面板、现浇湿接缝、张拉预应力，安装钢桥塔，斜拉索挂设、张拉，然后进行公路桥面系和铁路桥面系等施工。

郑州黄河公铁两用桥于2007年6月开工建设，施工进展顺利，2009年11月钢梁顶推完成就位，公路桥于2010年10月开通，铁路桥于2011年底开通。

2014年6月16日，主跨超越武汉天兴洲大桥的另一座公铁两用斜拉桥——黄冈长江大桥建成通车了。黄冈长江大桥建成通车，使大别山革命老区与华中重镇武汉因此而实现公路、铁路及轨道交通方面的全方位"无缝对接"。

黄冈长江大桥主桥全长1 215 m，主跨为567 m双塔钢桁梁斜拉桥，跨度布置为(81+243+567+243+81)m。主桥桥式布置见图9.120。

黄冈长江大桥相比天兴洲长江大桥又具有以下创新：（1）采用截面简洁、利用率高的斜主桁斜拉桥。主梁采用倒梯形截面，腹杆倾斜设置（斜率达1:2.7），主桁采用平行四边形箱形截面，下层桥面窄，桥面系用料较省，

图9.120 黄冈长江大桥主桥桥式布置

相比上下等宽主桁断面，节省钢材用量约2 500 t。（2）主桥采用悬臂架设。为解决斜主桁悬臂架设的技术难题，将传统的腹杆插入节点连接方式改为腹杆在节点外拼接，极大地方便了工地安装和架设。同时，在钢梁架设中采取将起吊吊点设置在杆件重心上，并通过特定长度的吊绳及吊点装置，辅以相关微调措施，成功地解决了空间倾斜腹杆的安装问题。

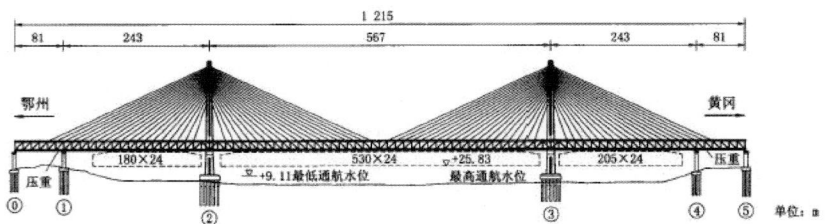

（3）主梁采用内置式钢锚箱方案。结合该桥实际情况，将斜拉索锚固系统内置于主桁上弦杆内，并将施工及养护人孔设置在主桁顶面，不仅结构安全、锚固效果好，而且主桁外观简洁、养护方便。（4）设计并研究了大吨位拉压支座在铁路桥上的应用。为解决活载作用下主桥边跨辅助墩出现的拉力，专门设计了HGQZ—50000／10000型拉压钢支座应用于该桥，其最大抗拉吨位达10000 kN，有效避免了辅助墩支座脱空现象，减少了主梁的压重。

截止到2014年7月，黄冈长江大桥是世界上已建成的最大跨度公铁两用钢桁梁斜拉桥。另外还有两座在建的公铁两用钢桁梁斜拉桥，他们的主跨均超过了黄冈长江大桥。一座为2010年4月开工建设的铜陵公铁两用长江大桥，另一座为2014年3月开工建设的沪通铁路长江大桥。

铜陵公铁两用长江大桥是合福铁路跨越长江的重要通道。大桥通行合福铁路客运专线双线、庐江至铜陵I级铁路双线，6车道高速公路。主桥采用跨度布置为(90+240+630+240+90)m的五跨连续钢桁梁斜拉桥。桥式布置见图9.121，大桥主体工程已于2013年12月完工。

铜陵公铁两用长江大桥的创新主要体现在设计和施工中采用了深水沉井基础、铁路钢箱桥面、钢桁梁全焊桁片、钢绞线斜拉索等多项新技术。

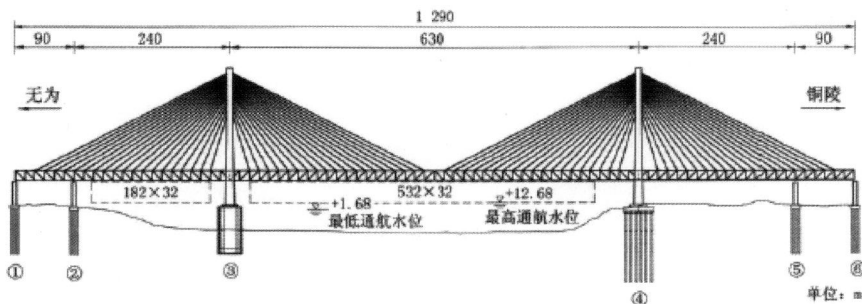

图9.121　铜陵长江大桥主桥桥式布置

大桥北侧3号桥塔基础位于深水区，采用大型深水沉井基础。沉井总设计高度为68 m，其中下部50 m高度为钢沉井，上部18 m高度为混凝土沉井。下部钢沉井采用工厂制造、大节段整体吊装的工艺，避免了传统分片制造的现场组拼环节，提高了施工进度。钢沉井同时充当了井壁混凝土的模板。上部沉井采用混凝土结构，节省了用钢量，也避免钢结构在水位变动区易腐蚀的弱点。沉井施工时需要的辅助结构少，经济性好，基础抗船舶撞击能力强，是适合桥位处地质情况的良好的基础形式。4号墩位于岸堤处，为避免沉井下沉取土对大堤的安全造成不利影响，采用了桩基础方案。

在客运专线钢桥中正交异性钢板整体桥面已得到了广泛的应用。桥面结构和主桁一起参与受力，可有效减小主桁的尺寸和板厚，连续的桥面结构也有利于保障桥面系刚度的均匀性。为改善桥塔根部附近主桁的受力，铜陵公铁两用长江大桥在正交异性钢板桥面的基础上，提出了正交异性钢箱桥面的设计，见图9.122。铁路桥面采用有顶、底板的结构，顶、底板之间通过密布横梁和纵向隔板进行连接，形成整体箱形结构。顶、底板分别与主桁下弦杆的上、下盖板纵向焊接，横梁与主桁隔板之间通过高强度螺栓连接。桥面顶、底板均设置纵向U形加劲肋。采用正交异性钢箱桥面显著减小了弦杆的尺寸，降低杆件次应力，杆件的加工、运输和安装都更为方便。另外在钢箱内灌注压重混凝土，也解决了活载作用时出现支座负反力的压重问题。比较桥面上堆放压重块，桥面结构通畅美观。

钢梁架设是一项难度大、周期长的工作。尽量实现工厂化制造、减少现场拼装量是钢梁发展的趋势。铜陵公铁两用长江大桥在研究了国内既有的制造工艺和架设技术后，提出了全焊桁片的设计。全焊的桁片结构为国内首次采用，为此对桁片的制造和组装允许偏差进行了深入研究，制定了适宜的验收标准。

从降低现场施工设备要求，便于后期更换的角度考虑，铜陵公铁两用长江大桥为国内首次采用钢绞线斜拉索的铁路桥，因铁路桥梁具有活载占总荷载比例大的特点，对斜拉索的抗疲劳性能要求高。为验证斜拉索的总体锚固性能和抗疲劳性能，在美国结构工程试验室（CTL

Group）进行了大量实验。试验结果满足《预应力钢质斜拉索的验收推荐性规范》的各项技术要求。

图9.122　铜陵长江大桥正交异性钢箱桥面构造

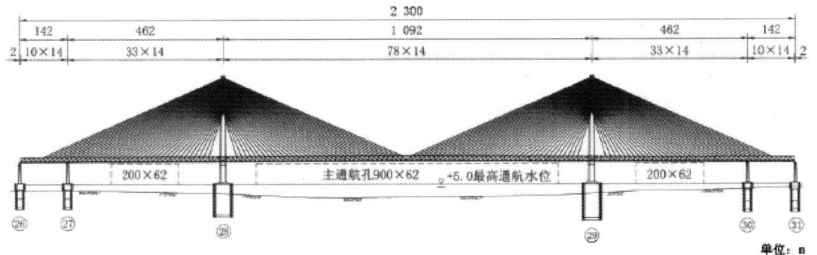

沪通长江大桥是一座刚刚开工建设的公铁两用长江大桥。在江苏省南通市通州区与苏州张家港市之间跨越长江，铁路为四线，公路为六车道。大桥位于江阴长江公路大桥下游45 km，苏通大桥上游40 km，桥位处江面宽约6 km，为保持长江河道及航道稳定，减小桥梁下部结构的阻水面积，主航道桥舍弃了需在江中设置锚碇的悬索桥方案，选用两塔五跨斜拉桥方案。其中主跨1092米，比苏通长江公路大桥主跨还长4米，建成后将成为世界上最大跨度的公铁两用斜拉桥。沪通长江大桥主桥孔跨布置为（142+462+1092+462+142）m，桥式布置见图9.123。

由于大桥通行4线铁路、6车道公路，主跨达1092 m，桁梁的自重、二期恒载较大，铁路和公路活载合计达351 kN／m，由于斜拉索水平分力及活载弯矩产生的主梁轴向力巨大，承受轴向力的弦杆需要较大的截面积，仅

图9.123　沪通长江大桥主桥桥式布置

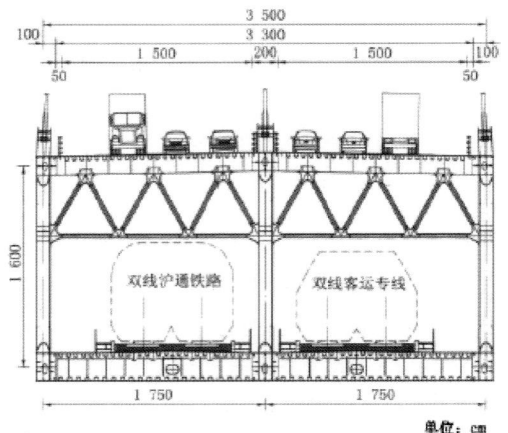

靠桁架杆件承载已不现实，因此有必要采用箱桁组合结构（图9.124），桁架下弦由与主梁断面同宽的钢箱组成，上弦由与主梁断面同宽的钢正交异性板构成。主梁采用箱桁组合断面后，公路、铁路桥面均为整体钢桥面，参与了总体受力，有效地增加了主梁横断面的受力面积，极大地提高了桥梁的刚度，使超千米跨度桥梁通行高速列车成为可行方案。

近10年来，我国钢桁梁制造架设技术已突破了单根杆件制造、单根杆件安装的传统技术，武汉天兴洲公铁两用长江大桥实现了整节段安装，合福铁路铜陵长江大桥实现了全焊接桁片式制造架设的新技术。在此基础上，沪通长江大桥有所发展，钢桁梁节段（2个节间为1个节段）在工厂采用全焊接技术整体制造，只是主墩、辅助墩、边墩附近若干节间采用单节间全焊接整体制造。同一节段的所有构件在工厂内的连接均采用焊接；节段之间公路钢桥面板、铁路桥面顶板与底板在工地的连接均采用焊接，节段间的上弦杆竖板和底板、下弦杆竖板、斜腹杆连接均采用高强度螺栓连接。

沪通长江大桥桥塔选用经济性、抗风稳定性好的混凝土塔。桥塔高325 m，桥塔塔底竖向轴压力巨大，其构成为：塔身自重占2／3左右，主梁自重及活载占1／3左右，斜拉索自重只占极小部分。因

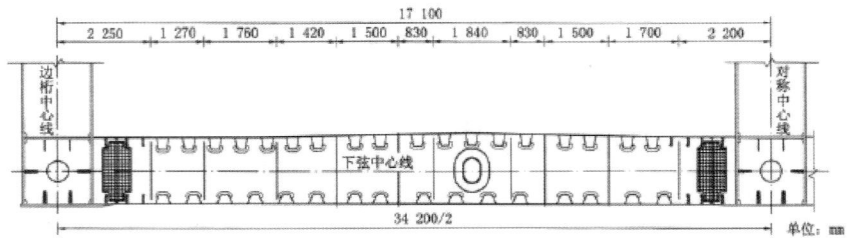

图9.124　沪通长江大桥主梁断面

此，尽量提高桥塔混凝土的强度对减小桥塔体量、减轻下部结构负担、降低造价有较好的效果。同时还要考虑到，施工时桥塔混凝土需泵送到最大325 m的高度，需要充分认识到混凝土材料的可施工性能，最重要的是必须保证桥塔钢筋混凝土结构的耐久性。综合各因素，桥塔选用C60高性能混凝土。

沪通长江大桥斜拉索最大长度为583.8 m，采用2000 MPa的高强度平行钢丝索，对应于3个主桁面将斜拉索布置成3个索面，即上、下游边桁和中桁的每个桁在每个锚点各布置1根斜拉索，单根斜拉索最大规格为451丝直径7 mm的高强钢丝，单根斜拉索重约78 t。

主沪通长江大桥航道桥的6个桥墩承受的荷载均很大，且位于长江主河道上。特别是桥塔基础承受着桥塔传递的巨大竖向轴力和弯矩，还需抵御10万吨级船舶的撞击，墩位处河道自然水深超过30 m，第四系覆盖层总厚度达240 m以上。综合水文、地质条件及防撞要求，6个基础均采用造价省、整体性优的沉井基础。考虑到水上浮运需要，沉井下部设为钢结构，为节省造价，上部为钢筋混凝土结构。

沪通长江大桥的设计单位是中铁大桥勘测设计院集团有限公司，施工单位为中铁大桥局和中交二航局。工期五年半，将于2019年建成通车。

9.6　迈向千米级斜拉桥

自20世纪80年代以后，桥梁规模产生飞跃的时机已经成熟，全世界各式各样的区域开发计划在需要桥梁的河流沿岸定下基址。规模越来越大的桥梁连接着不断增长的城市群，这些桥梁依靠经济增长的收益来支付建造费用，其建设本身又促进了经济增长，然而桥梁的规模总是有个限度的，有人预言，对于钢材而言，桥梁的最大跨度可以达到18千米（11英里），而对于其他更好的材料，跨度也许更大。正是有了经济和物质的可能，才激发建桥人建造更大规模桥梁的激情。现在看来，斜拉桥的最大桥跨并不局限在400~500米之间，已经建成的桥例运营表明，桥跨超过1000米的斜拉桥比传统悬索桥更为经济和坚固，跨度更大的斜拉桥也并不是不可能的。

法国诺曼底（Normandie）大桥（图9.125）的建成象征着斜拉桥结构发展的一个重大飞跃，也在现代桥梁设计和施工中引起了根本性的变革。

在诺曼底大桥之前，悬索桥被证实是解决跨度大于610米以上桥梁的最有效方案，诺曼底大桥的建成表明，相比较悬索桥而言斜拉桥要简单些，它们所含的构件较少，只要仔细进行结构细部的处理，将更易于维修保养。对于这种高次超静定结构，意味着其结构内力是分散传播的，力可以有许多不同的方式分散，不需要封闭交通即可进行构件更换。另一方面，桥梁的施工也更加简单、直接。斜拉桥从塔柱向外进行作业施工，拉索锚固在梁段上，一直到最后桥梁合龙实现连接，各构件长度都可以通过有效的监控确保结构的合龙精度，出现一定的偏差是再自然不过的事情了，建造过程的一个重头戏就是以精确的设计为中心，然后在施工过程中同时校核误差。诺曼底大桥的建设过程中，每天都得到有效的监控，对索力重新进行分析和调整。

图9.125　诺曼底大桥

图9.126　诺曼底大桥近景

诺曼底大桥为混合(Hybrid)梁斜拉桥结构，从南岸翁弗勒尔(Honfleur)方向至北浅滩方向桥跨布置为27.5米+32.5米+9×43.5米+96米+856米+96米+14×43.5米+32.5米，全长2141.25米，主跨856米，主跨中的跨中624米部分为流线型钢箱梁结构，塔柱两侧各有116米的预应力混凝土箱梁段。两侧引桥结构为顶推预应力

混凝土连续箱梁结构，两侧纵坡为6％。

边跨为混凝土、中跨为钢结构的斜拉桥，可以获得比同一种主梁更好的结构总体刚度。70年代末建成的杜塞尔多夫的福莱赫斜拉桥，主跨为369米，其主梁结构即采用预应力混凝土与钢的混合结构，1991年日本生口桥（Ikuchi），主跨为490米，主梁亦为同类的混合结构。

通过风洞试验及详细比选，最后选择了性能最好的流线型截面。桥面宽度钢结构部分为21.2米，梁高3米；混凝土部分为22.3米，梁高3.05米。流线型钢箱梁采用全焊结构。箱梁由各向异性钢板组成，箱孔中沿纵向无竖向腹板，横向以3.93米间设有局部加劲肋的腹板，箱梁两边侧有加强边梁。箱孔上板中间部分厚12毫米，边部厚14毫米，底板均为12毫米，形成异性的加劲梯形肋有两种：在上板部分为上宽300米，下宽200毫米，高250毫米，厚度有7与8毫米两种，间距为600毫米；在下板部分为上宽250毫米，下宽400毫米，高240毫米，厚8毫米，间距为100毫米，边梁部分上、下板均厚20毫米，侧板厚30毫米，在上、下板部分各有两个加劲梯形肋，均采用尺寸较大的一种。工厂内制造时分边梁、上、下各板及腹板，均采用自动焊接，边梁与板件运至工地再组装成整个箱段，每段长19.65米。其中有两个与混凝土箱梁联结部分的特殊节段，即在相应于混凝土箱梁孔内竖向腹扳部位，在钢箱梁两个腹板节间处设置有相应的竖向钢腹板，各细部尺寸的布置考虑了混凝土梁部与钢梁部联结构造的处理。

由于采用高强钢材与高标号混凝土C60，构造设计求精，预应力混凝土箱梁自重(包括桥面等设施重量)仅为45吨／米，钢箱梁自重仅9吨／米，计入桥面等设施重量亦仅为13吨／米，创造了大跨斜拉桥中主梁自重最轻的纪录。

为增强抵御横向抗风能力，塔设计成倒Y形，塔的下部斜开两腿的断面采用矩形中心箱式断面并在外侧切角。纵向宽从7.997米扩至底部9.991米，横向宽5.473米。壁厚相应为400~600毫米与500毫米，采用滑模施工。塔的上部为锚索区，锚索部分采用混凝土与钢箱组合断面，钢锚箱总高约60米，分21节段制造，每标准段有一锚索构造，高2.7米。它的优点是，钢锚箱在工厂制造，可保证索锚构造较好的制造精度（特别是对200米的高塔）。先逐节拼装钢锚箱，然后，再浇筑两侧混凝土断面，并张拉环形预应力索，保证断面共同承受塔的轴向力。

索采用法国弗莱西奈（Freyssinet）公司生产的群锚平行钢绞线拉索体系，每一平行索为795根镀锌钢绞线组成，在每根镀锌钢绞丝外表及中间空隙用腊状物充填，外包高质量的聚乙稀保护，其直径为15.24~15.70毫米，生产的标准拉索由12、19、31、37、55、61、73、91、109、127等平行钢绞线组成。钢丝极限拉强为1770~1860兆帕。诺曼底大桥桥塔两侧设置23对拉索。为降低索的振动，采用若干阻尼套索将各斜拉索相互联结。采用锚固板实现拉索在钢箱梁上的锚固，锚固板即在箱梁的边梁部的外侧斜面的钢板，锚板从原厚30毫米增大至75毫米。

所有墩、台与塔的基础选用钻孔灌注桩（图9.127），桥台采用8根直径1.5米、桥墩为4根直径1.5米、塔为28根直径2.1米的钻孔桩。墩桩长约45米，台与塔桩长为55~60米，塔腿为分离基。诺曼底桥位于巴黎西部地区，地质层次为砂、砂砾、黏土、石灰石，砂层厚础，其间用部分P.C横梁系联结。南岸向的塔、墩、台均在岸上施工，北岸台、墩、塔位于浅滩上，修建栈桥进行施工。北塔基础施工期为1990年10月至1991年8月，南塔基础为1991年5月到9月，北引桥基础为1991年11月到1992年6月，南引桥基础为1990年10月到1991年7月。为保护北岸桥塔基础，建有人工岛。

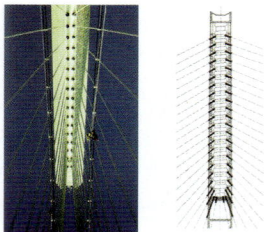

图9.127 诺曼底大桥塔柱

两岸引桥为顶推法施工的预应力混凝土连续梁，标准孔分六个节段在岸堤上逐段制造，每节长7.625米。为减小顶推摩擦力，顶推支点座下采用多个小滚珠代替特氟纶(Teflon)垫片。由于引桥纵坡为6％，所有墩上的顶推支座与两侧的升降千斤顶的顶面都设置6％坡的斜面。顶推水平油泵设于台上，采用中央控制，同步升降反复调整顶推支座的位置，一次顶推约15毫米，每

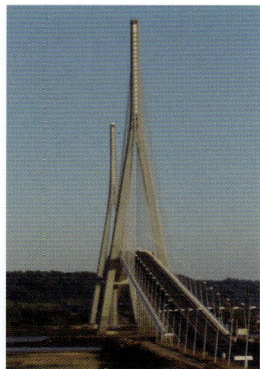

图9.128　倒Y形桥塔

次顶升调整高度为99毫米。南引桥总长471米施工期为1991年7月至1992年7月，北引桥总长641毫米，施工期为1992年8月到1993年6月。南岸引桥结构顶推就位后，在邻近桥塔的墩上悬出6米箱梁，离桥塔尚有90米距离，等桥塔外侧悬臂浇筑施工的P.C箱梁90米后相连合龙。

倒Y形塔总高214.77米，两斜腿采用滑模施工，到达横梁处（约高45米），借临时支架现浇预应力混凝土横梁，为浇筑的结构除横梁本身外，还包括与横梁固结的P.C箱梁初始段（图9.128）。在横梁以上的斜腿滑模浇筑至拼合处（至钢锚箱安装位置）约高96米，为保证斜腿在浇筑施工中的安全，约在高度中间设一临时联系支撑（图9.129）。钢锚箱逐段接装，然后逐段形成塔上部混凝土与钢箱组合柱。两塔于1993年5月至6月建成。

预应力混凝土箱梁平衡悬臂浇筑施工时，由于索距较大，故借助于临时拉索6~9对，临时锚于靠近混凝土箱梁的竖腹板处。悬浇支架重145吨，平均4~6天完成一个节段，节段长度为2.32~2.72米，全桥施工节段为140个 。

钢箱梁吊装采用传统的移动式德立克吊架。因钢箱梁悬伸施工长度为300余米，为减小伸臂施工状态的风致横向的振动位移，在结构上安装有调频质量阻尼器(TMD)，质量块由混凝土块堆拼而成，可调节范围为14 ~40吨，此种控制装置的优点，一可不影响通航，二可在不同风速条件下，保证安全、舒适的条件下进行钢箱梁吊装与焊接工作。第一节钢箱梁起吊拼装始于1993年10月，由于非常幸运没有遇到恶劣气候环境的干扰，全桥提早于1994年8月合龙。

图9.129　桥塔的滑模施工

桥梁的跨度太大了，当考虑地球的曲率影响后，两个塔柱之间的距离比水平距离大了2厘米。全桥耗费钢材5700吨，混凝土80000方，预应力钢筋800吨，普通钢筋11600吨，拉索2000吨，油漆16600平方米。大桥由法国著名桥梁设计师米歇尔·维吉厄科斯（Michel Virlogeux)设计。诺曼底桥在1995年建成通车时是世界上最大跨度的斜拉桥，它超越了以前的纪录，并将其保持了4年时间，直到日本的本四联络线上的多多罗大桥的建成。米歇尔·维吉厄科斯对桥梁的美给与了特别的关注，经常概述自己对桥梁设计美学的处理方法，他认为桥梁的美感来自减小所有尺寸，只要这样做能保证安全，应在一切可能的地方以毫米来计算。他的作品在诺曼底桥上达到巅峰，该桥不仅造型优美，而且那么有影响力。其简洁的风格表明了设计师的工程学基础和建筑设计理念，这座桥体量大而且跨度长，纤细的比例和轻盈的造型完全融入了自然的景色中（图9.130）。

1999年5月1日建成通车的日本多多罗桥（Tatara ridge）主跨为890米（图9.131），超过了诺曼底桥34米，是当时世界上主跨最大的斜拉桥。多多罗大桥是本四联络桥中尾道—今治线上的一部分，连接着生口岛和大三岛。早在1973年，该桥设计为三跨桁架加劲梁悬索桥，中跨890米，边跨300米，主跨跨度的选择基于以下原因：其一是考虑到当时采用常规设备和技术就能造桥，桥塔尽量不放置在深水中；其二，桥位处选择的墩位要求跨度约900米，当时只能选择悬索桥；其三，为了简化设计和施工，锚碇对称布。基于当时对空气动力设计的理解，选择了桁架式加劲梁。尽管有以上原因，但也存在一些问题没有很好解决。一是生口岛侧锚碇的开挖和引道的开挖对岛上地形改变很大；其二是若减少地形的改变和开挖量，桥梁必须加高，比实际需要的高度要大或者采用较大的坡度和较小的竖曲线解决，这样对行车不利。1973年的设计由于石油危机没能付诸实施。在本四联络线中线的建设中，桥梁公团克服了很多材料和设计方法上的困难，成功建设了岩黑岛桥和柜石岛桥，这在当时都是很大规模的斜拉桥。在此基础上，又建成了生口桥，这

图9.130　诺曼底大桥夜景

座斜拉桥跨度达490米，采用边跨混凝土梁、中跨钢箱梁的混合梁主梁。这种结构形式首次在日本采用，它可采用边跨重的预应力混凝土梁平衡较轻的中跨钢箱梁，从而获得更大的中跨。在此背景下，进行了原悬索桥设计与斜拉桥设计方案之间的比较，斜拉桥不需要巨型锚碇，可以使地形变化最小，斜拉桥与悬索桥相比，有工程造价低和工期短的优势，而此时斜拉桥结构分析的进步和积累的经验为建设900米跨度的斜拉桥提供了可能。

图9.131　日本多多罗大桥

通过结构静力分析和动力分析及风洞试验，多多罗大桥的科研有了长足的进展，对跨度500米至2000米的悬索桥和斜拉桥进行了性能对比，得出以下结论：其一，在斜拉桥和悬索桥之间，中跨跨度1300米以内的斜拉桥结构特性和经济指标没有很大差别；其二，根据截面内力和位移分析结果，对于跨度1000米的斜拉桥其非线性性能没有明显增加，这表明可以采用500米斜拉桥的设计方法设计1000米的斜拉桥；其三，根据基础所处位置的地形和下部结构的特点，悬索桥和斜拉桥存在很大差异，斜拉桥表现出更大的优越性。因此1990年最终采用了主跨890米的流线型加劲钢箱梁斜拉桥方案。

图9.132　多多罗大桥主塔结构

这座桥全长1480米，孔跨布置为50米+50米+170米+890米+270米+50米，其中主跨及部分边跨采用流线型钢箱梁（图9.132），部分边跨采用预应力混凝土箱梁，其结构处理方式与诺曼底桥有所不同。混凝土梁和钢箱梁等宽等高，宽度为30.6米，高度为2.7米。加劲梁主要采用流线型钢箱梁结构，受过渡桥墩支承的端部梁则采用了预应力混凝土结构，以平衡主跨重量。倒Y形钢塔上部的狭缝是应景观性和力学性要求特别设计的，宝瓶形钢塔高220米，主塔制造后的架设倾斜精度要求控制在1／5000以内。全桥共设168道斜拉索，主缆采用平行索股法编制而成，其中最粗的由379根直径7毫米的钢丝组成，外部有PE热挤套防护。

多多罗大桥桥型与当地自然环境融为一体，浑若天成，其独特的桥塔造型被后来中国多座桥梁采用。据说由于特殊的地形，桥上有一个有趣的现象，敲打桥架边的敲板，就可以听到反射回来的回声，听起来像天上的龙吟，所以称之为"龙鸣现象"（图9.133）。

昂船洲（Stonecutters）大桥位于中国香港（图9.134），是全世界跨度第二大的双塔斜拉桥。大桥主跨长1018米，仅次于中国大陆苏通大桥的主跨1088米，在香港岛和九龙半岛都可以望到这座雄伟的建筑。这不仅是一项工程，还是香港建筑业的一个代表性作品，反映了这座世界性城市的自信和在新千年的变化。昂船洲大桥离海面高度为73.5米，而桥塔高度则为290米，两者都比青马大桥高。桥面为三线双程分隔快速公路。昂船洲大桥于2003年1月开始动工修建（图9.135）。

图9.133　多多罗大桥

昂船洲大桥的设计以2000年一项国际设计比赛的得奖作品为蓝本；参加角逐的设计工程公司来自世界各地，全都是业界的翘楚。香港政府把修建世界最长斜拉桥的合同给了Media-Hitachi-Yokogawa-HsinChong合资公司。这座大桥名为"昂船洲大桥"，设计者是奥雅纳（OveArup）合伙事务所，桥梁跨度布置为289米+1018米+289米，主跨和边跨均超过了日本的多多罗大桥（890米）。

昂船洲大桥两个近300米高的混凝土圆锥形桥塔，自塔顶以下118米为不锈钢结构外层，使这座大桥富现代感，正好反映了香港作为最富动感的亚洲国际都会的独特形象。

图9.134　昂船洲大桥桥位建筑效果图

图9.135　建设中的中国香港昂船洲大桥

图9.136　巨大的承台

昂船洲大桥横跨蓝巴勒海峡，坐落于繁忙的葵涌货柜码头入口。为便利"超级"货柜轮船进出，大桥的通航航道净宽900米，净高73.5米，这使昂船洲大桥的主梁成为世界上最高的主梁之一。大桥采用224条拉索，最长的达540米，拉索的总重量达7000吨。

大桥主梁采用了混合梁结构形式，考虑到当地的台风特点，设计采用了分离式流线形截面，桥面总宽51米，中间由横梁连接。采用了在海面上吊起的组件悬臂施工，每件组件的重量约为500吨（图9.137）。

2009年建成后，昂船洲大桥成为当年全球第二长的斜拉桥。大桥通车将改善国际机场与西九龙市区的连通状况，同时为全球最繁忙的集装箱码头之一提供更良好的交通网络。

2008年5月25日，随着奥运圣火穿越苏通大桥完成交接，世界上最大跨度的斜拉桥苏通大桥正式通车了。

苏通大桥位于江苏省东部的南通市和苏州（常熟）市之间（图9.138），是我国建桥史上工程规模最大、综合建设条件最复杂的特大型桥梁工程。大桥建设一举创造了最深桥梁桩基础、最高索塔、最大跨径、最长斜拉索等四项斜拉桥世界纪录，其雄伟的身姿成为横跨在长江之上的一道亮丽风景（图9.139）。

苏通大桥工程起于通启高速公路的小海互通立交，终于苏嘉杭高速公路董浜互通立交。路线全长32.4千米，主要由北岸接线工程、跨江大桥工程和南岸接线工程三部分组成。跨江大桥工程总长8206米，其中跨江工程的主桥采用的孔跨布置为100米+100米+300米+1088米+300米+100米+100米，是全长共2088米的双塔双索面钢箱梁斜拉桥。苏通大桥全线采用双向六车道高速公路标准，计算行车速度南、北两岸接线为每小时120千米，跨江大桥为每小时100千米。主桥通航净空高62米，宽891米，可满足5万吨级集装

图9.137　悬臂吊装的分离式箱梁

图9.138　中国苏通大桥

图9.139　苏通大桥远眺

箱货轮和4.8万吨船队通航需要。桥位所在处的气象、水文及地质情况非常复杂。一年中江面风力达6级以上的有179天，年平均降雨天数超过120天，雾天31天，还面临着台风、季风、龙卷风的威胁；江面宽6千米，主桥墩位处水深为30多米，浪高1~3米，每天两潮，潮差2~4米，桥位处水流速度常年在2.0米/秒以上，最大流速为4.47米/秒，基岩埋藏深达300米，覆盖层厚，土性软弱，河床易受水流冲刷。桥区通航密度高，船舶吨位大，平均日通过船只2300多艘，高峰时，日通过船只接近5000艘，航运与施工的安全矛盾突出。这些条件都要求选择大跨度结构。

苏通大桥全桥有113座桥墩。其中第68与69两座为主塔桥墩，是在40米水深以下厚达300米的软土地基上建起来的，每墩耗资约6亿元，承台尺寸长114米、宽48米，厚约9米，灌注混凝土达5万立方米，墩下由131根，长达120米，每根直径2.5~2.8米的钻孔灌注桩组

成，这是世界上规模最大、入土最深的桥梁桩基础。

两座主塔桥墩上，各竖立一座"人"字形的巨塔，塔高达300.4米。远远超过了日本多多罗大桥的桥塔，此前排名世界第一。它也比在建的香港昂船洲大桥的桥塔高出6米，雄踞世界最高桥塔的宝座。

每座桥塔，向两侧双面延伸各68根钢拉索，总共136对、272根，组成4组"伞"字形索面，每组有34个"人"字，1088米的主桥，就靠这136对勾成"人"字的拉索，牵引着4.6万吨重的桥面钢梁。4组"人"字形拉索，越向外越大，其最外端的4个"人"字最大。这8根拉索每根长达577米，直径16厘米，每根由313根高强度镀锌钢丝组成，自重达59吨，这是世界上最长的斜拉索，比日本多多罗大桥的最长斜拉索要长出100多米。

图9.140 苏通大桥桥面

建造这么大规模的桥梁，桥梁建设者克服了重重困难。在苏通大桥施工过程中，涉及千米级跨径斜拉桥结构体系中的索塔锚固区钢混组合结构的开发与应用技术、大型深水群桩基础施工平台搭设技术、临时钢套箱与永久性防撞结合方案、6000吨钢吊箱整体同步沉放技术、永久性冲刷防护技术、高精度长寿命拉索制作、架设与减振技术，大节段钢箱梁架设技术等。

首先是桥梁基础的冲刷。2003年苏通大桥开工伊始，在做正式的桥桩之前，先做了3期试桩，用常规方法搭设的水上试桩平台，15分钟就被水流冲得没影了。苏通大桥承诺的设计寿命是100年，在面对如此恶劣的水文条件挑战时，要保证大桥在100年中稳如泰山，就必须找到一个全新的方案，在激烈的讨论和多项大规模试验论证后，苏通大桥业主决定增加一个浩大的工程项目——河床冲刷防护，对主塔墩基础实施永久性防护，以提高安全储备。大桥建设者连续向江中抛投了109万立方米袋装砂石，相当于建起一座面积为足球场大小的50层大楼，或者在水下建起了一座埃及胡夫金字塔。两个主墩周边河床从此披上了顺江380米、横江280米的"铠甲"，彻底避免了过去其他工程在出现冲刷严重问题后再做防护补救的现象（图9.141）。

图9.141 基础施工

图9.142 远眺苏通大桥施工现场

其次是深水基础的施工。苏通大桥主塔下的钻孔桩深度达120米，通过不断研究，成功配置出"苏通大桥专用泥浆"，不仅保证了主桥410根长桩无一塌孔，而且钻孔速度提高了一倍，桩底的沉渣厚度从规范要求的20厘米降到5厘米以下，甚至做到了零沉渣。整个大桥的每一根桩都是一次成功，垂直度误差远远低于设计要求的1／200，达到了1／400，有的达到了1／800。

其三是300米的高塔施工（图9.143）。苏通大桥采用的是混凝土塔，此前多多罗大桥的塔柱为钢塔，苏通大桥的桥塔建设是一个世界级技术难点，300.4米高的桥塔，从塔顶到塔底的垂直度误差不能超过10厘米。设计者在消化吸收外国爬模技术的基础上，创造出能够抵抗每秒70米风速的液压爬模，创造了日均塔柱爬升1.5米的极限速度，并且将桥塔的垂直度误差控制在1／40000，从塔顶到塔底的垂直误差在1厘

图9.143 苏通大桥主塔施工

米之内。

苏通大桥的建成通车不仅代表了中国乃至世界建桥技术的最高峰，而且实现了每一个中华儿女富民强国的梦想。工业革命一百多年来，中国第一次站到了桥梁建造技术的最高端，值得每一位桥梁工作者为此骄傲和自豪。

图9.144　钢梁吊装

2008年对中国来说是一个不平凡的年份，第29届奥运会在中国北京成功举办，中国奥运健儿获得了金牌总数第一名的骄人成绩；中国载人航天工程的神舟七号太空船载着中国人民的千年梦想，将3名中国宇航员成功送入太空；世界最长的跨海大桥杭州湾跨海大桥顺利建成；世界上主跨最大的斜拉桥苏通大桥建成通车（图9.146）；时速350千米的北京至上海高速铁路也破土动工了；这些浩大工程及骄人成绩无不令中国人民欢欣鼓舞，也让世界认识到一个强大、开放和朝气蓬勃的中国。

图9.145　斜拉索安装

图9.146　建成后的苏通大桥

世界大跨度斜拉桥一览表

编号	桥 名	主跨(米)	建成年	地 点
1	罗斯基岛大桥	1104	2012	俄罗斯
2	苏通大桥	1088	2008	中国江苏
3	昂船洲大桥	1018	2009	中国香港
4	鄂东长江大桥	926	2010	中国湖北
5	多多罗桥	890	1999	日本
6	诺曼底大桥	859	1995	法国
7	崇明长江大桥	730	2008	中国上海
8	南京长江三桥	648	2005	中国南京
9	铜陵公铁两用长江大桥	630	2014	中国安徽
10	南京长江二桥	628	2001	中国南京
11	金塘大桥	620	2008	中国浙江
12	白沙洲桥	618	2000	中国武汉
13	青州闽江桥	605	1996	中国福州
14	扬浦大桥	602	1993	中国上海
15	徐浦大桥	590	1997	中国上海
16	桃天门大桥	580	2003	中国浙江
17	斯卡恩圣特桥	530	1991	挪威

后 记

　　桥梁文化与创新是普通高等学校土木工程学院开设的一门课程，其主要目的是在讲解桥梁技术的基础上，向同学介绍世界桥梁历史、文化、创新与建设过程，启发学生的心智，加强同学对专业热爱和美学理解，今后步入业界，能够造出更加优美的桥梁。本书特点是以桥梁的时代发展为主线，介绍桥梁的进步过程、失败教训、创新理念及建造桥梁的人物背景。

　　桥梁作为一种建筑物，其主要功能是完成跨越——跨越河流、山谷、既有道路等；在一些特殊条件下，以桥梁代替路基也经常发生，比如跨海大桥、高速铁路桥梁等。和其他建筑物一样，桥梁在我们的生活中起到非常重要的作用，是我们衣食住行中的重要方面。从人文角度理解，桥梁就是跨越障碍竖起人们沟通交流的渠道。

　　桥梁也是一种文化的符号，传承着千百年来人们文化的基因，中国的赵州桥、洛阳桥、枫桥、泸定桥等，家喻户晓，与很多诗词、故事、神话联系在一起，成了一种独特的文化传承，而且在中国架桥修路一贯被视为是一件功德无量的事情。中国如此，国外依然，中国有江南水乡的小桥流水，舟楫通衢，国外古代罗马帝国建造的一些桥梁依然承载着当时文化的辉煌。

　　桥梁也是一个城市的标志和象征，如纽约的布鲁克林大桥、旧金山的金门大桥、悉尼的海湾大桥、伦敦的塔桥、武汉长江大桥、南京长江大桥、上海黄浦江上的大桥等，均是桥梁以城市为背景，城市以桥梁而荣光，桥梁与城市相得益彰，桥梁成为一座城市的名片和旅游景点，其意义超出了桥梁本身。

　　桥梁的建筑历史和人类活动的历史一样久长，经历了史前时期、古代的自然材料时期，直至进入工业革命以后，桥梁才达到现代时期，其成果突飞猛进，桥梁结构形式多样，异彩纷呈。现代的大跨度拱桥、悬臂钢桁架桥、大跨度悬索桥也才有100多年的历史；代表现代桥梁的悬臂施工连续梁桥、大跨度斜拉桥仅有60多年的历史。桥梁向着更大、更长、更节省资源的方向发展，可见在历史的长河中，桥梁建设及发展空间不可限量，更长更大桥梁建设的序幕刚刚开启。

　　桥梁的发展，一方面是科学进步的结晶。现代力学理论体系的建立，使人们更好的把握桥梁的受力特点，传力途径，相互作用机理；计算机技术的发明和应用，使人们更加精准的把握结构的分析结果，把人们从繁重的计算中解放出来，增加了计算准确度；现代材料工业的进步是人们能够运用钢材、混凝土建造大桥，桥梁的体量和耐久性都得到极大提高。另一方面，桥梁也是人类智慧和经验积累的成果。人类的知识是有限的，桥梁的发展伴随着各种灾难的发生，人们从中学习积累。比如英国泰桥的垮塌，引起了人们对风荷载的关注；早期美国铁路桥的垮塌，引起对疲劳荷载的关注；魁北克大桥的两次垮塌引起人们对结构稳定的关注；塔科马桥的风毁，引起了对桥梁风致振动稳定性的关注。

　　中国古代桥梁有着辉煌的历史和成就，许多桥型是中国独创和首创，比如石梁桥、悬索桥、木质悬臂桥等世界公认是中国首创；在桥梁的建筑精美方面，也是独树一帜，比如赵州桥的腹拱、卢沟桥的石狮、风雨桥独特的人文特点，令世人惊艳。到了近代，特别是晚清民国时代，国家贫弱，错失工业革命时期的巨大变革，中国的桥梁除个别在工艺方面有所成绩，其他乏善可陈。

　　新中国建立后，特别是改革开放的30多年来，中国的桥梁取得了长足发展。在很短的时间内，掌握了现代桥梁的建筑方法和技术，在长江、黄河等诸多河流上建设了众多桥梁，跨海大桥、跨峡谷大桥、长联桥不断出现，中国成了世界上建设桥梁的大国，桥梁的长度、跨度、规模等均居世界前列，建桥人机会众多，令外国同行羡慕。

　　现代中国桥梁的发展已经超越了跟踪学习、消化模仿世界其他国家先进技术的发展阶段，

进入自主创新的阶段，如何把我们的桥梁建造的更优美、使桥梁结构跨度更大、材料用量更省、使用年限更久，是我们当前面临的主要挑战。

我们不仅要关注现代技术的最新发展，不断创新，也要从桥梁建筑的历史中汲取经验和教训，避免一些事故的发生；同时也从历史的发展中，看到大桥建设者创新面临的艰辛和困惑、艰苦和挑战，以及他们坚毅的性格和成功后的喜悦。这样我们才能立足长远，全面理解新技术产生的必然和偶然，在既有的桥梁建造基础上，不断前行，筑桥筑梦筑天下。

编著者　**戴公连　于向东**

2014年8月

于中南大学

参考文献

[1] Steinman David B. , Watson, Sara Ruth. *Bridges and their Builders*. Dover publication Inc., New York，1957

[2] Eduardo Torroja. *Philosophy of Structures*. University of California Press, Los Angeles，1958

[3] 罗英. 中国石桥. 人民交通出版社，1959

[4] 唐寰澄. 桥. 中国铁道出版社，1981

[5] 潘洪萱. 古代桥梁史话. 中华书局，1982

[6] 陈宝奇. 桥梁世界. 科学普及出版社，1984

[7] 茅以升. 中国古桥技术史. 北京出版社，1986

[8] 韩伯林. 世界桥梁发展史. 知识出版社，1987

[9] 莱昂哈特(F.Leonhart). 桥梁建筑艺术与造型. 人民交通出版社，1988

[10] Menn Christian. *Prestressed Concrete Bridges*. Birkhauser Vcrlag. Basel (Switzerland)，1990

[11] 万明坤，程庆国，项海帆，陈新. 桥梁漫笔. 中国铁道出版社，1997

[12] 茅以升. 桥话. 西南交通大学出版社，1997

[13] David P. Billington. *Robert Maillart*. Combridge University Press, 1997

[14] Menn Christian. *Functional Shaping of Piers and Pylons*. Structural Engineering International, 1998 (4)

[15] 伊藤学. 桥梁造型. 人民交通出版社，2001.

[16] 伊藤学. 超长大桥梁建设的序幕——技术者的新挑战. 人民交通出版社，2002

[17] Wells Matthew. *30 Bridges*. Laurence King, 2002

[18] 中华人民共和国交通部. 中国桥谱. 外文出版社，2003

[19] David P. Billington. *The Art of Structural Design—A Swiss Legacy*. Princeton University Art Museum, 2003

[20] 唐寰澄. 世界著名海峡交通工程. 中国铁道出版社，2004

[21] 戴公连，宋旭明. 漫话桥梁. 中国铁道出版社，2009

[22] 中国铁路桥梁史编委会. 中国铁路桥梁史. 中国铁道出版社，2009

[23] 项海帆，潘洪萱，张圣城，范立础. 中国桥梁史纲. 同济大学出版社，2009

[24] Philip Jodidio, *Calatrava—Complete Works* 1979—2009. Taschen, 2009

[25] 唐寰澄. 中国古代桥梁. 中国建筑工业出版社，2011

[26] 项海帆等著. 桥梁概念设计. 人民交通出版社，2011

[27] Antonio Masi, Joan Marans Dim. *New York's Golden Age of Bridges*. Fordham University Press, 2012

[28] 戴公连. 瑞士土木工程教育的特色与启示（上）. 桥梁，2012(5)

[29] 戴公连. 瑞士土木工程教育的特色与启示（下）. 桥梁，2012(6)

[30] 戴公连. 沟通 道德 原理 专业——谈美国的工程教育改革. 桥梁，2013(1)

[31] 项海帆. 中国桥梁(2003—2013). 人民交通出版社，2013

图书在版编目(CIP)数据

桥梁文化与创新/戴公连,于向东编著. —长沙:中南大学出版社,
2014.7

ISBN 978 – 7 – 5487 – 1103 – 2

Ⅰ.桥... Ⅱ.①戴...②于... Ⅲ.桥 – 文化　Ⅳ.K918

中国版本图书馆 CIP 数据核字(2014)第 145393 号

桥梁文化与创新

戴公连　于向东　编著

□责任编辑	周兴武	
□责任印制	易建国	
□出版发行	中南大学出版社	
	社址:长沙市麓山南路	邮编:410083
	发行科电话:0731-88876770	传真:0731-88710482
□印　　装	湖南精工彩色印刷有限公司	

□开　　本	787×1092　1/16	□印张 17.5	□字数 513 千字
□版　　次	2014 年 8 月第 1 版	□2014 年 8 月第 1 次印刷	
□书　　号	ISBN 978 – 7 – 5487 – 1103 – 2		
□定　　价	78.00 元		

图书出现印装问题,请与经销商调换